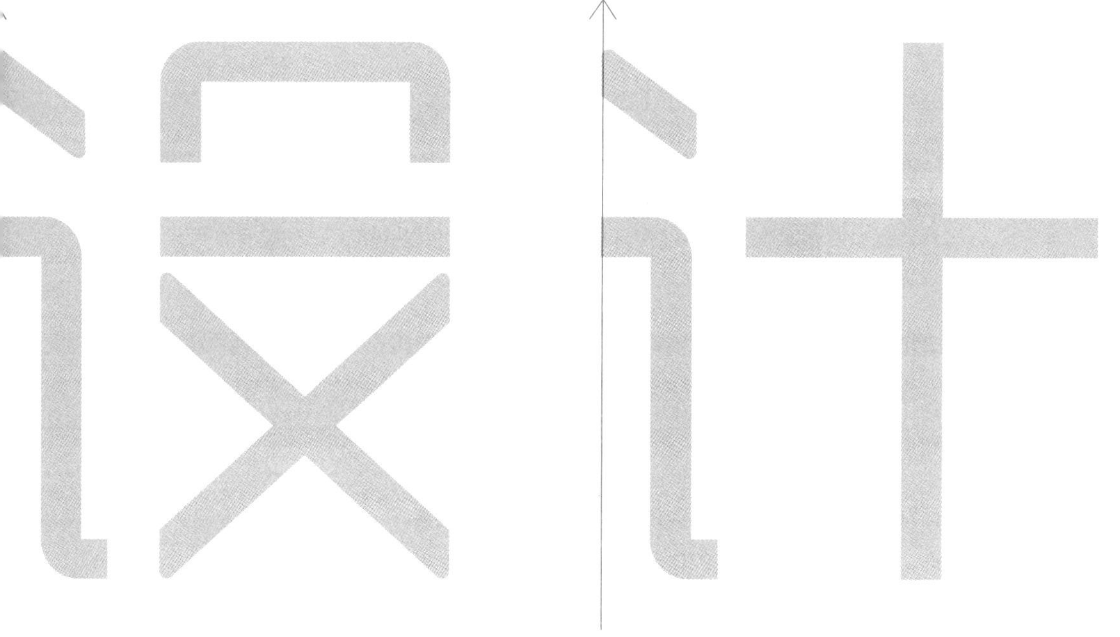

设计的思考

用户体验设计核心问答

[加强版]

周陟◇著

清華大學出版社
北 京

内 容 简 介

本书是知名设计师历经15年沉淀的设计思路与方法论集合，其中既保留了个人的情绪与判断，也时常回想笔者多年来对设计理解的变化。内容包含五大部分：团队管理、职业素养、设计方法、设计视野、设计面经，总共包括近400个设计师在工作与生活中需要面对的问题。

当然，仅靠书籍本身只能体现作者思维的局部，仅仅是个人经验的切片，所以本书为读者提供了一个交流平台，可以与作者以及其他读者共同探讨设计之路上遇到的林林总总。

本书作者是国内第一代用户体验设计师，所以本书精准读者群是体验设计师和交互设计师，但实际上，本书绝大部分内容适合所有设计师以及产品经理研读。另外，即将步入社会的设计相关专业学生可以将本书作为一本从业手册，提前了解与学校所学“略有不同”的设计知识。

图书在版编目（CIP）数据

设计的思考：用户体验设计核心问答：加强版 / 周陟著 . —北京：清华大学出版社，2023.6

ISBN 978-7-302-63766-0

Ⅰ . ①设…　Ⅱ . ①周…　Ⅲ . ①人机界面－程序设计　Ⅳ . ① TP311.1

中国国家版本馆 CIP 数据核字 (2023) 第 104026 号

责任编辑：栾大成
封面设计：杨玉兰
责任校对：徐俊伟
责任印制：杨　艳

出版发行：清华大学出版社
网　　址：http://www.tup.com.cn，http://www.wqbook.com
地　　址：北京清华大学学研大厦 A 座　　**邮　　编：**100084
社 总 机：010-83470000　　**邮　　购：**010-62786544
投稿与读者服务：010-62776969，c-service@tup.tsinghua.edu.cn
质 量 反 馈：010-62772015，zhiliang@tup.tsinghua.edu.cn
印 装 者：涿州汇美亿浓印刷有限公司
经　　销：全国新华书店
开　　本：170mm×240mm　　**印　　张：**26.5　　**字　　数：**532 千字
版　　次：2023 年 8 月第 1 版　　**印　　次：**2023 年 8 月第 1 次印刷
定　　价：99.00 元

产品编号：100140-01

前言

这是《设计的思考》的全新加强版，对之前版本进行了大量增删梳理工作，整体内容几乎翻倍。感谢清华大学出版社对于这种问答形式的设计类图书的再次肯定和鼓励，新引入的问答类型在之前的分类基础上有所扩展，也引入了一些比较新的热点话题，如AIGC。

这是一本设计思维类型的书，采用问答方式直接解答设计过程中遇到的各种问题。问答式知识传播的优点在于没废话、直接、聚焦解决问题的核心思路、省纸，也就是大家所说的“干货比较多”。而创作这样一本书的核心难点在于：要提供启发性的答案，更要有针对性的问题。

在我从业的这些年，每年都反复看到、听到很多高度相似但又有着不同细节的问题。我想，如果从自己的经验和视角给一个总结式的问答记录，或许对那些一直在找答案的朋友有所帮助，当然也督促自己对15年的设计思路和方法论做一次集合式沉淀。

设计师的思维通常是解决方案驱动型的，然而过于希望找到直接答案，或许也在削弱我们提出好问题的能力。所以，如果你觉得这本书的内容对你有用，那么我们应该一起感谢那些提出问题的朋友——没有这些问题，也就没有刺激出这些答案的原动力。

独立思考是设计师最强的竞争力之一，它的表现就是有够好（好=高效、准确、有代表性、穿透力强）的提问能力，基于问题的正确方向去寻找答案将会收获更多可能性。所以，如果你觉得这本书对你有用，那么你可以将这些内容分享给朋友、合作伙伴，甚至老板，让他们也能了解到你在实际工作中的疑惑、障碍以及挑战，这也是超出书籍载体的一种“谈话”。

当然，问题是一直在更新的，不同工作时期会面对不同的问题，书籍本身的容量有限，如果你对这些问题感同身受，或者有一些问题暂时没有涵盖，那么你也可以加入我的公众号，参与交流并获取更多的设计资源。我一贯的观点是：基于纸张的学习让人更为专注、效率更高，而基于互联网的交流更能保证效率。

本书拓展资源下载。

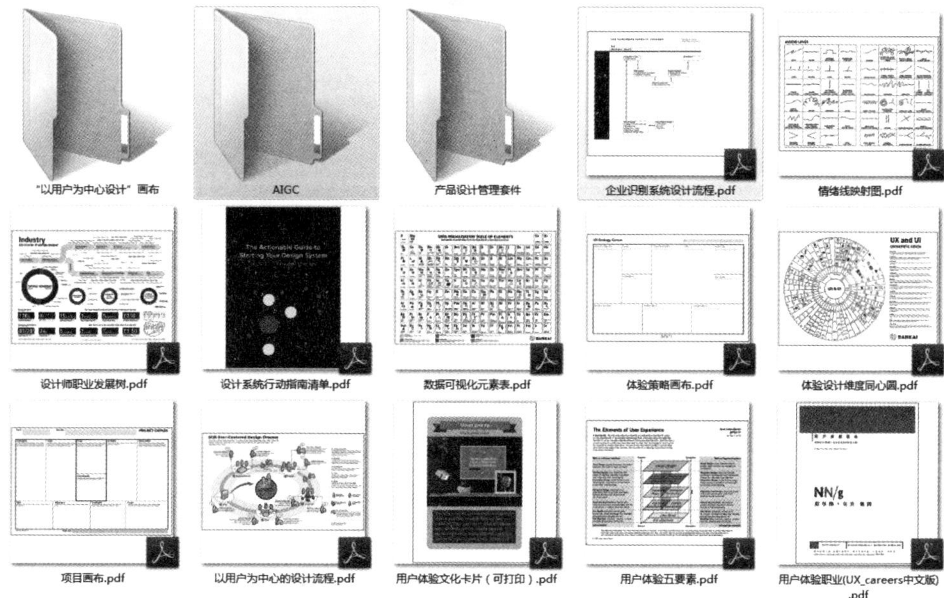
"以用户为中心设计"画布
AIGC
产品设计管理套件
企业识别系统设计流程.pdf
情绪线映射图.pdf
设计师职业发展树.pdf
设计系统行动指南清单.pdf
数据可视化元素表.pdf
体验策略画布.pdf
体验设计维度同心圆.pdf
项目画布.pdf
以用户为中心的设计流程.pdf
用户体验文化卡片（可打印）.pdf
用户体验五要素.pdf
用户体验职业(UX_careers中文版).pdf

THINKING IN DESIGN

目录

团队管理

团队领导力

团队管理

团队岗位分工

团队管理

团队影响力

团队管理

职级与激励

职业素养

专业与成长

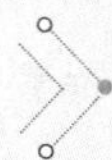

职业素养

沟通与信任

职业素养

个人影响力

职业素养

职级与绩效

职业素养

职业规划与发展

设计方法

业务与项目

设计方法

效率与协作

设计方法

设计方法论

设计视野

行业认知

设 计 视 野

行业趋势

设 计 视 野

AIGC来了

设计面经

设计面经

团队管理／团队领导力

如何构建设计团队的核心竞争力

由于本人是新人组长，所以缺少团队管理的经验。

本人之前是视觉设计师，目前带领十多人（含交互视觉岗）的团队。团队现状：我们公司在国内各地都有设计团队，有些团队以深耕某个业务场景为核心竞争力，如品牌能力、中台能力、产品能力等，整体来看，各大业务板块已被各设计团队占领，然而我们团队做的业务类型比较综合，各种能力都有所涉及，专业能力偏综合但不精专，所以本团队做的业务有容易被取代的风险。

首先，想了解团队成员培养应该打造垂直专业，还是继续保持现状，即培养成员的综合能力？

其次，由于我有视觉背景，所以对于交互成员的管理培养，深耕业务的能力自知有待提高，但是自我感觉成长慢，不知有没有好的建议？

再次，目前团队现状是业务线非常之多，每位设计师至少对接2个业务，除日常业务需求之外，团队还有额外的设计驱动赋能项要做，并且还要做日常项目复盘、设计沉淀等，团队成员工作量之大以致重点多、压力大、产出质量有所下降，想咨询如何改善这种困境现状？

最后，结合以上复杂情况，从自身能力需要提高，延伸到团队能力的方向把控，该如何构建团队核心竞争力？

（1）现在对设计师的要求基本都是“X”型人才，没有公司会希望一个人只会做一件事，否则公司需要转型的时候，这些人就是最快被淘汰的，这同时指专业技能层面和思维层面，综合与垂直是交叉螺旋上升的过程，保持横向和开阔的视野有助于更快地深入理解某一个垂直领域，在一个垂直领域中需要解决足够复杂的问题，又需要综合的视野、知识和信息。很多团队对综合和垂直的理解有误，设计一直是一个跨领域的综合学科，随着外部市场竞争加剧，设计师每年都要提高技能。

很多初级设计师想问的其实是：“我只会用一个工具做一件我熟悉模块的产出，还能不能年年都涨工资？”你觉得可以吗？打消这种念头，是成为职业设计师的第一步。

（2）设计管理者越往上走，越需要自我锻炼，自我启发，周围能帮助你的人会越来越少，这其实是对自我快速学习能力的挑战，基本上靠内驱力、坚持和认真。

（3）招更多更优秀的人，压力过线就会有人离职，如果只是嘴上说压力大，可能只是局部效率低，同时要调整管理方法，协作机制和给设计师提供更好的工具。

（4）团队核心竞争力最重要的就是不要被外部团队替代，真正帮助业务成功，把业务的成功作为团队存在的理由，所谓的外部“影响力”可有可无，你有见过苹果的设计团队去建设外部影响力吗？

如何带领设计师进行数据分析

对于数据分析，设计主管需要带领设计师进行到怎样的程度较合适？是借助产品、运营的数据报告分析设计问题，还是自己通过数据平台进行分析？

1. 首先，公司要开放给设计师数据获取和分析的平台权限

要分清楚哪些数据可以给设计师做设计决策的输入，迭代修改的依据，一般作为设计视角，最好和产品部门看一样的KPI关键指标数据，基础的UV、PV、DAU、留存率、渗透率等都要知道；定性数据方面、调研报告、问卷分析需要详细理解；其他商业方面的数据可以不看，这方面数据比较敏感，一般也不能直接用于指导设计方案（其实看系统搭建的完整度，数据路径清晰，下钻和归因比较成熟的话，还是可以的）。

2. 关注核心路径的用户行为数据分析

产品的核心使用路径埋点要完整且支持分支，设计师和产品经理无论是看基础数据，还是做AB测试，都是要靠小规模分桶实验看变量，然后给出假设的，再来进行具体方案的调整和迭代，你们的系统如果不支持这个过程，那么看不看都没什么区别。

3. 找一个公司内的数据分析师给团队分享

建立数据意识和数据视角，避免数据说谎还看不出来的情况，是设计师改善自己思考方式的第一步，工具和方法因产品而异，但是思维模式是共有的，因此要先建立这个常识。

4. 设计主管多输出从数据看到的问题，和产品负责人讨论

关于数据的关注和决策肯定不是民主制的，大多数时候都要依赖上层决策，所以作为设计团队的代表方先把用户数据和产品数据建立联系，输出设计侧的建设性建议是第一步，然后才能让各模块的负责设计师逐步建立参与感。

组长级别如何提高个人成长与组织成长

目前我在担任UI组长，之前团队有10人，主要是以专业为主，业务也是野蛮生长状态，现在团队有17人，我发现自己对人的关注不够，个人成长和组织成长的关系，管理方法技巧也欠缺，急需提升，组织大了后和上下游组织的关系处理也更加要讲究方式方法，想咨询有什么好的建议和方法？

团队内个人成长：

（1）你作为Leader，要提出对团队的要求，对设计师能力的要求，给出设计目标。没有这些，团队就会是一盘散沙。树立专业氛围是第一要务，给出明确的标准，才能严格执行考核，吸引更优秀的人，提升普通的人，淘汰达不到要求的人。

（2）你自己没有标准（标准的Bar每年也都在提升），可以参考一下公司内做得好的团队，或者外部做得好的团队，所以团队Leader首先自己要变成一个团队的PR，切换到外部视角来看团队的整体状态和自己的工作价值。

（3）深度参与公司会议，获取更多信息，设计团队忙不忙，忙的内容有没有价值，Leader基本就是这个结果的天花板，你要保证上下游信息的通畅，和老板明确对设计团队的期待，根据公司发展阶段和目标制定设计团队的组织目标，并把这些目标落实到具体的项目、团建、专项考核中。

管理方法 Tips：

1. 积极沟通，给出建设性建议

沟通能力不强的Leader会造成很多专业以外的协作问题，所以提高自己很必要，可以报名参加公司的管理课程，不要想当然地沟通，你的沟通习惯和技巧直接决定了外部团队会怎么评价你们的专业度，遇到专业问题，直接给专业建议，你先做给团队看，树立了样本后，才谈得上让团队去学习、发挥，设计团队是不能放养的。

2. 明确告诉团队你的要求，接受优化建议但坚持原则

一个专业的团队是不能忍受“差不多”的，既然要做就做到最大化，提出的要求也是明确而简单的。比如，对团队内的负能量零容忍，相同问题只有2次犯错机会。第一次是不知道，Leader应该给出办法；第二次是不小心，团队要调整流程，优化方法，做好复盘；第三次就是故意，应该做绩效考评处理。有了明确的要求，虽然压力变大了，但也让优秀的同事得到了公平对待。

3. 尽量满足团队内同学的专业，氛围，协作上的需求

优化流程、推进协作、改变设计工具、做设计活动、团队礼品等，本质上都是让团队的工作润滑度更高，满意度也随之提升，只提要求，不给资源和支持也是耍流氓，所以Leader要在得到高绩效的基础上提供力所能及的资源，争取外部信任，并有对问题专业的解决办法，才能让合作方、设计师、老板都更加信任你。

4. 创建团队学习环境，提供相互学习

让团队成员互相学习，效果和速度会比你自己教和分享要快，激发每个人的动力，价值高于单向传授。学习和提高毕竟是自己的事情，如果自己都不重视，专业提升速度跟不上，也很难继续在团队内待下去。

5. 需求是学习的动力，也是学习的方法

需求本身就是最好的学习提升渠道，处理一个需求有多方面、多深入、全面总结经验、提炼方法、反哺团队的流程与工具。这些都是专业提升的维度，本身对需求的理解不够，被动处理，不做复盘，其实就是无法提升的原因。

团队的组织成长：

（1）团队需要更好的人，更好的人是可遇不可求的，所以Leader的第一个核心工作内容永远是人才，包括人才的寻找、吸引、招聘、培养、留任甚至辞退等。这点可以研究一下你们公司的人事政策，符合公司政策的操作都可以去尝试。

（2）对业务的帮助显性化，公司本质是商业体，交付的产品和服务才是商业得以运作的基础，和其他合作团队一起诊断一下团队的现状和问题，从外部视角看内部的困难和挑战。设计师避免一个不好的习惯（一旦有问题都是别人的问题），需要学会反思和总结，团队的专业自信会强大，甚至可以主动要求公司给团队做360评估。

（3）你作为Leader要定期总结工作，给团队激励，帮团队扩展视野，以及最重要的：告诉团队每一个成员，短期、中期、长期的目标，最重要的事情是什么，这些事情的优先级和重要性排序决定了团队以什么样的方式、速度去发展。这个工作谁都替代不了，也无法由下至上来做，因为一线设计师的信息量没你多。

如何准备管理方向的晋升

要参加管理方向的晋升，管理方向还没有相关的标准，关于团队成长和ROI，ROI指的是项目投入产出的ROI吗？具体项目也不是自己动手做的，我的侧重点是理解业务目标、规划设计团队目标、理清重点项目、思考设计发力点、获取资源、推进项目落地、影响力建设和团队成长。这样的思路可以吗？

（1）业务成功是第一位的，不是你动手没关系，你是怎么保证设计品质和产出效率的？

（2）理解业务目标、规划团队目标、理清重点项目，要给出案例和细节，确保思路和方法论的正确。

（3）获取资源和推进落地是偏项目管理的事情，这里比较容易量化ROI。

（4）影响力怎么评估？内部的，还是外部的？带来什么具体价值？

（5）团队成长要有数据支撑。比如一年内多少人的职级升级，负责核心项目的数量从多少变到多少，案例要符合SMART原则。

制定设计规范时如何确定设计原则

在制定设计规范的时候如何确定设计原则呢?

设计原则的作用是在设计过程中更好地让各个协作方达成共识、提升效率,在设计产出层面也更好地维持一致性;另外更高的层面是,传达公司的价值观和品牌原则,统一设计语言。

1. 首先定义一下你们设计的成功标准

比如,创建一个可以跨部门沟通的设计标准,如何提出一套规范让设计决策有更好的共识,设计不应该只停留在表现层,还有架构和战略的思考,确定一个内部认可的设计质量标准。

2. 设计产出的质量指标是怎样的

真实的?方向确定不变的?令人愉悦的?聚焦可用性的?这个质量指标取决于你们的产品发展阶段,以及实际的市场表现,不同阶段应该用不同的指标去定义高优先级的问题。

3. 很多成功产品和企业的设计原则都是为企业量身定制的

比如苹果、微软、Google等,你会发现他们的设计原则在公司内,产品间都在不断的微调,但是底层原则仍然是他们坚持的做事逻辑和价值观,不是字面意义上看上去差不多,就搬几个来用,要看他们如何具体解释这些词,并且映射到设计产出与规范上。

国内很多公司不重视设计原则,大概是这么几个原因:

- 缺乏能理性:有逻辑地制定顶层原则,进行顶层设计的Principle designer;实用主义过强:当一切变化太快的时候,大家忽视不变的真理的价值;
- 反智:认为任何哲学与原则层面的思考都是低效的,影响执行力的;
- 解读片面:只把原则的表面词句作为参考,实际运用中还是各说各话,甚至有很多人认为设计原则只是和设计部门有关的事情。

UED团队制定OKR的方法与建议

我们公司现在都在制定OKR,如下UI团队制定OKR的方法和建议。

(1)首先要搞清楚公司层面的OKR,直接来自于老板和CXO等高层,他们决定了战略的优先级,要做什么不做什么,其中不做什么特别重要;

（2）对标你们参与产品的业务侧OKR，业务侧的OKR通常是很明确的产品目标和数据指标，其中有达到这些目标和指标的对应关键事项，这个对标要搞清楚具体的时间周期，我们是以双月来制定；

（3）把关键事项拆解到设计的需求上，针对这些需求可能有日常的模块迭代，也有大型的横向设计需求需要解决，这个就是你们最核心的OKR；

（4）由于每个设计团队的成熟度，管理理念和人的能力不同，所以在完成这些设计需求的过程中可能会有设计流程、设计方法、工具、人才储备、团队管理等问题，同步解决这些问题，以更好地支持业务发展，就是你们团队的OKR；

（5）OKR一定要清晰，聚焦到事和数据，满足SMART原则，不要只提希望和方法，KR是交付的内容，不是畅想。

未来设计师自我价值的体现会反向影响设计团队的管理方式吗

未来设计师对于自我价值的体现是否会反向影响设计团队的管理方式？或者说新一代的设计管理会有哪些变化与挑战？

（1）会，这两年优秀设计毕业生的综合能力（包括教育背景、技能、眼界等）明显比4～5年前的设计毕业生优秀很多，带来的变化是他们对公司价值观、从事行业的成就感、产品的吸引力都有更高的要求。

不是“未来”，是现在就已经发生，优秀的设计师越来越职业化，不会只把自己作为公司或者产品团队的支持角色来看，Owner意识更强，更有想赢的冲劲，也更理解产品和商业（得益于互联网知识透明与交叉学科的教育开放），所以现在对设计团队管理者本身的要求就会更高，不是简单的纯管理执行角色，而是在队长、教练、领袖、朋友之间不断切换，既需要过硬的专业能力给予指导，也需要开放的心态接纳新的思想，同时更加理性地看待自身的不足，帮助团队内有亮点的同事互相学习与提高，通过良好的沟通与上下游驱动文化，共同帮助产品成功。

（2）不要说新一代（虽然我不知道这个新和旧之间的区分标志是什么），其实现在很多设计管理者与团队管理本身的细节问题都没有解决好，我们与欧美的设计团队在设计管理上是有非常大的差距的：

首先，具有较高职业化水准的设计师数量不够，且大部分都被一线公司抢走了，优秀的公司吸引优秀的人才是市场经济的直接结果，所以对于不那么优秀，又对设计品质有很高要求的公司就会比较尴尬，需要依赖足够好的设计管理者来带领团队，激励士气，导入正确的设计思维与方法论，同时能够扑到一线参与项目，可惜的是，这样的设计管理者同样很少；其次，设计管理的重心不是管理设计本身（当然项目本身很重要，只是远远不够），而是建立企业的设计竞争力，让设计思维、审美要求、品质感追求成为企业文化的一部分；但是做到这点，只会从设计专业出发解决问题是不够的，设计管理者要向上看，向下做：从更高维度理解企业的战略和优先级，积极参与讨论，得到更多的信任，然后把信任与要求转化为设计团队可以输出的项目，设计稿与流程。这一方面需要实践经验；一方面还需要企业文化的支撑，同时融合这两个部分的概率本来也较少。

最后，设计管理一定是着眼于细节处的管理，大部分时间是给方法，和传统管理不同，只提要求看结果的粗放式管理是得不到好的设计产出的，因为缺乏成熟合理的评价体系，有很多企业甚至连优秀设计师和普通设计师如何区分都不知道，人都招不对，还谈什么管理，所以“人、战略、目标、项目、流程、方法”的建设过程都满足MECE和PDCA原则，是合格的设计管理者必须要做的事情，把这些事情做踏实，本身就很费时费力，做好这些就是目前最大的挑战。

一系列关于团队建设的问题

开始设计团队的管理，很多地方经验尚浅。最近一直在思考一系列团队建设的问题：（1）设计团队的性格应该怎么定义？（2）团队的价值观，每个人的感受层面是什么？（3）设计师期望在怎样的环境里，出于怎样的原则做事情？（4）如何提升团队整体对外的影响力？

（1）团队的性格通常就是团队负责人的性格的映射，团队内每个人的背景、诉求、经验和能力不同，会表现出不同的工作输出品质。但是团队的成员表现和整体氛围，会刻意地，下意识地往团队负责人“更欣赏”的方向发展，这是企业结构与管理制度导致的，即使这些表现在外界看起来可能不合逻辑。

所以，如果你想改变团队的“性格”，就从改变你自己的性格开始，当然这个前提是，你是团队的最高级别负责人。

（2）团队的价值观根据企业的发展阶段和发展要求会有不同，我先说一下我们团队的价值观，仅供参考：

- 避免防御心态，主动暴露问题；

- 不断追问，反思如何更好，而不是差不多；
- 理性沟通，做充分的专业准备；
- 遵循设计逻辑，正面回答问题；
- 围绕事情本身，寻找最优解；
- 保持正向思考，保护反对声音。

我对价值观的理解是：一定需要是具体的、容易理解和操作的行为指南，否则就会沦为墙上的口号，太抽象的东西虽然维度高，但是员工不理解，最后只能是一个呼吁，达不到具体的工作指导意义。

领导和领导力之间的关系

领导和领导力之间是什么关系呢？我老板总是说我缺乏领导力。

Owner，Leader，Leadership，是三个不同视角：

- Owner（主力设计师）：为了确保业务成功，负责全流程的设计工作、参与建议、找出问题，给出解决方案。如果在解决的过程中需要的资源超出了自己的权限，可以上升向Leader要求支持；
- Leader（设计管理者）：确保业务和团队共同成功，需要参与组织建设与管理，更多是服务角色，争取外部资源以及外部信任，在专业和发展规划上有自己的思考，强调“赢”的视角和自驱能力；
- Leadership（一种行为表现，每个人都应该有）：自己控制范围内的事，自己要有主动性和控制力，追求正确地做事情，并对结果负责，让周围的人产生“因为你在，所以事情不会有问题”的感觉，所以即使是一位刚加入的实习生，做一个非常小的需求，这需求本身做好了也能产生Leadership。

4人的UED团队怎么管理

如何做设计管理？现在团队有UI 4位，插画师1位，动效1位，运营设计师1位。最近刚刚答辩升职，却不知从何下手了？从执行转到管理。

这个问题比较直接，如果基本的管理常识和手段你都不清楚，为什么会通过答辩啊？

管理任命通常会经过：关键领导力案例的认可—360任命调查—评估结果分析—管理岗位试上任—正式任命这个过程，不知道你们公司的具体做法是什么。

刚开始做设计管理有两方面比较重要，一方面是思维层，另一方面是具体工作内容。

思维层

从以前让自己成功，变为让团队成功。所以和团队内成员争功劳的事情是大忌，也不要处处表现得自己比其他团队成员要强，给出方向和建议，哪怕会有眼睁睁看着别人犯错的情况，准备好Plan B即可，急于求成是团队失去自我孵化能力的根本原因。

多做一些考虑团队ROI的事情，帮助所有人发展，也要判断哪些人，哪些事，哪些做法对团队是有害的，招人可以慢一点，但是开除人一定要快。

你带的是一个团队，不是一个家庭。一个团队更好的组织关系应该近似于一个球队，或者一个乐队，你是教练+指挥。你要分清楚什么时候自己才需要有存在感，对于整体性的判断，原则性的东西，团队价值观绝对不能妥协，因为团队文化和核心价值观决定了团队能够走多远，日常的事务性工作，专业度，还有成员性格和能力的多样性，决定了团队能够走多久。

具体工作内容

以前你做好设计产出即可，现在你需要思考设计策略。计算人效比，衡量人才结构，与业务方协作并达成共识，判断项目的风险和价值，获得高层的资源支持，这些都是之前没有人告诉过你的，所以你要自己快速地学习和掌握，看书、听课、请教有经验的其他公司的设计管理者是比较有效的方式，也可以设定一些管理类的虚拟项目，让团队成员一起帮你完成这个过程，比如，组织大家分享一下在设计团队工作中最不喜欢的制度和最希望一起完成的任务。用深入沟通和交流来获取团队的真实需求，因为每个团队的诉求和发展目标都是不一样的。

如果按优先级排序，团队管理中人>项目管理>价值计算>设计专业>事务性安排：

• 人：设计师的招聘、选用、发展、开除、挽留等工作，大公司一般会配备对应设计业务的HRBP协助，如果没有，你就要担任一部分HRBP的工作了，这是你最重要的日常思考。将军的能力是体现在排兵布阵上的，而不是永远冲在战场的一线。

• 项目管理：驱动多个（往往是并行）设计项目共同产出，并达到业务目标的能力，管理项目资源、协作、沟通、评审是最费心费力的事情，这个过程中要快速提高同理心，沟通技巧和跨部门协调技巧。

• 价值计算：学会从老板的视角看问题，分析团队的真实商业价值。企业存活靠的是收入，如果你的团队不能成为贡献收入的一分子，那么你们就是成本，成本在高压竞争下就是等待被优化的。

• 设计专业：无论任何时候都坚持专业视角，我个人非常反对所谓的向上管理，你以为老板都是瞎子吗？无论你表面上做得多么努力、听话、适应老板的习惯，最终还是看结果和数据说话的，而专业是确保结果正确的ROI最高的手段，你作为团队负责人永远要把专业训练和职业化思考放在第一位（当然，需要前面3点作为支撑）。

• 事务性安排：周会、月会、总结复盘、团队活动、组织氛围调查等，这些事务性工作是帮助你很好地诊断团队现存问题，梳理下一步改进方案的，我看过很多刚出道的设计管理者不太重视这些，甚至认为这些“条条框框”和“例行安排”阻碍了创新，这是一种“反智”的行为，主要还是因为踩的坑不够多。能够结构化地、高效地利用这些事务性安排提升团队的整体效率，恰恰是初级设计管理者必须培养的核心能力。

怎么看待管理5人、10人、20人之间的区别

想从管理的角度请教，管理5人团队、10人团队、20人团队，管理方式上有哪些不同，从领导力方面看分别有哪些侧重点？

关于管理半径的问题，目前互联网业界有两个比较流行的参考数值：

一个是来自亚马逊的“两个披萨”原则，如果一个项目团队中参与的人午饭时不能用两个披萨喂饱（通常一个披萨够4～5人吃），那么这个团队的规模就会显得有点大，还存在优化的空间。进一步延伸为单个Feature team的常规人数应该控制在8～10人以内。

另一个是来自管理学界的传统经验，一个管理者的最佳管理半径是7～10人，超过这个人数要么会出现“虚无管理”，要么会出现力不从心的情况。不过像乔布斯这种神人，是通过管理100个人来实现对苹果的完整控制的，叫作TOP 100计划。

按你的计数方式，管理手段上不会有太大的区别，更常见的数值划分是：5人、30人、100人、200人、1000人。

• 5～10人团队：主要以你自驱动为主，你就是团队的做事范本，包括专业和职业性上的表率，项目你是肯定要参与的，团队的信息这个时候透明度最高，合作基本是喊一嗓子的事情，团队的一致性也比较好保证。

• 20～100人：这个时候每10～15人需要划分设计小组，开始出现下一级的Leader角色，内部开始出现设计流程，也会有内部竞争的雏形，专业性和制度性的要求开始逐渐有规则制定，这个时候强调的是对下一级Leader的统一性，高标准要求，强调团队效率，人

才优化，设计流程规范，以及价值观的初步建设是很有必要的。

• 100～200人：这个时候团队的规模和做一家创业公司没什么区别了，需要看到内外部的风险与价值，考虑设计师的职业发展与合理流动，上下级的关系更加职业化、专业化，避免依赖人情管理，需要考虑对反对声音的保护，开放性和多样性是这个时候管理的挑战，对Leader的要求需要更高，帮助企业建立设计竞争力是这个时候的目标。

一个20人左右的团队，可以从哪些方面做团队建设呢

一个20人左右的团队，可以从哪些方面做团队的建设呢？我是团队中的成员，不是Leader，但Leader把这件事情交给我。

团队建设一般有两种不同类型：一是面向专业建设，二是面向氛围建设。

但不是只有特别组织某个会议，某次活动才算团队建设，日常的多人沟通，组内邮件的传递，其实都在传达一种团队目标和视角的一致性，这种隐性的、日常的团队建设才是形成最终团队形象、团队战斗力的核心。而很多团队中的氛围、专业建设因为在日常做得不到位，所以靠某次大型会议，户外拓展希望临时抱佛脚的行为，最终都会因为与日常认知的不一致，导致团队成员觉得分离感很强，难以达到预期效果。

• 专业建设：每周一次简单的例行沟通是必要的，不能因为项目紧张，或者团队成员较多就不去做，增加互相之间的信息透明度是专业对齐的基础。建议团队Leader和团队中的骨干设计师多做一些简单的、主题明确的小分享，一般在30分钟以内，也可以讨论一些和创意、艺术、设计有关，但和项目无关的主题，不要让开会太像开会，专业的沟通会更高效。组织团队出去看看艺术展、设计展、一起看电影，去一些环境设计不错的地方开周会都是可行的，在放松的氛围中，人更容易展现真实的情绪和对话。

• 氛围建设：在每次大型项目或者阶段性成果被认可时组织一些让设计师有印象的、差异化的活动，设计师对活动的阈值比较高，通常的一起玩《王者荣耀》，吃完饭玩玩狼人杀都是日常气氛调动，还形不成团队的关键记忆和印象。作为Leader和骨干们，对氛围建设首先要做的事情，就是充分信任设计师，让每个人去负责一小块团队内的横向事务，比如有人专门负责团队建设活动，有人负责为大家买书和工具，有人负责外部活动管账和定地点等。

然后，团队氛围最好的构建形式是旅游，特别是海外的旅游，经费可以公司出一半，

个人出一半，在陌生的空间中，轻松的气氛下，人都会流露自然的状态，包括情绪、喜好、性格、缺点等，作为团队建设的负责人，你要学会观察和记录，也同时要处理好团队活动中的各种细节，比如谁和谁更熟络，大家更喜欢什么话题，吃什么东西，作为以后团队活动的参考积累。

进行团队建设的基本原则是锁定主题，保持风格一致性，做专业建设就聚焦专业本身，把问题研究清楚，培训准备充足，不要吊儿郎当。做氛围建设就聚焦吃喝玩乐，让大家在过程中彻底放松，不要在大家喝得很High的时候，突然聊工作上的问题，只要冷场一两次大家对团队活动的诉求就会降低。

对于设计团队的管理，针对10人、20人……管理方式上会有什么不同

对于设计团队的管理，针对10人、20人……管理方式上会有什么不同？

从管理学角度看，一个管理者能覆盖的最佳管理半径是10～15人，如果超过20人都向同一个管理者汇报，一方面管理者本身的压力变大，时间紧张；另一方面，也不能很好地照顾到每一个下属，会出现厚此薄彼的情况。

以50人团队举例，1个主管、4个组长、每个设计组12人。这样的结构比较合适。当然也会有设计团队非常大，而设计管理者成熟度不够的情况，那么会有1人面向20人，或者30人的情况，但这样的话就很难管理到位了。

设计管理分为专业管理和行政管理，专业管理尽量保持层级扁平，沟通直达，决策高效，否则设计团队很容易成为产品设计流程中的瓶颈；行政管理上，建议分权，分区自治，只抓大原则，平衡团队预算，人才架构优化，考评符合正态分布，细节上和人有关的各种杂事，尽量让组长去搞定。大团队管理者如果在细节上卡得太死，对大团队整体运作不利。

怎么带领14人的视觉设计团队

我现在在互联网公司负责带领14人的视觉设计团队，有几个困惑想请教：

如何建设团队横向能力，除了日常需求外如何找到公共项目的机会？您可以举自己经

历的案例说明一下吗?

如何让团队摆脱老黄牛式的团队印象，让团队有亮点?

由于精力有限，我负责团队设计质量把控，但是没有精力在一线动手做设计了，如何保持自己的竞争力呢?

(1)建立横向能力要先定义横向的边界，专业能力的范畴挺广的，乱点技能树不但不能让设计师提升，还会疲于在学习中无法验证效果。如果是纯视觉设计团队，那么UI、版式、字体、图标、品牌、色彩、动效、3D等都是专业能力可以提升的，精通所有领域的视觉设计师非常稀缺，视觉范畴本身就有很多需要扩展学习的部分；如果是扩展到交互设计、产品思维、产品运营、商业和市场、开发思维等，最好能够在招聘的时候就刻意找到有这些技能和兴趣的候选人，否则项目很难启动。

做提升横向能力的公共项目主要是得有“把小事做大”的发现力和动力。比如，我们之前团队需要解决一个交互上的控件问题，一般团队可能就解决这个问题本身就完事了，然后进入下一个项目。我发现这个问题比较有代表性，所以在解决这个问题的同时，要求负责设计师把这个问题抽象出来做了Case study，然后在系统中走查了一遍所有类似问题，通过总结归纳把控件的设计原则和案例对照做了梳理，最后更新到Design system中。

这个过程里面设计师不但需要总结分析撰写报告，还要组织专项团队做项目管理，还需要进行竞品分析，最后梳理好设计原则和规范，避免问题再次发生。但这个过程不是脱离公司产品需求和日常业务发生的，解决这个问题本身的思考、过程、成果也能形成团队内以后处理需求的Best practice。

(2)团队的亮点，取决于你们公司内部的设计文化和对设计认可的方面，你需要先根据公司的战略，业务的目标，再来谈自身团队的亮点。从公司的视角来看，通常都是结果导向的，业绩好、数据好、用户口碑好，则团队的形象就会好，做不到这些，只加班是没有意义的。

(3)这个问题假设不成立，做团队Leader或者负责人，本来就要求精力、智力、体力比一般员工更好，在负责设计质量把控的同时，如果团队的整体基础比较弱，你就应该挺身而出做一个示范，该画图画图，该调研调研，作为领导本身就应该做好准备睡得比别人少。

有从全局思考到细节执行都有方法、有经验，善于驱动团队往目标前进的管理者才真正有管理的领导力，正因为这个事情很难，所以很多人都做得不够好，甚至中途放弃，但是管理路径本身的上升就是很残酷的，是一条单行道，你只能坚持并保持乐观或者选择更符合你现实需求的岗位。

作为一个UED部门的Leader，需要做哪些工作

作为一个UED部门的Leader，需要做哪些工作？

这个得看是多大规模的一个UED团队，以及公司是怎么定位UED团队的。

如果是10～20人的团队，一般老大就是那个带头干活的人，专业能力应该有一定的说服力，能快速把项目带入一个健康的状态，每天主要思考怎么把活儿干快一点，干漂亮一点，服务好内部客户与外部用户，属于单纯的项目驱动型。

每天的工作组成为“专业+协作”：接需求、分需求，带着骨干做项目，在项目中培养新人，部门例会也是以项目中的问题，设计专业上的分享为主；不但是团队内的同学，他自己或许也在思考下一步的提高和发展，公司未来可能会怎么样；通常产品部或研发部的老大会是他的大老板，每天给他解释设计的作用是开会的主要内容，也会和团队内的同学们一起吐槽周边部门的品位和智商。

超过50人的团队，再往上就是团队人数和服务内容的量级区别了，这个时候专业发展已经进入平稳期，团队老大更多是考虑部门的生存和资源，管理的动作会更多一些，招着人又开除着人，安排组织结构和合作部门的关系，哪些是盟友，哪些是绊脚石。

每天的工作大概是“运作”：重点项目还是要看看，但更多的交给下面的组长或总监，他只给方向性建议或者比较细节的问 题点，会给老板汇报设计部门的成绩、预算、资源分配、人才结构、做事的思路和打算、如何帮助公司构建设计竞争力（如果公司需要的话）。每天在各种邮件组和微信群中穿梭，回答所有和设计有关的问题，要想着团队中同学的发展，行业中的各种合作机会，通过各种渠道获取对团队有发展机会的信息，建立团队的影响力，沉淀团队的能力。可以说就是设计团队的老板了。

视觉设计师出身如何管理好设计团队

我负责UED部门，工作10年以上，见证了这类岗位从美工到网页设计再到UI设计的进化，我是艺术设计专业出身，偏视觉。当然，这十几年的工作经验，也积累了一定的视觉和交互经验，之前在小公司，产品经理的工作我也做。现在这家公司管理5位视觉员工、4位交互员工，视觉员工比较好管；但交互员工有那么一位不服管，他较自我，狂，“90后”，认为我这方面没他强，在交互上的系统知识不够。实际上，他只是理论知识较强，业务侧对他的评价是他不理解业务，做的东西不符合实际使用。他常参加一些大牛的分

享，也常炫耀他跟某些大牛很熟。我自学能力较差，靠的就是这些工作经验，我应该怎么补充交互方面的知识，怎么管好下属？

分两块来看这个问题，一个是专业管理，另一个是组织管理。

1. 专业管理

对于设计团队的专业管理来说，那种所谓的“我不需要是团队里面专业能力最好的，但我会招聘和善用专业能力最好的人”，都是扯淡，注意，都是扯淡。这话不是职业经理人或者中层领导能说的话，这是最高层的老板才能说的。你的下属认为你的能力不如他，你就应该充分地在各种专业场合告诉他，你的专业程度，包括但不限于：与老板的对话、团队内培训、项目中评审、需求沟通、设计迭代沟通、项目提案、项目分享。如果你的下属觉得你的专业能力不够，至少说明了：你在某些应该展现自己专业能力的场合表现不到位，你在他遇到专业问题的时候没有给出建设性意见，你在某些设计师和其他部门产生矛盾时没有很好地解决。

所以，专业上的问题还是要找自己的原因，属下的理论知识强，你应该更强，同时告诉他合理地运用到项目中，调整沟通的方式。这就像一个足球队的教练，你如果自己都不会射门，怎么告诉你的前锋应该在什么时候起脚？如果都是一堆理论分析，结果上场被别人1：0也是不行的。

在设计这个行业，专业能力不强就是原罪，专业能力不被认可，说什么都是错。

2. 组织管理

如果上面的专业问题不是你自身的问题，就是这位设计师自身的性格导致的盲目自大，那么就要明确告诉他在这个团队和项目中他的角色是什么，他对业务理解不清楚，就要安排任务让他去理解、去熟悉，为什么不符合实际使用，是实际使用中的方法本来就错了，还是他无法理解实际情况？不要盲目地下判断，要理性地引导。

特别不要给团队成员贴标签，“自我，狂，90后”这些和工作没有关系，好的管理者是用人的长处，而不是让他的短处影响到团队的整体氛围。

我的建议是：组织管理上如果你还是有话语权的，应该给他安排更适合他的岗位和工作。如果他的理论知识很强，就让他输出给团队有价值的理论分享；如果他和大牛很熟，就让他邀请大牛来分享，如果他在项目中很坚持自己的观点，就让他去和强势的产品经理沟通。在实践中让他认识到自己的不足，同时发挥自己的长处。在这个过程中，你也要时刻帮助他，给予建设性建议，这样团队内其他小伙伴才会更信任你。

合格的UED经理应该怎样管理好UED团队

一个合格的UED经理应该怎样管理好UED团队？在项目上，在团队成长上，还有自我提升和学习，具体怎么做好这几方面？

需要建设一个什么样能力构成的团队，与公司现阶段产品和业务需求有关。一个创业公司上来就希望建设一个类似BAT内部的大型设计团队，显然不可能；在一个大公司中管理设计团队，也绝不能像几十人的小公司一样松散，需要纪律和套路。

1. 项目上

创业型公司或者小公司的业务模式简单，但要求成本更低、时间更快、人的综合能力更强，所以这样的团队做事一般都需要设计团队的骨干带着冲，特别是设计咨询类公司，对设计师的横向能力，设计效率要求很高。在项目中，如何快速地提升设计师的设计效率，应对各种项目突发情况和风险，与合作方快速沟通和决策，是主要关注的点。项目上看重“如何更快地把事情做成”，不在乎手段和方法，因为足够灵活，所以出现各种小错误能快速修正和弥补。

大企业中的设计团队在做好设计本身的事情以外，项目中通常会遇到比较复杂（或成熟）的项目管理机制，设计师如何配合，无缝进入各个环节保证设计品质，以及各种难以预计的项目需求更改会是主要命题。另外，大企业中因为人很多，所以统一思想比较困难，这对设计团队的内部沟通，向上管理会提出很多额外要求。项目中更看重“如何匹配我的KPI目标，有亮点”，比较强调成熟的设计流程和设计方法论，因为大家都只是流程中的一环，所以更聚焦本职的工作，其他领域的风险难以兼顾。

2. 团队成长

无论是什么样性质的企业或团队，团队本身的成长依赖于这个团队的最高管理者，如果这个管理者是永不满足，拓展型思维的人，那么团队总是会往前走，不满足于现状。所以团队的成长，是管理者自身成长的镜像结果。

设计团队的成长不外乎：做出优秀的产品设计、沉淀了更合适的设计方法、充分理解用户并把用户声音中提炼出来的机会点变成公司的产品体验竞争力、团队的人才厚度逐步增加、团队的凝聚力和整体效率不断提升。

一般在项目中不断尝试新的方法会有效刺激团队切换思考模式，在项目以外也可以做一些团队的Side Project，设计师通常是比较爱玩的，这些新鲜的东西会刺激团队保持创新与有趣。

3. 自我提升和学习

设计团队管理者的自我提升与学习，除了设计专业本身，更重要的是跨领域的知识，包括：市场研究、商业分析、开发知识、软硬件知识、渠道与销售、组织管理等。没有这些支撑，就算你的专业能力再强，对于其他协作方来说也没意义。

如果要量化的话，设计团队负责人时刻都需要关注：设计输出的评审（每日培训），设计团队一线设计师的培训（每周或每月），设计业界的动态（每天200～300条），专业知识的积累与拓展（每天2～3篇，可自己写，可编撰，积累成型后在团队内分享，使用），设计方法论沉淀与流程优化（人员要怎么部署，架构要不要调整，流程是不是还能更高效），人才的招募和评估（永远不要停止对优秀人才的接触和招募）。

学习这个事情更重要的是学习能力的训练，拥有对知识和技能的判断力，知道哪些该学，哪些不该学，然后如何运用到实际工作与生活中。知识本身没有力量，运用知识才能产生能力。这个问题比较复杂，只能找机会当面交流了。

拥有用户体验团队的公司具体规模和组织架构

一般有用户体验团队的公司，规模是多大的？有用户体验团队的话，在企业中的组织架构一般是怎样的？是属于二级部门直接向BOSS汇报，还是用户体验部门被放在产品部或研发部当中？

国内几个规模比较大的（超过200人）用户体验设计团队，基本都集中在互联网公司，还有一些消费电子类产品（比如手机品牌）的公司。这几个大团队七七八八加起来应该过万人。剩下的都是50人以内的小团队了，大部分非一线城市的公司内，设计团队通常在10～20人。

体验设计团队完全独立和产品、研发等平行的，只有部分大型互联网公司。其他公司都隶属于研发部门、产品部门、甚至还有市场部门。带总监或总经理Title管理岗位的，一般可以对齐到2、3级部门，因为1级部门通常是事业群，分公司级别。

直接向高层BOSS汇报的一般都是创业公司，BOSS也分很多级，从上往下看的话，董事长、执行总裁、部门总裁、部门总经理、设计总监、设计经理、设计组长，依次都是各自等级的BOSS。小公司一般很容易达到部门总裁一级进行汇报，但这个仅限于项目汇报，日常管理肯定还是总监或经理。大公司类似，以腾讯为例，一些非常重量级的项目，马化腾、任宇昕等都会亲自过问。通过现场会议、邮件、微信群等沟通，会直接问到某个做图标设计的设计师，都很正常。但这种汇报都是项目级的，和直属的行政管理没有关系。

怎样带领设计团队走出去

互联网金融公司的设计管理者，老板要求设计团队走出去，多与外界交流，我理解的走出去，一方面去外面学习；另一方面在外界传播我司的设计，我想问如何着手走出去这件事？

几个途径：

（1）先建立自己的对外传播渠道，可以是公众号，可以是开个博客，也可以是通过一些设计媒体和论坛发表自己团队的文章，这是检验团队专业输出品质的成本最低的方法，如果你的文章在圈内都不能引起反响，别人的点赞和评论都很少，那么要先解决输出品质的问题。

（2）可以参与一些行业聚会和专业活动，几个互联网公司（腾讯、阿里、苏宁、携程等）每年会举办一些行业交流大会，还有IXDC、UXPA等这种做了很多年的专业组织，可以先听听一些知名企业的讲师的讲课（要注意分辨，最近几年这些行业协会的讲师水准也差别很大），然后尝试申请去开办工作坊的内容。

（3）可以举办一些线下团队交流的活动，比如在同城内部找一些体量、人数、经验相当的其他公司的团队做面对面的交流，把这些交流的经验沉淀下来。

（4）老板期望多与外界交流的潜台词是多学习别人好的经验，但通常真正有效的经验又不会随便说，所以在交流过程中你的个人独立思考、记录、分析也至关重要，一些好的方法、技巧如果不在团队中有目的地使用，还是达不到真正学习的目的。

THINKING IN DESIGN

团队管理

团队岗位分工

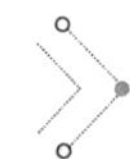

团队职能分布模型与经验分享

目前团队设计人员统一管理，支持公司多条产品线，设计50人（交互、视觉、运营方向），分成多个小组专项服务多条产品线（小组有个视觉组长，因为交互人员少，交互统一由交互组长负责）。

目前发现，每个小组没有一个可以全权对产品条线体验结果负责的，交互看交互的，视觉组长虽然整体看，但更偏向视觉，考核目标也都做了拆解，但更多只看自己的那部分，而设计总负责人的精力无法兼顾全部。

目前在做团队能力和运转模型升级，想了解关于团队模型及经验的分享。（如果考虑每条线设立一个设计总监，各自对各自负责的业务全权负责，原设计负责人也兼负责一个条线是不是好的方式？）

补充信息：各条业务之间有一定的关联性，有的有嵌套、复用关系，有统一的多终端设计规范在应用、迭代、维护中。

如果多条产品线之间在产品复杂度和规模上是负责一个独立的产研组织的，或者一个研发中心，那么每个业务需要有一个对UX结果负责的设计总监或者接口人（名称不重要，有这个设计管理的权力和责任就行）。

每个总监之间的横向沟通和合作要非常密切，每周都需要对齐业务目标，产品需求情况，设计交付情况和从自己的局部看到的全局问题。频繁的话，甚至可以2～3天一次。不管是接口人，还是设计总监，对业务的设计实际结果Review和品质跟踪是必须的。

横向的Design system需要用心做一下，一方面是必备的设计工具与资源；一方面也可以在维护的过程中传递清晰的设计原则、目标、实例和反馈，一线设计师犯错往往是体验问题存量解决不完，增量又不停变多的根本原因，Design system就是来解决这个问题的，会极大地降低设计成本。

设计总负责人应该更多地去关注团队人才引入和训练、团队文化、价值观建设、设计方法、流程、工具的革新、横向专项的组织与对齐、与周边合作方建立更好的设计驱动模型与项目目标。

团队职能划分的要求、区别及趋势

关于设计师职能的变化，贵公司或者部门现在还是分为交互设计、产品视觉设计、运营视觉设计吗？还是说按照阿里分为体验设计师、创意设计师？你如何看待这样的职能划分？这样的职能划分的变化对产品视觉设计师提出了哪些能力上的要求？流程上和之前产品流程，即需求评审—交互设计—视觉设计—开发等有什么区别？国外一线互联网公司及未来设计师职能的变化趋势是什么？

我们的专业线分成：UX设计师和创意设计师。

- UX设计师：从用户理解，需求分析到交互设计、视觉设计、跟踪迭代一个路径全部走完。
- 创意设计师：偏市场和商业化，负责品牌设计、产品运营设计、商业化的线上线下物料，产出包括海报、官网、纪念品、视频动画等。

这样的职能划分在现阶段相对是合理的，可以减少设计过程中的信息传递丢失，提高沟通和合作效率，而且从设计思考上看，研究、交互、视觉本身就不能完全分开，掌握输入更全面，输出也就更完备和成熟。

对视觉设计师、交互设计师都提出了横向能力拓展的要求，随着设计教育水平的提升，产业成熟度和可循范式越来越多，这种融合是必然的。不过相对具体的软件学习，设计产出的形式，更重要的是提升沟通能力，信息分析水平和全流程设计思考的能力。

流程上还是遵照敏捷开发或精益开发的流程，但是效率会更高，这里面有个风险是如果设计师的综合经验不够，后面还是会花时间来解决前期犯下的错误，毕竟品质这个东西不是通过职位融合可以提高的。

国外一线互联网公司在融合的同时（比如越来越多的湾区创业公司开始只招聘Full stack designer），又有更多的细分（比如很多公司开始开辟专职的UX Writing岗位，放在产品增长团队中），岗位本身是根据行业发展、市场竞争需求变化的，和纯粹的专业发展不完全一致，专业的变化和调整是为企业、产品的成功而服务，所以大家才这么强调专业人员的跨界思考和快速学习能力。

to C、to B、to G的业务设计人力配置模型参考

公司公共的设计团队做各业务的设计支撑，想了解有没有针对to C、to B、to G的业务设计人力配置模型参考？

不管是to什么，首先你的公司规模、业务规模和人力投入预算才是设计团队前期配置的前提条件。根据业务的实际情况，进行阶段性的配置和调整才是ROI比较高的方式。

to C类产品的设计团队配置现在已经比较成熟了，可以参照各大互联网公司的实际配置情况，团队内通常会有用户研究、交互设计、视觉设计、前端开发（更注重UI界面的开发）等岗位。在C端运营设计上，也许会单独开一条线来做，主要由品牌设计师、插画设计师、视频设计师等创意类岗位组成。人数从20～200都有，具体看业务细分程度。

to B类产品的设计团队其实现在和to C类产品的配置大同小异，只是业务方向和属性对设计师的能力要求有一点不同，对设计师来说更强调业务思维，垂直行业的理解，对商业需要更敏感。所以可能也要求设计师深入一线调研，理解不同的行业概念与核心数据。总的来说，在to B领域通常不会简单只看C端的产品运营数据（比如DAU、ARPU值之类），而会关注用户的任务成功度、任务效率、成本降低比例等。

to G类产品我接触得比较少，通常在任务设计中更强调技术先进性，政府管理部门的监管合规，具体领导的个人影响会比较大，考虑到现在“互联网+”和大数据等概念与政务结合已经蔚然成风。所以设计团队中可能需要配置比较优秀的数据可视化设计师、信息架构师以及能做出具有FUI风格的视觉和多媒体设计师——因为之前接触过一些类似团队的设计师，他们日常的任务主要是给各种政府机关做展厅设计，展厅内通常会在大屏幕滚动播放具体业务的数据信息界面，方便领导视察时指导工作。

对于设计Leader的定义，怎么创造价值

最近面试了几家公司，对于设计Leader的岗位又接触到了一些新的观点，想了解对设计Leader的定义。除了要解决设计模块的基本任务之外，设计Leader还能通过哪些途径给公司产生更多的价值？如果要参与到协作部门（产品、技术、运营）该以怎样的形式参与，才能最大限度发挥设计的价值？

最近两年对设计管理者的要求突然提高了很多，我猜测是和行业环境巨变有关，巨头

的传统玩法玩不灵，政策端和经济端都吃紧，小团队也在求突破和发展，所以对技术类人才的要求除了一专多能，还更要求“能赢”的思维。

设计Leader有各种层级，对设计VP（第一负责人）、设计总监、设计主管都是不同的范围要求。但不管你的公司级别、行业属性还是团队规模，以下这几点能力作为设计Leader都是应该不断提升的：

1. 设计竞争力的视野

目前来看，设计团队只是完成业务方给的需求肯定是不行的，长期的乙方思维会导致业务逻辑理不清，不背核心责任，业务方也会有看法。现在基本上都希望设计团队负责人和业务负责人站在一起，思考产品设计上整体的竞争力，这就对设计团队的负责人提出了深入业务的要求，你不但要到一线去了解客户、用户，也要懂得按套路做事，分析数据，说服老板，懂得资本关系和运作方式，还需要了解技术的难度、运营的现状。就这么一圈下来，你看看自己还差多少？

2. 团队生产力提升的方法

老板其实并不关心一个产品的设计是内部团队完成的，还是外部团队完成的，他只需要一个可见的结果，所以这些年很多大型UED团队被分拆，实际上就是老板没有看到大型的集中化团队的优势，一个集中管理的团队要聚焦在：如何从整体上解决设计语言问题，品牌一致性问题，设计流程整体效率提升，专业深度的理论积累，方法论生成与复用，团队人才架构优化，设计师归属感与稳定性。既覆盖专业，又覆盖管理的交叉工作，才有必要设置一条专业线，否则那些设计管理者应该下放到业务线去做事。

3. 行业资源的优化能力

好的设计管理者应该是有行业号召力的，简单地说，你优化团队结构总是要招人的吧？你发一个朋友圈收到100份简历，约见20个，成功入职5个，算一算就知道省了多少猎头费，这才是老板想实实在在看到的经济价值。你写一篇专业分享文章，不但巧妙介绍了产品，还可以引起讨论，帮助PR团队影响舆论，同时还能建设品牌美誉度，这原本需要多少个编辑来搞定？你长期在院校、企业间建立连接和合作、校招、联合实验室，可能都需要这些资源。你做好了连接，不但可以节省时间成本，也可以节省信任成本，这是对个人的具体期望。

4. 个人素质与协作性

你作为管理者，需要在管理层级别发挥作用，引入老板的资源，协调周边部门的关系，建立对于设计落地的制胜同盟，越大的公司越需要这样的运作者。因为，一个公司其实就和一个社会差不多，并不是所有人都在聚焦做事的，也不是所有人都希望你得到更多资源的。所以，低姿态地通过每天具体的项目内容建立周边团队的信任感，就非常重要。

如果别人不信任你，自然不会和你一起推动设计改进。所以，如何针对不同级别的领导进行设计布道，如何根据协作团队的KPI制订你的设计计划，如何与其他团队的管理者达成私人关系的信任，是一个永恒的话题。

从专业角度看国内优秀设计咨询公司

从专业角度来看如何评价EICO这类设计咨询公司？与头部互联网企业核心业务的UED相比，对于3～5年工作经验走专业线的设计师来说，能谈谈两类团队各自的优势和劣势吗？

国内做得比较好的几家公司：EICO Design、ARK Design、唐硕等已经从单纯的设计外包咨询转变为综合产品设计与服务设计公司了，各自的发展都还不错，关键是能达到这样专业水准的公司在国内确实不多。

你的问题主要是在考虑应该去“较成熟的甲方企业UED团队”还是去“更聚焦专业项目，更纯粹的设计公司”？

首先从组织形态上，这两类团队也是动态变化的，有大公司的UED团队成员跳槽出来自己成立设计公司，也有不错的设计公司被大公司收购然后变为内部团队的（比如Rigo design）。所以具体是哪种形态不是特别重要，重要的是你需要什么样的工作氛围、工作模式和工作回报。

1. 氛围

设计公司通常不会特别大，工作地点挑选自由，所以在空间的“设计感”上会做得更像一个“设计团队该有的样子”，而且公司内部大部分都是设计师，或者是带有设计视角的跨专业人士，老板中肯定是有设计背景的人的，这会让设计师在公司中的地位非常高，设计师也是公司的核心资产。综合以上，设计公司给设计师的氛围肯定是相对宽松，更自由，更聚焦设计师思维的；大企业中就不太一样，每个企业的文化和基因是不同的，不要以为人数很多的设计团队在大企业中的地位就一定高，设计团队在大企业中一般是服务支撑的角色，在很多老板眼里设计团队是成本中心，不是利润中心，所以设计团队的氛围还是以聚焦KPI，高效地满足企业利润产出为主。想具体了解哪家公司的设计团队氛围更好，也是一个主观题，每个人的感受和经历是不同的，发展顺利的人当然觉得自己团队的氛围好。

2. 模式

设计公司的模式是项目制，当然也有签年度框架协议的，不过结算也还是按实际落地项目走。所以设计师一般有机会接触到各种类型的合作甲方、项目和产品，对设计师的视野，综合经验的提升，帮助会比较大，这也是大多数设计师认为在设计公司工作成长更快的原因。带来的问题是，每个设计师可能在单个项目上的投入时间会不足，通常设计公司不会跟着客户经历一个产品完整的从生到死的过程，所以对产品的深度了解肯定是不够的。

大企业中，每个团队跟进一个产品项目会比较紧密，一般这个产品不死的话，可能会很长时间都服务它，这是大企业中设计师一般做了几年后容易出现职业倦怠的原因。好处是，在解决大量相关性问题时，可以建立起对这类产品和服务的整体思考逻辑，也更容易跳出单纯设计的视角去看待设计问题，由于会受到来自各个层面的挑战，所以只要是有心人，在大企业中一样可以学到很多宝贵的经验。

3. 回报

设计公司和大企业内团队设计师的收益回报，大致逻辑是一样的，主要来自于：你的专业能力帮助团队解决什么问题，你的职位级别，你为公司带来的直接回馈。

大企业的设计师一般受职级评估影响，高级别的设计师收入有可能是低级别的3～10倍，基础薪水通常是行业中第一梯队的，产品发展较好的话，年终奖也不错，如果绩效突出还会有股票，期权奖励。软性福利方面，通常互联网公司做得还是比较好的，传统行业一般会差一点，但是对外交流，培训机会等还是明显有优势。

在设计公司，一般不做到合伙人级别的，也就是靠项目分红，或者年底还剩多少钱能分了，但是一般选择设计公司的同学，都不是直接奔着钱去的，还是希望和知名设计师学习，团队聚焦专业能快速提高，丰富的项目能让自己充实。另外，因为设计公司会接触到各种类型的客户，这些客户之间可能还是竞争关系，合作关系，母子关系，所以很多企业的设计竞争力情况，参与合作的设计师都会比较清楚，这甚至成为各大企业挖角设计公司人才的重要考虑因素之一。

如何看待交互与视觉设计合并为产品体验设计师

最近想把UED的交互和视觉岗位合并，融合为产品设计师。由专业分组往业务分组转换，想法源头是由于业务形态日趋稳定，过于细分的岗位无论是从设计师个人成长角度还是业务需要的角度来看都不太合理。

UED目前的设计师有能力合并吗？具备能力可以先建一个小组试运行，如果盲目合并，人的能力又没有准备好，肯定会影响业务。

另外这是一个牵引，作为强制要求的话，要让设计师看到收益，除了自我成长以外，公司的KPI考核，团队认同，团队氛围的操作细节都要跟上。

本来只做视觉，拿一份视觉设计的工资，老大一句话，我就要再做交互了，工作量大了，能力又不足，可能还会牵涉到加班，KPI被降权，工资还不涨。你给我说，“希望你的个人成长更快”，操作不下来的。

先培训赋能，再调节团队文化，建立一个试运行小组，树立榜样。让大家看到成绩，剩下的人才会自发跟进。

哪些职能与环境适合设计师多元化发展

最近经常听到运营设计或者设计运营这个词，我的理解是一个岗位兼顾这两种职能，比如设计一个网页，除视觉设计外，框架和内容也能由视觉团队完成。现在很多设计师都希望能多元化发展，具体是哪些职能，还有什么环境中的设计师适合往这个方向发展呢?

运营设计是一个模糊的，脱胎于互联网产品的概念，被逐渐意会成设计输出的名词了。互联网大部分2C产品中，通常会把产品的功能设计与内容设计分开，产品策划与交互设计师、视觉设计师（功能方向）沟通较多，产品运营与视觉设计师（内容方向），如果做专题页也会含部分交互。

运营设计输出物通常有：广告位Banner、专题页面设计、各种入口资源图（含ICON）、相关平面设计（线下活动的海报、印刷物等），大部分是内容视觉设计的工作。

你的理解是正确的，运营是一个完整的过程，用户运营、内容运营、产品运营、活动运营都有不同的运营目标，需求、策略、流程，考核标准。所以，运营设计师应该充分了解这些信息，制定相关的设计策略、目标、流程，输出物标准。

为了服务上述的内容，需要有交互、视觉、前端等参与，设计师的职能应该是交叉的、综合的，不存在说视觉设计师只负责画图，只有BAT大公司才有这么多人力，分这么细。

一般内容驱动型（音乐、视频、应用等）、交易驱动型（电商、O2O服务等）的产品，对运营设计的需求会很大，挑战也不小，更多的是在品牌传达、营销策略、成交量等方面做思考，这个方向的产品可以积累大量运营设计经验。

UEDC的定位、描述与功能

UEDC的定位、描述和功能是什么？因为公司近期要成立这样一个部门。

UEDC是User Experience Design Center。建立用户体验设计中心，是根据公司的产品发展需求和设计需求来定位的，在成立之前先找老板或者直接提出这个建议的人聊一聊，看看他们是怎么定位这个部门的，有什么要求以及成功标准如何度量，这些基础信息的对齐有助于之后开展工作。

现在国内UX行业中，比较成熟的体验设计团队都在互联网公司或者消费电子产品领域的公司里，人数比较多，岗位设置比较平衡。

用户体验设计部门更多从属于产品部门或软件部门，做的还是具体的设计工作，比如用户研究、交互设计、视觉设计、前端开发等，真正构架于整个公司层面，横向打通用户体验全部流程的部门好像没有，虽然大家都希望有这么一天的到来。

建立这个部门，老板和决策层的决心很重要，也要有基础的概念认知，这个部门带来的价值是什么。然后就是找到合适的，靠谱的团队带头人，不但能够驱动部门产生设计价值，提升企业的设计竞争力，也要能在企业中普及概念，布道体验设计思维以及很好地建立外部合作机制。

设计中心与按业务线划分两种组织架构的利弊

想了解设计中心和非中心化跟业务线走这两种组织架构各自的利弊。

设计中心化团队为主的形式

有利于在设计团队氛围建设、团队归属感、荣誉感以及专业成长上做得更好，国内来看通常规模超过50人的团队，在整体团队气质，专业度和成长性上都要明显好于小规模地分散到产品线的团队。以设计的视角看问题，和用设计的语言沟通，职业的认同感会好不少，很多企业对设计的不理解也加剧了设计师其实更认同中心化的管理方式。

不利的地方是，如果团队规模太大，集中式管理势必出现效率降低的情况，设计团队独立考核也会出现面对业务线“挑活”的情况，能够对设计团队有更大收益的项目优先排期，优先安排骨干设计师支持等，这也很容易引起初创和发展中业务团队的抱怨。

非中心化的跟业务线的形式

有利于更敏捷地服务于业务，更实用主义，强调需求理解，满足业务的商业成功，由于长期聚焦服务于某些业务线，所以对业务的理解会更深，更懂得如何在业务中平衡商业和体验的关系。

不利的地方是分配到业务线中，很容易仅仅限制于项目交付和满足需求，专业的横向建设，设计师的团队建设很容易被业务线干扰。（因为大部分的业务线带头人不是设计出身，也不理解为什么需要为专业建设多花钱，认为这都是设计师回家后自己该做的事。）

另外，如果一个业务线出现萎缩或发展不顺利，那么设计团队也就失去了支撑，无法像中心制管理那样很方便地重新配置人才。

所以，现在流行的做法是：在团队架构和组织层面上仍然使用中心制管理，保证专业建设，人才吸引力和设计氛围的建设；在项目支持上采用分层分级的工作室方式，把设计团队原子化，分配到产品线和业务线中，保证业务支撑的敏捷。

怎么看待产品设计师，以及它与UXD/PM之间的关系

怎么看待产品设计师（PD）这个Title？它跟UXD、PM是什么关系？

UXD通常指用户体验设计部门，或者用户体验设计岗位，其中细分有：IXD-交互设计师，VXD-视觉设计师，UXR-用户研究，FE-前端开发（也有叫UI开发的）。

PM通常指Product Manager，即产品经理，非常普遍；也有指Project Manager，即项目经理的，比较少。

PD是Product Designer的缩写，有从设计师岗位延伸兼任产品经理职责的，也有本职工作是产品经理，但是也兼任交互，视觉设计工作的。从工作范围来看，PD当然是全面型人才，负责产品全过程的体验、商业、产品价值与产品竞争力。

我在实际工作中，直接看到使用这个Title的人比较少，国内大部分集中在创业公司或中小型公司中，国外挂这个Title的，一般都是Senior Designer，但是介绍时更倾向说自己是UX Manager或UX Diretor。

互联网公司中关于产品设计研发团队的职能人力比例

一般产品设计研发团队的职能人力比例是什么样的？如互联网公司、软件公司等。

互联网公司一个小单元特性的Feature team至少应该包含：一个产品Owner、一个交互设计师、一个视觉设计师、一个前台开发、两个后台开发、一个产品运营。

我倾向的是产品和设计人数达到对等，开发人员是其两倍，当然这个要看实际资源情况，人数可以在不同阶段动态调整。一个优秀的设计师或开发工程师，顶3～5个普通水平员工的输出是很正常的。

开发测试、用研、数据分析要视情况而定。

更大的业务单元，就是在这几个角色上递增人数，随着业务复杂度提升，BD、战略规划、平台架构设计等可以陆续加入。

交互设计师关于投资回报率的学习使用

我想系统学习一下投资回报率。

首先，是狭义的投资回报率概念，其次包括交互设计中的投资回报率的使用，网上哪些学习资料是值得下载学习的，付费亦可。

我的主要目的是横向扩展知识面。

另外，Lark内部是怎么运用投资回报率来说服业务方的？

投资回报率（ROI）是商业层面的用词，一般在体验设计上分成内部和外部两块：

内部ROI：

提高用户的生产力、减少用户错误、减少培训费用、在产品生命周期的早期进行更改可以节省成本、减少用户支持类工作。

外部ROI：

提高用户的生产力、一定程度增加销量、减少客户支持费用、降低客服培训成本。

总的来说，从软通货层面看，好的设计可以增加客户的忠诚度和NPS分值，提升口碑推荐，提高商业转化效率；从硬通货层面看，可以减少客服投入，开发支出，更少的“研发试错”，更少的用户测试，增加销售亮点等。

我们团队内部不用证明设计的价值，从公司高层领导就能认知和重视设计的价值，如果一个设计团队每天的工作就是证明自己的价值，这其实是公司在底层逻辑上怀疑设计有用性；因为证明工作的价值是管理层的事情，不应该是员工的事情，如果管理层怀疑这件事不应该做，那就最好别做，看不到设计的价值，完全可以体会一下缺失设计带来的损失。（当然，这个问题非常狡猾，因为你在中国可以看到大量设计很差的产品，仍然卖得不错。）

具体到某一件事情是否能够在ROI层面与协作方达成共识，无非是关键用户的反馈和洞察，有目标地分析数据，以及团队自身对品质的追求。

怎么定位产品经理和UX设计师

怎么定位产品经理和UX设计师？

UX的思考方式与价值观是产品经理和UX设计师必须具备的基础认知。

产品经理聚焦考虑产品价值——对公司的商业价值，对用户的使用价值。工作围绕需求、功能、业务逻辑、产品设计管理、产品迭代、产品运营等展开。

UX设计师聚焦考虑以用户为中心的设计如何满足用户的需求与期望。工作通常围绕具体的设计输出展开，如用户研究、竞品分析、数据分析、交互设计、视觉设计、前端开发、品牌运营设计等。

定位两种工作角色与公司的团队结构、人员能力、工作流程、产品发展阶段密切相关，没有完美的定位，也不存在必然的工种划分。国内很多产品团队与UX团队的角色岗位划分，工作内容安排，一般是因为受到过去知名科技公司与互联网公司的架构影响，复制照搬的结果。

现在一些新兴公司已经开始不再按照具体的岗位输出件来定位两者的工作，岗位区别，一个产品Owner，带领各个跨学科（心理学、社会学、人机工程、开发、测试、市场营销、UX设计等）的专业人士组成精英团队，大部分工作结果都是集体智慧与民主讨论，最终由Owner决策。

在这样的团队结构中，人人都要为产品的全生命周期负责，也就不必区分产品经理应该做什么，UX设计师应该做什么了。

设计师如何进行用户研究的工作安排

现在很多团队取消了专门的用研岗，那么一般的用研工作是怎么安排和对接的呢？

以我的观察还没有看到大面积取消用研岗位的情况，也许有一些创业公司在这么做，但是在大型团队里面看到的都是专业用研岗位的缺人比较严重。

如果你的公司或者产品属于以下情况的话，确实专门的用研岗位的工作价值不大：

（1）垄断型企业或产品，满足用户刚需即可，体验好不好用户都得用，且用户抱怨没有实质作用。

（2）公司做不大，营收无法增长，来来回回就在几万用户量水平，增长乏力。

（3）特别成熟的，生产标准固化的行业领域产品，都是一样属性的用户，无差异化。

（4）产业链非常长且不透明，只服务好大客户关系即可，签单销售结束后，终端实际用户和你无关，且不影响大客户关系。

如果不是上述任何一个现状，那么用户研究这项工作就是不可省略的。

基础的，频繁的小模块用户研究，通过一定的专业培训，确实可以由设计师和产品经理接手去做，包括Think aloud用户测试、可用性测试、用户访谈等。一般1名用研工程师指导3～5个设计师，产品经理是OK的。

定向的、大型的专题类研究，还是需要专业的用户研究工程师去主导整个过程，这些研究偏综合性，更强调专业洞察、规模化的数据分析、心理学分析、统计学建模等工作，没有一定的工作资历搞不定。

盲目替换的话，如果研究的结果产生严重偏差，对产品设计的后续指导可能是灾难性的。

做一套全新的App产品，视觉风格还未确定，视觉设计师之间如何分工

做一套全新的App产品，视觉风格还未确定，视觉设计师之间如何分工？

视觉设计师就是来控制视觉风格的。

视觉设计师怎么分工，取决于你有多少个设计师，项目有多少设计时间，以及设计师

的能力水平。做App类产品的视觉设计，分为设计研究、用户研究、视觉概念设计、详细设计、输出。

设计研究部分至少安排1个设计师，他要做：你们的产品品牌的理解和视觉元素提炼，竞品的视觉设计分析、视觉趋势分析。

用户研究可以等上面的环节做完后接着做，也可以多安排1个设计师同步进行，他要和产品经理、用研同事一起完成：产品的竞品用户画像、用户需求分析，用户的审美倾向和风格喜好研究。

拿着上面两个环节的研究输出，你应该能洞察到很多设计的视觉要点，把它们关键词化，1～2个设计师继续做：视觉设计方向说明、情绪版、概念风格的探索3～5个方向。

最后开始详细设计，这里根据你的产品规模和复杂度来安排人力，项目时间永远是不够用的，所以能用的设计师都用吧。这里有和交互设计反复评审、沟通、快速出高保真原型做用户测试的大量工作。

最后就是输出了，这个按开发节奏和开发人员的工作强度来配比，现在输出已经不是什么很复杂的工作了，2～3个人干10个以内关键界面一两天就能完成。

UX部门如何组建有价值的用户研究团队

UX部门如何组建有价值的用户研究团队？应该从哪些方面入手，引进什么人才及技术比较好？

用户研究团队肯定是有成本的，只是这个成本的程度是否能够让老板认可他付出的工资，用户研究的工作即是连接产品和用户的关键节点，也是进行创新设计过程中必要的思考环节。

从今天行业的需求来看，用户研究团队要想获得更大的价值认可，至少应该做到：

（1）不要追求人数和规模，应该聚焦在小步快跑，聚焦quick win上，快速给产品和服务做好体验评估，找出关键痛点、问题，帮助团队产出用户洞察以指导具体的设计，而不是仅仅产出报告。

（2）具备大型专题类研究的能力，将企业面临的产品体验问题进行有效的建模、归类和分析，形成具有指导性的体验自检原则、指南，帮助公司跨部门间建立从用户视角出发的思考方式。这需要用户团队的成员走入各个部门中，邀请各类关系人进行用研活动、分析活动，形成对研究的正确认知。

（3）熟练掌握将业务数据和用户数据进行综合分析，挖掘商业潜在机会的技巧，任何公司都不会拒绝一个有实际商业价值的团队，数据统计、清晰、分析、洞察是用研工作下一阶段的重中之重，掌握客观有分量的产品数据，又能从用户视角理解用户的心智模型、行为逻辑和消费习惯，这两者的交集不但可以解决实际的设计问题，还可以找到新的业务生长点。

用研团队的人才应该优选心理学、社会学和统计学方面的专家，根据产品形态不同，可能还需要经济学、人类学、语言学等领域的专家。

产品总监和设计总监的职能区别在哪里

产品总监和设计总监的职能区别在哪里？

一句话，产品总监为产品整体成功负责，设计总监为产品的设计竞争力负责。这是具有产品驱动基因的公司的做法，比如腾讯。

产品总监通常需要具备以下几种能力：

• 如何把产品从0到1做出来上线，这是一个基本的能力，当然这里面也涉及产品复杂度的问题，一些垂直领域，小众需求的产品也许架构上并不复杂，但是对用户群的理解，对用户目标和价值的把握是需要功力的；一个比较复杂和成熟的大型产品，涉及的模块就会很多，功能也很交叉，甚至有可能一个TAB下就承载了一个产品中心。总监既要有把控全局产品设计的能力，也要有控制一个迭代小特性的细心。

• 产品运营套路的理解，对运营各种指标数据的分析，明确各种数据模型背后的含义，能透过数据表面现象去观察、验证、分析出真正有价值的需求，学会从数据出发看问题，又不被数据牵着鼻子走。

• 对市场的理解，产品不是孤立存在的，你会受竞争对手、市场变化、行业趋势的影响，充分理解自己的产品现在处在什么阶段，让自己的产品在不同阶段都能保持成功，是巨大的商业和战略的挑战。

• 产品迭代策略的控制，大版本和小版本怎么规划，怎么控制节奏，同样有三个好的特性，但时间和人力只允许做一个，你怎么选择，这都是产品总监的经验和硬实力。

设计总监通常需要具备以下几种能力：

• 保证设计方案的品质和可靠性，建立自己品牌的设计基因，如果一个设计总监总是在追求潮流化的表现，每个版本都在大幅度修改交互和视觉，这样的设计总监其实是不合格的。稳定的、成熟的设计基因是长期发展一个产品的必要条件，设计总监需要具备这方面的控制力。

- 构建设计团队的整体设计专业度，能不能吸引、招聘到好的设计师，新入职的设计毕业生能不能挖掘他们的潜力，把他们培养出来，这些都是设计团队能否快速健康发展的重要基础，如果一个设计总监只能自己带项目做，而不是让整个团队的能力提升，那么也是不合格的。
- 坚持构筑良好的设计氛围，懂得设计布道，设计师和设计团队的价值不但要做出来，还要卖出去，让价值得到合理的资源支持，因为设计从来都不是独立的事情，需要跨领域的视角，跨专业的团队，跨部门的协作，别人不懂，你就要去教，别人质疑，你就要去证明。
- 拥有对公司和产品整体发展的全局观，不是因为站在设计的角度，就认为设计必须是高于一切的，设计总监发展到后面其实也有和产品总监交叉的工作范围，站在产品、技术、市场等角度用同理心去驱动设计落地。

普通UI设计师与顶级Ui设计师的区别是什么

普通UI设计师与顶级UI设计师的区别是什么？

我不是顶级UI设计师（我甚至不知道什么才叫顶级），即使见过的一些顶级（知名or优秀）UI设计师也因为交流不深入，无法评价。但是我勉强可以回答优秀的设计师和普通的设计师（其实我觉得大部分的普通设计师只是认识他/她的人少一点），没有什么共性（问题中的假设是不成立的，你可以假设的是大家都在做设计，做出来的设计也差不多），否则何来的差距？

“普通的设计师都是差不多的，优秀的设计师各有各的优秀”（没有取样范围的比较，很难回答得更精确），为节约时间和篇幅，我只说一些我认识的，应该没有争议的国内优秀设计师的见闻，该回答没有一一问过他们意见，所以会隐去名字和公司；这些只是我的观察和交流所得，他们也许还有另外一面我不知道，所以不要神化这些见闻。

另外，我不认为你同样去这么实践了就一定可以变得“优秀”，人是有智力、体力、性格、家庭、教育等各种因素差别的，承认差距同时做得比现在好一些就是大造化。

（1）这些优秀的设计师首先是热爱和专注。我们来看案例，某设计师初中开始玩3DS DOS版，一直热爱并坚持，其间经历逃学、休学、创业失败等，现在仍然在做这件事，之前做到某国际游戏大牌公司亚洲区角色建模组Leader，他可以花2年时间不断修改一个模型，直到这个模型的每条布线都接近均等的完美，在强压力的工作任务下，还能坚持学习到每天凌晨，再把自己学习到的东西做成教学分享，这种看上去偏执的专注，其实是很多设计师都缺乏的，一个作品改3次可以，改5次就撇嘴，改7次就骂娘，改上10次就差对老板人身攻击了。但是在设计的过程中，确实推敲和打磨是必要的过程，能够心平气和，保持专注地不断改进作品质量的人，实在不多。另外，很多设计师都说自己爱设计，我看到的大部分设计师都不够爱设计，只是有一点点爱而已。

（2）优秀设计师懂得同理心、尊重人。思考的方式决定了设计的品质，普通设计师看到的是需求、工作量和KPI，优秀设计师看到的是产品和人之间的隔阂，每个需求背后的那些想法的矛盾，以及“我”在这个上下游中的定位。他们会用UCD的方法处理很多工作和生活中的问题，这些人绝不是我们平时看起来的“死美工”和“线框仔”。某设计师（女生）会在团队交流时询问别人的工作习惯，然后调整自己使用的文档工具，PSD图层命名习惯，甚至会帮助程序员寻找可复用的界面代码一起高效地完成原型开发，最让我吃惊的是，她下班后会把桌面的纸笔模板等都收到一起，因为每天用都要拿出来，很不方便，我问她原因的时候，她说：“每天早上公司的阿姨都会打扫，我把东西收起来，她们打扫也方便一些。”这事是不是和设计无关？但这事和细节、同理心有关，不重视这些的设计师，并且还取笑这种行为的，你们反思一下。

（3）可贵的是谦卑，不断寻找进步空间，从宏观到微观的思考，从理念到落地的手段。中国大部分地区是没有创新环境的。不过我不谈环境等因素，虽然这一定程度上抑制了优秀设计师的孵化和成长。我所见过的为数不多的优秀设计师，他们首先是很谦卑的，即使自己在视觉设计上已经很突出了，也在反问自己是否能提高一些交互设计的能力，是否能更多地接触用户，研究他们的生活方式和消费行为，这些都是自发的。某设计师的工作和生活习惯大概是这样：早上8：30起床，凌晨1：00—2：00睡觉，每天200～300篇行业新闻或产品数据分析，每天深入读10～15篇专业方面的文章，不错的Evernote笔记同步之，上知乎30分钟，工作随时随地处理，会议尽量控制，每周练习1～2个想法（有可能是交互，有可能是视觉），定期写文章（但不一定发）。每天坚持，永远把自己当成小学生，不要有“我好像已经是一个优秀设计师”的自我满足，抓住一切获取信息、丰富想法的机会，合理管理时间（严格控制自己刷微博，看朋友圈，QQ闲聊等时间），这就是全部，没有秘籍。

（4）在一个好的平台，合适的机会把你的能力展示到最好。世界是有偶然性的，你改变了主观，但不能改变客观，那些告诉你只要努力就会成功的人都是耍流氓，你要成为优秀的设计师，就要为优秀的客户，优秀的公司服务，或者自己创建一个优秀的团队，没有成功的产品，就不会有成功的设计师。我在“多看”发布的《闲言碎语》讨论了很多细节的话题，都和这个问题有关，题主可以看看，不是“软广”，是我写的东西，不想再重复一遍。

（5）优秀的设计师根本没有什么神奇的设计方法，也没有超级的设计武器，优秀设计师和普通设计师只是性格、习惯、敬业程度、责任心的差别，当你慢慢积累，变成熟的同时还在设计圈活跃的话，这些品质就会转化成你的格局、气场、个人魅力。

产品经理和交互设计师的关注视角和工作内容有什么区别

产品经理和交互设计师的关注视角和工作内容有什么区别？如果工作需要两个岗位同时做，想要都做好，有哪些注意点？

以前面对这种问题，我还经常仔细讲讲两者的差异和重心区别，最近这两年的职场情况让我重新审视了这个问题，我的意见是：不要再区分什么产品经理应该做什么，交互设计师应该做什么了，这两者的交集越来越密集。

这两者的终极目标就是让产品在生命周期内确保正确的方向，准确满足用户价值，理解如何平衡商业价值与运营成本的关系，在AARRR模式的基础上通过功能的规划、产品目标的设定计算，交互设计（可能还包括视觉）的最佳方案，尽力帮助产品成功。

以始为终地来看这个目标，当然是谁有更强的专业能力，有更全局的视角，有更丰富的经验，谁就应该站出来去推动成功落地。产品经理对产品的整体成功负责，交互设计通常为产品中的交互部分满足产品目标负责，这两者原本就是分不开的。现在很多大团队把设计师的岗位划分得很细，是期望在每个环节获得最高的效率，但事实就是沟通成本反而更高了，该省的时间也许并没有省下来。最高的效率当然是节省不必要的环节和沟通成本，同时确保整体输出品质，但满足这个条件的人才又非常少，所以成了一个悖论。不过，具备这样能力的人，一般溢价都很高，市场经济还是相对公平的。

我的建议是：模糊岗位给你的限制，你现在是产品经理不意味着你不用去思考交互，你是交互设计师也不意味着你应该忘记分析需求合理性，探讨商业可能性，以及大量地接触用户，研究用户。

同时做的见过一些，但是同时都能做好的真不多，一是项目压力，二是没有给你“在开车的时候换轮胎的时间”。所以，一定要有取舍，分析一下你的职业现状，如果是公司发展中很缺产品经理，那么你应该先做好产品经理，同时补齐设计方面的能力、开发的视角、商业的嗅觉，最后达到产品负责人的高度；如果是没有交互设计师的支撑，你应该先把交互做好，然后拓展到产品层，输出对于产品的建议，从用户视角给出产品运营的想法，最后也有机会带领一个产品项目。

需要注意的是：

你要跨界两个专业领域，必然要花费更多的时间去学习、论证、研究，这是对你坚持的挑战。即使是两个方向，最终的目标还是合一产生价值，所以最好立足现在手上的项目开展，在实际项目的阶段性成功中找到专业自信，不要去搞所谓的概念项目来锻炼，不能进入真实市场考验的项目都没有什么价值。

专业的知识50%靠网络，50%靠专家，平时多和产品经理、交互设计师沟通你的困惑，交流一个小时比看一个小时的书收获大很多。

尽早建立数据驱动、商业聚焦的思维，设计师的主观判断在面对大量现实数据的时候，剩下的只有权衡和决策，这两种能力的锻炼是职业人的核心，一个懂得巧妙权衡和逻辑决策的职业人，做产品经理或交互设计师都不会差。

想要改变目前团队的运转模式，如何做体系化建设

目前我们团队在公司是作为设计资源池来支撑各条业务线（团队由用研、交互、视觉、前端组成），公司的产品、项目比较多，产品型占30%、交付型占70%（针对后台类型的项目，也做了组件化），设计人力跟随业务增长不断扩大，长期存在人力吃紧的情况，专业能力提升缓慢。基于华为或者其他大公司的设计团队，有没有可以改变的运转模式，基于运转模式，如何做专业体系化建设？（也考虑过一般性或者特殊性需求进行外包的方式，外包如何管理也没想好。）

其实腾讯或者华为这样的大企业，内部的设计团队也会遇到类似的问题。目前互联网产品的发展现状对设计团队的要求应该不仅仅是交付，随着业务阶段不同，也会要求设计团队产出满足用户需求的创新设计、产品概念、大版本整体改版、小版本迭代演进、运营设计等。对设计管理提出了更弹性的要求，也对设计管理者的挑战越来越大。

做专业体系化的建设前，要回答非专业的几个问题才能给出具体建议：

（1）公司或者产品现状对于设计的依赖究竟是什么？设计对于企业的成功来说，可以做很多事，也可能什么都做不了。准确地诊断现在需要一个什么样的团队，是回答这个问题的关键，只有那种确信好的产品才是企业命脉的管理者才会要求建立一个专业的设计团队。否则你们的矛盾仅仅是围绕在“专不专业我不知道，反正没有满足我的需求”这个层面。

（2）对于研发（通常设计师在职业序列里面是划归到研发线的）支持团队来说，是企业的成本，所以如何在研发投入适当的情况下，产生高于成本的价值是每个老板关注的。这就导致了需求增加—招聘更多设计师—为了让人手饱和，增加更多需求—人手再次短缺。这个恶性循环是不可持续的。问题的症结在于产品团队也许没有对研发投入的平衡感，缺乏成本意识，所以必须要和老板、产品团队就目前的研发现状与质量做一次排查，我们究竟是无效的需求多了，还是人员的效率没有激活，还是软性沟通成本太高，导致人员都放在了不合适的位置上。

（3）你们和业务线的结算关系，合作关系是什么？如果产品和项目很多，人员数量不够，专业度也参差不齐，最容易演变成“只选择那些对设计团队价值更大的项目去支持”，最后会在内部造成更多的新问题。如果产生了这样的问题，那么运转模式的转变很容易——集中式的设计中心会被拆散到各个零散的业务线中。这种情况在国内的很多UX团队中都出现过。

在确保以上三个问题有清晰答案的基础上，再来谈如何建设设计团队的专业度才有意义。

（1）优先重点培养团队中的一线主管，就是那些天天和设计师一起干活的人，小Leader，他们的水平直接决定了一个小设计组的成员的专业能力、眼界、软技能和职业性。他们对团队在文化和氛围上造成的影响远远超过他们的岗位职责和薪水。

（2）建立设计团队的知识共享库，设计方法论（包含设计、沟通、协作、ROI计算等），甚至考虑将这些东西工具化、流程化，植入到每一个新加入的设计师脑中。

（3）在设计决策的过程中，尽量让一线设计师参与每一次讨论，不要做领导直接决策只让设计师执行的事情，一次都不要。

（4）你们的设计总监要致力于建设团队的凝聚力，凝聚力靠的是他要能扛事，他的专业水平足够将设计的专业度传播出去，因为一线的设计师去讲，别人可能不会认真听。

（5）你既然觉得专业提升缓慢，就应该去分析缓慢的原因，而不是仅靠作品输出的品质来对比，任何一个团队都不缺问题，大家缺的是方法，更缺那种愿意去做的人。

（6）管理团队要有定性，如果现在的企业环境、产品阶段就是对现在团队模式的自然选择，那么不改是不是也是OK的？设计师也不喜欢成天搞运动，搞革命。管理团队必要时也要有弹性，也许是你感受到最近团队中爱抱怨的设计师多了起来，大家的冲劲不够了，但也许不是所谓的缺乏体系造成的，找到问题的根本，再去考虑从哪里着手。

（7）体系化是长期改良的结果，不是一开始就设定好框架去操作的，可以先找到团队中最突出的问题，作为突破点，成立一些专项，去运用你觉得先进的方法，在专项中放入最开放、最愿意变革的设计师，然后为专项找一个能短期反馈的评价标准，做成成功案例后沉淀出案例分析，再逐步推广。

怎么才能让领导正确认识设计的重要性

在传统国企、互联网，公司领导觉得技术才是主流，觉得设计就是美工，怎么才能让领导正确认识设计的重要性？

国企有自己的一套价值观和行事原则，而且不同行业的国企可能会差别很大，但总的来说，领导具有绝对的权威和决策力是比较明显的。

既然已经和互联网沾边了，那么这个国企的做事方式，看待用户的方式应该不会那么刻板，还是有机会提升设计师的地位的。

改变自己的心态，先把领导关心的、能理解的事情做好。我遇到过一些国企领导，甚至认为设计师就是出黑板报的，这也没有问题，如果领导让你出黑板报，你就要先把黑板报做到全公司、全集团最好，产生内部的正向影响力和反馈，让领导先对你有专业上的认知，再尝试去做好那些你认为更重要的事。否则在领导看来，你这点小事都做不好，还能交给你什么任务呢？

多和核心技术部门的负责人、一线工程师交流，看看他们做的事里面哪些可以从设计方面提升。没有人会拒绝更简单易用、更美的产品设计，哪怕是工程师，也希望自己的软件代码比别人更优秀、更清晰。所以从技术侧发起设计的改进计划，也是一个选择。最后联合技术部门一起做产品的升级，在升级中带入设计的价值，这样老板更容易明白。

相比用户来说，国企领导更关注他上层领导和客户的想法，研究并理解你们公司的客户究竟是谁，有时候掏钱买你们产品和服务的人，并非你的真正客户。找到各种渠道收集整理真正客户的反馈，形成数据报告，加上自己的设计方案，给老板做一些简单的汇报，逐渐建立你们是解决问题的核心，而不是单纯美化界面的人。

最后，在国企里面即使领导认为设计很重要，也不一定会给你升职加薪，如果你认为这不是问题，大胆去做吧。

用户体验团队与开发团队的异同有哪些

在建立用户体验驱动的文化时，跟同级的开发主管建立共识需要注意哪些方面，两边的差异点是什么？

设计师和开发者都是专业驱动型工作，其实本质上应该有很多共同语言，但是因为专业方向和思维方式不同，所以容易引起误会。

不要在开发侧提什么用户体验驱动，尊重用户体验这个是常识，软件开发出来也是期望用户能用好，如果这个认知都没有，那就是开发人员的基础常识不够，要先做普及教育。

考虑一下目前开发团队的架构、管理方式、开发流程，不要在别人关注稳定性的节点去做界面像素级优化的事，也不要在后端压力测试的时候想着上什么新功能。这些属于项目管理的事情，先和项目经理、产品经理沟通好，再去顺应大研发流程提出设计需求，提高需求接纳度。

关注开发团队的核心KPI，通过一些设计方法和沟通流程的优化，让开发团队的成员尽量少开会，多进行有意义的决策，帮助他们解放时间去写代码。因为任何影响他们编码的人，都会被认为是嘴炮，不落地。

和开发站在同一视角看问题，基础的开发常识、逻辑、专业术语，自己去学学，自学能力不够就邀请开发团队的主管到团队来帮助培训几次，别人说什么你完全听不懂，还要费劲和你解释，那么就很难达成共识。同时你也可以给开发团队讲解一下UX设计的基本原则、设计方法和设计思维。

学会共享知识和信息，团队内各种产品信息，用户反馈，老板的挑战，都可以同步给开发团队，不要孤立地认为他们只是写代码的。另外遇到一些小问题，可以自己先去Github搜搜别人的代码，到Stackoverflow上面提问题，通常会有不错的源码和答案。

一方面可以提升大家解决问题的效率，另一方面也是自己学习的过程。

不要随便说“这个很简单的，你很快就做出来了”，这和对设计师说“这个比较快，你今天出两稿来看看”都一样很令人反感。

设计和开发都是需要专业思考、深入洞察、符合逻辑提出解决方案的过程，粗暴地简化别人的专业性是对专业的不尊重，不从专业出发，也就很难达成什么具体的共识。

如何让公司了解到用户体验/UE带来的商业价值

我在一家互联网金融公司工作，同一个App里不同事业部设计师在设计，而且其他事业部没有UE，老大不是产品出身，对用户体验不懂，以为只是做得好看炫酷，我作为一个统筹部门的UE，如何让整个公司了解到用户体验能够带来的商业价值，并且能够让公司看到UE的价值?

首先做一个当前版本产品的UX审计，包含以下几个方面：

（1）产品呈现是否很好地满足了商业目标。找各种运营数据来分析，如目标值和偏差值，以及用户行为数据，提出一些UX设计上提升商业数据的假设。

（2）对产品目前的核心用户做一次访谈交流，包括观察、高级用户访谈、焦点小组等，收集用户现在的投诉、建议、反馈等。

（3）把这些数据分析、用户调研的结果做成一个表，要逻辑自洽、美观、简单。找一个高层比较聚集的场合去汇报，只说现象和看到的问题，然后告诉大家你的下一步计划。

（4）作为统筹部门的UE，应该为整体体验负责，所以组建一个短期的攻关小组是比较可行的方式，比较容易针对上面看到的问题，快速拿出一些解决方案，投入到实际运营中实践，如果产品大版本不支持，可以做一个先行版之类的。

（5）把设计改版后的数据，用户反馈，再做一次回顾分析，比较之前的方案看看哪里有提升，再做一次汇报。

（6）把做过的这些东西导出为标准设计流程、设计指南和设计系统，具体根据你公司的规模，部门大小，产品线交织情况来定，然后固化成组织流程，并组织设计师学习掌握，再制定相应细节的各种设计方式和验证流程。

如何量化运营视觉设计的价值

（1）有什么方式可以量化视觉设计的价值？

（2）例如一个引流的运营活动，我的理解从数据指标上可以从各个模块点击、页面停留时长量化，除此之外还有别的可量化的数据指标吗？

（3）又比如一个运营活动主视觉，设计师从情感化设计的角度进行视觉呈现，那么这部分产生的价值如何评价好与不好呢？

（1）很奇怪的逻辑，为什么要量化视觉设计的价值？“美即生产力”，没有听说过吗？“颜值即正义”总听过吧？高冰冰80分，李圆圆就是75分？在主观审美，情感价值上，视觉是无法量化的，只有选择的不同。

但是在看不看得懂，看不看得清，信息传递是否正确等功能价值上可以适度衡量，但要在合理的场景和范围内。

（2）你说的指标可以衡量，不过也只是给老板一个交代，运营活动Banner上写“参与即送100元红包”管用，还是设计6个风格做AB测试有用？逻辑正常的人都知道答案。

只要视觉风格符合主流审美、产品调性和品牌规范，做到60分以上后，对于中国的消费者来说差别就不大了，第一是大多数用户没有分辨细节的能力，也缺少耐心和时间；第二，有些产品是不能设计得“太美的”，这个说起来有点复杂，涉及消费者行为学和市场营销理论。

（3）你的情感可以和用户共鸣，和普世价值观贴合，甚至能创造出好的格调、优雅、舒适等感受，就是价值高的。谁来评价很重要，我们的做法是选择团队中最有钱且受过良好教育的人来评价，如果能找出几人相互讨论或辩论一下更好，经济基础决定上层建筑，这个世界的运转逻辑就是这样的。

产品经理与交互设计的协作方法

产品经理和交互设计师是如何分工合作的？是否有规范的流程？另外，一份优秀的PRD文档应该包含哪些内容？

产品经理通常和交互设计师是紧密合作的，产品经理更多关注产品需求和竞争力、公司商业需求、产品价值定位、团队对需求的理解和项目管理等；交互设计师更多聚焦在用户体验，任务流模型，交互关系与方式等。

流程不是重要的，重要的是如何更快地把事情解决掉，我个人倾向于轻流程、重合作，双方主动自驱地搞定问题。一般需要强流程的工作环境，通常都是因为组织内人员缺乏紧密合作习惯和信任不够。

一份合格的PRD文档通常是（优秀这个问题主要看人，有实力的产品经理，5句话就能说清楚需求的逻辑和产品的价值，PRD反而没有那么重要）：

- 版本迭代记录：没有这个，产品的历史不好追溯，产品经理离职，后面的人会一头雾水。
- 设计流程说明：不是每次设计产品都会用一样的流程，流程本身也在调整，所以需要公示。
- 任务流与交互原型图（也有自己上高保真开发原型的，有资源的大厂会做）：产品规则、内容、交互原则与具体设计。
- 需求分析：讲清楚为什么要做，做了有什么价值，最好有用户声音和数据证明。
- 产品风险：描述商务合作、人力成本、时间成本、资源支持、技术实现等风险。
- 需求很大、规模很庞大的项目，可以加更多的详细设计：产品架构分析、流程图、竞品分析、功能列表、功能结构、详细文案等。

- 产品运营计划：产品上线才是开始，后面运营才是大头，准备怎么做一开始要有基本策略。
- 非功能性需求：数据需求——数据统计和分析，打不打点，怎么打；性能需求——服务器，带宽预计；服务需求——要不要客服，要不要呼叫中心，用什么CRM；营销需求——是否需要广告支持，市场活动，或者单纯买搜索关键词；安全需求——账号密码，支付等；接口需求——调用内部，外部服务接口；法务需求——这个不用解释；财务需求——预算，结算等。
- 本质问题不外乎两个：产品做完了效果不错，你准备要怎么继续做大——战略和策略；产品做完了效果不行，你准备要怎么收场——后续维护和处理。

THINKING IN DESIGN

团队管理／团队沟通

UED团队如何验证调研布局方面的问题

目前UED和产品团队对页面的布局或设计的样式产生了很大的分歧（网页端），比如UED团队认为页面应该纵深下来，产品团队认为东西挤在一起了，不利于阅读。各有各的理由。作为UED团队，我们应该如何去验证调研布局方面的问题？

设计的方案决策无外乎受几个输入的影响：

1. 用户反馈和行为数据的表现

如果是迭代的需求，一般用户的直接反馈最能体现可用性问题，行为数据反映了这些反馈的广度，是否值得去解决，解决的优先级如何；如果你们没用行为分析系统去分析产品的话，这个就有点麻烦，要先建立这个平台（或者引入一些外部工具），否则决策都是拍脑袋，做产品有一个原则："只有上帝才可以不看数据。"

2. 充分而恰当的竞品分析结论

如果你的产品是从0到1的，可能缺乏内部数据与基础用户验证，那只能看竞品是怎么做的，你要相信你的产品绝对不是地球上第一个要解决类似问题的产品，如果找不到直接竞品，也可以找到间接竞品；对于竞品的选择要准确和客观，不要看谁做得大就抄谁，可能你们要面对的细分用户根本不一样，大多数产品经理的竞品分析结论有问题，很多时候都是竞品选得不对。

3. 信息设计的基础原则和范式

无论是网页，还是移动端App，都发展了这么多年，有一些既定的设计方法和范式是经过大量产品验证的，不要觉得自己想出了什么创新的交互方式和功能实现，你的"创新"大概率在用户看来只是设计师在刷存在感，反而会影响用户的操作习惯，降低效率；所以老老实实地在合理、成熟的范式上搭页面框架，然后结合业务特征去设计内容的层级，基于逻辑来设计就容易达成共识。

4. 一些特有的商业需求、老板需求与客户需求（依赖后期测试决策）

有些需求不是完全从用户体验出发的，虽然用户体验很重要，但它只是产品发展要素之一，如果有一些战略的调整，客户的需求，老板的洞察确实需要在这个阶段引入一些特化的设计，那么应该在同步信息的同时，给出测试方法（无论是可用性、接受度、NPS、还是AB测试等），然后观察灰度期间的表现，通过实验数据做最后决策；设计师不要无脑地坚持自己所谓的UCD思想，在商业流程中，设计师掌握的信息有限，如果方案决策的因子超出了设计师的信息范畴，应该上升，让更高层来决策。

视觉设计师如何与交互设计Leader汇报

最近我们事业群设计团队（100多人）在进行架构的调整（拥抱变化），因为业务的调整，我们和别的组合并，所有组Leader层进行岗位轮换。刚磨合8个月的Leader去带别的设计组，我们面临着和新的Leader重新建立信任以及业务的对接。你怎么看待这样的策略调整？在你的职业生涯中遇到过这样的情况吗？这样又如何与新的Leader建立信任关系？以及我的岗位是产品视觉设计师，新Leader是交互出身，带过交互团队，以后组内视觉评审应该是直接和新Leader过稿。对我来说，后续如何能保证得到有效的指导，保证设计的质量？

管理层轮岗调整以后可能会越来越流行，是管理层成熟度提升和激励业务活力的做法，正向意义大于负向影响。

我的职业生涯中当然遇到过，其实从设计侧来说没有什么特别的不同，设计管理本来就应该是全视角，全流程的，只是可能有些管理者经验不够，专业技能偏科，对业务的理解速度不太有效率，导致需要一些过渡适应期。

你怎么与之前的Leader建立信任关系的，现在还一样，设计师工作主要依赖高品质的产出，当然Leader的风格可能会有不同，但再怎么个人化，也不可能超过企业文化和团队习惯的边界，只要你的职业化行为和产出是符合公司绩效要求与价值观的，多观察和沟通即可。

交互出身完全没有视觉能力吗？那要么就是Leader自身提高，要么就是组织和其他团队高阶视觉Leader的跨专业评审，对我来说交互和视觉是不分家的，我没有遇到过这种问题，指导一方面靠专业自查和系统性工具，一方面依赖团队内部的互相学习，其实Leader即使是一个高阶视觉，给你的帮助也就那么回事，成长更多还是靠个人思考与复盘。

关于设计评审的标准

你在做交互设计/视觉设计评审时，你的评审标准是什么？能分享一下吗？或者设计自查表，帮助设计师做设计自查。

设计评审时要提高效率，应该都是交互和视觉放在一起看，分开看既没效率又容易漏查漏评，落地到实际的设计要素上，就是颜色、形状、层次、架构、空间关系和版式，交互上还包括输入—输出范式、状态、反馈、系统能力等。

尼尔森十大可用性原则是必须掌握的，但是掌握原则并不是背下来，而是把原则转化成启发式评估的手段，比如使用颜色强调某个控件，让用户更容易注意，使用进度条让用户预知需要等待的时间，使用图标可视化的区别来分辨开/关状态，这些在原则中只会简化成“系统状态的可见性”，其中抽象原则到实际具象案例的转化，就是设计师的经验。

一致性也是评审中经常会发现的问题，包括使用颜色的一致性，字体字号、文字层次的一致性，元素大小和位置的一致性，间距的一致性等。目前关于字体一致性的工具，中文还没有特别好的工具，英文可以用Frontify。

设计评审中的优先级排序一般是：满足用户需求>可用性>直觉>一致性>审美，顺序搞错了，一般是参与评审的人的Mindset没有对齐，或者是大家对原则性的东西理解不够。

至于网上那种发布的Checklist之类的内容，有一点用，但是在实际设计过程中用处有限，因为缺乏经验和对细节关注的设计师，就连Checklist本身都理解不了，或者记不住，那就更谈不上对其中原则和案例的内化了，变成自己设计过程中的下意识思维。

10人以上的设计团队需要设计评审吗

你觉得一个十几人的设计小组有必要组织设计内审吗？内审会不会很浪费时间？完全由小组长把控所有方案的细节可行吗？

设计组内评审是非常必要的，一方面是通过不同设计师的视角发现自己不曾意识到的问题，当然前提是大家都有对用户的同理心，且有用研和数据分析方面的辅助；另一方面是通过评审帮助大家对齐团队品质要求，沟通模式与建立共同协作的习惯。

内审会不会浪费时间在于评审能否帮助方案更加成熟和完善，效率低下，没有建设性建议的评审只是在走过场，确实会浪费时间，但这不是评审本身的形式问题，而是组织评审和参与评审的人的问题。

不一定完全由设计组长把握最终方案的确认，除非他的综合设计能力与设计决策的经验获得了设计师与协作方的认可，我们的操作方式是：

大型和复杂的需求必须有组内评审的环节，且评审过程可记录、可检查、可追踪，每次评审的Todo都必须清晰，在过程中如果大家提不出更好的建设性建议，则有设计组长来确认，然后根据后期的设计验证来看是否需要更好的迭代，比如AB测试、可用性测试、灰度发布等。

对于小型需求，设计师作为一个模块和功能的设计Owner，应该有自己的决策权和执行权，这个时候设计师自己控制品质，但是设计师要为最终的品质、用户评价负责。如果超过3次都出现问题的话，设计师自己用Case study复盘设计过程并主动改善，没有改善的重新进入组内评审环节或者模块负责设计师换人。

设计评审应该注意什么

设计评审应该注意什么？或者说相关的要点是什么？

（1）明确评审目的，和期望得到什么程度的结论（避免过度宏观或者过度细节）。

（2）明确最终决策人或者机制。

（3）控制评审的内容数量和时长，不超过2个小时。

（4）所有评审结论都需要记录。

（5）出现重大分歧，不要先实施再修正，应该上升到更高层级决策，并写入Case study。

（6）设计评审聚焦设计本身，非设计领域邀请对应的产品经理、研发专家参与回答。

（7）用研结论、测试数据、专家评估意见等尽量提前准备好。

如何对交互和视觉设计稿进行评审

如何对交互和视觉设计稿进行评审？评审时应该关注哪些方面？有哪些比较通用的评审原则？

每日组内评审，Leader审核第一轮，叫上总监、产品、技术等。再过一次是第二轮，重大特性，需求太复杂的可能会组织专项汇报，以及给老板的汇报，至少3轮吧。

评审时关注：需求闭环、场景闭环、可用性、一致性、信息设计原则、情感化。

原则是根据设计目标、实际用户需求、产品场景而不同的。对于设计规范的遵守和打破不是简单的是和否的问题，所以不可能有一套原则，你去遵守了，然后评审对照这些原则画钩。

基础的认知心理学原则（如格式塔原则等），可用性原则都是可以参考的，但是很多情况都是在评估非常细节的东西，这个时候通常做的是评估选择，有时候也有妥协。

关于促进团队总结分享方面的建议

我团队的同事在分享上一直积极性不高，总有一种逼迫着大家的感觉，产出质量也一般，就又会损伤同事们听分享的热情。在促进团队总结分享方面有没有好的建议，你是怎么思考、操作这个事情的？

要诊断一下不愿意积极参与分享的原因，然后调整做法和要求。

（1）有可能是平时工作太忙，没有办法准备特别充分的分享，这样不一定要求每个人轮流去准备，可以按照兴趣小组的方式，让2～3个人一起结队，这样在准备的过程中也可以讨论，每人准备的工作量也不会太大。

（2）现场分享对设计师的演讲能力有一定挑战，可能你团队中的设计师首先不知道分享什么，其次对自己公开演讲和演示的能力不够自信，你可以先培养他们这方面的能力，你自己来做分享和演示，然后让大家逐渐进入角色。也可以让分享的仪式感更强一点，比如做一点年度最佳分享奖的评选，奖杯奖项，甚至纳入KPI都可以。

（3）听不是最终目的，最终目的是让大家一起对某个话题有思考、有讨论，所以分享不能是简单的“某个人讲，剩下的人听”，最好留出自由讨论环节，大家交换意见和看法，形成开放的沟通文化，这个价值比分享本身的知识点还要重要。

（4）如果大家一致认为分享并不是团队目前最好的方式，就不要刻意强求了，可以改为其他方式，比如发创意周报邮件，自己做设计类杂志等方式，总之为了达到提升专业水平，促进专业交流的目的，任何形式都是可以的。

如何改善设计分享会的内容质量

我们公司有个周五设计分享会。但分享质量参差不齐，今天的分享我直接怒了，不仅知识陈旧，还有些知识点没讲清楚。之前也会出现内容无聊，或拖延几个星期才分享的情况。怎样做可以有所好转呢？

先要让团队成员每个人都理解设计分享的意义和目的，如果有人不认可，或者觉得只是一个工作任务应付一下，当然质量就上不来。

进行设计分享会不能流于形式，是要经过策划的，这是建立团队整体热情好学气氛的一个手段。需要安排好计划表、主持人、主题范围（最好能与工作实际需求强相关，方便学以致用）以及每期的节奏控制。另外，有时候换一些地方来做也是很好的，比如去外面的咖啡厅、桌游吧，地点要有趣，也更容易激发讨论气氛。

先确定设计分享会对于团队整体专业建设和氛围建设的帮助程度有多大，然后与团队成员聊一次，我们为什么要开这个会，这个会举行一年以后，对团队有什么帮助，大家会进步到什么状态。有了目标，参与感才能突出。

把设计分享会纳入团队横向建设的工作之一，团队横向工作成为每个设计师的KPI的10%左右，与个人晋升和切实利益绑定，即使一开始不太愿意，也不会直接反对。

你作为团队Leader，首先自己要做几次有代表性的分享，把分享会的专业要求与主题范围定下来，供大家参考，有了明确的质量指标，大家才知道往什么方向去准备。

分享会的结果需要沉淀，只是大家听了可能不够，是否发到团队的公众号上，是否在公司内部宣传，给其他部门赋能？是否能提炼一下案例、文字，出版一本书籍？这些都是把分享会本身变得更有价值的事。

准备分享，讲出来，获得大家认可，得到良好反馈，进行下一次准备。这个过程本身就是产品设计的过程，要把这个过程中的每个环节拆出来给大家讲透，这样操作的时候才有针对性，如果你没有讲清楚要求和标准，等别人分享时才不满意，团队成员也不知道该怎么修正。

设计管理者需要具备的特质，怎么提高设计管理能力

我感觉设计管理是特别考验情商的一件事，我自觉情商不高。请问您在管理过程中有哪些技巧或方法能提高设计管理的能力？另外需要具备哪些特质才能做好设计管理？

设计管理通常包含设计项目的专业管理，设计师的人力管理。

专业管理首先是自己的专业能力要过硬，要快速学习，驱动自我成长，在专业讨论时注重信息的传达，而不是情绪化的评价。专业日常积累，要关注的是行业在发生什么变化，来自用户的数据和声音，专业输出的文档品质，设计理念和方法的积累，设计提案的沟通技巧等；然后就是横向的视角，一个设计方案从开始到落地，究竟会有几个阶段要实施，障碍来自哪里，需要多少人和部门配合，这个过程你要很清楚，找出问题去解决。

人员管理会牵涉到情商的问题，因为很多年轻设计师会比较敏感，职业性待训练，玻璃心，爱玩等。这个时候需要的是针对不同场合建立自己领导力的机会，玩在一起时你更

投入，吃在一起时你更聊得开，遇到利益分配时你会为大家争取利益，碰到团队矛盾时你会客观处理。

管理的最佳状态还是不要从管理出发，员工和上级的关系并不能激发创新，但是彼此作为支持的伙伴，这样就会顺利很多。

设计管理中，一开始专业最为重要，团队超过15人时，针对人的优化就开始需要更深入，更细节化。

设计方案有必要比稿吗

如果一个UED团队总是用比稿思维来出多套设计方案（每套都是视觉化去表达几个交互典型页面）让PM去挑以确定设计方向，不管项目大小，这样到底有没有必要呢？

设计师应该主动提供多套方案，呈现自己的各方面思考和设计过程，并且给出优缺点的预先评估。把设计评审决策变成做判断题或者选择题，而不是让设计管理者和非设计参与决策人帮助你做问答题。

需要淡化“比稿”的概念和提法，特别是不要在小团队中建立起设计稿比稿后通过，通过率高的会影响KPI等行为，这是在助长小团队抱团，设计团队封闭化。长期来看，对设计团队的氛围建设、专业提升只有负作用。

不能让PM去挑，一定要先通过团队内部专业评审，可以邀请PM或者产品部门老大一起参加，设计部门的第一负责人一定要在场，解决各种问题。直接让PM挑方案，不会完全站在体验角度来提供客观建议。

大项目、大需求是必要的，包括多方案的设计、测试、验证等，因为可以降低失败率，小需求可以考虑用设计规范、设计原则来控制，不是什么设计需求都要看到方案才知道后果的，设计的解决方案在不少细节上都是常识，大家建立一个达成共识的规则就行了。

汇报设计方案时怎样才能具有说服力

在原型评审会上，我觉得很好的方案，对标竞品也是这么做的，但别人不能接受，有什么方法可以让方案演示更具说服力吗？

几个设计评审的要点：

（1）设计评审过程中，至少需要以下几个角色在场：产品负责人、设计负责人（至少是这个模块的负责人）、技术负责人。如果有项目管理、资源方面的问题，现场有协调人，或者知道这个问题该怎么跟进。

（2）设计负责人对你的方案是非常清楚的，知道优缺点，最好在会议未开始之前这几方有简单的共识，讨论过一些细节。

（3）“你觉得很好”，还不够，要在客观的视角上证明为什么是好的，设计是关于“Why”的问题，而不是“How”，你的方案背后的用户需求、产品价值、技术支撑、数据支撑，这些周到的考虑和分析，才能提升你方案的说服力，让参与会议的其他人能理解，找到认同点。

（4）落到设计本身，你的交互应该是具备完整逻辑和各种场景条件考虑的，你的视觉应该是有合理的视觉要素考量的（比如用户喜好、风格定义、品牌相关性、色彩心理学、认知心理学的分析等），说不出所以然的设计出发点，就会被别人认为专业能力不够。

（5）“对标竞品”是基础工作，找到优劣不同，目的是让自己的产品更好，和竞品一样也许就不是这次设计评审的目的，你在竞品分析后的洞察落实到了设计方案的哪个部分才是大家关心的。

（6）如果你符合设计逻辑地展示了设计的思考过程，也有完整细节的设计稿输出，别人依然不能接受，多半就不是设计本身的问题，有可能是团队利益冲突，KPI导向不同，甚至可能是团队老大之间的个人恩怨（这种事真的不是电视上演的而已）。

THINKING IN DESIGN

团队管理／团队影响力

如何做好设计部的年终总结

如何做好设计部的年终总结？好的年终总结应该具备哪些要素？

先了解年终总结的目的是什么，不同的公司管理目标和文化，写总结的意图和风格不同，有些公司聚焦复盘问题发现机会，有些公司强调聚焦成绩以方便做年终评估，有些公司只是为了加强跨团队交流和合作，更好地同步信息，对齐视角。

其实没有所谓的年终总结万能公式，总结好不好完全取决于目标用户是谁，是你们CEO，还是+1 Level的领导，还是跨部门协作的Stakeholders，先了解对应的目标用户想看什么才是关键。

设计部门的总结通常来看有4个部门比较重要：

1. 今年做了什么，以及为什么这些事有价值

设计部门可能一年会处理非常多的需求，但是流水账式地呈现肯定是没有意义的，可以聚焦重点，选择3个左右最核心的需求，讲出商业价值、用户价值和相关的数据指标呈现。

2. 对公司的业务贡献是什么，建立了什么设计竞争力

可以包含产品的用户满意度、品牌口碑、竞品之间的设计差距等，很多公司是把设计部门作为成本部门看的，那么部门管理者是否有利润视角就是改变部门价值的核心，通过做的重大项目逐渐降低成本，提升利润才是优秀的设计管理。

3. 部门内部的文化、价值观、人才建设

部门文化和价值观是否和公司的对齐，做了哪些延展、深入的事情，让设计团队更好地与业务、用户站在一起，俗称的设计赋能，另外团队本身的人才建设需要尽量数据化，客观地体现，可以和去年做一个对比，包括人才数量、职级、教育与从业背景、能力模型、当前业务支撑力度等。

4. 关键点的复盘，规划下一年的工作

需要自主发现部门在组织、管理、运营上的挑战和问题，这些问题是来自管理，还是来自业务，有没有针对这些问题做抽象，给出尝试性的解决办法，并分解到下一年每个月的工作计划中，形成合理的计划，如果能够把这些解决问题的办法、过程提炼为公司共有的管理资产分享出去就更好。

如何将设计团队的分享会办得更好、更有影响力

如何将设计团队的分享会办得更好、更有影响力？

（1）说一下大概背景：我们设计团队约100人，每季度会办1～3次大型分享活动。

（2）分享者的组成：外部专家（行业内比较有经验的外公司的专家来分享）、内部重点项目复盘分享等。

今年的分享由我组织，求经验分享。

首先要搞清楚影响的范围和影响的目标，对公司内的影响力要贴紧业务诉求和大家共同关心的问题，对公司外的要分是不是售票，带商业性质的基本是刷私域流量和办活动的路子，公益的话就是广告性质带招聘为主。

可以先复盘一下之前的分享活动的评价与反馈，既然是分享，能够让参与者都真正学习到经验或者得到新的启发是很重要的，活动本身也是一种产品，关注用户需求、深入用户调研，才有助于越办越好。

活动一般分几个重要环节：

（1）主题是不是吸引人，有没有前瞻性，大家从这个主题上能不能找到更多的共同话题。

（2）嘉宾是谁，不同级别的人，不同领域的人会带来不同的视角，也要注意嘉宾之间的互动和交流，很多嘉宾为什么来一个活动，往往是因为这个活动里面也有他/她想见的人。

（3）形式和场地的匹配，单纯的酒店演讲，咖啡馆聚谈，还是艺术剧场的TED型分享，不同的形式会吸引来不同层次和气质的参与者，参与者决定了互动的气氛。

（4）会前宣传，会中服务，会后总结与宣传，是考验分享组织者的经验和耐心的部分，大到有没有优秀的摄影和剪辑，小到座位上摆的矿泉水是不是统一包装，方便与会者取用，拿出服务设计的细致和深入来对待活动，肯定会比其他走过场的分享活动让人印象深刻。

公司级年会上怎么做设计团队的总结

我负责一个8人的设计团队。团队有5位体验设计师，分别负责产品的视觉和交互设计；有2位创意设计师负责品牌和运营的设计。公司的年会，我会代表设计团队做一个团

队的半年总结和下半年规划。设计团队的总结PPT应该以怎样的思路展示才能最大化团队的价值和专业化程度或者说公司级年会上怎么做设计团队的总结？

1. 公司为什么要开这个会?

如果是例行会议，可以回顾一下之前开会的参与领导和讨论的话题，还有整个流程，以前会议中做得好的地方应该保留，待改进的地方可以在这一次提升。公司级大会一般成本都很高，特别是参会人的时间成本很高，所以如果有留给设计团队汇报展示的时间，一定要在有限的时间内说清楚对“绝大多数人”都有价值的成果，以及“公司最高决策层”对设计团队产出的期望，目前完成的情况。

2. 既然是总结，肯定要聚焦成果

半年时间是绩效评估的合理、常规化的时间，应该先有一个整体的全貌把团队的情况做一个总结。因为有一些领导和其他部门的同事可能平时对设计团队了解不多，所以先用数据展示一下团队的人数、岗位、支持业务、产出的成果、获得的专利或者奖项等，对大家有一个宏观的了解很有帮助，可以用数据可视化的方式来说。

然后重点介绍半年内的重点项目，比较有全局影响力的那种，你做了很多日常迭代需求没有意义，做了1～2个对产品竞争力，业务商业化，企业影响力有帮助的需求才是关键。而且你的汇报时间是有限的，让大家记住1～2个亮点，比冗长的列表更有印象分。

那种罗列大量工作的呈现，会让人有“没有功劳，只有苦劳”的印象。

3. 外部团队理解的专业化是不一样的

大部分协作部门对设计团队的认知还是停留在“把东西做好看”的基础上，所以最有效的体现专业化的技巧是视觉化+用户视角。

视觉化：你们汇报的Keynote一定要是全公司最美观、易读、简洁的，做不到这个，信任感也就没了；然后把作品和关键产出做一个视频，帮助也比较大；高效、美观的数据可视化呈现你们的流程、方法，还有结果，也很有视觉冲击力（当然，前提是有逻辑，有故事）。

用户视角：你们如何理解用户的，洞察了什么需求，驱动了什么改进，得到了哪些用户侧的正面评价和客户成功案例。如果时间够就讲一个具体案例，有用户访谈视频最好；如果时间不够，至少是图片+文字的现场还原。

PS：一般不要讲设计团队内部的团队氛围建设，氛围好不好是你的事，而且对于一些传统企业来讲，有时候“氛围轻松”=工作量不饱和。

对于团队、领导、部门这几个层面可以开展哪些系统性的工作，以提高影响力

我所在的设计团队规模不大，主要是负责产品组的一些设计需求（App UI，部分运营活动）。前段时间大领导说希望设计团队是部门的设计团队，不止是产品组，所以设计团队以后不止是负责产品组，还要负责整个大部门所有的设计工作，同时希望多招人来满足整个部门的设计需求。在这种情况下，我不想让设计团队工作处于之前简单的执行层面，而是除了能够完成设计工作还能自发给自己提需求提高在部门的影响力。现阶段设计团队也会主动和开发、产品沟通，建立线上组件库，提高工作效率，也会组织分享提高大家的设计水平，但是这些肯定是不够的。所以对于团队、领导、部门这几个层面可以开展哪些系统性的工作，以提高影响力？

设计团队的发展和专业能力要求，都要以业务发展速度和目标为基础，脱离业务做自己需求的团队，除了为了PR（当然部分Side project也是提升团队归属感、凝聚力等目的），想不出更直接的价值了。而且那种把设计团队自身需求的优先级提高到业务需求之前的，多半的命运都是被分拆。

1.对于团队

团队的规模不大，意味着设计团队本身的需求就不会太多，这样来看多参与专业建设和分享的现实收益会更大，所以做一些专业相关的工作（比如分享、兴趣小组、工作坊、Open talk、复盘会等）对团队的发展来说更有价值。而且这些工作的成果，可以复用到项目中，还可以促进跨团队之间的交流。

2.对于领导

我不知道你们领导是什么风格，但是每个领导都有自己的KPI，国内很多设计团队的领导根本就不是做设计出身的，所以你单纯以设计视角和他沟通是无意义的，他工作的核心目的是保住位置、获得预算（包括资金与人力）、扩大业务范围、获得上层的信任。所以，反过来看，他的困难就是你们应该努力的方向。毕竟如果他挂了，或多或少对你们还是有影响的，要获得领导的信任，就要学会分解他的KPI，然后围绕这些KPI建立专项去针对性解决。

3.对于部门

设计是一个支撑性、交叉性的工作线，因此所谓的部门影响力，是设计团队在别的团队口中的评价和眼中的认知。基于这点，设计团队在公司中如何存活才是你们影响力的基础逻辑，所以用设计方法与输出为别的团队赋能，建立双赢的合作，在项目中为别人的KPI思考，你的部门自然会有影响力。影响力的核心是专业领导力，领导力不是只有做了

领导才会有的，每一次的沟通，问题解决，经验沉淀，团队分享，重要会议等都是建立领导力的关键场合，这些场合说错几句话就可以把长期建立的信任和领导力摧毁，所以设计团队不要总想着搞什么大响动，放什么大招。你这些大动作可能在非专业的人看来，根本就没有意义，因为大家的目标不同。平时少说不着调的话，推进设计时想想别人的困难和目标，不要带着情绪做事，不要抱怨，比什么都强。

设计团队没需求时怎么发挥主观能动性

设计团队没需求的时候怎么办，应该做什么？

设计团队没需求，还是要找上游先对齐，是真的目前没有事情做，还是发生了什么产品策略，市场营销或者组织运营的变化。周报不是目的，周报上的事情是不是真的对公司很有帮助，公司看的还是你洞察问题，积极解决问题的具体成效。

可以先从一些细节出发，看看哪些东西是之前做得还不够细致，还有优化空间的，可以先做起来。

启动一些新设计方向的探索，从用户端思考未来用户的需求，期望是什么，做一些前瞻性的研究，分析和概念设计。

组织团队的设计氛围建设，当然这需要一些预算支持，把团队内部设计师的能力建设做起来。

进行用户的调研和访谈，走出去和用户站在一起发现问题，带回公司作为产品思考的输入，也可以联合市场部门的同事，一起做市场调研，用户群细分等工作，让未来的设计工作方向更明确。

如何制定UED的年度KPI来寻求突破

对于处于完成产品线交予设计任务的支撑型UED团队而言，应该如何寻求突破？如何制定UED的年度KPI？

如果是在产品线内部的设计师，团队向产品线汇报的话，通常设计师多多少少都会背一些商业指标的KPI，因为产品线的商业诉求是很明确的。在这个情况下，能够帮助设计团队工作的有几个要素：设计线老大和产品线老大一定要对齐产品目标和年度计划，因为目标不一致是产生矛盾的起点，需要充足的技术支持。比如打点统计，后台产品运营监测等，没有数据的支撑，对齐目标就会变成拍脑袋，也容易互相甩锅；建立合理的，快速的AB testing机制和支持，产品迭代中大量的问题都是测出来的，而不是设计讨论出来的。

UED团队要和产品线的目标靠齐，总的思路是基于产品目标的基础上分解出设计可以做的事，建立并聚焦设计竞争力。

设计师自主发起的项目如何推动并落实

设计师自主发起的项目如何推动并落实，如何有效地说服产品经理以及开发等?

“发起项目”的意思不是我们设计部想干这件事，大家一起来干吧。而是正式立项，走正规的项目管理流程，回答为什么要做这件事，这件事的价值，做这件事需要什么资源，支持，项目时间和收益分析，项目风险的控制，如何评定项目最终成功的标准。这些都准备好了，去老板那里讲清楚了，其他配合团队也认可了，才叫“发起了项目”。

现实情况中很多所谓的设计驱动的项目都是设计师“暗恋”的状态，自己做自己的，只关注设计层面的收益，不断强调设计的价值，希望大家尊重设计的价值以推进UX。没有好的落脚点和关注面，协作团队（产品、市场、技术、测试、运营等）为什么要投入资源支持你的KPI?

要推动和落实，就要从公司现在产品的实际问题出发，洞察出一个需要团队整体参与的，可执行的，有明显收益的问题。如果是你设计部自己就能干的事，你自己干好就行了。

（1）走正式的项目立项，可以考虑让产品帮助立项，重点关注商业价值和用户价值，带着用户数据和用户分析去立项。项目有正式发文，有组织架构，项目跟踪，项目经理任命才算OK。

（2）理解产品经理和技术开发的短期KPI目标，看看能不能包含在这个项目中一起打包完成，这样能事半功倍，不要在主线工作外任意安排多余、无意义的所谓支线项目。公司的资源有限，产品运作的时间有限，用户的耐心有限，况且大家都是来打工挣钱的，不是陪你完成理想的。

（3）如果要启动一个新项目，最好先考虑如何申请项目奖励（物质奖励和精神奖励都需要），大家一起挑战一个目标，最后还是要分肉的，一开始要谈清楚。

THINKING IN DESIGN

团队管理／职级与激励

设计团队负责的B端产品，可以做哪些年度KPI指标

设计团队负责的B端产品，可以做哪些年度KPI指标？

你这个问题实在太大，我尽量简单说清楚：

设计师的KPI和实际产品中的体验指标如果能关联好是最好的，不过有些设计团队还在用返稿率等简单的人效指标看团队产出，那么就很难统一认知了。

我理解有效，有价值的考核设计师的方式是把工作内容对应到设计目标，设计目标对齐到产品业务目标，逐层拆解又符合SMART原则，才谈得上真正的KPI，否则设计师很容易变成背锅侠。

（1）我们首先拆解业务中的体验指标，设计师的产出以优化指标为主，这是业绩的部分。

产品的愉悦度（满意度、推荐度、美观度），产品的健康度（参与度、接受度、留存度），产品的稳定性（秒开率、BUG率、修复率），每项可以再继续细分，比如留存可以分到次日留、周留、月留，然后对应设计师的工作交付的匹配，以及实际设计价值。

（2）设计师的综合能力与协作，包括沟通、推进、设计方案完备度、风险意识、团队协作、工作态度等，这是职业化的部分。

我们会有详细的职业化要求，团队中的每个人都是互相帮助且互相监督，共同为团队形象，对外合作负责，所以很多关键事件（含正面和负面的）就会成为评估设计师的参考。

（3）团队贡献，设计专利等辅助指标，这是设计师自我成长和帮助他人成长的部分。

优秀的设计师不是独立存在的，他也需要帮助团队的其他设计师共同进步，这是团队存在的意义，所以每个人在团队中都有自己需要贡献的额外工作部分，通过这些事情也侧面提升了自己的综合能力，这些事情不是强制要求，但是做了一般都会加分。

“最佳用户体验执行奖”怎么评选更公平

部门为了提高开发人员的这种用户体验意识，搞了一个“最佳用户体验执行奖”的活动，3个月评选一次。“最佳用户体验执行奖”包括个人和团队两个奖项，各取一个胜出的，个人这块出现问题了。个人评判的标准是一次性通过率，但统计过程中发现，有的开发人员是参加了3次UI验收，其中一次性通过验收的有2次，而有人参加了10次UI验收，一

次性通过UI验收的是4次，那么通过率按照一次通过来算的话，是不是不公平？怎么算比较合理和公平一点？

促进开发人员提升用户体验意识，一次性UI检视通过率有一点帮助，但这还不够。我们先说通过率的计算。

既然是通过率，肯定计算的分母是总提交UI检视次数，分子是通过次数，一除就知道整体百分比了，这还是相对公平公正的。至于为什么有些开发只参与了3次，有些开发参与了10次，这很好理解，因为不是所有开发都负责前端界面开发的，而且工作量的分配也不同，这个要和开发Leader一起来看看具体的工作分配，避免分配不均。

另外想把这事操作好，还要具体看一下开发侧的认知和配合情况，以及这个通过率对最终开发KPI的影响。

提升开发团队的用户体验意识，要把开发侧相关的用户体验因素权重提高，比如稳定性、性能、系统资源占用与消耗、BUG数、BUG解决率等，然后才是用户界面相关的1：1还原、调优，动画效果开发等。不要本末倒置，把用户体验等同于对用户界面的开发实现了。

设计团队的KPI制定的通用方法及考查维度

设计团队的KPI制定有没有通用的方法？一般会考查哪些方面呢？

设计团队KPI根据公司对设计团队的定位，以及产品的具体要求而定，有非常聚焦专业层面的，也有和产品KPI强绑定的。甚至有设计团队会考虑设计师的出稿数量，返稿次数和通过率等，但这些都不是最好的方式。

我建议的设计团队KPI考核方式分成以下四个部分：

1. 专业产出和结果：60%

设计师的专业产出结果通常由团队的主管评价，产品落地的实际用户评价与产品数据验证共同组成。设计团队需要支撑公司的商业成功，那么组织目标的商业数据指标肯定会分解到产品团队中，至于设计团队需要承担多少比例，需要设计团队负责人与产品团队负责人共同商量。如果不背商业指标的话，就只能靠定性的用户满意度评价来考核了。

设计竞争力是一个不可能完全量化的结果，有很多部分组成，其中最重要的就是用户的评价，有些行为评价可以做量化参考，比如体验项相关的NPS（净推荐值）；有些属于态度评价可以做设计洞察的输入，比如SNS平台上的用户讨论和投票调查。

2. 产品思维与协作：15%

现在对于设计师的要求越来越高，设计师是否具有产品思维，能像产品经理一样关注产品端到端的成功，成为一个基础要求。所以在设计团队中，除了对设计专业能力的要求，培养和训练外，还要建立和产品周边团队的良性沟通、思维互补、互相专业的赋能。

来自周边团队合作方的评价也会纳入设计师的考核评价中，通常由一些标志性事件构成。比如团队领导的表扬，合作部门同事的口碑，推动设计落地的成功率等。因为设计师不可能独立于团队以外工作，所以获得周边部门的支持，顺利把自己的设计作品推动落地也是评价设计师成绩的重要部分。

3. 以用户为中心的行为考核：15%

在一个考核周期内的设计工作，是否有相关的设计研究，用户研究支撑，设计师利用机会接触了多少用户，参与了多少次可用性测试，访谈……这些立足用户视角，与用户一起设计的具体动作，也是评价设计师工作能力和成果的指标。

有些设计团队还会要求设计师定期输出用户观察报告，竞品分析报告等，都是为了确保设计师不是坐在电脑前假想设计，如果设计师要真正代表用户发声，践行UCD设计方法，那么肯定会有相应的行为。

4. 团队横向工作：10%

设计团队的整体专业度和形象是由每一个设计师个体构成的，设计师也需要在忙碌的工作中，抽出一定时间支持团队的建设，无论是设计专业培训、分享、组织团队活动，还是一起产出设计相关的Side project，都是为了团队的整体发展努力。

这个部分的工作可能不直接与项目相关，但这会促使团队软实力的进化，比如团队的整体形象、设计氛围、设计师魅力、周边团队的印象，是否对招人有吸引力，都受这个方面的积累的影响。

工具类产品中如何做好运营设计管理

我们团队负责运营设计，服务的产品属于工具类型，目前产品相对成熟，运营方面比较日常，大的推广活动较少，设计任务是基本满足日常维护的需求。这种状态下感觉团队缺少挑战，进步不大。也很难留住高级的优秀设计师，刚入行的设计师学习积累一段时间就离开，导致团队竞争力一直不高。请老师给一些建议，从团队管理者的角色如何调整？

长期这样持续的话，团队的价值也可能被老板质疑，要小心。

首先，从已经有的小需求出发，做深一件事。比如一个小的Banner，也可以是品牌的封面，让用户看了记得住，不要觉得别人都这么随便弄一下，我就不当回事了。以前腾讯QQ团队的运营设计师，为了做一个登录界面的Banner，写脚本，拍照片，做设计前后弄了一个星期；再比如Google doodle，小不小？但是深度也可以很深。

其次，学会把一件事情做大，大型的运营活动要投入精力从商业角度出发，做成大样子，有调研、有数据、有分析，最后再复盘看看能不能提炼出产品最佳的运营策略，这个要和产品运营一起背KPI，要资源，要收益。团队在这个过程中才能被锻炼，小机会，大收获。

最后，这个行业跳槽率高是事实，你有心帮助大家成长，做好上面的事以外，最后也比不过别家公司涨薪50%，不要单纯用这个来衡量自己的管理成绩。

优秀的团队一定是在一起时互相负责，事成人爽，离开之后也能聚餐火锅，行业八卦。

设计团队怎么做目标管理

设计团队怎么做目标管理？怎么衡量体验设计的目标？

设计团队目标紧跟公司目标，事业群目标和上一级大部门目标，逐层分解，设计团队除了输出好的设计作品外，也要考虑团队对公司的体验成熟度的正向帮助。大目标肯定是让产品形成设计竞争力，每半年一次的例会讲述目标进度是否在正确轨道上。

体验设计的目标是保证用户体验在用户层面的认可，以及在公司层面的增值。需要制定一些评估手段和工具，与老板对齐，帮助他合理评价团队价值。用户层面通常有可用性评估、满意度评估、NPS、VOC分析等，公司层面（特别是运营方面）看转化率，留存率，LTV和ARPU值等。

如何给设计师定职级

如何给设计师定职级？BAT的公司是如何定职级的？

设计师的定级除了给出一个对设计师的专业能力的评定以外，更重要的还是人力资源管道的管理需要。所以，每家公司对于设计师的职级划分多少会有点不同，大公司和小公司不一样，集中化的设计中心和分散的小型设计团队也不一样。

定级的核心问题是：划分一个职业能力水平，给多少钱才能招到什么样的人；框定一个职级晋升的体系，不能升级太慢——否则好的设计师都跳槽了，不能升级太快——否则公司人力成本上升，职级通货膨胀，其他业务领域的职级被倒挂。

BAT里面的职级考评大同小异，我简单说说T家的（现在职级体系已经再次升级调整）：

现在设计通道从技术通道里面划分出来了，叫D通道（Design channel），所以从职级平等性上来说，设计师的职级是和其他研发岗位看齐的，这是尊重设计和用户体验的表现。

职级从1—6，每一级分3等，比如1.1、2.2、3.2等。但是实际上设计通道目前职级最高的，只有4.2，而且只有2～3个人。转为管理岗序列的人，理论上不再继续看设计通道的职级来定薪了。

一般毕业生招聘进入就是1.2或者1.3。按发展速度，每年爬等级，有速度快的3年升到2.3的，也有6年过不了3.1的，都正常。

定级通常由几个因素决定：专业能力、绩效情况、服务年限、其他软能力的综合。

首先你得做得好，具体的用研、交互、视觉、前端在项目中的交付足够好，设计过程充分完整，符合逻辑，能说清楚自己的贡献。

绩效不能太差，太差了HR方面是说不过去的，你过这个职级本质上还是要服务于公司，对公司的工作支撑是大前提。如果你专业很强，但是在项目中体现不出来，那公司干吗给你资源呢？

服务年限是另外看中的一个方面，公司现在虽然不主张强行灌输年限限制，但是忠诚度是亚洲人基因里面的，嘴上不说，但是走心。

软能力就是性格、沟通、抗压等，把你评到更高的职级是为了打更硬的仗，越往上对软能力的挑战越大，你要是还没准备好，自然评级的时候会输一成。

加薪对象的选择

如果加薪名额有限，是给一年前加过薪的优秀设计师，还是给两年多没有加薪的没那么优秀的设计师呢？

从管理视角来看，加薪是激励手段，是要给那些值得被激励的成员的。

这个事情本质和加没加过薪没有关系，如果加过了就等一等，没加过就先考虑，团队最后就会变成吃大锅饭，这是计划经济而不是市场经济策略。

优秀的设计师，产出特别好，就应该加薪，甚至可以考虑小幅度地多次加薪。不过薪水整体会有一个公司级别的平衡指标，这个你可以咨询一下HR的经验，他们比我们有经验得多。

激励的方式有很多种，加薪是一个方面，给予肯定，给予荣誉，提升职级或者赋予领导岗位，都是补充的方式，这些方式一定要结合使用才会产生最大效用。

两年多没有加过薪，要先想想为什么只有他两年多没加过，是被选择性忽视了，还是因为他的绩效一直不行？问题在哪里？在个人能力、意愿，还是团队支持、流程上？诊断出问题，先解决问题，再考虑是否采用加薪这个手段。

如果是管理上出现失误，让设计师倒挂了，比如同样经验职级和绩效的设计师中只有他最低，那么应该补齐差距，拉平对待。

如果是因为设计师个人原因，在给出解决办法和帮助无效的前提下，应该鼓励他换岗，换工作。

设计思维

03

THINKING IN DESIGN

职业素养／专业与成长

自驱项目较多的视觉设计师应具备哪些基础数据能力

对于自驱项目较多的视觉设计师来说，应该具备哪些基础的数据能力呢？重点应该关注的数据指标有哪些？如果要帮助提升视觉团队的数据敏感度并建立相应数据辅助设计的流程，应该从哪些方面着手进行呢？

有意识掌握数据，了解数据，通过数据洞察一些设计的机会，是每个设计师必须掌握的知识和技能，因为不可度量则不可修正，这是设计解决问题的有效工具，和你是不是视觉岗位关系不大。

看数据分为几块，包括行业数据、领域数据、产品数据、用户数据等，每种数据进行交叉关联、对比、假设，都可以得出一定程度的设计目标假设，然后再通过可能的定性定量测量方式，来决定你们准备做哪些设计实验。

重点关注的数据和你做的产品本身有关系，做网站、做系统、做App，关注的数据都不一样，你去问问你们产品的KPI是哪些数据和指标构成的就行了，不过作为互联网从业者，一些最基本的概念是必须要熟知的：DAU、MAU、PV、UV、CTR、LTV等。

数据不会直接帮助视觉设计，当然有一些运营设计是用数据做CTA的AB测试的，不过这个更能说明功能选择，内容吸引度是否设置对了，并不能直接验证审美层面的问题；但解读数据并尝试推演需求是对设计师专业很有帮助的，比如你看到一个数据：用户每3分钟在移动设备上花费1分钟，并且多数时间在浏览电商平台。你马上能想到，是哪些终端用户？

（iOS还是Android？华为还是小米？）自己的平台是否做了响应式？要不要做机型优化？对应的应用市场是否投一波广告？如果用户在PC端把产品放入了购物车，移动端App要不要定期来一个提醒支付的通知？

这些就是数据的敏感度，这确实需要大量需求和时间的训练。

设计复盘怎么做才能保证有效性

设计复盘应该怎么做，从哪些维度进行复盘？什么样的设计复盘才是有效的？

首先心态上先了解设计复盘是给自己看的，对自己的提升，然后才是把经验传递给团队，设计复盘不是写检讨，这个心态决定了设计复盘是否能真实、完整地反映出问题。

• 两个关键点：为什么这么做？（经验和教训）；能不能做得更好？（方法和反思）

• 回顾项目背景：看看当时解决的问题是什么，需求怎么来的，怎么传递的，设计师有没有清晰理解问题所在。

• 完整时间线：看看整个设计过程中关键节点的时间，时间分配是不是合理，有没有留出Buffer给迭代，人效比够不够，有没有关键流程和审核因为时间原因丢失了。

• 里程碑事件：项目中做得好的高光时刻和产生问题的关键信息，我们内部一般鼓励直接贴聊天记录和会议记录。

• 总结产生问题的原因：人、事、项目管理、需求分析等问题都可以罗列总结，可以按照战略层、范围层、结构层、内容层、表现层分别写。

• 经验和改善计划：既然找到问题就要尝试解决，把针对每条问题的Todo和改善计划写清楚，通知到应该通知的协作方，把相关产出和复盘的支撑材料都关联上，这样方便没有接触过这个项目的人完整了解上下文。

视觉设计能从几个方向对公司和产品体现价值

我们部门最近在想如何量化设计，因为没有一个指标来说明设计的价值，确实比较吃亏，特别是视觉设计这块，比交互更难体现价值。

视觉设计能从几个方向来体现对公司和产品的价值呢？能不能推导出一个硬性指标呢？

美，是这个时代做产品的标配，俗话说得好，一个产品三分天注定，七分靠打拼，剩下90分看脸，视觉设计解决几个层面的问题：品牌的有效传达、信息的高效传递、审美、品质感。

品牌的有效传递有很多种评估方式，包括触达率、参与度、NPS等。

信息的高效传递，可以依赖基本的视知觉设计原则和认知心理学的度量来看（比如格式塔），这里面有一些部分和交互有耦合，比如费茨定律，其实和视觉元素就强相关。要度量的话，可以把界面中的关键元素的信息墨水比先计算出来，然后根据任务做可用性建模，再进行用户分组测试，不过等你真的要做这些的时候，公司往往就会觉得成本太高，很容易就变成专家评估了。

审美，这个东西比较主观，很难有一个统一意见，视觉设计中这个部分是无法定量的，我们的方式是——最终决策听产品执行路径上话语权最高的人（比如产品第一负责人或老板）。

品质感，这个东西可以用AB测试来做，对标核心竞品，首先做到视觉元素（版式、图形、字体、色彩等）的品质对齐，再在功能层、内容层和控件层做优化，是属于设计语言和设计系统的问题，关键看团队中最高阶的那个视觉负责人的要求，以及Design system的维护细致程度。

怎么在平常工作中继续巩固英语水平

"星球资料"很有国际范儿，视野很开阔，这也是我加入"星球"的原因，但是我发现阅读这些资料还是有一定的困难。毕业后几乎没怎么继续学习英语，想知道怎么在平常工作中继续巩固英语阅读交流的能力？

英语是很重要的工具，不亚于设计工具本身，英语能力有基础的听说读写水平（大学四六级基本够了），可以很好地提升自己了解欧美设计趋势的眼界、阅读专业文献、看懂分析文章以及和海外的设计师交流。

我有应用的环境，所以英语一方面是被逼着提高的，一方面也是自己有学习和跟踪全球设计趋势的习惯，而且一般我只看英文内容。我工作的公司和环境中都有要求建立国际团队，和海外的设计公司合作，所以也是一个正向的促进动力吧。

我的英文也谈不上多好，至少是不能和Native speaker辩论的，仅能应付工作需要，但是这个和锻炼身体一样，大家都知道很重要，但是真正去做的人很少，而且这个东西需要的是习惯，每天都做一点，好过三天打鱼两天晒网。

如果你认为我分享的这些资料很好，希望真正弄懂含义，也能帮助自己提升英文阅读能力的话，那不是一举两得吗？

竞品分析应该注意哪些细节

竞品分析应该注意哪些细节？

首先，任何分析都不要有错别字，否则可信度会下降。

（1）有两个基本原则，理解清晰了才能考虑如何更好地做竞品分析。

竞品分析不等于竞争力分析，竞品往往只针对产品本身而言，但有时候决定公司业务成功的不一定只是产品，所以即使你们的产品真的做得更好，也不一定会战胜对手，更好的方式是做全面的竞争力分析，这个工作需要战略、市场、研发、运营等一起参与。

竞品分析一定要动态的做，不要静态的做，要注重对方产品演化过程中的横比与环比情况，不能说简单做一次分析，就觉得这就是现状了，搞不好你这次刚做完分析，别人的产品明天就上线改版了。

（2）从设计师的角度来看竞品分析，核心逻辑是收集准确信息—评估差异—做出设计推论（或改进假设）。

（3）有很多设计师做竞品分析只关注直接竞品，但忽略了市场逻辑和行业趋势，我们经常说打败微信的肯定不是下一个微信，但是一到具体设计环节，人人都只会关注微信，这肯定是不够的。

竞品的选择决定了你是否可以收集到足够准确的信息，所以我的建议是，除了核心的直接竞品以外（市场上主流的、几个先发的、高市占率产品），也要选择行业上下游中相关的，用户体验流程中各环节高渗透率产品。

（4）评估差异的时候，常见的方式是1：1地对照所有的产品功能、界面、交互和视觉细节，这些是基础工作，但不是优势依据，因为没有一个产品仅仅是简单的功能总和。

我的建议是还要看3个部分：

竞品的品牌运营：代表竞品在和谁说话，讨好谁，你们之间是否有类似的吸引力。

竞品的版本升级说明：了解竞品决策过程中的取舍，反推背后的设计价值观和倾向。

竞品核心用户群的反馈：加入这些核心用户组，讨论群甚至公开论坛，看看用户的实际反馈，赞美和吐槽，挖掘可行的机会。

（5）做出设计推论。

只有做出设计建议，才算完成了竞品分析，每个人的洞察力不同，看完分析报告后可能每个人得出的结论都有偏差，给出明确的设计推论，然后进入到概念设计，迭代排期才算真正产生了价值。

如果只分析，不落地，或者落地走样了，那么其实多分析还不如不分析，坚持自己的原则。

设计师如何建立个人影响力和品牌感

设计师要怎么建立个人影响力，确立个人品牌呢？

可能和你预想的不一样，你在设计圈内有个人影响力，和你能找到更好的工作，拿到更高的工资是两回事（如果你只是在乎出名，不在乎个人品牌变现的话，当我没说）。

1. 个人影响力=个人正确的输出能力

做的项目、经验分享、对外演讲、写文章、写书、做教程这些都是个人产出，产出越多且质量高，必然就会扩大自己的影响力，而且要坚持做，你只做1个月是没用的。品牌的精髓就是在正确的方向和传达上用尽一切地不断重复。

而且影响力是有传播范围的，设计师毕竟不是音乐家和娱乐明星，国内大部分普通民众对这事也不在意，你能影响的就是工作中，有过合作的，以及一些交流圈子的人。协会、院校、设计社区、公司部门，都是你建立合理影响力的场合。

2. 不管你影响力“多大”，你最终要用产品证明自己

你在什么样的企业，做到什么岗位，帮助过什么产品成功，是下一个合作伙伴（无论是创业，跳槽，甚至是做自由项目）选择你的三个重要指标。一线互联网企业大设计团队出来的设计师，就是比一般的设计师好找工作，有更多话语权，这是行业的事实，国外也一样；再往下分，就是你实际做的项目，带过多少人，任何一个企业的老板和HR都是看这个。

3. 如果你不是想往职业经理人路子上走，那就全靠自己

不管现在外面看起来怎么热闹，中国事实上就是很缺少真正优秀的设计师，任何领域都是（建筑、服装、UX、游戏等），所以如果你真的有才华，作品一发布就是你开始建立影响力的时候，好东西大家都看得见。

不过在这个过程中，如果你还能有很强的客户名单背书的话，那么你提升的速度会更快，好的客户和好的设计师是相辅相成的，因为一般有好的作品产生时，大家只会说这个作品的设计师很厉害。

对于UI设计转型为B端交互设计的建议

我之前是一名UI设计，刚转型为B端的交互设计，对于整个页面的布局和流程有没有什么快速方法？现在经常容易在两个方案之间纠结。对于刚转型交互有什么好的建议吗？

先了解清楚B端产品的形态和使用人群，OA，ERP，CRM，通用型SaaS类效率工具等产品的具体功能，用户价值，使用场景都不太一样，对产品的抽象也不同，所以需求的理解出发点会有较大差异。作为交互设计师，从用户的实际场景和需求，分解业务系统的产品价值，再来看具体应该怎么设计，遵循什么原则和逻辑。

B端产品重业务逻辑和客户成功，优先级远高于功能体验本身，所以不能一概而论用C端的普适范式放到B端产品中，你理解的“好用”是没有意义的，一定要进入用户实际工作地点访谈和观察，也要全流程走一遍客户的业务过程，是做一个通用型平台，还是做一个平台中的业务节点，会影响最终的功能、交互、视觉设计。比如一个业务逻辑的字段展现是为了满足合规需求，就必须在首页展现，且能在首屏较明显的信息位置Highlight，因为填写内容的人和审核内容的人可能不是一个人，这个时候对信息架构的梳理就是交互设计师一开始需要考虑的。

B端产品通常伴随着业务价值需求、平衡、稳定是基础逻辑，高效和易用是体验的根本，客户付费购买你的产品是为了降本提效，更快地提升企业竞争力，不是欣赏你的设计，获得情绪满足（当然，如果你的设计整体不好，会导致情绪的负满足）。所以作为B端的产品交互设计师，有几个工作是必须完成的：深入理解业务流程和使用你系统的人，降低他们的学习成本和理解成本（有些术语在一些行业里面是约定俗成，不能改的，你不要自作聪明说改成另外一个词更好理解），降低功能的障碍，提升功能可见性，保持整体流程的一致性，降低操作成本（比如多个任务并行处理时，完成提交的按钮在页面上固定位置），没事不要瞎改版。

PS：B端产品在交互形态上经常会涉及很多表单的操作，多看一些关于表单交互设计的书或文章，能很快让你提升对B端产品的理解力。

交互设计转型为UX设计如何提升视觉能力

我是做交互设计师的，现在进入了一个团队做UX设计师，要做视觉，由于团队没有成熟的视觉组件，需要自己也输出视觉内容，有点吃力，这种情况如何提升视觉能力？

交互和视觉其实在信息设计层面是不能完全分家的，比如格式塔原则这种认知心理学层面的内容，其实分解到界面设计中后，对交互和视觉都会有影响。所以在你的设计过程中，如果遇到交互和视觉方案决策出现“可能的矛盾”时，应该回溯到更本质的问题来看待方案。

你们团队内部可以根据目前产品的已有输出，简单整理一个Style guideline，然后把重要的组件都做成Components library，其中纯视觉感知的部分单独分出来，比如色彩、图标、字体、网格系统等，这样视觉能力稍弱的交互设计师也可以调用，一些关键性的界面还可以做成Template。

视觉设计本质还是保证信息传达，功能识别与情感化，第一步先要保证高效传递信息，这些知识是基于认知逻辑的，并不需要什么美感训练，做到清晰、对比、对齐、合理分类和分组就行，像《写给大家看的设计书》这本书，主要就是讲这些问题；然后是功能性美观的提升，这个阶段需要把视觉元素拆成原子化来理解，你的色彩感知弱，就多训练配色能力，看一下色彩心理学和文化学的书；字体把握能力不好，就先把各个平台的原生字体研究一下，甚至可以直接把Font pairing的组合背下来；图标设计不够好，要先了解符号学，系统图标设计和升级过程（比如iOS每一代都改了哪些图标样式设计，为什么，网上有总结文章），然后再自己练习，多看Noun project和Iconfinder这种平台，看看别的设计师是怎么把握识别度、一致性的。

最后，最有挑战性的就是视觉概念抽象能力、审美能力和视觉语言的探索能力，不过老实说，国内很多视觉设计师这块做得都不好，大部分人做的都是视觉元素总结归纳后的“再次排列组合”，排列组合倒没有问题，问题在于为什么是这种组合，不是那种？所以视觉设计中最难的是说清楚视觉方案的Why，这是设计师“抽象—具象—抽象”的经验过程，趋势研究，风格定义，情绪板，原子化图库，本质上都是在说清楚这个解读过程。

你循序渐进地把上面几个阶段的知识、工具、思考与表达技巧都提升了，再利用真实的项目锻炼几次，你的视觉能力肯定会有很大的进步。

“交互思维”是什么

“交互思维”是什么？

提升对细节的敏感度，训练自己的“不适应”程度——变成小白看问题。

交互关注场景、人、系统之间的关系，通常包括：操作—反馈、信息流转、功能完备、内容传达、情感化。

系统逻辑是底层逻辑，所以需要关注各个平台（软硬件）自身的交互条件与制约，再考虑App本身。

目标用户的场景决定了思考方式，我们产品的核心成立逻辑是“效率”，可以尝试理解“为什么要提升效率”“提升效率的最佳方式”等问题来寻找元问题。

出现以下情况，则交互设计本身必然有改进空间：

- 路径较长；
- 场景不连贯；
- 用户操作成本高于反馈收益；
- 信息丢失；
- 语意不一致或隐喻不一致；
- 违反各种认知习惯的“伪创新”。

学习心理学等知识的建议与方法

最近感叹很多产品和一些方案是洞察到人性的本质去延伸出来的细节。

对于做交互、做产品，学习心理学知识会不会有很大帮助？有建议的学习方法吗？

学习心理学当然会有很大帮助，但是当你看了一些心理学的书籍，甚至参加一些专业培训后，你会发现你还要学习社会学、经济学、行为学、人体工程学……

心理学不能直接让你产出的设计方案更好，因为学科设置目的和内容就不是以设计为导向的，如果想把设计做好，还是要好好深入学习设计相关的知识，比如信息架构、平面设计、视觉传达、逻辑学、行业分析等。

交互设计本身就有从不同视角出发来理解人机关系的书籍，可以搜一些来看，直接到Amazon搜搜Interaction design相关词汇，排名较高的都看一遍，然后把方法拆解出来应用到自己的设计过程中。只有知识但不会运用知识，自己的能力也是无法提高的。

你如果是从网上的一些分析文章得出洞察人性的本质，才能发现需求，找到Killer feature，那么你的路可能走偏了，人性长久以来根本就没有变过，只是环境对欲望的刺激变量在不断升级转化，心理学不会帮助你理解这些，理解人性要依靠接触人，不是靠接触书。

团队不专业是否要跳槽

我最近有一点迷茫。

工作内容：我是一名交互设计师，因为公司其他产品水平不高，经验也少，所以我现在单独负责一个端，慢慢地发现我的工作太杂了，直接对接各业务部门，自己去做数据埋点、分析、功能拓展、信息架构调整、可用性测试、挖掘需求改版、辅助业务部门赋能等，可以理解为一般互联网公司产品所有的活了，就感觉自己不再像交互设计师而像一个产品设计师，但又觉得设计师本就要有全局观，但做交互应该在一个点上去做细做好。

职业规划：越来越深刻体会到其他产品的能力不行，然后Leader也一般，技术出身在公司转产品，沟通中方向完全不尊重用户需求，评判特别主观，所以我觉得很浪费时间，想跳槽去一个专业团队。

你的描述已经非常细致了，我是赞同你跳槽的，但是跳槽前要有这四个准备：

（1）把你手上的工作和输出详细整理一遍，挑一个你完整独立驱动或负责的项目，把你提到的关键工作过程、思考、产出物和产品数据，实际用户反馈按项目周期整理一遍，这就是你的简历+作品集，其间如果有一些专利、竞争对手的致敬、奖项等就更好。

（2）把交互设计的实际产出再梳理一遍，看看实际线上产品对设计的落地是怎样的，如果出现打折都是在哪个部分，为什么打折，如果要完整执行落地，你对ROI的评估是怎样的，因为即使不在这家公司，其他公司内也会遇到类似问题。

（3）不要直接定义别人的工作成果、能力和表现，因为可能你获得的信息不够全面，要客观分析在这样的情况下，你是怎么做的，你为什么觉得别人水平不行——除非有一个需求是“你认为水平不行”的别人已经做砸了，然后你接手过来又做好了的实例，这样才好证明。但即使是这样，你只要说出案例即可，不用给出评价，因为在团队中“负能量”的危险比“能力差”还要严重，管理者不太愿意看到这个。

（4）不尊重用户需求是死结，如果让你来把握需求，分析需求，产出对应需求的实际设计，你会怎么做？这可能表现在迭代过程中的优先级判断，也可能表现在改版设计的整体思考上，总之也要有实例说明，然后同时提出你对理想团队的诉求，以及个人的价值。

现有工作中没有指导难以提升，该怎么办

我现在一家知名互联网公司工作了4年，从一个初学者到现在独当一面的角色。但也逐渐遇到了瓶颈，有了项目领导就让你一人去干，中间的过程你不汇报，他不过问，只看最终的结果，而且发现我的领导也并不能对我工作中遇到的困难给出很好的建议。另外的组的管理风格完全不同，有项目大家一起讨论一起做，两年前和部门大领导吃饭(我领导不在）。大领导让其他组长尽快招人组建团队，我提出要不我转过去吧，别的组长同意了，但领导当时提出了反对意见，表示我的专业就适合在现在的组。如果跳槽到其他公司也是要有独当一面的能力的，想来想去工作毕竟不是上学，在现有的工作中没有指导难以提升，该怎么办?

你对自己还是挺有要求的，这是好事，但是这种要求没有外显，不够强烈。

我从我常见的一些设计管理者的心态给你说一下你遇到这种问题应该怎么办：

首先，职场是一个平等的工作环境，大家协作产生最佳效果才有意义，否则你单干不就完了。所以对于团队来说，不单是你在选择团队，团队也在选择你，要获得晋升通常是一个后置评估，也就是你要先证明你是有资格晋升的那个人——给出一些高于他人的实际的工作产出。可能这个产出你的大领导没有看到，所以他对你的评估可能不客观。那么你要多在组内争取一些更有挑战的项目，或者成功率更高的项目让他看到才行。

设计师确实需要指导，但是很多设计管理者（特别是基层管理者）是根本不知道如何正确指导设计师成长的，因为他当年可能也没有人指导，一切全靠自己悟。所以我说现在团队管理最大的矛盾就是，管理者误以为人人都应该靠自己和员工认为靠领导才能提升之间的矛盾。先摆脱你的依赖性，就当你们团队没有领导，这个时候你就不进步了吗？书可以看，视频教学可以买，社群可以讨论，线下活动可以参与，其他设计部门的同事也可以请教。只要你想，办法总是有的。老实讲，如果遇到一个不靠谱的上级，有时候不帮倒忙就不错了。

提升自己的综合专业能力，然后运用到项目中，不要让你自己争取机会的时候被别人用专业条件限制你；找一切机会加入更优质的项目，成长速度更快的项目，你的环境在加速，你自己的加速度也会上来；老司机不管怎么带你，最后还是你一个人上路，驾校都毕业了，还能指望教练吗?

怎么培养思维灵活度

一直以来关注提升知识储备、情商，最近感到思维灵活度极差，该怎么培养？

思维灵活度是怎么定义的？具体表现是什么？别人问你问题，你没有头绪从哪里开始回答，还是遇到一个问题的时候，只能想出一个常用解，没有不同的视角？

思维方式都是可以培养的，不过要注意不能只用一种思维方式去解决所有问题，那样会非常书呆子气。我猜测你的问题不是知识掌握得不够多，而是从知识到智慧的这一步没有建立起闭环。

这个话题展开非常大，而且你应该举一些非常具体的例子，Case by Case的讨论才有意义。我把自己的一些思维习惯介绍给你：

想问题不要只从设计师的视角和经验来想，要学会把自己变成第一次接触这个问题的人来建立小白直觉。

小白的思维就是：直接行动、下意识思考、省略中间态，对事情的对错观念很明确。而且要学会给你自己头脑里面的小白建模，做Persona，你能模拟的小白越多，就越容易在设计的早期发现很多基础，但很容易被忽略的问题；比如上一个页面叫“资料”，下一个页面又叫“信息”。

逆向思考，一个问题的对错通常是基于场景，以及场景中产生交互的双方，一定会有输入—输出的过程。如果在正向的输入过程找不到突破口，就逆向地从输出部分倒推原因。比如如果你要做表情符号的创新，大部分人都会想到画更多有意思的新表情符号，帮助用户输入更多样化，但是反过来想，越多的表情符号会带来越多的理解成本，那么可能做一个“一键翻译表情符号一句话”的功能就很有价值。

建立不同属性事物和现象之间的联系，设计师简称“开脑洞”，但是有意义的开脑洞又不是天马行空的瞎想，还是带有目的性和方向性的。学会把做的事情抽象为事情的属性，就容易更快地开脑洞，比如叫你设计一个玩具，你可以抽象成不同年龄阶段的娱乐属性（比如退休后的老人玩什么，小孩应该玩什么），也可以抽象成不同角色和关系的属性（比如玩具应该是亲子关系的连接器，玩具应该是自闭症儿童的朋友），找到一个方向去推演，联想就会更落地，不过这个训练要经过一定时间才会看到效果。

如何准备用户体验设计的分享PPT

最近公司领导让部门准备个PPT给公司技术、运营、金融产品等部门普及一下用户体验设计概念，同时让大家对设计带来的价值有更加深层次的认知。公司原来是做企业to B金融的业务，普遍对设计认知不深。

从哪些角度入手去准备PPT，能够让其他部门的同事比较好地理解设计，也方便后续跟其他部门的设计沟通？

跨团队分享这个事情表面看是做专业布道，实际上老板还是想更多建立团队共识，以及形成产品方面的价值观一致性。

（1）根据现在跨团队合作的现状，确定分享主题的内容。那些特别基础的解释什么是UX的内容，完全可以把原始资料、网站、书籍发给大家自己看，讲的东西一定要经过自己消化、应用，并且有实际案例的干货，不要只传达概念和期望。借助分享，传递问题和给出解决建议才是大家一起来交流的核心价值。

（2）可以从业务角度准备一些业界的最佳实践和做法，如果是竞争对手公司的经验就更好了。这些可以从网上、咨询公司、业界交流中获得现成案例，然后把自己对团队的理解，想做的一些具体改进办法加入进去。因为你分享的内容如果大家觉得不错，后面总是要实践的吧？这个时候你就要担当起驱动这个改进的关键角色了，体现出自己的专业领导力。

（3）做好分享会之前的通知，准备，以及会后的总结和关键信息纪要。因为只靠一次分享，是不可能建立全民UX的Mindset的，需要不断的重复再重复，才能让团队重视再重视，可以借鉴这次交流，搞成一个专项的UX分享会，然后卷入更多的不同部门，不同业务线的同学，甚至邀请外部嘉宾等方式，来把这个专业建设的活动做得更有渗透性。

设计师如何训练创新能力

设计师如何训练创新能力？

在我看来，创新能力来源于大量的高价值信息输入和反思型的溯因思考。

高价值信息输入：这个我之前讲过很多次，包括优化自己的信源，积累有效信息的存量，并结构化地总结成自己的框架。包括我做这个“知识星球”，也是整理自己的高价值信息输入的一个过程。

反思型的溯因思考：创新不应该是需求驱动的，也不应该是项目驱动的，而是日常的思考习惯和沉淀的积累。比如我会做这种思考练习——“还有什么更便捷的手机充电方式？”

我的思考过程如下：

人们觉得不够便捷是因为：充电时要插线——限制了移动的范围，如果是带着充电宝又增加了重量，显得累赘；无线充电也同样不能避免这个问题，它解决的是找不到线的问题，用“接触”代替了线的物理条件。

那么是否有一种既满足“接触”，又满足移动的场景？手机和人接触并移动时，只有三个常见场景：拿在手上，揣在兜里，放在包里。

而揣在兜里和放在包里时，人是确定不用手机的状态，可以无感且高效地完成充电这个过程。所以如果有一个服装品牌或者箱包品牌提供接触式的充电产品，也许就可以解决随时充电的问题，可能是一条裤子，也可能是一个电脑包。但更大可能性是一条裤子，因为每次从包里拿手机还是不够快捷。

带着这个问题，我尝试搜索了一下，发现BauBax这个品牌已经尝试这么做了，那么接下来的问题就变成了：他们做到了可量产吗？第一批用户的接受度如何？他们遇到过什么技术问题？如果我们来做是否有人员、资本、市场的优势？

如何做好IXDC分享的演讲

我近期争取到了IXDC分享的名额，想咨询学习一下您的演讲经验。

我演讲经验很少，只在组内和部门级分享过，所以有点手忙脚乱。此次内容主讲视觉方向，主题基本确定，想融入工具方法及项目案例运用，具体演讲PPT和工作坊形式还没有想好，离演讲有近半年的时间。

关于演讲有以下几个问题向您请教：

（1）峰会演讲和工作坊的区别是什么？作为演讲人分别需要展现出什么内容？

（2）如何快速提升这种活动的演讲能力？前期该做哪些准备工作？有哪些演练方法？

（3）好的演讲PPT有哪些标准？

（4）工作坊3小时如何分配最为合适？是否有固定流程可以套用？如何增加与听众互动环节的趣味性？

（1）峰会一般是几个人一起讲，每个人30分钟至1个小时不等，这个在之前你们可以自己沟通，或者和组委会一起讨论主题，避免话题撞车；工作坊一般时间比较长，3～4个小时，话题由你自己主导，形式也可以更多样化，比如课堂游戏，角色扮演等。

（2）首先你怎么定义“快”？如果是今天看了我的答案，明天演讲能力就提升了，那是不可能的。你差不多有半年的准备时间，这个时间针对你这一次工作坊（说实话，我觉得工作坊还是够呛）的准备应该差不多了。

通常前期是做桌面研究：包括之前3年IXDC上都有哪些视觉类的分享，演讲嘉宾的资料找来看看，观众参与的情况（可能有些有视频课程等），以及反馈等可以问问组委会。

制定自己的主题：讲对参与者有价值的内容，因为来的人都是掏钱买票的，这是一个会计算商业ROI的场合，所以比起参与IXDC带来的曝光效应，讲不好的话带来的负面评价是更加影响职业声誉的。（我们这个行业太小了，我就知道有些设计师听过一些比较水的嘉宾的工作坊后，这个嘉宾的团队招聘他都会拒绝转发。）

精心设计自己的内容和环节：不要拿宝贵的时间做太多游戏，不要开场交叉个人介绍就用1小时，不要放一堆大家看不懂的视频。你是不是精心准备了，针对大家可能遇到的问题给出充实的内容，然后胸有成竹地回答现场的疑难杂症，观众们心里都是有一杆秤的。讲自己最擅长的部分，成功的经验，失败的教训都可以，不要用自己都不懂的东西来说。比如我以前就听过一个讲师讲数据驱动设计，结果Keynote里面自己贴的那个图的数据都是错的。

了解你的受众：我一般在演讲前都会找组委会拿到确定的报名名单，包括姓名、公司、职位等。你的演讲内容需要根据这些信息做调整，如果来了一个直接竞争对手公司的高级经理，你的数据一定要马赛克吧？来了一个近期可能合作的友商团队的总监，你在里面放的一些热点事件的玩笑就要删除吧？以免引起不必要的误会。

（3）好的演讲PPT没什么标准，一切标准都是动态的。如果是字体要让最后一排看得清楚，多用图少用字的这种建议，网上到处都是。而且你是设计师，这种设计类的问题，你应该不会出现才对。

（4）3小时的工作坊你不要指望别人练习一个草稿，带回公司真的有用，观众们自己都不信。我的工作坊从来都是超时，所以我不怎么擅长控制时间。

我对好的工作坊的定义是：

- 主讲人一定是大量的输出，是否能接受不是我应该考虑的事情。
- 然后给出一个很明确的价值点，“我这些案例，工具，方法曾经帮助我们公司解决了什么问题”，是切实可行的，是经历过成功或者失败的。
- 配一个白板在旁边，如果现场问了一个值得深入分析的问题，立即在白板上开始讨论和推演。（事实上很多工作坊现场也问不出什么有质量的问题。）

• 如果有推荐的书、视频、工具，把链接和购买地址直接准备好。

• 拉一个现场群，当时回答不完的问题可以以后在群内继续解决，你是去建立专业连接的，真正的价值都产生在工作坊之后。

• 互动环节能解决问题，正面回答就行，趣味性可以有，但不是重点，毕竟你是去做专业分享，不是去做脱口秀。

如何将知识转化为实操

通常看书和碎片时间学习很多理论知识的时候，总感觉在消化时会遗忘很多，尽管有时候做一些笔记，但感觉总是一下子不能转化成自己的东西，是因为实践不够吗？还是没有对内容及时做一个自我总结呢？

学习理论不能只停留在描述那个理论的文章或者书本身，要带有思考和分析去全面理解。比如一个经典的交互设计定律：席克定律(Hick's Law)。

（1）大部分人的学习和理解停留在：选项增多，做出决定的时间就是会增加！

（2）只有这个输入，虽然不错，但这只是一个变量条件下的事实，还不足以指导你应用到工作中。接下来，你应该详细了解一下这个定律的数理关系：

一个人面临的选择（n）越多，所需要作出决定的时间（T）就越长。用数学公式表达为反应时间$T=a+b\log_2(n)$。

（3）然后分解一下用户完成任务的基本情况和条件：

• 认清问题或目标；

• 利用可用的选择来解决问题或达成目标；

• 决定用哪个选择；

• 执行作出的选择。

可以看出席克定律是只针对第三步的。

（4）如果有业务的场景和用户价值并不是体现在第三步的，那么即使不遵守席克定律也不会有什么问题。比如你在淘宝浏览大量商品时，选项越多就越不好吗？

所谓的“学习”到“转化”是一个自我完成的思考过程，你看到并记住一个信息，学习的过程并没有完成，只有经过了独立思考，并且在实践中应用，得到了成绩（正反馈）或教训（负反馈），再对理论本身的理解进行反思，最终获得举一反三的效果。这个知识才会变成你自己的东西。

如何快速进行需求分析

作为一名交互设计师，平时自己如何快速挖掘需求呢？从哪些方面入手比较好呢？除了看数据异常和用研以及竞品分析之外。

对需求的理解是产品经理和设计师的必修课，通常我们说需求是无法被“元创新”的，只是用更适合当前用户环境和心理的洞察，去发现和升级，创造出既满足用户价值又能创造商业价值的产品或服务形态。

不管使用什么具体的理解（挖掘）需求的方法，大体上来说还是这四个范畴内的事：

1. 用户调研

我们做的是以用户为中心的设计，站在用户视角理解用户是最基本的操作，大部分的用户研究其实没有做到“同理心”—“洞察”的转化，所以感觉好像大同小异，不能直接指导产品创新。讲简单一点，“同理心”就是推己及人的能力，你自己日常在使用产品或服务的过程中，肯定有觉得“稍微”不爽的时候，但很多人不爽那么一下也就过去了，甚至还会给自己找理由去接受“100块而已，要啥自行车”“果然评价都是刷出来的，下次不玩了”，这样就少了一次洞察的机会。

优秀的设计师或者产品经理一定是敏感的，遇到类似情况的时候会把自己抽离出用户的心态，同理心爆发，顺带观察这种现象的影响范围，潜在用户数，是不是这个业态的通病，有没有替代手段，解决这个问题有没有价值。

这样就建立了推导“其他用户也可能遇到这样的问题，那么潜在的需求可能没有被满足”的过程。

2. 竞品分析

竞品分析是同属性的竞争关系分析，而不是同样产品的分析，因为很多时候你的竞争对手不是直接出现在正面战场上的。

从技术角度讲，华为手机的摄像头一定会和iPhone的摄像头做各种对标，硬件参数，软件环境等；但真正影响消费者体验的却是Android生态中，没有像APP Store上那么多设计精致，效果惊人的拍照应用，而且大多数这类应用都是先在APP Store上架（现在头部应用一般都会同时提交，有时可能Android市场还快一点，但高质量应用的总数量还是有差距）。

所以，华为手机的拍照体验除了堆硬件，和徕卡继续深入算法合作外，还要改良自身的系统拍照应用体验，而这个体验的竞品不是iPhone的拍照应用，是Instagram，美图秀秀，Photofox这些应用。这些应用才是真实的用户需求。

3. 数据分析

凡是在互联网产品领域做设计的人，都应该多了解数据，和产品经理一起分析数据，建立数据驱动的习惯。

数据有两个很实际的作用，一个是避免VIP用户（比如大老板）粗鲁地认为自己的立场才是对的立场，大家用数据说话，更理智更有实用性（不过有些老板也是不看数据的，这个就没办法了）；二是一定体量的用户数据能告诉团队这个需求是真实存在的，能够支撑下一次的实验，否则对用户的初步观察基本都基于假设，如果每次假设的实验都花一笔钱，公司的成本会非常高，找准真实需求才是分析需求的目的。

4. 行业分析

如果你们的业务是一个跟随性的业务，进入一个领域之前先了解清楚行业的现状，未来的发展可能性，会降低错误理解需求的概率。

常见的行业公开信息：包括新闻（今日头条、科技媒体、微信搜索）、大众评论（微博、微信、知乎），相关领域的网站和论坛，各种互联网分析网站（比如艾瑞咨询、企鹅智酷等）。每天都在提供大量的数据和报告，把你从事的领域上下游拉一个表，建立一个整体关系，然后每天看到的内容和关键数据随时记录到这个表中，一个月后你回溯来看一遍，理解一下各个产品的情况，能建立对一个行业的宏观观感。

因为对于海量级用户的产品来说，用户其实不是人，是需求的集合，这些集合造成的趋势变化，数据波动，是你在做需求优先级排序时候的依据。

另外，跨行业的数据和经验分析也同样重要，因为今天你很难知道下一个取代你们产品的产品是不是你现在所在的行业里的。

如何培养、增强自身和团队的自驱力

如何才能培养自驱力，以及如何增强团队的自驱力呢？

没有人能一直保持恒定的自驱力，需要一些内部和外部因素的持续刺激。自驱力不是培养出来的，是控制出来的。控制自己的自驱力和促进、保持团队的自驱力是两个不同的话题，因为对你有效的办法，可能对另一个（群）人完全无效。我先说说自己的情况吧。

1. 内部因素

首先我不是因为学了设计才从事设计工作，是因为自己热爱并且能保持热情才从事了设计工作，这个事情有个体差异，有些人能保持热情1年，有些人能保持10年，我属于后者，这事感觉不是培养的，只是自己的一种选择。

我会横向探索新领域，以保持自己对设计的多维视角和新鲜感，比如用研、插画、心理学、经济学、组织管理、人机工程、CG、音乐编曲、编程等。这些都是我自学的，并没有人教我。感兴趣了就去看看，去钻研，然后思考这些知识和专业思维方式能否帮助设计做得更好，提升自己的视野。

我在大学期间受过大众传媒的专业训练，所以对搜寻信息，分类并理解，快速了解一个陌生领域和陌生人有一些经验，这也造成了我有一定的信息收集癖，这侧面保持了我的好奇心，在学习和探索上花多了时间，自然让人觉得我很勤奋和努力，但是这些只是我的日常习惯，做这些事我并不觉得累。

保持想赢—能赢的正反馈，得益于互联网快速发展以及深圳这个有活力的城市。我从进入职场开始就保持了对自己高度的压迫性。深圳速度想必你也了解过，所以你长期处在这种环境中，你的心态，做事方式，思考速度也会变化，转为自己的内驱力。

如果大家都不能准确回答“提升效率”这个目标背后意味着什么的话，你做的“由此我会对效率拆解：效率可使用户在心理层面减轻负压感、提升成就感；生理层面可提升阅读、执行效率层层递进，然后得出问题的解决方案，最后落实到产品”是非常有必要的。

但如果你们面对的问题有比较成熟的行业标准、技术条件、竞品现状等，其实你可以假设这些分析已经有人做完了（当然，现存方案应该是比你们的方案更优的）。

视觉设计也不是纯粹感性的过程，因为视觉设计的过程也有解决功能性问题的部分，像“简洁”是为了更高效地传达产品信息，“清晰”是为了满足不同设备，不同生理条件与心理条件的用户无障碍获取信息，“整齐”是为了在符合已有范式基础上更快速地使用产品，“美观”是为了满足美=好用的潜在心理诉求。视知觉是一套完整的心理学，美学，医学综合理论，不是什么“完全主观”的事情。

在定义问题和解决问题这个事情上，大多数时候的限制条件是领导的品质要求，团队的品质追求，以及目标市场的客户要求有多高的问题，追求如果不够高（或者没有必要这么高）则给予设计前期时间、人力成本投入的容忍度就会低。

2. 外部因素

我一直从事的是移动软硬件设备和移动互联网的产品体验设计工作，这两个行业都是高速发展的行业，信息量和信息转化速度都超越其他行业很多，这就逼迫你每天要保持学习，直到今天我仍然每天保持看100篇左右行业文章，趋势，深度分析以及产品评测的内容。

Deserve you Title是我做事的座右铭，一开始进入设计行业没多久我就开始负责招聘，带人，管团队了，15年前没有人教我如何做设计管理，只能靠自己，这就逼迫我必须以身作则，因为我的行为和决策可能会影响整个团队的发展和生存，责任感会逼迫你保持行动的自律。

因为进入行业早，也认识了一批非常厉害的设计圈的朋友，看看别人的进步速度和成功，也会反过来激励自己，人的进步速度是需要参照物的，当你的周边没有自驱的气氛，你自己也就懈怠了。

多给自己立一些Flag，然后把它拔掉。比如我在UCDChina写博客，到写书，到参与各种行业活动和演讲，很多时候都是带着任务去的，可能是支持朋友，可能是总结经验，可能是为了招聘。总之就是先吹出去了，就要想办法圆回来，做事保持"善始善终"，自驱力自然能够提升。

如何合理评估需求所需设计时间

目前我们遇到了比较严重的设计时间问题！每次产品提的需求时间都非常紧急，而且时间都没有办法协商，就说大BOSS定的或者其他理由。找领导也是要么安排其他设计师，要么就是大家加班完成，以至于每个人的工作都很满，根本就没有时间思考！另外，如果只说产物的话，一个图一个小时也能做，几天也能做。以前有过做的时间长的，但是产品部门觉得还不如短时间做得好。如何评估到底应该花多少时间呢？

老板和产品团队当然是想越快越好，因为行业竞争就是这么残酷，但是快的前提下还有一个维度要考虑，就是"准"。不管是否花3个小时，还是3天，我们当天期望做出来的设计是能够准确地达到产品目标的。

这个问题可以分三步来解：

（1）先客观计算评估一下你的设计团队的人才构成，什么级别和经验的设计师占多数，他们的平均工作输出时间，任务饱和量，加班负荷究竟是多少。如果给你一天也能做，给你1个小时也能做，做出来的东西还差不多，我作为老板也认为你们工作不饱和啊。计算出来的表格，最好再找找行业里面和你们产品属性，团队规模差不多的公司来比较一下，看看人员配置是否合理。互联网行业产品经理：设计师：开发人员的比例通常是：1∶2∶10～12。

（2）以前有做过时间长的，但是产品觉得还不如时间短的好。这句话很重要，这里面至少透露出，其实你和产品之间没有就设计作品是否满足产品目标达成过共识。每个产品的阶段不一样，对设计的要求也就不一样，一般都会看具体的产品数据和用户反馈评价来衡量设计品质是否满足需求，而不是产品经理自己说了算。这点上你要和产品经理，负责业务的老板一起讨论，建立一个评估设计效果的指标和体系，比如Google使用的HEART模型等。

（3）梳理一个更有弹性的设计流程，包括：收到+理解需求—进行构思—安排设计任务 —具体设计输出—设计评估。这个流程中目前不合理的节点要去掉，不合适的评估方法要改正，不合理的需求更改要避免。既然对设计的压力大，那么设计的责任就要大，作为Leader你需要帮团队设计师去梳理提升效率的方式，而不是只逼着大家加班。也可以尝试建立一个工作任务对应表，比如一个Banner（遵循设计规范，获得所有图片资源和文案的前提下）设计到输出需要6个小时。把这个基线时间作为你们的参考。

其实业界很少有这么做的，因为设计的产出效率和项目的重要性，需求的范围，期望达到的设计目标有很大的关系。如果你们是一个以产品为导向的公司，老板应该会更在意设计达到的效果，而不是速度是否够快，快与慢的要求只是一个表面。

关于交互设计兼顾产品经理工作的看法

最近有个疑问想向您请教下，我是做交互设计的，发展通道也是交互的通道，但目前做的活全是产品的工作，包括想功能，做设计，项目跟进，全部的测试工作（Bug测试），就算做一个不大的功能，做完这些都会花费我很长时间，加上我们没有项目管理，让开发做需求全靠催，而且需要经常催。这么多非设计的工作，我很担心自己的专业技能会变差，这种情况有什么好的建议吗？

这是好事，不是坏事，具备产品经理能力的交互设计师正是这个行业极度缺乏的。

把你现在项目管理方面的工作模板化，建议团队导入工具和系统来完成项目管理的工作，把人力跟催这种事变成流程，这样你的时间会解放一些。而且好的项目管理经验，也会在日后你负责大型的、复杂的项目时候有巨大的帮助，从项目管理的过程中你还能积累很多提升效率、降低成本的方法。

设计产品的功能和分析需求，对交互设计师是很好的锻炼机会，这个机会不要浪费，多建立自己全局的产品思维，多接触用户和产品上层领导，利用自己的权限多了解和分析产品的数据，把数据拿在手里，以后你会受益无穷。当然，这个功能也许看起来不是交互设计师的本职工作，但需求和场景是交互的基础输入，自己去掌握输入，会更好地让你思考过去做交互时意识不到的问题。

全部的测试工作不是你该做的。测试是有一定开发专业度的工作，你们公司没有测试团队吗？这个工作应该交出去，让更适合的人去干。但是如果这个测试环节中有可用性和易用性的测试项的话，你可以给出标准，并跟踪这个标准最后的测试数据和结论，这样有助于做UX设计的闭环。不属于你本职工作的内容可以建议公司交出去，因为你没有时间和精力完全做好。

更多的工作并不会让专业技能提升变慢，只会帮助你更好地全局思考。但是更多的工作任务和压力，却让你看不到公司和产品整体的发展，战略目标也不清晰，团队管理混乱，甚至在待遇上产生不公平的想法，进而让你觉得提升专业并不能很好地支撑自己的职业发展，这种处境就会影响你的提升。但是，提高自己的综合能力，会有更多的机会跳槽。

设计师进行知识管理的方法

最近在整理设计作品，以及看书看网站学习设计知识，发现看了书籍和网站的内容总会忘记，项目也没有转换为经验性的东西，想问一下对于设计师有没有什么知识管理的好方法呢？

这个问题分成3个部分：看了为什么会忘，看了后怎么转化为经验，设计师如何做知识管理。

1. 看了为什么会忘

这个主要是你可能真的只是在执行“看”这个动作，那当然是看完后就忘了，因为人的短期记忆的负荷是有限的，新的东西会冲淡旧的东西。在看的同时，你需要的是“想”：为什么这个作品如此吸引我？这个作品是设计师花多长时间做的？一个人的独立作品还是团队的？它解决了什么问题？为什么这个最终成为了定稿？有没有其他的概念设计？我来做的话会怎样入手？这些思考和假想会在看的时候帮助你变成自己的思维。

通常变成自己思维的内容，不太容易忘记。另外，根据美国国家训练实验室的“学习金字塔”模型（网上搜一下，有很多图），听讲、阅读、视听、演示都属于被动学习，天然的知识留存率比较低；而讨论，实践，教授给他人，是属于主动学习，经过这个步骤的知识沉淀会比较稳固，所以看到什么好东西分享给别人，一起聊几句，其实是对自己更有价值的行为。

2. 看了后怎么转化为经验

看过的设计流程、作品分析、经验技巧，一定要进行练习才更有价值，一般看设计教程立即跟着做一遍是比较好的，然后在没有教程的帮助下，自己再做一次利用这个方法形成的自己思考的作品，最后把这个方法教给别人；了解到好的设计流程时，可以在团队内部用一个小规模的需求验证使用一下，看有没有什么障碍和问题，为什么使用的时候才发现有这些问题？

一旦进行实践，过程中遇到的好的反馈，坏的教训，都会形成自己的经验，然后自己再尝试重新梳理这个“看到的”内容，形成自己理解的方法论。

3. 设计师如何做知识管理

我个人是使用Evernote做知识管理的，每年年底回顾一下今年收藏的内容，记录的要点，已经内化成随口而出的内容，落后于目前行业平均水平的内容，自己的理解已经更深入一层了的内容可以删掉，不断形成各个内容之间的联系，基于它们写点文章。

不断修改自己的作品集，把以前做过的项目拿出来再回顾一下，如果现在再来思考它们，会怎么做，会用什么更高效，更有含金量的技巧去完成它，这也是一个知识建模优化的过程。做了知识管理，并不说明你具备了这些知识基础上应有的能力，设计师的能力一定是在项目中不断被挑战，和用户走在一起用同理心理解他们，在行业竞争中完成一个个微小迭代的超越，最后积累起来的。

知识很重要，但知识不能直接让你成功。

如何撰写交互规范文档

最近部门要求写交互规范文档，不知道该从哪方面写起，也不知道该写一些什么，老师可否给些意见或建议，或者给一些相关的文档来学习一下。

现在在网上常见的Design guideline很多聚焦于Style guide的范畴，如果要举一个比较完整、成熟的设计规范案例，应该是苹果的Human interface guideline。指南去年更新过一次，从内容结构到指南描述都非常简单，平实，易用，很有指导意义。

其中交互部分的内容在这里可以查到，网址https://developer.apple.com/ios/human-interface-guidelines/interaction/3d-touch/。

客观分析一下在User interaction的部分，苹果着重说到了交互特性（Interaction feature）和范式（Patterns）：3D touch、可达性、音频、验证、手势、反馈、进度、导航、请求处理、设置、术语表等是围绕系统本身的软硬件能力，还有人的行为展开的。

同比演绎的话，如果你自己要写一个交互规范文档，包含的内容至少应该有：

• 设备支持的情况（基于什么设备，这个设备的输入和输出有哪些方式，用户对此设备的空间感知是什么）。

• 目标用户的情况，关于人的属性部分，语音、体态和手势分别是啥（是人主动操作，还是系统主动识别）。

• 用户与设备的交互形式有多少种情况，通常在怎样的场景下，这些场景会引起什么样的交互限制条件。

• 用户的基本任务流应该如何完成，需要遵守哪些设计原则（如果是可选的条件下）。

• 为了让用户完成任务，我们提供了哪些交互组件、范式、反馈，信息架构怎么构建。

• 如何保证可用性，符合人的直觉，使交互过程舒适等辅助方法，甚至是提供某些服务设计。

视觉能力会成为交互设计师的瓶颈吗

你觉得视觉能力会成为交互设计师的瓶颈吗？我感觉在我们公司能做出漂亮视觉稿的交互设计师更受领导喜欢，方案也更容易通过，可是明明有视觉设计师啊。

视觉设计能力成为交互设计师的瓶颈是一个现象，不是原因，更不是结果。

交互设计和视觉设计本就是“信息设计”范畴的两个重要维度，在基础设计教育和应用时，分不开的两个概念。我们现在市场中将这两个内容对立来看，是因为我们的设计教育从根本上是落后的，市场中的企业对于设计的认知不够，以及大量初级设计师接受了有偏差的观念输入，岗位设置上没有优秀的设计管理者加以引导，这是一个综合结果。这就导致很多设计师从专业角度上有偏科现象，做视觉的觉得美是第一位，认为交互是线框仔；做交互的觉得交互逻辑是最重要的，鄙视视觉设计师想不清楚逻辑。

我个人提倡的是，只要在UX方向从事设计类工作，特别是面对产品设计来说，交互设计和视觉设计就是设计师需要掌握的基础认知和基础能力，这两者在实际设计过程中经常是交叉融合的关系，单纯只考虑两者的表面，都会导致设计沟通受阻。

能做出漂亮视觉稿的交互当然会受领导喜欢，你会不喜欢拥有多种技能的合作伙伴吗？这意味着沟通成本、项目时间成本的降低，而且提案、评审等决策环节中，视觉因素的影响很大，至少更美的东西，人们会更愿意耐心看完，听完。看上去美的设计稿，很大概率是因为它本身更合理。

交互设计师即使不做视觉设计层面的内容，自己输出的竞品分析报告，线框图，高保真原型制作等，也应该是符合信息传达原则，视觉上整洁合理，符合人的阅读逻辑的，也应该是“美的”，这和你是什么岗位没有关系，是专业程度的问题。

从设计角度做竞品分析

在做竞品分析的时候设计都是从哪些角度入手呢？交互和视觉都是从什么角度去做？

竞品分析是产品设计过程中需要全流程去做的事，因为现在市场发展，用户完成教育的速度都非常快，也是设计输入中很重要的组成部分。

竞品分析的第一优先级工作是找对竞品，而不是分析市场中规模最大，表现最好的那个，选错竞品，分析就没有任何价值。

这个要综合你们之间的市场定位、用户重合度、品牌形象、提供的产品价值等因素来考虑。在假设你已经选对竞品的情况下，竞品分析的核心工作有：

1. 交互方面

- 分析交互框架（设备、交互手段、场景、行为）
- 分析交互流程逻辑（任务流、任务变量、页面关联逻辑、边界条件）
- 分析页面状态和规则（页面元素，控件、判断逻辑——基于角色，时间，场景）

2. 视觉方面

- 品牌一致性（品牌基因、视觉风格、多触点的视觉一致性）
- 视觉基础元素（字体、图形、色彩、质感、动效等）
- 视觉规则与表现（网格系统、设计规范、演进趋势与策略）

用户体验设计师如何优化产品效率

用户体验设计师在产品效率提升方面都可以做些什么工作？目前产品正在进行产品优化改进阶段，除了研发人员在技术方面进行改进外，设计师可以从哪些维度去优化效率，比如给用户感觉上快一些，交互步骤少一些……

现在产品的使用效率是第一优先级的问题吗？那就需要做可用性改进了。

深入到用户中。用户实际使用情况是什么？遇到的产品的最大问题是什么？是不是效率的问题，还是其他的？从用户真实场景和使用感受出发，得到具体的痛点和待解决问题列表。

理解产品的路径规划。产品目前发展的状态和最主要的产品目标是什么？做效率的提升是不是当前最重要的事情，怎么帮助产品在这个阶段达到应该达到的目标，不要想当然地把“优化”限定在交互的可用性上。

设计师要横向做好可用性测试，专家评估，如果自己设计的方案都不知道可能存在哪些基础的可用性问题，可能是专业经验不够，这个需要根据你的产品实际情况按每一个页面来单独分析，问题中描述的“用户感觉上快一些”是伪命题，不是假想出来的，我甚至都不知道你们的产品是什么，具体建议谈不上。

关于产品经理干涉交互图的见解

我是一个刚一年的交互设计师，这一年我做出的交互图先要给产品经理过，然后产品经理指导我这里用什么样的交互形式，那里弹窗要什么样的。有时候也会争取辩论下我为什么用这样的形式，直到产品经理说OK了，再进行评审。我有些迷茫这样的工作流程是不是其他交互和产品间的流程。总感觉一直这样下去，既不能参与需求定义，做出来的交互图还要过两三次产品那边，我会沦为画图工具，除了看一些比较专业系统的理论书。我平时该怎么做，积累些什么，思考些什么？

你们团队没有设计的负责人吗？哪怕一个小组长也好，设计稿的评审最好还是由设计主管来做，产品经理不是不能评设计，除非他足够优秀，否则很难不掺杂商业诉求，KPI压力，以及缺乏对设计细节的专业指导。

——只能说“我觉得这里可以大气一点”。

首先，前期需求的理解和沟通，你要参与进去，明白做这件事的业务逻辑是什么，公司为什么需要这样做；在正式出稿子之前，和产品经理在纸上快速完成简单原型的沟通，达成功能层和控件层的共识；最后再到电脑上去完成更细节的工作。

既然产品经理可以指导你用什么交互形式，甚至到弹窗这种Pattern的层面，那么还是说明你现在的专业能力是非常欠缺的。这个需要系统的训练，不是看几本理论的书就可以了。

如果你们是做基于 Android系统的产品，那么至少Material design的完整设计系统，你需要仔细的，完整的，倒背如流地熟悉。

——就这一件事来说，很多设计师根本没做过。

下载，试用，分析大量的同类型产品或相关类型产品，进行交互层面的分析总结，不少于50款。

——这一件事来说，又有很多设计师是只在有需求的时候，分析两个就算了。

积累过去在项目过程中犯过的错误，听到的设计评审的好建议，老板和产品，设计负责人在哪些问题上达成过共识，用笔记在本子上，有事没事拿出来看看，形成思考公司产品时候的下意识输入。

——这一件事根本没有多少设计师坚持下来，大多人过于相信自己的记忆力。

最后，最重要的是你究竟喜不喜欢你现在在做的产品，面对的用户。帮助他们解决的问题，如果没有从价值观上对做的事有投入，最后只是把事情作为领工资的工作，那么工作本身很容易有倦怠和困惑。

如何做好短平快的需求

我最近遇到这种情况：产品实现后期，总会出现一些很临时又紧急的需求，需要很快出交互方案，甚至上午说需求，下午就要出方案。我本身不是一个很细致的人，非常担心特别紧急出的方案漏洞很多，在这方面有什么好的建议吗？

“产品实现后期，总会出现一些很临时又紧急的需求”

任何产品都会有这种情况，优化途径是加强与项目管理者或甲方沟通，在前期避免突发情况，优化敏捷开发迭代的关键评审环节，在关键时间点卡住交付周期，避免来自各方的干扰（包括老板和VIP用户）。

“我本身不是一个很细致的人”

细致问题只能靠自己锻炼优化，一个不细致的人，在设计的道路上会走得比较辛苦，从写文章没有错别字开始锻炼。

“非常担心特别紧急出的方案漏洞很多”

方案的漏洞和你不细致没有关系，是专业能力，全局视角的缺失，如果害怕自己在方案中设想不到各种情景，可以把产品中最关键的可用性问题，交互设计原则，设计输出的场景遍历，做成一个Checklist，然后在交稿前自己对一下。

UI设计怎么转岗为交互设计

我是一名UI设计师，目前手上维护两个App的更新迭代（都是两周一迭代）。现在产品经理手上除了这两个App以外还有一个Web后台（业务逻辑较为复杂），因为工作量太大，现在需要一个交互设计师来分担产品经理的交互工作，同事都建议我接替。我自己有两个顾虑：

（1）目前UI的工作已经处于经常加班到晚上九点多的量，其中加班较多也包括自己对自己输出的要求，恐怕接了交互的工作，到时候两边（UI和交互）不讨好。

（2）自己一直很喜欢交互设计，有一点交互设计的经验，但主要是想在UI方面做到一定的成熟度再转岗做交互，不想“亵玩”交互这份工作，你觉得该怎么考量这个问题？

你们人够吗？人够的话，手上比较成熟和稳定的需求可以交出去锻炼新人，总是做一样的事情就失去了新的机会和可能。另外，做设计这件事，在更困难的事情上，价值和收获也是更大的。

无论是视觉还是交互，本质都是在对信息做处理设计，这两者本质是分不开的，也不存在视觉做得很好了转交互的说法，那是岗位思维；专业思维都是交织跨界，同步成长的，视觉和交互有很强的交叉地带，有一个产品让你快速切换到这个交叉视角是非常好的事。

设计的职业道路是持续学习，持续成长，感觉到自己做到某个阶段就无法进步了，通常是因为项目缺乏挑战，团队出现专业天花板，或者自己的目标设定低了。

如何看待广告Banner加按钮

你怎么看广告图上加按钮更有利于点击这种观点？我的一个运营同事只要有广告需求，都会尽量在广告图中加上按钮。例如“马上××，立即××”。但在实际设计中，视觉感受又觉得冗余，特别是在广告信息较多时。

广告图Banner上加的按钮叫作Call to action，也就是CTA。这是Web产品上延续下来的设计模式，按钮文字通常带有强烈的好处诱惑，比如免费、马上获得、倒计时之类；而且按钮本身有下意识点击的视觉引导，用户会想去点击。

但是，今天要辨开看这个事，首先按钮只是CTA的一种表现形式而已，只要能让用户注意到重点信息并产生点击转化的，都是好的CTA，视觉样式可以有多种尝试。

然后，一个CTA的有效样式是随着产品形态，平台属性和用户的社区氛围改变的，这个可以多做一些AB测试来看数据，灵活调整，按钮的样式也有千差万别，哪个才更好呢？

最后，随着移动互联网（我假设你们也做移动端）用户的成熟，那些不看Banner广告的用户早就知道那些是广告了，浏览的时候会自动过滤掉。这时候与其坚持一个CTA的按钮，不如想想用户运营、内容运营、活动运营本身的优化。

设计师怎么进行思维能力训练

设计师怎么进行思维能力训练?

1. Scenarios based thinking基于场景思考问题

任何设计意图和设计目的，都是基于特定场景出发的，场景变化，相关的人、事、物就会产生变化，原本有效的设计可能就会变得低效或失效，所以在看到一些反直觉的设计决策时，先思考一下相关的场景。

2. Dynamic based thinking动态化地思考问题

世界是不确定的，产品的迭代也是有机的，所以不要只停留在当前的问题中思考解决方案，要更动态地处理办法，想象未来会发生什么，这提供了随机应变的可能。

3. Details based thinking细节化地思考问题

细节决定成败的速度取决于影响的用户数范围，用户对整体体验的评价往往是多个细节问题累积的负面情绪，从细节联想到致命问题是设计专家的首要责任。

设计一个系统时，如何考虑用户体验

可以分享关于用户体验相关的内容吗？比如设计一个系统时怎样考虑用户体验?

我们准备做一个企业内部学习平台，长远的目标是做成手机端移动办公平台，以后内部学习只是其中一部分功能。

大概先要考虑三个问题：

（1）企业内部学习的必要性，小型企业保生存要靠业务拓展，中型企业求发展要靠市场和产品运营，大型企业要永续得靠价值观和文化建设。这里面或许有建立知识管理体系的需求，学习平台是这个体系的一部分。

（2）有这个想法的企业可能想做，或者已经在做，他们的需求是什么？需要研究清楚。如果想做，那么目的是什么？如果已有的用起来不爽，是什么原因造成的，现有数据是否可以无缝同步到你的平台上。

（3）企业对员工的诉求主要是创造绩效，所以鼓励学习掌握的也是本企业独有的文化，项目经验，绩效标准，这里面有不少牵涉到商业机密，怎么放心让别的企业用你的平台？这个问题要仔细考虑，对于企业来说，选择一个服务，价格和易用不是第一优先级因素。

交互设计新手在两年内发展的建议

对于刚接触交互设计未满半年的新手，在接下来的两年内应重点发展或关注什么？

刚接触半年需要锻炼的是：

• 高效率、高质量的设计输出能力：建立自己最有效率的工具包和学习途径。

• 深入理解产品的设计模式：熟读熟用设计规范，做好产品研究；App Store上25个分类的Top20应用都捋一遍，做个横向分析。

• 明白你的公司和参与的产品是怎么挣钱的：建立公司商业价值—用户价值的思维链条。

• 保持好的工作习惯：专注做事，积累自己的经验，不要顾虑外部因素，读点好书，常关注身边和能接触到的用户。

以后的发展趋势是多元的，不确定的，保持好自己的专业竞争力即可。如果现在AI很火你就转去做AI，VR很火你就转去做VR，这很危险。对一些看似“趋势”的东西，不妨先观察，先独立思考再说。

两年后的设计师的综合能力肯定会比现在高，这是可以确定的。

交互设计书籍清单

求交互设计方法的书！

About Face：The Essentials of Interaction Design 4th Edition：Alan Cooper

Ergonomics in Design：Methods and Techniques (Human Factors and Ergonomics) 1st Edition：Marcelo M. Soares

Human Factors Methods：A Practical Guide for Engineering and Design 2nd Edition：Neville A. Stanton， Paul M. Salmon， Laura A. Rafferty

全部在亚马逊有售，不用一字一句看，先看目录和结构，挑自己不懂的先看看。然后工作中遇到相关问题了，查一下。

但是看几本书是不够的，做项目，深入思考业务逻辑、信息逻辑、交互逻辑，能力才会提升。了解知识没有力量，运用知识才有力量。

专业性网站及App推荐

能否推荐一些专业性网站或App？我想了解最新动态及与设计师交流。

设计师不能只看设计类的内容，和人、科技、艺术、技术有关的内容都可以多看看，找到一些想法之间的“连接地带”，启发自己的创意才有实际价值。

链接：The Next Web | International technology news， business & culture，https://thenextweb.com/。互联网科技媒体，信息更新很快，分类清晰。

链接：https://www.youtube.com/。订阅一些设计、生活、艺术类的频道，很有趣味性，也不枯燥。

链接：https://medium.com/browse。同样订阅一些设计师和设计公司的邮件列表，medium 的推荐算法非常人性化，看得越多，推荐的内容越符合你的需要。

链接：https://www.kickstarter.com/。全球最火热的众筹网站，看看别人都在思考什么创新，做些什么产品的新尝试，对自己理解用户需求有帮助。着重跟踪一些热点项目，看看他们是怎么和用户互动的。

链接：Product Hunt，https://www.producthunt.com/。要是需要产品设计的点子，这里每天都会更新，虽然大部分都不靠谱，但是偶尔有一些亮点还是非常有启发性的。

国内网站，基本我就看看站酷、知乎，还有虎嗅等一些科技媒体了。

怎么做到全链路设计

在谈全链路设计的今天，设计师怎么做专业度纵深和知识多元化的平衡？

这是一个选择方向的问题：究竟是期望获得更多元视角的知识，来帮助最终做好设计，还是获得多元视角的知识，让自己得到。

更多职业选择的可能，走上管理或者创业的道路。

全链路的定义和建议，和我之前提过的全流程思维的设计师是很类似的，这里不但强调有全局思考的敏锐度（这个事情要做成，我在其中的作用，其他同事和工作环节的作用，相互之间的关系），还要有全流程关注的积极性和态度（这样做是不是足够有效率，是不是ROI最优的，除了输出设计稿之外，设计还可以帮助哪些环节的成功），至于是否一定拥有全流程设计输出的能力（输出用研报告，输出交互设计原型，输出视觉设计稿，输出动效Demo），倒不是特别关键的。

专业度纵深从表现来看有这么几种：

- 你知道别人不知道的设计知识和背景—可能是因为你阅读面比较广，知道很多经典案例。
- 你了解这个设计的前因后果，历史传承和踩过的坑——说明你在这个领域，这个产品形态上做过比较长的时间，遇到过足够多的问题。
- 你能从一个设计上的小问题洞察并发现更本质的原因——用户为什么犯错？这个错误在其他状态还会有吗？是否在系统级也具备普遍性？这些普遍性在社会学，人机工程学，心理学上有没有一些论证和研究？
- 你能快速发现一个别人发现不了的细节问题——交互上的强迫症，视觉上的像素眼，用研上的同理心，都属于这类。
- 你能从不同维度的视角同时评论一个设计方案，并最终给出一个最佳平衡——你会想到商业上的问题，数据的表现，技术的瓶颈等。

做到上面1～2点你可能是高级设计师，做到3～4点你可能是专家设计师，如果全部做到，你可能是神。

现代设计的进步越来越依赖跨学科的综合团队的共同工作，且每个人都有自己思维和能力的边界。

所以你会看到，需要更加专精，一定离不开聚焦当前专业的不断探索，掌握更新的信息，更好的实践，以及更有逻辑的思考策略；同时，深度的持续突破，一般都会有广度的介入，当你横向能力扩展后，一定会对垂直领域的理解更上一层楼，它们不是矛盾的。

如何提高设计的手活水准

平时在团队管理中如何提高团队成员的手活水准？

手活是指具体的交互设计稿，视觉设计稿的产出品质吗？要提高这个能力，没有其他的办法，只有练。

1. 定期给团队成员提供更新的、更高效的工具和插件

专业领导者需要关注生产工具的改进，虽然不是所有工具都要让大家掌握，但是运用不同的工具做事，也是一种思维方式的切换，而且现在的设计工具都非常简单易用，上手学习时间一般不超过两天。多个工具配合，也更容易聚焦在工具本身最有优势的某些方面，不会出现做不出来就卡在那里的情况。

2. 复盘分析做过的设计稿的再优化

在有时间，或者做设计总结的时候，再回头看看之前的设计稿，哪里还能继续修改得更好，交互稿哪里的逻辑是当初没有想到的，是不是能逻辑更清晰一点；视觉稿的细节和色彩是否可以做得更精致、更准确。通过反思来提升对细节的要求，细节要求足够高，手活水平自然高。

3. 优化设计输出的模板

很多设计团队为了保持输出品质的一致性，或者团队品牌要求，会运用统一的交互设计模板，视觉设计模板，这些模板本身的优化也能帮助设计师提升整体输出质量，模板不要复杂，要把足够的空间留给输出内容。

4. 适当进行一些横向项目

打开思路，开阔眼界对手上功夫的帮助也很大，所以在主力项目之外做一些团队公共性的设计，横向建设的项目也可以帮助设计师发挥出自己的才华，更有意思的项目，通常也会带来更有创造力的作品。然后，可以把这些横向项目的经验运用到主线业务中，起到补充作用。

UED设计经理如何考虑未来发展

我目前是UED设计经理，现在想要向上发展，有哪些方向可以发展？

具体的向上发展的核心诉求是什么？现在薪水低了想得到更多收入，还是觉得年纪大了

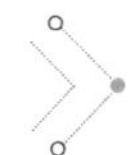

应该往管理岗位走走，或者是现在的工作感觉没什么挑战，希望到更高的岗位挑战一下。

有些公司（比如一些外企）是愿意给岗位，给Title，但是加薪发股票比较谨慎，有些公司（比如互联网企业）是愿意发钱发奖金，但是升职要慢慢熬通道评审，培训，任职考核。满足自己核心诉求的方式有不同的路径，也就有不同的方式。

如果是方向的话，通常UED设计经理的向上路线都是专业为主导的管理结合路线，比如UED设计总监，首席设计师，CXO（首席体验官）等。如果切换到产品经理，一开始的第一年都不是向上发展，而是平级切换，因为你能不能做好这个岗位，同事和公司都没底。

另外，产品经理的工作方式与思维、视角和设计师还是有很大差别的，而且在非产品为中心的考核关系中，产品经理未必能够获得比设计师更大的话语权。建议还是更多地聚焦UED本专业的内容，先提升自己在团队中的领导力，从一些创新的孵化项目中获得成功的结果，再考虑是否切换岗位和职业通道。

如何快速有效地阅读英文文档

对于英语词汇量不多的设计师阅读英语文档，有什么快速有效的解决办法吗？

装一个好用的屏幕取词翻译软件即可，坚持用一个月，你会发现很多专业词汇出现的频率是差不多的，阅读通常的英语文章难度不大。设计类文章的其余词汇也基本没有超过大学四级词汇的范围。

为什么发布很多英文文档？

（1）现代设计中的各个领域几乎都是英文世界的研究更加深入，也更加前沿，直接掌握一手知识是最快的、成本最低的方式。

（2）很多翻译类的文章通常在时间上都会比较落后（随着现在翻译组多起来，这个现象在好转），且并不能很好地选择哪些内容才是真正有价值的，这也是Curated contents服务一直长盛不衰的原因。

（3）随着流量经济和知识付费的兴起，很多文章在翻译转载重编辑的过程中，或多或少会夹带私货，或者改变原作者的初衷，这是很恶劣的做法。

（4）有价值的、及时的、高质量的翻译类内容不会凭空出现，一般都需要付费购买或正版授权，我个人的时间有限，很难做这个增值服务。

如何做部门年终总结

最近做部门年终总结，即2017年工作成绩及2018年规划工作目标，不知重点关注点有哪些？

是给部门做年终总结，还是你在部门内做个人的年终总结？

前者聚焦业务和部门发展，后者聚焦个人成绩与发展计划，现假设是后者。通常需要包括以下几点：

（1）这一年你做过的有成绩、有价值的事情。这个成绩和价值是对公司来说的，有没有对业务产生正向帮助（比如设计的输出提升了哪方面的数据，促进了哪方面的增长），有没有对部门获取资源积累资源（哪些事情帮助部门获得了外部伙伴的肯定、赞同，达成了什么有难度、有挑战的合作与共识），这种案例需要平时留个心眼记录，保留好来自用户、领导肯定的证明——微信群截图、邮件、数据展现等。

（2）这一年个人的职业思考与发展成果。聚焦新的挑战得到的成绩，比如除了日常项目之外，还指导了一些实习生进步，培养了新人，或者组织了一个虚拟团队攻克了什么项目难点，这些都会体现你的人员管理和项目管理的能力，后期团队发展了这些都是横向建设的亮点事件，有利于升职。

（3）发展计划聚焦小处，畅想大处。比如在今年的工作过程中发现了哪些项目上、团队中、流程中的问题，从一个小问题出发尝试建立解决这一系列类似问题的方法，并在下一年准备分阶段运用到工作中。通常会做这种抽象思考，形成自己方法论的设计师，都是设计团队中最宝贵的。

（4）别人走一步，你要走两步。聚焦更远一点的新趋势、新研究，帮助团队建立更深厚的专业能力、团队氛围，要学会从现象中抽取团队工作的整体计划。比如，不要只看到我们今年仅仅做了3次用户测试，而要看到这是团队整体缺少用户视角的现象化表现，把问题拆解成：用户测试是不是有必要做，如果有必要，应该怎么做，谁来做，做完以后设计迭代怎么闭环，做完后的输出能不能沉淀为团队共有的能力，让没有参与的其他同事也能获得这个经验？

想得更多一点，更深一点，你的规划就更有价值点可以挖；另外，规划不要讲概念和理想，要分解为可执行的计划，一条一条写出来，做下去。

怎么制作品牌视觉规范

我们公司在产品UI和平面VI方面都总结了一些视觉规范，但是在线下物料和品牌设计方面却一直不知怎么整理一个好的规范，让供应商和伙伴在展会或者各种会议时能够做出和我们风格统一的物料。在这方面有没有制作规范的建议，或者有没有好的例子学习下？

成熟的平面VI规范，理论上应该涵盖了各种线下物料的字体使用，色彩使用，版式选择以及印刷的材料建议，在网上搜一下比较大的公司的VIS手册，或者去一些平面设计公司谈谈，都能看到比较专业的指导手册。

供应商和伙伴不遵循设计规范一般有两个原因：你的规范里面没有考虑这些场景，没有给出相应的示例和参考，别人不知道怎么做；你的规范只有视觉样式，但有时候做事的一致性和遵循程度却和企业品牌价值观，要求标准相关，也就是包括B（I行为识别规范）、M（I理念识别规范）。

交互设计怎么做好数据分析

作为一名交互设计师，我们需要掌握哪些数据分析方面的技能？以及在企业运作当中，交互设计师会在数据分析过程中触及怎样的程度？

专业的数据分析应该是产品经理和产品运营的事情，交互设计师平时可以接触，主动去理解的数据通常有：

后端打点统计到的产品相关数据（日活、留存、流失、转化等，根据产品属性不同，关注的要点数据也不同）——这些数据看了后要去参加一下产品经理的例会，看看公司的产品部门在关心的数据是哪些，他们一般会怎么看数据，然后你从UX的角度给出自己的意见。

如果你们公司也用百度指数、Google Analysis等工具，这些数据的访问权限你可以申请一下，自己每天看看，形成一个对产品整体用户行为数据的印象，然后跟踪看看产品基于这些分析给出的具体产品洞察，培养自己的思路，这个数据里面也可以看到很多基于用户行为的统计，通过同理心猜测用户行为背后的意图，作为后续用研阶段的参考；数据的获取、统计、清洗和输出报表都不算很难的工作，真正的难点在于解读和反复验证，只看一次数据是没用的，只会看数据统计结论而缺乏洞察也是没用的。

企业运作中，通常是设计师有这个需求，产品会尝试帮助申请相关权限，当然核心的商业数据很有可能不开放给你，这有信息安全的考虑，但如果大家都基于数据说话，有很多需求的传达会变得更高效。

资深交互设计师与设计总监的差异性

一个工作了两年的成熟的交互设计师和五年以上的资深设计总监的差异性体现在哪里？

用一个表格回答你的问题，这里的专家设计师可以类比你说的设计总监。另外，5年工作时间通常称不上资深总监。

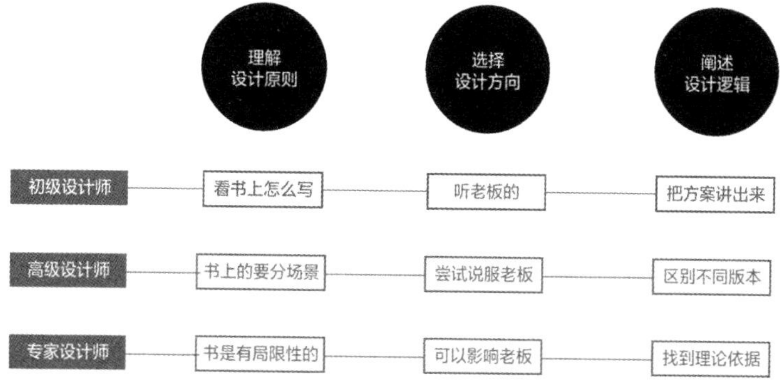

UX如何自学心理学和人类学理论

目前5年UX交互工作经验，想自学一些心理学和人类学的理论，该怎么做？

这个问题比较大，两门学科中不但细分领域很多，而且对理解人、理解设计的帮助也是不同的。

在自学之前最好先把问题缩小到自己能够控制的范围，比如先弄清楚：心理学和人类学都是干吗的，它们对提升设计能力有哪方面的帮助。

人类学有很多分类方法和研究视角，最简单也最符合人类思考方式的划分是：搞清楚人的一生究竟是啥样。从一个人的出生，到这个人的生理和社会的死亡，观察研究他一生的历程。出生、童年、成长、叛逆、恋爱、婚姻、家庭、事业、死亡。我在社区中放了一个爱丁堡大学关于人的健康与康复专题的人类学课程大纲，你大概可以看到只是这样一个话题，需要看多少论文和书籍。

心理学的领域中对设计本身有很大参考价值的是认知心理学的部分，认知心理学关注的是人类行为基础的心理机制，其核心是通过输入和输出的东西来推测之间发生的内部心理过程。认知心理学是一门研究认知及行为背后之心智处理（包括思维、决定、推理和一些动机和情感的程度）的心理科学。这门科学包括广泛的研究领域，旨在研究记忆、注意、感知、知识表征、推理、创造力，以及问题解决的运作。比如我们熟知的格式塔原则，就是这个分支下的一项内容。

《普通心理学》《实验心理学》《心理统计学》《心理学研究方法》《人格心理学》《变态心理学》《认知心理学》《发展心理学》《教育心理学》《社会心理学》都是基本入门类的书籍，如果没有时间都精读的话，可以选择性地阅读其中你感兴趣的部分。

设计师如何锻炼自己的产品感和市场感

设计师应该如何锻炼或提升自己的产品感和市场感？

能回答的东西太多，而且不知道你对哪方面更感兴趣，我尝试说一说，不能说得全面，你就当相声听吧。

设计师首先应该锻炼的是自己的设计能力，这里不是说具体的交互和视觉设计的技法，而是以结果为导向的解决问题的能力。培养优秀的产品感觉和市场敏锐度，有可能是因为你的设计能力提升了带来的自然而然的，举一反三的思考，也可能是想转不同岗位时去做的储备。不管你做哪个岗位，解决问题的能力是必需的。

从现在信息的复杂度，行业的细分度和知识的广度来看，如果你希望自己变成一个好的问题解决者，那么只有某一个领域的知识，甚至只做某一个固定的事情，显然是不能胜任的。不跨界，无创新，但要注意“设计师有更好的产品感觉和市场敏锐度，是为了更好地做设计，解决产品，服务，品牌甚至企业的设计问题”。

我在团队中是明确要求设计师要懂得提升自己的产品感觉的，工作能力要求见下页表。（此表谢绝转载）

提升产品感觉最重要的是要改变自己看问题的角度，时刻记得你是在设计一个产品的全部，而不是在为一个产品做（部分的）设计。在看别人的设计的同时，多想想产品经理会关注哪些问题，站在产品经理的角度去思考：日常工作中，对产品属性和行业生态的分析报告；与产品各版本相关市场表现，运营数据，用户口碑的数据收集与分析，并得出前瞻性结论；有无参与产品需求会并给出具体设计建议，建议是否被采纳，建议采纳后的完成度与成功率如何；是否为产品和运营的同事提供设计的培训和知识共享，这些都是培养产品感觉的具体做法。

说起来都很简单，但问题就是，90%的设计师根本不去做，或者没有坚持做，有些做个1～2次就回到原有的思维中，没有形成习惯。

很多设计师做不好角色扮演，在一个产品设计的全流程中，不能只考虑用户体验，用户价值，还要考虑公司和企业的成本，利润，风险，技术的难度，运营的机会和可持续性，是否为上下游合作伙伴留出空间，有哪些是公司价值观要坚持的，有哪些是我们没有能力做的。所以，问题的本质在于很多设计师对信息和事实的掌握不全面，连蒙带猜，过于保护“设计”成立的原因，只有当你丢掉这些包袱，才可能有做产品的感觉。

（有人会说，公司没给我这样的机会呀？公司也没给你发米，你怎么会吃饭的？）

市场敏锐度，这更玄了，专家会告诉你要学会洞察人性和商业的本质，我解释不来，我只能说要学会理解当前目标市场的商业规则。

要理解好互联网管制，学会看新闻，学着从互联网上每天发布的各类行业新闻中明辨真伪。光这一点，只读书是没用的，你想学习这种能力，只有靠跟对人。一个好的老板你跟着他一年就能学到很多，换一个和外界不怎么接触的“温饱箱”企业，你可能一辈子都学不到。

我开始做设计的时候首先学到的不是职业的设计方法论，而是学会了怎么写好PPT提案，怎么去和客户谈单子，怎么利用客户对设计缺乏了解的信息不对称抬高价码，这都是Design house的必备生存技能。做手机设计的时候，我去柜台卖过手机，做PC软件，我去给客户家里修过电脑。学会做生意，学会和用户走到一起，你对这个神奇的“市场”会多一点了解。

后来我知道了接私单是怎么回事，遇过土豪老板把钱拍桌上说改不好不许回去的时候，作品被盗版还被反咬一口，拖设计款不还，用茅台抵账，在某地遇到过极品的领导怎么忽悠上级并购自己在外面开的公司，和某旅游局合作设计形象网站见识了底层政府的腐败，也在ODM企业工作时知道了山寨机的诸多神奇玩法，还和一些客户去美国CES了解了原来展会根本就不是卖产品。

模块	细分	描述	维度	指标
业务能力+专业能力（按工具包执行）权重:占比50%	有对产品和运营的理解与思考，具有业务视角	根据《专业能力模型》各细分项去思考和沟通	专业自查会问题与交流，日常主动与Leader和DPM的沟通	1. 专业自查交流后，问题的落地执行情况，是否有新的问题，未解决问题应主动找Leader沟通，并召开下一次交流会 2. 主动与Leader和DPM沟通的次数，频率，考核设计师向上沟通的能力
		根据《风险与问题自查表》Check项目在初期、中期、末期的问题，并纪录 a、可以解决的，请纪录解决方案，并和大家分享 b、靠个人无法解决、推动的，需在站立会议上暴露，寻求团队一起解决 c、补充完善自查表	每月验证，与KPI综合打分共同记录提交	根据部门KPI综合评分记录中的对应问题每月检查，并且按季度为单位收集设计师手中的《风险与问题自查表》
	有高品质的设计输出，并推动规范化的设计评审	设计思考、过程及设计输出要规范、专业	遵守交互设计输出模版，视觉设计输出模版。以及每月部门月报的输出标准	1. DPM和Leader向产品、开发、设计师三方确认是否有不按照设计输出模版进行设计输出物提交的情况，若出现将严重影响质量因子评分 2. 每月月报的输出品质与各数据模块的整合性检查
		推动设计评审按流程进行	产品showcase流程的使用，前期与产品达成共识的邮件记录	1. DPM检查产品设计showcase流程的使用推进情况 2. 与产品侧确认设计师是否有对设计产出做足够的前期沟通，并达成设计共识
产品感觉 权重:占比30%	清楚知道产品、运营的目标，并在思路上对齐	清楚项目的产品背景、现有数据及未来趋势	对产品属性与行业生态的主动分析，定期思路梳理	1. 日常工作中，对产品属性和行业生态的分析报告 2. 与产品各版本相关市场表现，运营数据，用户口碑的数据收集与分析，并得出前瞻性结论
		主动参与前期讨论，给出专业意见	参与产品需求会旁听并给出具体设计建议	有无参与产品需求会并给出具体设计建议，建议是否被采纳，建议采纳后的完成度与成功率如何
	以解决产品、运营的问题为出发点	主动发现问题，给出解决方案，提升个人影响力	部门双周例会、跨职能技术交流参与讲师工作	1. 是否积极参与跨职能技术交流的讲师工作 2. 部门会议中是否提出好的团队成长与流程建议
团队贡献 权重:占比20%	鼓励分享所知	将个人的经验、发现分享给团队，积少成多（高频度、低容量）	evernote分享，设计蜂巢，设计夜校	1. evernote公用帐号的知识共享的数据 2. 设计蜂巢、设计夜校分享的次数和质量
	提升影响力	自己的项目可能的对团队整体对外影响力的作用	跨设计组的交流和信息收集，突发公共线项目与额外工作的主动承担	1. 主动承担额外工作与突发性公共项目的表现 2. 对外进行跨设计组信息收集和沟通的主动性
	主动完善工具包	在使用已有的工具包时，帮助迭代完善。鼓励发现和创造新的工具，帮助团队更加专业规范的前行	主动优化设计工具包，为团队成员解决实际工作问题	为团队提出设计工具与设计方法改良的次数和效果

你看，实际上只要你在一行干的时间够长，接触的事情够多，一些你意想不到的经济活动或者市场的自然行为总会围绕着你出现，一切都可以交给时间去解决。如果你只是在一个成熟、平静的企业干了10～20年，没接触过以上事情，那也没什么，生活不过都是各种不确定构成的。你说这些经历真的和市场敏锐度有关吗？对我的设计有帮助吗？我想说，是的。我可以更全面地看待我的设计可能面对的市场和客户，在遇到一些突发性问题时，我没有那么紧张，我可能还会被一些“小白”认为很“油”。但是我信奉的就是，如果你不会游泳，你就应该跳到水里去，一直在岸上的人除了会说风凉话不会帮到你什么，甚至他们说的话也不会停留太长时间。

要对市场敏锐，就要进入市场、去团购、去炒股、去买房、去旅游，你可以认识珠宝大亨，也可以认识路边乞丐，洞察人性都是在人性发生的地方，这样你的专业才可能有人味、接地气。

对于设计管理新手的一些建议

我是一名交互设计师，目前在一个十几人的设计团队，半个月前团队老大找我谈话，希望我带3～4个视觉设计师形成一个小团队，支持一整块的业务。半个月来，自己既负责交互的产出又兼顾产品需求、视觉产出的把关以及各种版本迭代中的沟通，明显时间不够用，而在之前和老大的沟通中他又明确说：下个阶段更看重我的思考，而不是动手的东西。感觉我目前应该就是所谓的“管理新手”，面对着从自己做到发动大家来做的转变，目前的困惑是：如何分配时间？如何做好一个管理新人？

刚开始接触设计管理工作，最大的挑战就是从线性任务变成了并发任务：过去的工作聚焦在某一个模块或某一个专业领域，拿到需求、讨论需求、做完提交、评审修改——每一步都有明确起止点和线性过渡的；但是进行设计管理工作后，你除了自己要关注的核心内容没变，可能还需要看一个团队中每个人的任务，这些任务不但和需求有关，很大程度上也和人有关，时间点、重要性、优先级都可能不再同步统一，对人的思考习惯会有很大挑战。这是你不适应的根本原因。

要做好一个设计管理方面的新人，从现在开始，那种“有需求就做，没需求就看看设计网站，聊聊天，刷刷微信，或者约几个不忙的小伙伴到楼下喝咖啡”的日子结束了。时间管理的本质不是管理时间分配，因为时间本身是不会增加的。做好时间控制通常只有3点：

专注你解决的问题，计算整体优先级和重要性。这里的具体方法可以参考柯维的书

《高效能人士的7个习惯》，把判断一件事的重要性和优先级变成你的本能。我的习惯是在公司永远只做重要且紧急的事（设计竞争力的构建、设计项目的高质量产出），作为主线，支线只做重要但不紧急的事（专业建设、团队资源争取、横向协作优化），其他的事情如果没有上升到上面两个维度，则人可以不见，会议可以不参加，需求可以不接受。

提高并发思维能力。作为管理者和普通员工的最大区别，是你可以得到更多有价值、更全面的关于公司、产品、用户的信息，这些信息你要吸收内化成你的思维素材。在大脑内形成一个关于公司、产品、市场、用户、团队的综合架构，这其中设计团队可以产生连接的部分，你要在不同的机会中曝光这些连接——找到问题的本质原因，把看上去单纯的设计项目的问题，分解到各个部门去完成。比如设计团队中的几个同事总是不能产出质量有保证的设计作品，源头可能在于人事招聘的筛选机制不能服务于产品要求，而不是你应该做更多的设计培训，分得清表面现象还是本质原因，是管理者的"思考能力"的表现。

一次的输出可以多次应用。从现在开始要求你的设计师建立"任何一个工作产出都是一个项目"的思维，以项目运作的思维看待自己每一天手上的需求。设计团队一年的工作内容通常包括：设计需求分析、用户研究、设计研究、项目中具体的原型设计（含交互与视觉）、原型开发与测试、运营设计与跟踪分析、重点设计汇报、部门内专业建设、外部设计活动参与、项目设计总结、KPI考评、招聘等。

这么多工作，如果分拆来看，每件事情都有立项、启动共识、项目计划、项目支撑材料、汇报材料、具体输出、项目管理与总结、风险分析、问题解决经验沉淀等。

如果你能根据自己团队的能力与现状制定一套工作方法论，你就有机会把小事情做大，做得更流程化，一次项目设计的输出，可能同时用于设计研究、设计汇报、专业建设、外部设计交流、设计总结等。这就是把一次的成果放大到多个场景中，把重要的事情分解到日常，而不是重要的事情必须立即解决了，大家才匆忙地从零开始启动。

以上就是所谓时间管理的关键点，然而这些只是方法，最核心的只有一个因素：能不能坚持。

如何建立易于用户信任的场景

今天听到老师说用户的信任感依赖于场景，我感触良多，比如我们在产品中期，有了盈利模式后如何与用户在合适的场景中建立信任，提高交易频率，或者说什么样的场景会更易于建立用户信任，有规律可循吗？

提高交易频率还是商业逻辑的事，这和需求强相关，人一天会吃三顿饭，是普遍需求，解决的是饿的问题，但人一天会吃多少零食就是个性化需求，是解决馋的问题。你希望提高交易频率，就要找到用户在你的产品上哪些部分引起“馋”的心理，这种“馋”，可能是贪便宜，怕麻烦，渴望完成一个任务获得成就感，害怕失去一件有价值的东西等等。

但仅仅完成上面的事情，还不足以建立信任感（长期信任感），信任感建立在品牌价值观的认同上。

下面的一些场景在软件产品中有机会建立信任感：

- 软件启动，使用的速度快、不卡顿、不闪退、任务调度迅速。这是非常重要的基础，但很多软件都做不好。
- 核心任务和功能一定要简单，极致的简单会让用户降低防卫心理，优先使用。如果一个东西复杂，用户会从心理上抵抗反复使用，你产品的触达次数就会减少，没有触达率，品牌建设就是空谈。
- 和用户一起升级。密切关注你的用户怎么感性评价你的产品，“好玩”“潮”“不明觉厉”，这些词映射的相应功能和界面，是你应该合理放大的。
- 帮助用户解决问题，而不是给出提示。我看过太多的产品和服务，在用户真正遇到问题的时候，都是给出一些莫名其妙的弹框、提示、警告，像机器一样的在线客服，换成是工作很忙的你，你会信任吗？
- 观察用户的替代品，如果一个场景中，你的产品可以解决这个问题，而竞品不能，这会极大提升信任感。用户研究过程中，研究替代品（我没有说是竞品，你的用户使用的替代品可能根本就不是你以为的竞品）的用户会获得场景启发。

设计师如何运用数据

请教下数据相关的知识。如何筛选自己需要的数据？如何从分析运营数据得到体验设计的思路？怎样从体验设计的角度出发规划数据埋点？公司是电商平台，目前开始有些流量，日UV十多万级别。

随着互联网越来越成熟，大家逐渐理解了要更精细地做事，符合逻辑且可量化评估，这就让数据的价值越来越大（其实数据对每个行业都是重要的，只是因为互联网的产品形态让数据的相关工作直接走到了前台）。

做互联网产品，数据的价值一般有两个：数据驱动决策（提升商业成功率），数据驱动体验（降低产品失败率）。

“如何筛选自己需要的数据？”

个人认为，数据分析和运用的一系列工作要产生好的效果，必须先思考清楚一个问题——“什么数据才是有分析价值的？我希望获取什么数据？”业界有一个词叫“北极星指标”，也就是对目前产品成功来说最关键的指标。比如，对于电商网站来说，频道访问量、搜索量、上新量、成交量这些数据都是很关键的，由于不同运营目标和平台发展战略，这些数据的重要性是动态变化的。但总有一个核心指标是在当前必须关注的，如果你做垂直品类的爆款引流，那么单日爆款成交量就很关键。

指标的选择和判断，可以对比AARRR模型来思考，要结合产品阶段和用户社群性格来做。

“如何从分析运营数据得到体验设计的思路？”

数据经过采集—建模—分析后，得到的洞察才有价值。

采集阶段就有明确的埋点要求。比如UV、PV、点击量、运营专题的迭代等，这些应该做到可视化/全埋点，任何一个环节的埋点缺失会影响你分析总体效益，难以猜测和理解用户的“意图”。数据只能表现用户的行为，但当诸多行为形成有逻辑的事件流后，用户的“意图”就是最有价值的成果。

核心转化流程，对于不同渠道来源，不同推广方式的A/B Testing，这些需要做代码埋点，形成行为的大数据，导入你的数据分析模型中分析、建模，听起来很高端，其实就是再组织分类，简化语义，直到产品经理和设计师能看懂。

“怎样从体验设计的角度出发怎样规划数据埋点？”应该改成“如何从数据埋点得到体验设计优化的思路？”

数据分析不但要看广度，还要看深度。

广度就是比较普适的看用户的行为，点击量，访问量，购买操作，操作之间的序列关系，看关键转化步骤的跳出，失败，回滚等操作，提炼出有问题的点。自己也作为小白鼠，去按照这个流程走一遍，看看自己卡不卡，踏实去还原。

深度就是挑选一些极端用户，比如每天都网购2~3笔的，一个月天天都看某个频道但从来不下单的用户，聚焦他们的行为路径，看看他们这些行为的样本是否有潜在可以挖掘创新或体验提升的点，“难搞的用户”往往会帮助你更好地洞察场景中很难设想的问题。

职业素养／沟通与信任

面对组内有亲属关系、资源倾斜，如何调整心态

我现在一家中大型企业工作，得知组内有成员是小组长直属亲戚，能力一般，在组长的帮助下各种资源倾斜于他，抢占功劳，组长向上管理能力强。这种情况下该怎么调整心态，接下来路该怎么走呢？

“能力一般”是不是事实，是组内和合作方等的共识，还是仅仅因为他是关系户，你的偏见否定？先要基于事实讨论，因为不管是不是关系户，加入团队肯定要对团队有贡献，对业务有价值才行。

组长向上管理能力强，也是基于设计团队的产出和对业务的贡献为基础的，如果出现某个明显不符合团队价值观，影响协作的人，他也需要去解释。当然，你们部门的HRBP或者更高一级的领导是不是关注这种事，也会影响最后的处理结果。

先尝试从业务方、HRBP的角度沟通团队管理的问题，如果关系户本身是可以改变的，对团队价值变高，团队的管理方式能调整回公平公正的状态，那么团队还可以继续待，否则，就准备好自己的作品集和简历，找新的工作就好。

体验设计如何拿到结果和实现价值

我从事交互设计，前五年经历了两个中厂，现在来到一家做企服的创业公司，我来之前是没有交互岗位的，接下来会招两名小伙伴配合我一起来做。产品负责人面试的时候讲，由于之前产品功能堆叠严重，现在发展到了一个阶段，迫切需要提升用户体验。

最近在做述职会，产品经理问我：“2021年我们产品要做出什么样子？”这样问，我是有点蒙的，之前一直都处于接需求、接项目的角色，突然来这边发现，产品经理会把需求做出简单的原型，直接进UI也是没问题的。所以，我这边的工作也就是接线上核心高频场景下的体验问题，相对来说是一个漫长的过程，这边一直强调“结果”“价值”，想问目前我这样的阶段，接下来怎样做才能拿到结果和价值呢？（PS：如果只是优化完成，产研没排期，感觉也是没产生价值。）

进入业务一线，调研一线客户，广泛收集业务端在产品体验上的问题，整理成体验问题的框架，根据产品侧的策略，一起制定功能优先级，形成与客户共创的正常机制，通过对客户的洞察与商业化团队、客户成功团队、交付实施团队合作，产出设计优化方案和年

度计划。

计算系统在体验侧的效率成本，使用成本，体验问题对ARR的数值影响，这是计算UX的ROI，如果能够把这个ROI做成可视化的系统，提供给决策层参考就更好了，价值显性是最重要的。

客户体验的提升具体到服务阶段，设计侧可以主动做什么，比如官网的设计是不是为降低获客成本，提升客户转化的信任度服务？客户有定制化需求，设计侧是否也可以参与提供更好的设计？客户场景中的设计机会是需要深入了解业务本身才可以挖掘的，不是看网上的文章来的，踏实点和客户站在一起，你会发现能做的事情很多，这些事情都会为“价值”“结果”服务。

如何与Leader沟通，建立信任关系

我是一名UI设计师，新入职的公司和之前公司的工作习惯不太一样。

之前的团队每个月会有和Leader单独的一对一交流，方便了解情况，也会给一些职业建议。

而新公司的团队中，没有什么沟通的渠道，Leader也总说表达太啰嗦，说不到重点，也不懂怎么去跟Leader争取锻炼机会。加上团队Leader也不是设计出身，更偏向用研，这个是否也会造成沟通上的障碍？

想问有什么跟Leader沟通的方法吗？或者如何更好地争取机会，做自荐？怎么才能快速通过和Leader的磨合期，建立信任？

Leader要做一对一交流是基本操作，也是精细化管理的前提，一对一交流的形式倒是可以自选，但是完全不沟通肯定是不行的。

你可以和Leader沟通一下，以前公司的做法，以及具体想了解什么信息，Leader不知道怎么聊，你就直接提问题，至少要解决自己的工作疑惑，才能更好地开展工作，因为有时候Leader本身也缺乏经验，甚至比较内向。

如果要为设计的整体品质负责，是不是出身用研其实关系不大，还是视角调整的问题，你可以把你自己专业产出的部分和部门的OKR（也可能你们是KPI管理）目标对齐，看看自己如何更好地在目标方向下进行产出。

建立信任是一个大话题，首先是自己的专业实力要能处理好交付，避免风险，帮助团队提高效率，如果能从他的角度出发主动给一些建议就更好了，不过你们Leader都不和你

们沟通，我也很怀疑他自己是否知道有哪些挑战和高权重的事情必须依赖团队才能完成。

如何与“难搞”的领导沟通

部门设计领导来了几个月了，不太了解业务和之前大家踩过的坑，但经常训斥我们设计做得不好，说话做事不周全。他比较敏感，伙伴之间有时候讨论问题声音大会被训。有时候为了大项目设计质量，我会直接找开发老大了解情况、反映情况，但会被领导骂缺心眼，他认为这不是我这个级别可以去对话的人……当我们试图解释原因，总会被教训说是我们在找理由和借口。遇到问题需要讨论但他不让人提问，说他只关心结果，不需要知道过程和问题点。当我们给出解决思路和方案也会被领导训斥这不对那不对，我们向他请教可否给大家分享或者告诉大家怎么做更合适，他说不想限制大家的思路，应该自己去摸索和踩坑，不要想着从他那获取什么信息……请问这样的情况，该怎么沟通解决问题？

你这个问题，我都看乐了，不过其实业内蛮多这种所谓的“设计Leader”，我尽量给出可操作的建议。

“伙伴之间有时候讨论问题声音大会被训”

多疑是病，建议他早治，不要拖成神经衰弱，多疑的人往往也得不到别人的信任，这是个恶性循环，也是做管理者的大忌。

“认为这不是我这个级别可以去对话的人”

反对越级汇报和沟通，是一些传统国企和部门墙较高的企业的通病，想通过这种方式控制信息流动，这太落后了。当然，如果这是你们老板（公司CEO级别）希望营造的氛围，当我没说。

“遇到问题需要讨论但他不让人提问，说他只关心结果，不需要知道过程和问题点”

典型的“纯管理”思维和话术，拿不出方案就摆态度、提要求，且不知道要求本身是否合理。

设计管理者至少应该做到以下几点，才有资格带领团队：

- 给予设计师足够的信任，有能力分辨谁有能力和潜力，谁是真正在努力，谁在“摸鱼”，奖励做得好的，惩罚做得不好的，公平和信赖是团队健康的基础。
- 鼓励设计师直接和高层沟通，设计师的逻辑、沟通、勇气和韧性都是通过挑战自己才能锻炼，让信息透明才是保证企业高效运转的机制，这个过程中Leader应帮助提供资源、支持和路径。

• 给出有建设性的专业建议，讨论方案就聚焦方案本身，如果大家不知道怎么做，Leader有义务给出经验、流程、方法和工具。当然不鼓励Leader自己亲自出方案，因为这可能会打击团队积极性，但有时候任务的难度确实就是一堆人都搞不定，那只能Leader自己上，打个样，做出示范性的项目产出，让大家对齐标准，否则团队为什么信任你呢？

• 只关心结果都是废话，没有专业的过程和专业的人，拿什么来保证结果？负责帮助团队建立专业的流程，帮助团队的设计师成为更加专业的人，就是Leader的职责，只关心结果这种话只有CEO能说，CEO-1的Level都不能说。他最好踏踏实实参与到项目中，少看国产职场剧。

“我们向他请教可否给大家分享或者告诉大家怎么做更合适，他说不想限制大家的思路，应该自己去摸索和踩坑。”

我说句可能有点放大比例的话，在设计团队（或者技术团队）中这么说的Leader，有一个算一个，就是自己也不知道该怎么做，是个绣花枕头，真正对设计投入的，从一线干上来的设计Leader，一提到参与设计过程绝对是乐在其中的，至少是能立即理清楚本质问题和解题思路的。

综上，我觉得这问题根本不能靠沟通解决，找他的领导聊聊就好了，讲一下你们的困难，这事有个专业名词叫“求助上级”。

如何面对领导的负面情绪

我是同理心强的人，同事、领导时而会把一些焦虑情绪吐露给我，久而久之，大家会给我输入负面情绪。

我开始没察觉这种忧郁，直到一次我的领导在小事上大发雷霆，这件事是确认视觉稿，他仿佛对我的汇报不够满意，但嘴上话却是，“你就抄××”，抄你不会吗？

那之后我不知道如何判断何时才适合汇报，如何沟通，我只知道一味顺从，不知道这与我一向爱取悦别人是否有关。

领导很喜欢我，并升我为UI负责人，但他在状态不好的时候也只会向我发火。

我该怎么办，我觉得我应该理解他，但是每次这样过后，自己还是会委屈地躲起来哭。

一句话评论：你现在这个设计领导的品位太低了，应该先学习一下怎么管理再上岗。对你的建议：

1. 职场不是家庭，重要的是互相尊重

互相成就需要的是理性的沟通，从双赢的角度思考工作任务和KPI，互相给予支持与台阶，出现问题共同担责，找到解决办法。

没有任何一个人会在一家公司待一辈子，可能连老板本人都做不到，所以在有限的时间内争取让个人的能力提升最大化，给予公司的价值增值最大化，达到职业化的要求即可。

除此以外的焦虑和负面情绪都是个人的事情，他们不应该把你当成情绪垃圾桶，你也不应该无选择地倾听。

在我的团队中，对于传播负能量零容忍，一旦发现，立即开除。

2. 有办法的人是不会生气的，生气的时间应该用来找办法

从业时间越久，你会发现值得生气的事情越来越少，倒不是情绪控制进阶了，是没有时间去浪费。生完气问题不还是要解决吗？丢完东西不用自己打扫吗？很尴尬的。

从理解领导的需求，记录失败的汇报开始，积累自己系统性解决问题，使用方法论推导方案的能力，理性且有逻辑地呈现方案，做好自己的工作输出，尽量让领导做选择题，甚至判断题，这样比较容易避免情绪对抗。

3. 人需要独立思考，不用取悦任何人

这点和性格、个人认知有很大关系，但是要学会自己分辨什么是职场PUA。基于事情本身，如果大家认知不一样，我可以复盘、分析、改变思路、找新方法，但是如果借题发挥，聚焦到人身上，该投诉投诉，该反抗反抗。

如何理性面对领导的意见

在深圳一家互联网公司的一个“奇葩”部门，领导非常集权，很不尊重手下的设计和产品，自己向上提的方案领导都不怎么看，平时领导开会讨论也只说自己的，很少听产品设计师的意见。如果事情没做好，不仅会骂你，还会对人进行人身攻击，比如被骂蠢、不灵光、没水平。我在这里很压抑，但自己能力又不太行，还想在部门继续提升，这种情况下该如何调整心态？现在互联网行业整体环境是不是很萧条了？

要看是什么级别的领导，有些VP级的领导确实个人情商不太高，而且说话不注意方式。抛开他侮辱人的部分（这个部分可以向公司内控或者评估部门投诉，如果内部政治很严重的话，可能也没什么用），要理解一下他“说自己的”，这个部分是否有一些有价值的点，或者他真正关注的重点。

你能做到的是：

- 尝试理解老板的真正意图，从仅有的信息中找到有参考意义的点，将自己的方案做得更理性，更有逻辑。
- 尽量小范围的约见和简单的请教设计方案的合理性，人通常在一对一的时候不会表现得太失礼。
- 看看他人身攻击的点，究竟是对你，是对事，还是借题发挥，用你来指教其他部门或某个他不想看到的人。
- 你说要在部门继续提升，是想提升什么？如果是提升设计提案，与老板沟通的能力，显然你们老板并没有把你作为可以平等沟通的对象。那么是否以后这种汇报，你就申请别去了，提升其他值得提升的部分。

如果上面那些都不符合你的实际情况，你还是应该换组、内调或者跳槽。

互联网是一个行业，一个行业本身就有高峰和低谷，即使是低谷，也有发展好的和发展不好的。

如何与领导沟通战略层

目前我是一家公司的产品设计师，经验一年多，最近刚接手一个项目，明明渠道和服务都没打通，还让我拼命去策划原型，细化原型。说明白一点，这就是一个不赚钱还会亏本的项目，居然还以为能赚钱，说又说不过老板，我该如何去跟老板沟通？

谈竞争比不过，谈服务他也没咋想，他跟我谈的是如何把原型画到极致，说用户到这个界面如何，用户体验如何。

建议你和老板都再重新看一下《用户体验要素》这本书，在书的框架中，明确说明了用户体验设计的可行性基础是战略层。

所谓产品的战略是用户需求和产品的目标，这两点没有明确的战略分析和战术分解，表现层的东西做得再好，也是“自嗨”。

或许他认为和你只能讨论表现层的东西，那么你要找机会主动和他聊聊你的深入思考，而不是等着他主动改变，职场的沟通从来都是双向的。

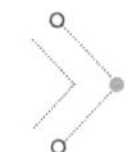

设计师如何自己做好沟通准备

产品经理是我的老大，经常给的需求不清楚，如果再多问几句需求细节，产品经理会表现出对我专业的质疑或者不耐烦，经常让我很为难，怕做了浪费时间还做错，该如何解决这种沟通问题？

沟通是双向的，在不平等的条件下仅作为沟通的接收方，其实沟通很难理性，这也是设计师最好不要直接向产品经理汇报的原因，如果产品经理的综合能力比较弱，甚至审美比较差，那简直是灾难。

不过我们先不假设产品经理有问题，只讲设计师如何自己做好沟通准备：

（1）确保自己知道项目的上下文，包括为什么有这个需求，要解决什么问题，背后的用户反馈和数据是什么。

（2）和产品经理一起拆解需求，评估好重要性与优先级，可以做几个二位象限分析，比如影响用户范围或问题频率，开发难度或用户价值。

这是需求分析的基本工作，如果产品给不了这些，那他就是专业不合格。

（3）用MECE方法自己从用户视角走查场景中的问题，可以自己梳理一个用户旅程，如果你们团队有用研同事就更好了，找他要一个模板；如果没有，就自己在网上搜一个模板，核心是问题的排查完整且独立。

（4）不要只聚焦视觉的问题，要关注设计目的、原则、ROI、设计逻辑，然后才是视觉的问题。你们如果没有Style guideline，可以建立一个，以后简单的前期需求沟通，可以直接拉控件做出原型讨论。

（5）与合作方沟通的时候，只传递信息，不传递评价，因为评价会带入情绪，导致沟通中产生误会，降低效率。传递信息的核心原则是忘记人的角色，只关注过程中的问题，以及如何解决。

如何练习专业术语表达

你平时是如何练习把一个专业的知识讲给外行的“小白”或者不懂设计的领导的？

我平时是把积累的专业观点或者名词，做个解释列表，然后背下来，临场发挥不一定是准确的，讲得不清楚也让人感觉不专业。

把UX相关专业的术语名词记下来，也是有用的，只是效率比较低，因为别人比你缺乏更多的背景知识，所以解释一遍也很难马上理解。

向不懂设计的领导（其实这还好一点，起码逻辑他应该知道）和“小白”解释UX设计，可以注意以下几点：

（1）设计不是脱离问题存在的，而是为了解决问题。所以先描述一下你正在解决的问题的上下文，问题的本质原因和来源，帮助大家建立对问题的共识。如果你在解决一个别人视角看起来不是问题的“问题”，那么别人听你讲的耐心就会差。

（2）明确你在解决的这个问题的目标用户是谁，这是为了说明你不是为了某个领导或“小白”去设计，而是为了用户去设计。

（3）提供多个解决方案的对比，而不是强调某一个最好，方案的决策是ROI平衡的过程，你自己已经思考过各个方案的优劣，会让人更加信任你的方案成熟度。

（4）解释具体术语的时候，最好把基础定义用一两句话讲清楚，然后配上一些图片，其他产品的案例，或者视频。

（5）把你的设计过程透明化，详细解释你是怎么思考的，方案的Why是什么，而不是How，做的方法不如做的思路更让人印象深刻。

（6）将一个复杂的流程或者完整的界面分解为单个操作步骤，单个设计组件，逐一介绍它们的作用和对整体的影响，而不是强调直觉、审美，这些没有统一标准的阐述，会让人无法理性地对待问题本身。

专业说到底是你的事，培训也不是把专业解释一遍，就觉得别人已经听懂或理解你的工作了，比起知识灌输，人们更愿意听故事。

如何做好年中述职

我是一家公司的研发中心下属设计团队Leader，下礼拜要向研发中心Leader做年中述职，该如何准备？我想的是这半年的工作内容，解决的难题，团队的情况，下半年的目标，个人的成长。你觉得怎样？有什么需要补充的吗？

（1）先了解一下研发中心作为大部门会聚焦在哪些工作成果和价值表现上，研发中心的大目标是否完成，会影响你们设计中心的实际工作评价，以及从部门视角来看你们的实际产出价值。

（2）不要只站在自己的部门说自己部门的事情，要讲一些联合其他中心一起完成的对部门整体有贡献的事情，突出自己成绩的同时，也要想到把别人的潜在价值体现出来。

（3）述职主要是要表现你做了什么，你怎么理解企业、部门、中心的方向的，如何把几个关系内需要做的工作的ROI做好平衡的，聚焦在你的工作、产出、落地的成果和需要继续解决的问题上。

（4）切忌把述职做成邀功演讲，你做得好不好不是你说了算，是和你合作的其他部门的同事、领导说了算，你只要实事求是地把现状讲清楚、聚焦业务、强调发展、眼光放到更全局的高度看问题，一般不会有什么问题。

如何与产品部门沟通改进需求的不合理性

我是一个做B端的交互设计师，这边的情况是业务方基于业务规划提需求，产品经理接需求进行需求描述和逻辑规定，交互设计负责产品可用/易用性设计。但交互设计看到产品需求，有时候不能理解为什么是这样的需求，从用户的角度也会试图去推翻产品或者业务方预设的解法，但却推动艰难，产品没办法说服业务方，设计没办法说服产品。另外，在设计验证上目前多数就是等待一线用户的反馈，反馈的又都是不好的问题（好的方面一般都不会反馈）。如何最大程度地提升体验，有没有相关经验可以分享？

1. 有时候不能理解为什么是这样的需求

你可以多参加前期的战略规划会（如果不让发言你可以申请旁听），产品需求分析和评审是你的工作之一，信息传达不一致会造成后期设计出现很多问题，这个时间不能省。

2. 从用户的角度也会试图去推翻产品或者业务方预设的解法

你为什么认为你自己就是从用户的角度？你怎么证明这件事呢？只是因为你是设计师？所以，没事带着产品一起到一线进行用户调研就很重要，多建立需求场景和问题痛点的临场感，这样双方的合作是基于一个频道的。

3. 设计验证上目前多数就是等待一线用户的反馈

你们需要建立自己的数据度量系统（数据分析、AB测试等），体验指标评估机制（比如Google的HEART模型等），单纯的用户定性反馈会在设计判断上被带偏。

4. 好的方面一般都不会反馈

这是你们做得还不够好，或者用研方法有问题。

如何与领导解释色彩美感

如何向老板解释一种颜色美不美？

（1）对于设计来说，任何颜色都有其自身的用途、信息传达目的和载体。可以把颜色的使用分解为“功能性”和“审美性”两大块来解释。

（2）从功能性上来说，颜色的使用在传递信息的过程中要符合清晰、准确的目的，这里面包含颜色本身的数值属性、对比度、明度、色相等问题，传达是否清晰，无障碍，可以遵循WCAG2.0等国际规范，也可以参照国际色彩在不同材质使用的标准。解决了功能性的问题，颜色的使用才不会犯错，进而引起用户说“丑”的问题，因为对于用户来说，对颜色的反馈是简单粗浅的，有时候觉得“丑”的本质原因是颜色的使用违反了功能性标准。

（3）从审美性上来说，脱离环境谈设计要素的应用都是要流氓，所以颜色不是单独存在的，历史、文化、社会审美趋势都是影响用户评判的标准，与其谈单一的色彩问题，不如谈色彩的整体应用和载体问题。首先要知道设计的是什么，海报还是T恤，工业外观还是软件界面，然后在载体的环境中谈颜色应用。比如设计一张手机的壁纸，也要分开看“环境”是锁屏、桌面还是聊天窗口背景，不同的环境应用的意图不同，功能性也就有变化，所以审美的评价维度也不同。

设计师沟通能力的表现和标准

很多时候公司都会强调设计师的沟通能力，那么设计师的沟通能力表现在哪些方面，每一个方面的合格和优秀的标准又是什么呢？

设计师的沟通总的来说就是“符合设计逻辑的，讲清楚为什么要这样做”，解释“Why”的问题，而不是“How”“What”的问题。

好的沟通方式，可以导致好的沟通结果：达到预期的目的，获得认可，在复杂组织内对齐思维和语言，达成设计的共识，并知道下一步如何行动。

1. 保持客观，聚焦问题

为什么要做这个方案，以及这个方案是为了解决什么问题，是首先需要回答的，所以设计师应该在问题的判断、定位、洞察上有一些思考，作为设计的出发点。这是通常说的“需求”，不过大部分设计师都是直接把产品需求当做“设计需求”。

“用户希望在这个列表中快速找到最好的餐馆”，这是产品需求，对于设计来说，是简化列表项，突出重点，还是把推荐的餐馆直接置顶，或者把最好的餐馆的图片放大，这些是具体的设计手段，选择哪个手段和能不能直击问题本质强相关。没有针对问题的洞察，就没有方案的优劣比较，设计的沟通就很难客观。

设计师在努力证明自己方案是好的时候，也别忘了客观地说一下方案可能的缺点。

2. 展示设计分析过程

设计分析过程有很多维度，其中比较重要的是竞品分析和用户研究，来自市场、对手、用户的直接反馈与评价，会影响很多商业决策的方向。在推出方案之前，做了多大程度的研究可以提升设计方案的客观性、可行性、成功概率。

分析的过程要包含定量和定性的因素，用户声音与数据分析都很重要，最好一起展示。

3. 耐心聆听，中性反馈

广泛听取设计评审中的意见和建议，别急着维护自己的作品，要多思考为什么别人的视角和你不一样，记录下来，如果当场没有合理的数据和用研结论支撑，不要急着争辩。大多数情况下，对方的信息也不完整，中性的对话更有助于问题的解决。

4. 坚持设计准则

产品发展过程中会形成自己的品牌语言、产品调性、用户群细分和产品特色，这些都是设计准则提出的前提条件，如果一个原则成为大家的设计共识，那么最好不要轻易改变。在创新的过程中，要考虑对老用户、旧设备的兼容性与友好度。

一些通用的设计准则不需要设计背景也可以理解，比如一致性，这个不能随意妥协，也是建立专业度的好机会。

5. 用户价值与商业价值

善于沟通的设计师一定是强用户视角，同时具备商业理解的，在用户体验保证的情况下，最大化商业回报是职业设计师的工作价值。以一个标题设计来说，标题的字体、字数、字号，在界面中的位置都是围绕用户价值展开的；但是是不是有多图标签，是不是高亮关键词颜色，以及标题的趣味性，就是影响转化率的商业元素，这里不但需要有运营思考，还要有数据思维。

设计师沟通时如何输出“干货”

设计师沟通时如何输出“干货”？

1. 不要在说或写的过程中使用太多形容词

虽然情感化描述难以避免主观感受的描述，但是在群体交流中，更理性的用词会增加信任感；“数据显示”比“以我的经验来说”，更有说服力。

2. 不要说正确的废话

比如“这次项目的合作让我们都感受到了沟通的重要性”。这句话放在任何地方都是对的，更有价值的是你们怎么沟通让沟通变得有效的。

3. 不进行评价，只传递信息

“我希望这个按钮设计得更精致一点”，这是一句带有评价口吻的话，更有指导意义的是：精致在这里意味着什么？精致是这里首先要考虑的事吗？精致是不是代表着别的、更难描述的需求？

4. 独立思考，经过个人验证过的信息

干货一般是新的、独特的、私有的信息，设计师经过独立思考在工作中踩过的坑，肯定比网上看来的案例更有触动人心的能量。展现自己的成功经验，不如展示自己的失败教训。

5. 考虑受众的水平

不同特征和属性的受众对干货的理解是不同的，所以你认为的干货别人不一定也这么觉得，最好的方式是把“干货”转化为问题、故事或段子。

其实，我现在不是很喜欢“干货”这个词。

THINKING IN DESIGN

职业素养／个人影响力

产品品牌升级如何保持统一性

最近我们在做产品整体的体验升级，需要制订提升产品品牌统一升级的计划，我遇到了几个问题。

背景：产品的业务线繁多，种类各异，视觉设计师对于各个业务线的视觉表达也各不相同，所以存在很多变量因素，积攒出整体产品不统一的现象，亟须做出标准化规则。但是，我难以用结构性的思维去拆解这件事情，不知道如何按照时间维度、资源配比和业务线的共性、个性进行阶段性的规划和推动，有没有什么方法可以解决这个问题？目前我能想到的两个点是：其一，将可以标准化的内容作为产品的设计规范；其二，与视觉表达相关且无法标准化的内容可以作为通用的方法论沉淀（但是无法解决根本问题）。

首先要回答的问题是为什么一定要把产品的品牌都统一升级并且保持一致性。

这个问题来自老板，市场反馈，用户投诉，还是设计师自己觉得不够好？不同的需求来源会导致公司层面对这事的重视程度、实施方式和要求的结果完全不同。

如果你们是从上至下地要求做这个事，通常这么操作会比较顺利。

（1）邀请一个外部品牌策略机构，或者你们自己的品牌部（不过如果有的话，估计现在不会这么乱）做一个初步的品牌审计（Brand Audit），看一下在内部、外部、竞争对手视角，你们的品牌现在有什么大问题，把问题分解到策略、宣传方式、视觉、渠道等。

（2）品牌不是只关于产品的，公司的VI、BI、MI都很重要（不知道什么意思的话，可以自己搜索一下），品牌是一个整体感受，这个东西一方面需要整体的架构性设计，一方面也需要时间去不断重复和强调，视觉层面的东西一般一套Brand Style Guideline就可以搞定。

把各个业务线中具备整体思维能力的设计师抽出来作为品牌设计委员会成员，将每一个模块走查一遍，项目组中安排一个项目经理，整理规划人、时间和交付物标准的问题。

（3）只要你想标准化，一切都可以标准化，但是标准化可能会带来对灵活性的伤害，需要大量的人盯住一线的交付和评审，你们设计团队人数够的话可以试试，而且还要在顶层获得控制权，否则某个产品经理实习生一句“我觉得不够好看”，你们的规则就废了。

如何向上与COO沟通

我是一家初创公司的设计总监，直接汇报对象是COO。

请问如何向上管理，为部门获得资源，同时在以运营为主要权力部门的公司，如何拿捏设计做什么是正确的，能做的，怎么发挥最大的能动性？

向上管理既重要，也不重要，其实管理领导是个伪命题，把自己变成更值得信任的下属，才是正经事。

首先和COO深聊1～2次，并按他的时间保持一对一定期的沟通（可以是双周，也可以是每月），聊清楚对你个人的工作产出的期望，目前他遇到的实际的业务问题，公司的发展计划和业务期待，然后你作为设计侧可以帮助做哪些事情，整理一个可行性计划出来。

资源不是白给你的，你需要什么资源可以先计算清楚ROI并了解一下周边合作团队的资源投入情况，根据实际目标和协作需要来计算你的资源投入，从老板的视角看整体的价值，其实作为一个成熟的、有职业性的老板，最讨厌那种“会哭的孩子有奶吃”思想的中层和一线，要避免走入这类误区。

这其中涉及一些企业组织管理、财务、人事、项目管理的基本知识，自己主动学习一下，按符合逻辑的方式来申请人力HC，部门预算和降本增效的方案（主要你说你们是初创公司，我假设你们没有专职的项目经理，HRBP，部门财务帮助你解决这些疑问）。

运营本身也是为公司业务发展服务，无论是产品运营，用户运营，活动运营，内容运营，多多少少需要设计的支撑，你作为总监首先要深入了解运营的逻辑，自己先回答为什么这个阶段运营是公司的主要话语权部门，然后你在其中能帮助他们做什么，成为伙伴和战友，你必然能很快体现出价值。

梳理一下目前运营过程中用户的反馈（甚至投诉），体验反馈在运营过程中是否出现过Bad case，这些问题如何解决，解决的方法能不能机制化，形成运营过程中的检查项，逐渐把设计与运营深度融合。

交互设计如何保证设计输出质量

我是一名交互设计师，我的设计老大管理着12人团队。一般来说，我会先给他过交互，等他以及产品确认后，再进视觉。但是设计老大看交互，基本就是了解业务的过程，都不看设计流程和细节，没有系统的评审机制。等到视觉输出以后，经常细看视觉稿，再提出非常多的修改点，比较影响项目进度，这个问题成了常态。

夹在产品和设计老大之间，交互作为接口人，视觉作为最终设计参照的输出方，经常前后为难。这个问题怎么解决？

可能你们设计老大是个纯视觉背景出身，他提的修改点是否也是视觉方面的比较多呢？如果是，那么交互设计这块最好和产品之间确定好。

可以把你们产品界面中的基本控件（含色彩、图标、标准控件和范式）做成Style guide components导入Sketch中备用，做方案时直接从中保真开始；如果是新控件设计，则先维持一样的视觉样式来设计。

和产品对齐PRD和业务流程时，自己画一个Task flow，旧界面和流程用以前的实际产品界面，新流程，新设计界面高亮出来单独看。

交互设计也要提升自己的综合能力，把合理有效的视觉输出作为工作的一部分，未来的设计岗位会越来越融合，如果缺乏审美和基本视觉素养的交互，发展到高层级也会很吃力。而且在很多场景设计中，交互和视觉的设计评审是分不开的。

设计师如何推进PM共同高标准协作

设计师接到一个项目之后，想把项目做好，不只是视觉层面，还有物料的材质、与用户的沟通等。

但接触之后，发现对接等PM或者运营等（遇到过好几次）就把项目当成一个活儿，随便做。设计的想法被视为要求高等，自己无法一个人推动整个项目。

设计师想做好而PM糊弄的情况下，如何协作？

这是一个很尴尬又很现实的问题，其实国内很多公司的企业价值观和文化是有问题的。

你可能会问：“难道工作中把自己的事情做好，做出正面的成绩，帮助公司成功，用户满意，不是应该的吗？”是的，确实是应该的，但是有些公司的整体环境支持不了这种工作态度。

首先明确是PM糊弄，还是设计和产品团队对设计价值的理解有偏差。很多问题有时候只是各想各的造成的误会，其实摊开了说清楚，马上就可以解决。当然，职场沟通的不职业化，很多团队都存在，这时候你要先迈出一步。

树立一个范本，让一个负责任的小团队做一次示范，然后把成功案例放在足够高的、有决策力的领导面前，让他做评估是否应该继续这么做，让团队的思考和做事的方式都向这个方向转变。

你这样做了以后是不是还会出现老板不管，PM糊弄，设计师觉得你这么认真太无聊？当然会，80%的中国新创企业存活时间不到2年半，你认为他们是怎么死的呢？因为没有正向的企业文化，不创造价值，不尊重用户，没有职业化的管理者和员工……现在市场的发展速度太快，尤其是消费电子和互联网领域，我们团队和公司甚至都不知道未来会改变为什么业务方向，调整成什么样的作战模式。为了能保持人的灵活性，只有选择那些有综合视野的，能持续学习的，自律自驱的人，因为我们认为所有事情的失败都是源于“封闭”和“懒惰”。

我们的招聘流程是保密的，但是和其他互联网公司的整体流程差异也不大，总的来说还是看专业能力，人岗匹配度，人的综合素质和视野，一般是业务团队主导，HR配合。

交互设计师级别的定位与要求

关于交互设计师的初级、中级、高级是怎么定位的，可以举例说明吗？

初级：有熟练的设计稿制作与产出能力，懂得按照设计规范进行输出，明白基本的设计模式和产品形态，乐于沟通，抗压。

中级：能够通过用研方法与同理心发现已知的设计问题，有自己的设计流程与方法，懂得团队合作，与上下游沟通无障碍，有职业项目的经验。

高级：有领导力，能驱动团队做事，能发现未知的设计问题，建立自己的方法论，设计说服力较好。

如何引导领导理性沟通

目前遇到这么一个问题，我是设计部门TL，所负责项目是电商平台类的，直属的业务领导（负责整个互联网项目团队，包括技术、运营、产品等）离职，现在老板亲自管理，但只管运行、产品和招商等重点部门，不直接管设计部门。最近老板时不时说一句界面这里不好那里不好，然后产品和运营的负责人就马上过来设计这边来找我们了，完全被老板的个人感觉牵着走。现在判断设计作品的出发点都变成了老板喜不喜欢，如果不让老板满意，项目会比较难推进。

老板要对公司的生存负责，所以战略上更多会往产品运营状态和商业成功上考虑，老板对界面的喜好背后一定有这方面的诉求。如果老板喜欢，那么这个方案可能契合了他某方面对公司的战略要求，把这个要求抽象出来，在其他部门负责人都在场的情况下，表达出来让大家都达成共识。如果不喜欢，你要牵引他往理性的公司需求、商业价值、产品成熟度上考虑，而不是就事论事讨论交互、视觉，现场需要你（因为你是Leader）直接给出符合条件的可能性方案，这要求你掌握公司的组织目标、产品现状、用户反馈与投诉的信息、产品运营数据等。只有综合了足够多的信息，你才能和老板同步对话，并适当牵引他，否则他说什么，你根本听不出弦外之音。

如何学习英文资料

你提供的资料文件，大多是英文版的，在思考如何好好学习提供的资源的同时，也有些困惑：

英文版资料，比中文版的学习需要多花时间。

并非所有的资料都适合每个人，也需要去筛选。

在这里怎么更好地学习，您有什么建议吗？

知识星球不是学校，也不是培训班，产品架构本身也不能做很好的系统性知识的沉淀。要系统性地扩展知识架构，更多还是要靠学校或者自己看书。这里主要是我提供的扩展眼界，根据自己经验的问答，以及找到的第一手资料。

你能把目前发的1000多条信息都浏览完，反复看2～3遍，有链接的部分都点进去仔细理解，所有问答都尝试带入自己的工作场景中反思，就已经是“很好的”学习了。

我发的所有的英文材料在阅读理解的难度上不会超过大学英语四级要求（除了部分论文），直接发英文材料是因为很多有价值的第一手材料本身就是英文的，从传播效率和准确性出发，看原始内容的ROI最高。如果英文阅读能力不够好，提升阅读能力就行了。

不可能所有的资料都适合每个人，学校里面的课程也不可能适合每个学生，我的任务是把值得了解和掌握的最新设计知识分享给你，筛选是你的任务，当然这里面也有一定原因是这个平台本身的产品设计不够好。

职业设计师需要什么素养

职业设计师需要什么素养?

这两天和国内一所设计院校做交流，发现设计院校的同学对一个问题很感兴趣："究竟在学校做设计课题和在企业中做设计师，除了身份的不同还有什么本质的区别？"除了企业给你付薪水的差别之外，这个问题确实是一个具体但又不容易回答的问题。

为此我做了一个简单的分享，先说结论，我理解的职业设计师和设计爱好者、设计学科在读博士、设计院校老师等角色最大的不同，在于设计素养的不同。设计院校老师拥有的是设计教育的素养（当然也有不少生意做得不错的），设计爱好者拥有的是热衷参与设计实践的素养。

职业设计师应该拥有的是输出业务导向的设计方案的素养。这个素养包括对职业化设计的认知和良好的工作习惯。

职业化设计的认知首先要理解设计在商业环境（注意，不是社会环境）中的作用。

如果某个行业是一个蛋糕（行业的利润总容量是有限且动态守恒的），那么在一个行业中你的公司和竞争对手公司是在一起瓜分蛋糕，设计作为商业手段的一部分，应该作用于让你的公司获得更多的分蛋糕的筹码，直到真的分到更多的蛋糕。

简单来说，设计师要帮助公司赚钱，或者间接赚钱。开公司不是做公益，没钱赚就要倒闭。所以，你每天的工作价值不是因为来公司做设计，而是做的设计能为公司创造价值，如果没能创造价值（比如设计产出没能帮助产品成功，没有获得更多的销售额，无法赢得用户的口碑，只是在导师的带领下做练习等），其实还不能称为职业设计师，充其量是顶着设计师职位的一个学徒——公司在花钱培养你，期望你尽快产生价值。

这是一个很现实的要求，却是职业设计师首先要遵守的游戏规则。

其次，设计师要学会适应公司的发展，弹性地调整自己在公司不同阶段的工作模式。

能在设计的创新和实现上做到趋近平衡的，目前看只有苹果公司，但这也不是设计师团队单打独斗的结果。企业是一个多角色、多组织的结合态，设计师需要在不同阶段弹性地适应发展，才能体现自己的职业性。

大多数国内企业还处在野蛮生长的状态，这时候需要大量的设计实现工作，帮助产品落地，抢占市场份额与用户习惯，对设计创新的重视既赶不上，也来不及。职业设计师在这个阶段的工作重心是尽快消化大量信息和粗糙需求，迅速输出不犯错又能满足消费者的方案，短平快解决温饱问题。

当企业发展到一定规模和用户量级后，市场对于设计创新的期待增加，并开始抱怨同质化，这时候需要创新的方案来进一步激活市场预期，但又不能过于超前，市场对创新的接受度是有潜在风险的。职业设计师在这个阶段的工作重心是探索差异化的设计方案，尽量锁定专利，抓住市场眼光，给品牌确立清晰的形象，解决小康问题。

随着竞争更充分，行业中的技术能力和用户期待趋于稳定，企业会进入一个渐进式创新与敏捷实现迭代的循环，这时行业平均品质水平会不断提升，这个循环被不断压缩空间和时间，直到最后被挤压到剩下几家，能最佳平衡创新和实现的领军企业为止。职业设计师在这个阶段的工作重心是深入挖掘设计的可能性，在更多细节上洞察问题，做到比以前更好，同时不断探索创新，寻找新的设计机会点，解决中产问题。

而没有进入这个正循环路径的设计师，通常在过程中的选择是跳槽，转行，或者自己做Freelancer。

不过，这个模型是建立在“设计作为企业驱动力的关键一环”这个假设上的，还有很多企业并不依赖这个模型。

强销售型企业，先天敏感的接触一线市场和用户，一手案例与用户数据很多，有前端品牌影响力，而且很多成熟的市场和品牌研究方式，与体验设计层的用户研究方式异曲同工。但正是因为他们对于市场判断的自信，导致在设计层面多数以外包顾问为主，缺少自己的积累。我相信随着互联网深入结合到越来越多的传统的销售驱动企业中，这些企业势必需要更多具备设计思维的人才与专业团队。

强竞争和强变化型企业在当下的商业环境中，几乎就代表了一切互联网企业的特性，你会发现在这样的企业中，设计人才永远是最吃香又最缺乏的，每年招聘季和跳槽季都是这类公司秀下限的时候，实在是因为刚需。

资源垄断和服务垄断的企业显然不需要设计的深入参与，但随着经济生活水平的提高，市场的逐步放开，竞争逐渐充分起来，卖方市场的格局一定会被打破。但我们也要注意实质垄断和形式垄断的差别，设计作为一项竞争力仍然是有价值空间的。

作为强发展型的Fast company，设计作为他们确实需要的能力，优先级还是无法作为第一梯队来考虑，但是我们已经看到越来越多的设计师成为这种公司的合伙人或者高管了，事情正在发生变化，不够敏锐的人只会问：“这是为什么？”聪明的你自然笑而不语。

了解完职业设计师面对的现状，下面我们再来看看如何培养好的工作习惯。

职业设计师和设计师职业这两个概念是完全不同的，前者是指业务导向的身份属性，后者是对专业导向的职位描述。

一个人拥有了普适的设计能力，并且愿意把这种能力转化为设计输出，那么他就可以从事设计师这个职业。无论你最终的输出是建筑、汽车、服装还是手机界面。通常我们区别设计师的专业能力高低，主要是衡量他的专业深度和专业广度。

（1）信息设计作为专业能力的基础是毋庸置疑的，无论你设计的产品和服务是什么，本质上是传达一种经过设计编排的信息。信息设计的过程，一般来说是对信息进行架构、分析、组织的过程，这个设计能力在字体、平面、网页、App、公共空间等领域都不可或缺。过去曾有一段时期，我们甚至给这项能力特别突出的设计师赋予一个称号，叫作“信息架构师”。现在看来，它应该成为每个岗位的设计师的一种基础能力。

（2）用户研究基于UCD的设计方法，成为今天很多设计师都必须掌握的技能，它不是一个新概念，它成长于消费者心理和行为研究、设计研究方法和市场研究方法的基础上，只是将视角聚焦在了用户端。但这并不说明，用户研究是设计师唯一需要关注的研究工作，多维度的研究方法灵活使用，能更好地让设计师了解自己作品的实现可能性、商业可行性，并及时发现设计上的合理性问题。

（3）视觉设计是一个综合、复杂的设计领域，也是大多数用户认为的设计师能力的直接体现，毕竟看得到的视觉品质是很容易感知的。正是因为它的专业度较高，需要训练的时间较长，很多对视觉表达不敏感的设计师都把它当作难以跨越的专业门槛。事实是，大部分基础美学知识，色彩理论与运用，造型的能力可以通过正确的练习获得。无论你是做文案、交互设计或是原型开发，能够把握美的协调，使你的设计输出符合视觉规律，一定会是你工作中的一部分。

（4）交互设计偏重于人、媒介、对象、空间、时间、情绪的综合互动关系。当信息化和社交化成为当今社会的主要沟通背景，互动关系的丰富性，信息交换的多样性，都给交互设计领域提出了非常复杂的问题。因此，我并不认为一个建筑设计师不需要交互设计的能力，当你考虑人与住宅的关系，在建筑中和他人的互动，家庭的气氛营造，私密与开放的平衡，其实你就是在做交互设计。

（5）原型制作在小范围看是我们还原设计想法的一个可视化模型，随着设计输出和沟通的复杂程度提高，原型的类别也在不断变化，它包括但不限于纸面原型、纸板模具、演示视频、可运行的App DEMO、富媒体的Web页面、甚至3D打印结合简单开发板的模型。这对设计师的制作技能提出了新的专业要求，原型制作能力的强弱直接决定了产品设计过程精益化的程度。

（6）写作能力作为思维表达的基础，在部分设计师中是缺失的，我们很容易发现产品和服务中的上下文关系错位，用词不当，故事缺乏逻辑，文案和用户场景的匹配混乱。设计师不但要练习自己的写作能力，还应该开放地面对用户群进行写作训练。

（7）沟通能力很难用一句话说清楚，对于设计师来说需要特别注意的是，除了清晰地向用户表达你的设计想法，也要敏感地倾听用户感受。大多数情况下，不会倾听的设计师，往往也无法克制自己的设计，很容易让设计变得复杂。

（8）设计提案能力本质上是一种设计销售的能力，规划自己的设计逻辑符合需求，而不是包装一个设计童话。经常可见的设计童话是这样的：“这个设计采用了XXX色彩，自然而活泼，使用户感受到品牌的精致，使整个画面饱满大气。”——一个堆砌了形容词的设计提案很难让人感受到它的实用价值，也容易让设计变得不诚实。

（9）编辑能力要求设计师快速进行资料收集和筛选，在面对自己并不熟悉的领域时显得特别重要。合理地从诸多信息中抽取关键信息，形成自己的创意线索，是每个设计师时常都做的思维训练。

经过院校学习和企业工作，大部分设计师在这几个方面都会得到充分锻炼。作为企业方，在招聘设计师时，还希望设计师能关注以下几点：

（1）企业需要把一个产品或服务投入市场赢利，首先需要一个可以复制的、有效的开发方法，比如从瀑布模型到敏捷开发，再到精益开发模式，企业采用的开发方式决定了设计工作的参与方式。选择企业时，首先需要了解企业采用哪种开发方式，你自己是否具备相应的技能以便参与其中。

（2）文档交付不仅仅指你做好设计稿输出给需求方，还包括与你协同的其他设计师的文档共享，以及你会使用到的会议记录、工作邮件、设计规范文档等。这个行业中写不好一封工作邮件的设计师大有人在。在企业中提升自己的专业口碑，应该试试从一封工作邮件做起。

（3）数据分析广义上看是一个复杂的工程，作为设计师你起码应该了解指标转化率，跳出率，DAU，ARPU值等基本数据，你的设计是否能影响这些数据，数据的监测、统计、分析工作究竟是怎么反馈给产品团队进行迭代参考的。定期接听客服电话，参与用户群的讨论，到市场销售的第一线从事一段时间工作，都是不错的设计师获取数据的方式。

（4）投资回报是公司财务指标的一个模块，一线设计师可能不需要了解很深入。但带着投资回报率的思维进行自己的工作是有益无害的，尝试计算一下自己的实际时薪，以及公司所处的行业的平均时薪，看看你的工作在公司中究竟是增值还是贬值，不但对你提升工作效能有帮助，而且如果你哪天想跳槽了，也不会谈判谈得很业余。

（5）充分了解社交媒体，掌握当下社会的热点和信息趋势。一个不关注社会，不了解社会各阶层生活现状的设计师，很难在复杂的设计需求下，准确判断你的设计是否真的“过时”了。如果你坚持“陈奕迅”才是正确的设计品质，而忽视“凤凰传奇”的成功，可能你的设计决策最后未必会成功。

（6）面对市场需求，设计师应该密切关注营销的风向与方法，学会自己判断设计的作品能不能大卖。好的设计过程，天然已经考虑到营销的需求和做法，在产品运营的过程中，大部分的成功都来源于设计和营销活动的绝佳配合。

（7）设计师是否要懂得编码？我的建议是设计师能够理解技术来源于哪里，能帮助我们做什么就行了，我们不是需要一个懂设计的入门程序员去帮助公司做技术实现，而是希望在与技术工程师配合时提升沟通效率，保证设计的品质被更好还原。

（8）每个行业都有自己的游戏规则，了解游戏规则的运作，能预防我们的设计不着边际。行业中的领军企业、知名专家、行业交流方式、上下游合作伙伴、利润流动的路线是你起码应该知道的，你的设计方案应该保持对这些环节的尊重。你设计的产品和服务，除了用户评价，还包括同行评价，这点千万不要忘记。

（9）懂得商业世界的契约精神非常关键，即使商业诚信依旧是一个难题。如果你不知道你的设计最终能有什么价值，不妨问问自己，用户在接触到你的设计时，是否能提高一次交易的效率？交易的范围不仅是现金买卖这么简单。用户赞了你的品牌，帮助你转发一条微信，参与你的电视节目互动，都是在和你完成一次交易。

基于以上对专业能力的描述，我个人给职业设计师工作习惯的建议是：

独立思考，确保思维的独特性；

对职责内的工作保持专注，足够敬业；

要聪明地学习，也要学会下笨功夫；

学会用双赢的思维去驱动设计；

逻辑清晰，保持思想开放；

持续训练对细节的敏感；

做能影响他人的设计，而不是只让自己爽；

避免情绪化，只关注解决问题的方案。

企业需要设计师关注的是

开发方法　文档交付　数据分析

投资回报　社交媒体　市场营销

技术理解　行业知识　商业知识

如何对设计优化及数据做总结分享

最近做了一个设计优化（包括视觉和交互），整体数据相比之前好了一些。我想把这次设计总结分享给设计团队，需要从哪些方面去做分享呢？

先介绍项目背景，当时发现了什么问题，为什么要做这个优化，你当时是怎么确定优化的范围和关键设计内容的。

对优化之前的数据做一个简单解读，为什么这些数据是关键的，设计的优化为什么又可以帮助这些数据改善，包括产品需求和用户需求的分析。

展现设计过程，把其中有挑战的、有障碍的部分讲详细一点，因为来听总结的同事会从这里面得到最多的启发，以后可以用到自己的项目中。

优化完成后，你们是怎么跟踪数据的，这些数据的表现要排除版本升级的自然流量，功能升级的影响，用户运营活动本身的影响，定位好多大的数据提升比例是设计优化直接带来的，这里面还要加一些AB Testing的数据对比，如果你们有的话。

可以把这次分享的思路和结构做成一个模板，这样团队的其他同事以后也可以用。

如何量化设计的价值与贡献

对于由多方面因素影响带来的产品数据提升（功能升级、视觉优化、运营手段等），该如何把设计贡献拆得尽量清楚呢？项目时间和资源有限，无法单独做视觉的AB Testing测试。

首先要看拆解贡献是否合理（为什么要拆，有没有拆解的条件），再看准确拆解的方法（用什么方法测试和度量）。

你不妨问一个问题：怎么准确拆解开发人员对产品数据的提升的贡献？哪行代码促进了数据的提升？

每个专业领域都有自己的度量方法。设计因为是一个交叉学科，所以多少会被作为最终评价的起点。

（1）UX在界面设计层面通常度量三个指标：可用性、参与度、满意度。

- 可用性的指标可以有：任务完成率，任务完成时长，错误率，整体可用性评估（一般由专家评估和用户测试组成），系统性能指标（开发侧的性能维度，基础可用性原则维度）。
- 参与度的指标可以有：关注时长（比如视频、活动页面），第一印象（初次体验后5秒内反馈），交互完成次数（点赞、评论等），NPS打分，交互深度（一个交互流程中点击次数与纵深度）。
- 满意度的指标要根据你们实际产品的功能设计，运营设计来度量。比如你做了一个活动运营项目是积分抽奖，积分是否容易获得，每次抽奖的积分数，奖品价值，是不是真的发奖，怎么证明你是真的发奖，都会影响用户的最终满意度。这里面定性的成分比较多，单纯看数据没有意义。

（2）无论你是交互设计师，还是视觉设计师，要度量作品产生的商业价值，最后还是要和商业数据的采集、整理、分析、提炼绑定到一起。

比如一个视觉设计改版之前（大到整体改版，小到Banner的替换）总是有改版的目的的，否则就是浪费时间和人力，在起始阶段就需要确定这次改版的目的、价值、衡量价值的指标和度量指标的手段。如果这个改版的重要性很高，指标对于产品数据的影响很大，就应该提前设置各种打点路径，AB Testing的手段，并随时监控变化。说什么时间不够，资源有限都是借口，本质上还是对整体产品设计的不理解，或者懒惰。

如何量化设计的价值

上周面试了某公司。当时面试官一直问页面的设计价值（说是产品价值和设计价值容易混），以前考虑过但是一直没有准确的答案。

设计的价值有以下三个层次的划分。

（1）设计的基础价值：把交付稿做到好看，好用，并且真正落地，而不是停留在keynote或原型上。这里面可以对比说明如何比之前的版本好看了，好用了，遵循了哪些设计原则，如何保证品质的，怎么进行用户验证的。

（2）设计的核心价值：如何把你的产品（品牌）和其他竞品区分开来，重建或巩固目标用户的认知。这里面就不简单是设计层面的战术问题了，比如用什么颜色、版式、字体、哪些控件和范式提升了可用性，而是更深的进入到需求层面，如何理解目标用户画像的，理解用户的场景和痛点，分别设计了什么方案去解决问题，怎么看待不同方案之间的优缺点，这里面的相对最优解是在什么商业、技术、需求的因素影响下决策的，你作为设计师在这个过程中起了什么作用。

此外，还有设计本身的效率提升，如何确保设计过程又快又好，做了什么流程上的优化，设计方法上的优化，设计工具的开发等，这些也是设计为了商业增值做的实际贡献：提升效率，降低成本。

（3）设计的顶层价值：站在更高的维度看待设计方案，比如经济学、社会学、心理学、人体工程等，提出了什么超越竞争对手或行业现状的解决方案，并以这个方案为核心引领了团队产品认知和技术发展的进步，甚至提出了影响行业发展的设计理论、设计方法、设计的价值观。

如何提升自己的核心竞争力

我现在在团队里主要支持产品用户体验设计，已有十年工作经验。目前“00后”都出来工作了，想问一下如何提升自己的核心竞争力？您有哪些建议？

既然是核心竞争力，那和“00后”出来工作有什么关系？

要保持自己的核心竞争力，就要先定义什么才是核心竞争力。我个人认为设计师的核心竞争力有以下几点：开放心态、学习能力、审美、执行力、沟通能力、演示能力。

开放心态有两个表现：接受不同意见，好奇心。能快速提升能力，且大家最愿意合作的是那种你提出对设计的不满，设计师会立即寻找原因、发现问题并进行改正。而不是马上进入防御心态，说不得碰不得。然而，接受不同意见天然就是反人性的，所以需要足够的时间和机会去磨炼，大多数年轻设计师缺乏这样的训练，自然显得比较稚嫩。而保持好奇心，除了在设计领域，也要扩展到其他领域，与人、社会相关的一切事物都有可能被纳入设计的命题，在这些命题之间相互联系与启发，才有了更多设计的可能。设计师保持好奇的敏感度，能影响自身能力的上限。

拥有开放心态后，就要实际去运用，在实践中产生反馈。所以要提升学习能力——确保短时间可以把不懂的东西学会；提升审美——有用已经不够，有美感和品位才是溢价空间；提升执行力——想到了但2年后才做出来，也许就已经不是创新了，而是跟风或者抄袭。所以，学习能力、审美、执行力，几乎是伴随设计师一生的训练课程，这个部分自然有人跑得快，出道3年做得非常职业，也有做了10年设计仍然在原地打转的。

最后设计的工作不是孤立存在的，它和整个商业环境互动，你就需要去影响这个环境中其他环节的人，沟通和演示可以加速协调的合作，让整个环境产生价值，说到底就是卖出去，卖得好。中国有太多的设计师缺乏商业视角的训练，这是有问题的，好的沟通技巧与演示技巧的本质都是商业视角在发挥作用，而不是你口才好、反应快、长得帅。所以我们才有一个现象是：“公司里面的设计师用PS的工资最低，用PPT的工资最高”，这只是现象，本质是用PPT多的设计师通常有管理职责，接受了更多的信息（开放心态），能转化为组织中需要的设计竞争力（学习能力、审美、执行力），并且用合适的方法，在合适的场合展现价值（沟通，演示）。

以上，你可以自己做一个诊断，哪个部分的能力欠缺，针对性地创造机会去提升。如果这些能力你都不错，那么不用太担心。

职业素养

/

职级与绩效

设计经理如何做晋级报告

作为一名设计经理，我所带的团队规模为15人左右，即将参加晋级，该从哪些方面阐述自己的晋级报告呢？

你参加的晋级是专业职级晋级，还是管理职级晋级？有些公司是分开的，目标不一样，要准备的内容也不一样，专业晋级聚焦个人能力成长和产出价值，管理晋级聚焦团队成长和ROI。

你们公司既然做了晋级答辩的职业管理方式，那么至少应该有一个晋级标准和能力要求的宣讲？介绍文档总会有吧？看看前人的经验，容易理解公司希望得到的人才是什么标准，以及不同批次的对比维度。

我以前说过公司做职级评估和晋级标准不是完全只看专业的，这本质上是一种管理手段，所以对公司业务的价值、价值观、团队协作等方面是否符合职级要求，会比专业本身更本质；当然，你的专业能力不能弱，因为答辩过程中问的问题基本还是围绕专业的，只是你仅仅聚焦专业还不够。

晋级报告不要内容太泛，篇幅太长，晋级答辩时间有限，评委可能对你也不了解，与其说5个80分的项目，不如说一个足够有说服力的90分的项目，然后充分描述自己在项目中的贡献，带来的价值，有没有复盘总结，提炼了什么方法和经验，同时帮助了团队成长（即使是个人能力成长，你的经验也应该分享出来，帮助团队中的同事）。

聚焦自己的优势和特点，不要仅仅按照晋级标准的要求去填空，因为和你一起参加答辩的同一批次的人都是这样做的，你的工作内容很可能就被模板化了，不能凸显自己的差异化优势。公司需要的是人才的多样化和补位，而不是按照模板执行的纯工具人。

如何准备晋级答辩

我想问晋升答辩的问题。我是类似阿里公司P7到P8的晋升，有管理经验，属于视觉设计组，评委主要是其他业务方的设计领导。

我主要分了三个部分：

（1）两句话概述自己的业务背景和职责(评委不清楚我的业务)。

（2）如何在一个项目里解决问题和对公司带来的价值。

（3）团队统筹和对成员的提升。

第二部分在UX方面，我比较薄弱一些，我和UX团队平常沟通比较多，也经常互相学习，但是在专业领域自己肯定还是不强的。

我语言表达能力不是很好，临场发挥需要注意些什么？如果您是评委，会问哪些问题？

你的结构其实没有问题，只是深度不够，可以参考一下：

晋级文档力求精练、清晰，最好不超过20页（有重点项目详细文档的，附在后面即可）。结构建议如下：

核心产出带来的业务成绩（有用户好评、数据指标验证最好）——突出对公司产品的价值。体现专业深度的一个专项（自己驱动推进最好，没有的话，可以列举核心贡献）——突出自身的专业思考和驱动力。

团队的横向贡献—任何对设计部门有价值的工作，从个人视角帮助团队整体成功。

总结和对齐的计划——简单说一下自身需要提高的部分，以及晋升后计划做的事情，最好和公司、部门的KPI能对齐。

1. 核心产出带来的业务成绩

重点说清楚业务难度，遇到的问题和障碍，自己帮助团队怎么解决的。

数据并任何主观评价都有价值，越详细越好，但要和方案本身有关。

对业务本身设计上不足的地方的思考，以及准备怎么做。

2. 体现专业深度的一个专项

强调个人思考的部分，可以结合桌面研究和用户分析。

设计方法论和理论的使用，有效支撑设计输出结论，并后期验证。发起专项和落地到产品中的过程，自己学习和体会到的。

3. 团队的横向贡献

比如招聘、Mentor工作、设计接口人、Leader职责等。

团队的Design system维护、工具推进、经验Case study沉淀与分享等。

发现团队在方法、流程、团队文化上需要优化的，积极提出并改善等。

4. 总结和对齐的计划

先说优点，再说不足，并且准确知道自己有什么不足。

把KPI对齐的情况分解到自己下一步会做的事，强调会主动驱动。

突出会拉动产品、研发一起进行，而非设计师自己单打独斗。

PS：不用紧张，直观通俗地陈述自己的工作价值和思考。

沟通过程中要仔细听评委的提问和困惑，如实回答，不要关联和核心答案无关的额外信息。

如果有案例体现了对公司的价值观的良好表现，可以列举。

另外，我个人对不同设计师都是问不同的问题，并没有什么模板。

如何对团队做有效的激励

请教两个问题：

（1）请问对于设计团队而言，有什么比较有效的激励措施吗，除了奖金以外？

（2）今年我们团队获得了项目奖，得到一笔小额奖金，如何利用不多的资金让成员觉得受到重视、激励、有意义呢？

（1）设计师更在乎设计成果落地，被看见和被尊重，更在乎精神层面的反馈与肯定（当然，前提是他是真的设计思维和热爱设计，而不只是混口饭吃）。

从管理角度上看，给多少钱都是不够的，谁还会嫌自己钱多啊？只要在行业均值中对比，给到符合自己企业规模与定位的相应薪资水平即可。比如行业前十的互联网公司，不可能给出行业前50的薪资，即使定薪的时候稍低一些，也会在1～2个绩效周期后迅速校准。

除了钱，其他方面的福利可以多考虑一些，比如节假日礼物与问候，上下班班车，公司平等开放的文化，鼓励跨部门协作，设计团队自己的纪念品，一些保证质量的团建。在工作上可以奖励超出公司预期的设计师明确的激励奖项，发奖金还是发奖品要参考你们公司文化的指导方向。

另外，给设计师足够的挑战和自主决策空间也是一种激励，让设计师去做自己真正能投入120%精力的事情，你只要保证这个事情符合公司需求、团队价值观就好了。

（2）奖金是用来激励贡献的，切记不要大锅饭，要奖励那些在项目中有重大贡献的人。曾经在一个项目中，共有4个设计师参与了全过程，但是项目专项奖金发下来时，我把其中70%都给了一个设计师，剩下3人平分30%。因为奖励就是要让人“记得住”，鼓励贡献最大的人，让他成为榜样，成为其他人想学习和超越的对象，这才是奖金的目的。

奖励不但要有区分度，还要透明，发完以后在项目组内也要实名表扬和鼓励，配一个奖杯是更好的。然后因为少数人拿到的奖励更多，他们也可以选择请项目组的同事一起吃饭，交流心得，创造更多的激励事件。

设计师如何制订提升计划

最近在跟Leader沟通绩效，提到了我有两个需要提升的方面，Leader希望我能制订一个提升计划。

方案的阐述沟通能力亟须加强；

思考方法论、经验的沉淀能力需要加强，后续有可能要去分享讲课，希望我先从文章写作开始。其实总的来说，就是提升表达和写作能力。

1. 先学会总结和归纳

把日常工作中做得比较好的案例整理出来，从需求理解、用户洞察、发现设计机会点、竞品分析、头脑风暴、方案分析和对比、完整方案展示、迭代优化、数据反馈和验证等方面完整做一次复盘。把其中做得好的和不好的整理出来，最好6～8点写完，Pros&Cons对比起来。

2. 提炼出关键方法和流程，放大范围去应用

这些做得好的技巧和方法不是只有你才可以用，别人学习了也可以用来解决问题；做得不好的也可以总结经验教训，反思如何才能更好，避免重复踩坑。两者对团队都很有价值。

必要的话，你们可以进行一些小项目的试点操作，有实验对比参照，才能更好地复用。

3. 柔性沟通，遵循设计逻辑，自信表达

很多设计师其实缺乏柔性沟通的能力，有技巧的沟通可以避免很多协作上的效率和情绪的问题，有时候仅仅是沟通不到位就会让合作方产生专业上的不信任，所以这个问题要刻意去调整训练，可以在组内做Role play workshop演练。

设计逻辑是设计理论、规范、实践的整合，简单讲就是自己做的东西自己说得清楚，设计是关于Why的问题，但是大部分网上的所谓设计教程都在讲How的问题，这是行业发展现状不成熟导致的，你自己要去补课，多追问方案背后的原因，深度思考，而非只要表面答案。

自信表达的基础来源于前面两点的反复训练，如果觉得合作方或老板不懂设计的本质，其实就是设计自信不足，无法站在对方角度，利用设计的同理心和技巧推进方案落地。表达的基础是论据充分，论据可以用MECE原则和各类设计原则推导出来。

如何准备高级经理的晋级答辩

我现在在一个互联网公司担任视觉设计经理，管理十几人，即将参加高级经理的晋级述职，评委组成是VP，应该从哪些方面来讲述呢？

先了解高级经理的工作内容和范围，需要为公司做出什么增值贡献，从而定位一下自己的能力是不是已经具备了。可以请教一些公司内已经做到这个岗位的前辈（如果有的话），看看他们的视野在关注什么，日常工作中的核心困难在哪里，你才能判断自己应该说什么话。

看看评委里面的VP都负责哪些业务线，他们和自己业务线中的设计团队，设计管理者的合作关系是否良好，如果有不错的合作关系，那么在答辩中应该和这样的VP多互动；如果关系不是很好，那你要提前准备一个如何改善上下级设计合作关系的案例。

高级经理意味着管理权限更广，照看的团队规模更大，在你手上已经做得不错的业务中，选择一些大家比较了解的，拆解一个细节问题，体现出你超过目前管理级别的分析、判断和解决问题的过程，方法框架尽量满足PDCA和SMART原则。案例中更聚焦人，因为人是公司的核心资产，事本身要转接到工具和机制上，从公司的核心业务、商业ROI来考虑你们的设计产出如何帮助公司成长的。

普通交互设计师与交互设计专家的主要区别

普通交互设计师和交互设计专家的主要区别有哪些？想提升自己到专家水平，还需要哪些方面的能力？

交互设计专家通常比普通交互设计师做过更多的失败产品，当然也有非常成功的产品经验，而普通设计师就是做了很多交互需求而已。

设计师往设计专家方向发展最重要的一个判断标准是：能不能通过日常的迭代、问题、挑战，经过自己的反思和推演，获得设计的思维升级，沉淀为自己的方法论和价值观。

我认识的“真”交互设计专家在日常工作中表现出的思维方式和设计能力通常有：

1. 关注产品的成败，而不是设计的成败

很多设计师有天然的设计师评估视角，成功=通过评审、不再修改、甲方买单、老板认可、用户反馈好、用户行为数据提升等等。但是一款产品的成败，原因是复杂的，可能是上面所有表现的博弈，专家视角更聚焦本质问题，以终为始看待设计。如果设计本身是有问题的，二话不说直接改，没有防御心态，这样的职业精神是非常难得的。

2. 理解技术的难点，也理解不完美是常态

交互设计是关于场景、价值、用户、系统行为与人的行为的平衡控制，不可行的设计往往是没有用的设计，所以设计专家会深入理解计算机、互联网、业务逻辑、研发成本。通过了解这些影响设计的“环境”因素，来调整自己的方案，并且给每个方案作SWOT分析。

我曾经见过一位设计专家仅仅为了一个通知发送的问题，做了40页Keynote。从系统逻辑到App现状，从业务价值到用户场景，做了全面的分析，最后的方案已经是理论上的最优解。在将近2年的时间内，没有看到业界任何产品的方案有超越他的地方。只能说这是高手。

3. 关注人，而不只是用户；关注情感，而不只是数据

设计专家区别于普通设计师的最佳表现就是他们能升维思考，也就是归纳，抽象能力很强，你看到的一个小点，一个Feature，一个Bug，能被他们放大到全局，然后再通过解决这一个问题，总结出全局适用的设计规范。这个本质思考能力是对人的理解，因为用户的形态是多样的，是动态的，是随产品生命周期变化的，但是“人”不会，交互设计的最高境界是直觉，只有对人有深刻洞察，才能做到直觉。

能积极观察人与生活，洞察不合理之处并进行改善的设计专家，必然也是一个情商极高，同理心极强的人。所以，我从来没有见过哪一位设计专家真的生过气，会认为老板不懂设计，会觉得PM、开发都是要“害朕”。因为真正有办法的人（且准备的方案不止一个）没有时间和理由生气。

各企业职级的能力模型对照

最近我看到了一个阿里对应各公司P级的对照表（见下页），不知是否准确。能大概提供一下通常P8、P9对应的能力模型吗？想比对下差距，也大概清晰一下目标。

这种表对HR有一定参考性，对专业线来说没什么意义。专业面试中该怎么评估和衡量，还是按照自己团队的需求来做的，不会因为你是腾讯3-2或阿里P8就会天然有优势。

就在字×跳动看，以我们的团队来说，我们不会去刻意对应这个表，我们的要求对比

行业平均水平来说只高不低。人才标准是每年都在提高的，否则团队和公司的动力何在。

我没有在阿里巴巴工作过，并不了解P8、P9大概的能力模型，不过国内BAT几家的设计通道模型大同小异，可能阿里因为业务会更加看重对商业的赋能（就是能不能帮业务赚钱，怎么赚，赚多少，如何度量这个价值），对行业的影响力（阿里的格局决定了它要做一件事，一定是规格比较大的，影响势能比较强的）有没有前瞻思考和洞察（可能与公司的战略性危机感有关）。从职级上看，你这个表里面，腾讯跳过去，和阿里跳到腾讯的人的对应情况大致符合这个标准。但这个只是基于我了解的，很多面试没通过的人也许并不在这个数据中，有幸存者偏差。

你和别人的差距应该体现在能力、经验、素质和眼界上，和你的职级没啥关系。

阿里巴巴	P6	P7	P8	P9
百度	T5	T6 - T7	T7 / T8-	T8+ / T9
腾讯	T2-2 / T2-3	T3-1 / T3-2	T3-3	T4-1 / T4-2
今日头条	T2-1	T2-2 / T3-1	T3-1 / T3-2	T3-2 / T4
新美大	P3-1	P3-2	P3-3 / P4-1	P4-1 / P4-2
奇虎360	T7	T8	T9	T10
携程	15 - 17	18 - 21	22 - 25	26 - 28
爱奇艺	P7	P8	P9	P10
京东	T6 / T7	T8	T9	T10 - T11
网易	P3-3 / P4-1	P4-2 / P4-3	P5-1 / P5-2	P5-3 / P6
去哪儿网	13	13 / 14	14 / 15	16 / 17
微软	61	62	63 - 64	65 - 66
唯品会	P3	P4	P4+ / P5	P5+ / P6
华为	15 - 17	16 - 18	17 - 19	19 - 20
小米	14 - 15	16 - 17	18 - 19	20 - 21
滴滴	D7	D8	D9	D9 - D10
搜狗	T2.1 / T2.2	T3.1 / T3.2	T4.1 / T4.2	T5
58赶集	T6	T7	T8	T9
ebay	24	25	26	27

如何量化绩效晋升为总监级别

公司没有设计总监，我是设计经理，如果想往上走，需要有哪些绩效，才能当副总监？我想的是产品线由于设计的优化数字提升了多少，运营公众号粉丝增加多少。

公司没有设计总监，为什么你不能去当，而是想做副总监？思维不要受限呀。

没有设计总监，可能是公司认为这块业务的重量级还没有到这个程度，也可能是团队体量还不足以和其他部门相比，甚至是老板根本不愿意在这块长期投入。

设计序列的绩效通常从高到低排序为：设计竞争力构建、设计团队整体成熟度提升、设计体系融入产品发展的深度、设计语言的形成、设计项目的良好支撑、设计人才架构搭建。

你的主要工作还是应该在设计专业上，站在用户的角度，真正解决专业范围内的问题，业务指标可以背，但那个不是你能完全控制的，所以直接考核你也不太合理。而且很多时候业务指标的上涨是一个综合结果，并不能完全映射到设计层面上去量化。

如果你的团队中招募到了优秀的设计师，并且大家的热情都很高，也逐渐输出了稳定的设计作品，优化了设计流程，建设了自己企业需要的方法论，对业务侧的沟通和建议都很快在用户口碑、参与度、满意度上得到好的反馈，在同行业竞品中经常被作为标杆分析，那么你就应该是设计总监。

如果做到上述这些事情，你的老板还不认为你可以当设计总监，你就应该跳槽，以免浪费自己的才华和时间。

设计总监怎么写KPI

设计总监怎么写KPI?

设计总监通常作为一个产品或者产品中核心模块的第一负责人存在，当然也有公司有更高的Title的，比如设计VP、首席设计官、首席设计师等。

高级别的设计管理者的核心工作通常是保证公司的产品和服务的设计竞争力，构建专业的可持续发展的团队，帮助构建整个组织的设计思维，思考公司体验设计价值的商业回报。

设计总监的KPI一般不会是某一个产品或者阶段性工作的成绩，而是一个长期目标的阶段性分解，公司战略要求的具体设计分解，以及“端到端”的一个产品在设计层面任何问题的处理。

具体一点，会有：

（1）回答年度设计工作任务和目标。今年你和你的团队要做什么，为什么这件事重要并且值得做，做到了有何价值，做不到会有什么损失。你要用多少人、时间和资源去做。这件事的目标，达标值、挑战值、理想值分别是什么。

（2）回答最关键的设计问题与解决计划。产品和服务中现在的用户侧问题有哪些，哪些是设计可以解决的，哪些不行。你准备与周边团队怎么配合，是成立联合项目组，还是做一个短期的攻坚计划。拿出你的想法和方案，以及解决的数据指标。

（3）回答团队的持续发展问题。团队人才结构，人数，专业厚度，未来发展计划，是否可以匹配公司的战略进度，要招多少人，要开除多少人，对人才的要求有什么变化。你怎么保证团队的整体竞争力，相应的手段：组织架构的、招聘的、考核的、专业培养的、专项训练的，具体要怎么做。

（4）回答个人的提升问题。你怎么确保自己还能够胜任这个总监岗位，有哪些对公司的需求，自己怎么再一步提升，自己的优劣势分析，准备下一阶段怎么改进。跨部门的同级别管理者之间的配合协作，你有没有什么新的建议。

（5）回答个人影响力的问题。设计竞争力不单单是产品和服务端的，还包括品牌“软性”的部分，如何提升自己在公司内部的影响力，在设计决策时的合理性，在行业竞争中是否可以代表公司的设计品质发言。

把上面的内容都回答清楚，至少思考过现状和问题，你的KPI应该问题不大。

如何给视觉设计师评定绩效

一般完善的设计团队如何给视觉设计师评定绩效？主要考虑哪些方面？有没有好的完善方法？

视觉设计师评定绩效的几个关键考查部分：

（1）专业性：工作产出是否有设计研究和分析，是否符合品牌需求，设计稿的整体品质，是否符合信息设计与传达逻辑，有无系统的视觉语言的考虑。——重点是不能只输出视觉稿，而没有设计思考和过程。

（2）用户满意度：对视觉的产出，体验的指标是主观的，用户满意度的测量需要用研同事一起参与分析，视觉设计师除了关注视觉稿还原度以外，视觉设计落地的效果和后期改良的机会也要同步关注。——重点是不能交付完了就不管，要对最终结果负责。

（3）视觉规范：从遵守设计规范到自己提炼视觉语言，是一个视觉设计师成长的专业要求。视觉执行过程中，有没有对流程、工具、整体效率的思考，降低主观性，提升客观性，是一个职业视觉设计师需要反复思考的。——重点是形成自己有逻辑的度量工具，比如Grid System的梳理等。

最后，视觉设计师的整体综合能力，还需要靠视觉设计总监来评估，特别是审美水平和品位是偏情感化的部分，靠的是大量的内省和开阔的眼界。这个只有人本身才能做，流程或者方法论都做不了。

设计管理者的能力级别划分

设计管理者的能力有等级的划分吗？为什么有人只能做组长，有人可以做总监？

首先，设计团队的管理者一定是需要专业出身的，在做管理之前就是用户研究，交互设计，视觉设计或相关专业领域的工作背景。设计是一个跨领域的专业技能工作，可以类比音乐、体育等领域。一个不懂乐理，从没演奏过乐器的指挥，一个从没下场踢过球的教练，我很难想象他可以带出优秀的团队，最多也就是不犯错的普通水平。

其次，设计师的成长包含人和事两部分，“人”就是个人的思维方式，技能提升和自驱力；“事”就是项目经验，团队协作和专业产出。一个不懂设计但很会“管理”的管理者通常只能做好“事”的部分，但对“人”几乎是没有能力给予支持的。

1. 初级管理者

聚焦于小事——项目本身，靠自己的专业能力撑起设计质量。大多数时候与团队的关系类似于一个老农带着三个儿子锄地，拼的是高效产出，更多的思考是专业成长和项目成功，这是一切设计管理的起点。管理方式基本是刷脸和看实际贡献分苹果。

2. 中级管理者

聚焦于团队成功——抛开自身的优势，寻找合适的人，合适的方式补充团队的不足，让团队整体进步。这个时候团队规模可能会大一些，涉及人才分层、KPI、团队流动等问题。管理方式开始趋于理性，用流程和方法代替人治，自己的工作更多聚焦在获得外部资源，帮助团队快速发展。

3. 高级管理者

聚焦于组织成功—站在老板角度看设计团队价值。除了日常会做的设计评审，设计培训等团队支持工作，更多精力放在行业洞察，设计竞争力分析，设计方向的控制。在组织架构上可能下层还有一些向他汇报的管理者。更多考虑组织生存，更强调设计的商业逻辑是否能够帮助企业获得设计竞争力，也会站在行业生态角度考虑自己团队的位置和发展。

从初级到高级管理者，可以看出思维方式，工作内容和工作重心是不同的，但这不意味着高级管理者就不用考虑初级管理者的问题，高级管理者的工作是向下兼容的，因为初级管理者在专业上也会遇到问题，也会向高级管理者求助。

如何给设计师评估绩效

你们是怎么评估设计师绩效的呢？有哪些维度？高绩效的设计师有哪些表现？绩效考核透明吗？

设计师绩效有两种，一种是设计团队自己完全考评，注重成长和专业表现；还有一种是虚线加产品指标的，也就是产品团队的老大也拥有50%的考评权。一般互联网公司，或者规模比较大的设计团队中，对设计Leader和中高级设计管理者都会引入50%的产品线考评指标。

只讲专业素质本身，不考虑专业领域的话，通用要求有：

• 自身素质（热情、好学、开放）：保持对工作的热情，聚焦业务本身，能够很好地和团队协作是日常看得到的，如果你一定要一个分数的话，可以考虑做横向团队的360度打分；好学是对人的基本要求，针对业务需要自己主动提升哪些方面，给团队带来过哪些分享，经验总结，这个可以统计次数和分享评价；开放主要关注看问题的角度和性格，是大公司造成高部门墙的最直接原因，从人着手考察。

• 思考能力（逻辑分析和解决问题）：能不能客观地、符合逻辑地把设计要解决的问题讲清楚，是否具备Design thinking的思维能力，解决问题是否熟练，合理的方法流程，会不会根据不同的项目需求改善流程，灵活运用。

• 执行能力（工作效率和质量）：这个是考查做得好，做得快的问题。设计稿的输出品质要维持职业品质，在合理的时间内完成任务，是非常重要的。

• 沟通能力（会不会听，能不能说）：倾听团队其他成员的，老板的，自己带的实习生的建议和意见，是对职业设计师的基本要求；听完听懂以后，能把自己理解的内容加上自己的思考变成项目的输出，会议的总结，邮件的要点是在设计团队中合作的润滑剂。沟通能力强的设计师，通常在设计领域的Leadership也较强。

• 跟进能力（确保解决问题闭环）：能不能跟进项目的全流程，做完一个项目后还要跟踪相关的用户评价，满意度评估，数据表现，甚至后面转到其他项目中时，能提前整理好相关文档，经验，交接给新同事，都是一种职业态度的表现。

进一步看专业技能，综合能力越强的设计师，是在以下方面表现更均衡，技能更全面的人。横向能力成长快的设计师，更容易独当一面，也更容易成为团队中贡献更大的人。

- 设计研究：设计相关理论和方法论的研究、学习、知识储备、知识运用，形成团队和个人自身的方法论。
- 数据分析：知道使用用户数据，产品运营数据等支持自己的设计想法，建立商业视角，做实际的、有意义的设计。
- 用户研究：基本的用户研究方法，参与到用户研究的实际过程中，指导修正自己的设计。
- 同理心：训练自己的同理心，做日常的观察、对话、分析、思考。
- 需求分析：理解用户的痛点、痒点、兴奋点，知道需求是怎么来的，怎么去满足。
- 信息设计（IA，交互，视觉，动效）：信息架构、交互设计、视觉设计、动效设计的综合能力。
- 原型开发与测试：能不能把自己的设计想法直接做成高保真原型，用于演示和测试。
- 设计迭代：在设计迭代中能不能精益求精地逐步改善设计的细节品质，成为设计品质的守卫者。

自评一般都是述职方式的，基于案例和关键输出，进行数据和设计的专业呈现。设计师一般不可能只填个表就把绩效给评完了。

THINKING IN DESIGN

职业素养／职业规划与发展

如何看待设计转行

我工作大概6年了，也在北京某大厂工作过，因为想稳定回成都发展。回来后发现成都的工作机会很少，并且薪资比较低，并且今年也30岁了，感觉很焦虑。所以，我在想要不要在工作之余准备考研金融学，将来去高校当老师或者考公务员。你身边有这样的例子吗？这样的选择你怎么看？

不同城市的发展速度和产业环境不同，所以不能以北京的薪资标准和生活条件来要求成都。一个人的工作生活要跟着环境调整，首先是调整自己的心态，其实很多大厂在北京给的薪资和二三线城市的薪资平均线本身就是不同的。

成都作为发展比较快的城市，在科技、互联网等产业增速还是比较快的，而且因为本地人才厚度不够，应该是很欢迎外地回去的较好具有从业背景的人才。你说的工作机会很少，是不是找的方式不对？或者只考虑了有限的几个聚焦的公司和岗位？

回到偏内陆、产业发展不均衡的城市，其实传统企业、事业单位等地方才是真的卷，因为你要和熟悉本地人，本地事，积累资源更多的人来竞争。你外地的经验可能在这些行业根本用不上，所以找准自己的定位和这个城市未来的发展，看看是否匹配，延续你的长处，同时保证工作生活平衡，才是你回去的理由吧？

重回设计行业关于Offer的选择与未来规划

最近有一个关于个人职业发展的问题困扰我。我从事设计行业11年，今年33岁，相关体验设计的工作有差不多8年，经历了两家中小型公司。

在第一家公司工作8年，从美工做到一个事业部的设计总监，一直在做持续的专业探索，做过运营推广设计，做过UI、UE，也做过从0到1的团队和项目建设。

在第二家公司工作两年半，职位是一个事业群的体验设计总监。更多的工作在做15人左右的团队管理、成员培养以及项目的体验策略和执行。由于受到疫情和家中老人生病的影响，现在离职半年，一方面照顾长辈，同时在备考MBA补足自身的学历短板；另一方面为亲戚的一些小生意做线上的初期建设。最近打算回归打工人，开始新的征程。

困扰我的是下一步选择。一种选择是找到类似ATMJ这样的头部企业，以P7-P8的专家的角色进入，在专业上持续深造（最近在阿里公司的面试结果是P7+，虽然有脱产半年和面试岗位限制的影响，但也说明了底子不够扎实，内卷严重，预期和现实有些打脸）。

另一种选择是继续求职中小企业的设计管理岗，职能工作和接受的信息层面与过往匹配，但业务发展的不确定性较大。

工作机会上来说，中小企业的设计管理岗和大企业P8+的设计岗位同样凤毛麟角，无论是等待岗位放出的时间成本或者竞争都会比较大，并且这类岗位入职后的环境往往也面临较大的挑战和风险。

而从工作性质上来说，大型企业的P7+的执行岗会需要我职业规划上倒退3年，重拾专业执行的底层基础，品牌和团队溢价对职业发展的价值也较高，稳定性较强，但无论是获取的信息质量和工作内容，都存在一定的“尴尬期”，我理解，可以说是补足T型发展的底层框架。而中小型企业的管理岗，累积商业思维和业务经验，业余时间从高纬视角反思设计，往Y型发展道路上持续探索，虽说短期不会有明显的“尴尬期”，但无论稳定性还是业务风险都存在较大挑战。

想听听你的建议，我需要考虑哪些因素？该如何选择？

受限于信息的不对称，或许有一些信息认知是错误的，也望能够指出。

职业发展的选择和个人定位肯定不能是“既要，也要”，除非你的家庭负担、职业路径成长、个人能力、城市竞争力等各方面都给你足够的选择权，而大多数人真的是没有太多选择权的；设计行业和产品、研发等领域的职业成长有相似性，往上走都是单行道，也是比较明显的金字塔结构，顶部一定是少数人，那么企业随着外部环境的压力，对这种岗位的要求就会每年递增，这并不是内卷造成的，事实上顶层级别的合适的人也不多。

找工作要结合3个因素：市场需求、HR评估和团队需求。

市场需求是对你具体要工作和生活的城市而言，这个城市对设计行业是否包容和友好，比如阿里，杭州本地的大厂来说，可能阿里是相对最佳选择了（当然也不是说二线城市的不好），那么阿里作为雇主方当然有议价权，可以优中选优，所以给你P7+的定位肯定是综合了各种因素，且觉得并不是亏待你的定级，也许是希望看到你先做出更多成绩后再晋升，也许是你面试过程中给HR和业务团队的信心还不够需要观察。总之，变量比较多。

是否接受这个级别和你自己的所谓职业规划是没有关系的，个人的规划都要受时空背景、外部环境动态影响，另外年限不是唯一考评的点，所以对于你的选择来说，只有阿里的工作内容、项目团队以及做的事情是否值得你在这个岗位上花费3～4年时间，以及阿里本身的企业品牌背书。

HR评估层面会综合非常多的因素，由于评估人是玄学，所以用一些硬性指标框定是降低招聘成本的方法，很多发展不错的中小企业也是这个思路，在同样薪酬待遇下，当然是招学历更高，背景更好，综合素质更强的人，但是招聘的供需两端又刻意避免说这些问题，是一种很诡异的中国式政治正确。

离职半年，学历一般，过往的项目经验成功度，是否有大厂经验，这些都是HR的评分项，综合一算就大概给你定位了。当然你可以说我远比这个好，不过很可惜，你得先有证明的机会。

团队需求也是动态的。团队本身的发展快不快，好不好，直接决定在哪个时间段需要补充什么样的人，是缺少一线管理，还是缺少解决问题的专家，有弹性的高素质人才肯定是做什么都迎刃有余，才谈得上职业竞争力。因为从企业用人端来看，可能是在10000个候选人里面选，团队是有数据支撑的，而你可能只能看到自己和身边的一些现象。

综合来说，几个需要掌握的信息：

- 对于你个人，你优先选择家庭，还是事业提升，还是生活工作平衡以保证时间提升自己（比如考MBA）。有个排序你会比较好决策，而且杜绝“成年人不做选择”那种毒鸡汤，普通人就是随时在选择中权衡利弊的。
- 对应岗位发放了Offer才是你谈判的筹码，你手上有阿里的Offer，更容易和中小企业去沟通谈判，获得更好的回报可能性。
- 对自己的定位要清晰，能发挥你长处和价值的岗位才是有意义的。工作不是找到了就结束了，更大的挑战是以后的绩效达成。

如果你的目标很明确，“我就是希望一个大厂的Title，为3年后再次跳槽打基础”，其他的条件和限制就要选择性放弃。为目标懂得取舍的人才更容易实现所谓的职业规划。

如何向用户体验设计师转型

最近在做总结，也在思考下一步的发展方向。

个人后续想要向用户体验设计师转型，目前对这个方向的理解比较浅，很简单地认识成：啥都能做（交互、视觉、UI、动画、分析）。但总觉得这样的认识不够系统，比较散点。

想知道您的看法是怎么样的，或用户体验设计师比较常规的成长路径是什么样的，究极形态又是什么样？

另外，还有一个小小的问题。在工作中没有数据分析的锻炼机会，自学的话应该怎么做？

设计师没有终极形态，又不是打怪练级。设计是不断面对市场的螺旋式上升和用户不断提高的需求的挑战的工作。因为外部竞争激烈，各领域的技术、经济环境、用户需求在改变，企业就需要改变。设计作为企业商业生态中的一环就要不断调整能力模型。

基础逻辑是企业需要更高的效率，就要减少流程中的人的节点。每减少一个节点，信息传递的衰减就会少一层，效率自然提高，带来的就是对人的综合能力要求更高。所以企业要对单个人负担更高的经济成本，这也是为什么全链路的设计师薪资很高。

我们团队对于UX设计师的定位是一个跨边界角色：理解（发现）需求、洞察用户、从设计研究到设计思考，具体的交互设计和视觉设计输出。

这个模型其实有点像海外的Product designer，名字不重要，重要的是产生的价值和工作内容本身，事实上我们团队也有同事转型成了产品经理（也没放弃设计）；相比How，越全面越成熟的设计师越会关注Why，“以终为始”是一个非常核心的思考能力，即使当前不具备相应的知识和技法，但是为了达到设计目标会主动快速地学习补齐相应的能力短板，这才是职业设计师的最大挑战。

一般成长路径是先从单个Feature开始，认真走完整个设计流程，然后进行复盘，利用Design critique获得高阶设计师和设计Leader的指导；等经验成长后放大到整个产品模块，产品线，作为设计接口人参与设计方案的决策；然后开始做虚拟项目的负责人，和不同数量的设计师合作，指导他人，沉淀方法。

设计总监的能力模型

设计总监的能力模型是怎样的？

先建立两个基本认知：

虽然都叫“设计总监”，但是不同行业，不同公司与团队规模，不同的业务复杂度、成熟度，对同样Title的“设计总监”本人来说，要求完全不一样。我下面讲述的模型，对标的是一线互联网公司（员工超5万人），设计团队规模超100人以上的设计管理者的要求（Title可能是总监或总经理，也可能是负责人，CXO之类）。

设计总监的能力模型，不是设计的能力模型，不是完全专业导向的。因为设计总监是一个跨专业和管理的角色，管理的要求和考核会更为核心，所以考核设计总监的维度不同，也就导致企业对设计总监能力的要求和设计师的视角是不同的。

分成三个部分来说：

1. 专业

我个人比较传统，我认为合格的设计总监（有些公司确实CXO就是老板，不过这种一般都是公关辞令，他下面一定有一个帮他带领设计团队的管理者），必须是设计师出身，理解设计过程是如何思考和产出的。

设计师从专业定位与思考模型上就和PM、工程师有很大差别，这些差别从个人素养、教育背景、从业经历、个人认知上就不同，需要区别化对待，进行个性化管理。

如果一个设计团队的领导者不懂设计，那么团队成员大概率不会认可他，只是表面上不会表现出来。

2. 管理

主要关注领导力的构建和影响：

能不能管理不确定性，有没有商业洞察力，是否具备用户视角，会不会关注前沿，遇到复杂问题时分析和判断如何，是否有全球化视角，战略性思维好不好，能不能平衡利益相关者，是否能主动培养人和创新思维、优化工作流程的经验、计划和协调资源，如何管理冲突、跨部门之间协作、建设高效的团队。

3. 个人素质

主要关注职业化程度和成熟度：

心态是否开放包容，是否待人真诚、有韧性，能否管理好自己、以终为始追求结果、有效和高效沟通、能识别人才和知人善用，能不能很好地抗压，激励自己和他人，价值观是否正向。

一般成熟度高的企业做高层管理牵引时，上述这些考察维度都会定期（比如半年）做领导力360调查和复盘，及时发现问题，以及设计总监是否称职，然后进行培养，提升，纠错或者换人处理。

遇到职业被边缘化时如何处理

最近工作有些不太顺利，我是某大厂的一名视觉设计师（在职即将满一年），因为年初Leader轮岗，换了新领导，感觉在组内被边缘化了，不太被新Leader信任，做的项目也不如以前了，就做一些杂活儿，一些首页改版都交给别人去做了。半年多过去了，但是没有什么实际的产出，最近几月过得有点焦虑，担心年底绩效以及没有好的产出，我在想要不要在大公司内换岗试试，但是又怕面试不过，导致信息泄露让新Leader知道这事儿。感觉处境很尴尬：重新找工作感觉不太好找，且也不想频繁换工作。这种情况应该怎么办？

和Leader沟通，表明你希望有更全面的挑战和更大型的项目参与，这样对自己的提升有帮助，同时你也要跟Leader保证自己可以做好，主动争取。

如果是设计师数量过多导致的内卷，其实就需要自己和业务方多沟通，不要总是从设计组内部想办法，多站在业务的视角看新的设计机会，自己去找活干，这样还能给人一个设计内驱力强的印象。

直接找希望加入的业务的设计第一负责人聊，活水的话，应该是HRBP会做好类似的保密工作的，对面如果面试通不过，现在Leader这边也不会得到消息。

出去找工作的勇气是自己给自己的，行业景气的时候应该出去多看看，行业不景气的时候更应该出去多看看。机会是不等人的，更多了解和对比自己的能力水平，有助于清晰地认识自己。

如何提升自己，如何转岗产品

我目前是一名工作经验有五年的UE兼UI设计师，计划回老家发展。老家是长沙。了解了一下，老家的产品发展会相对好一点。有两个问题想咨询一下：

第一个问题是在目前这个阶段，如何让自己升值，提升自己。同事有的去考了IMBA，但是这个对于自己目前这个阶段不怎么实用。

第二个问题是设计师如何转岗产品。

能力不是通过考试认证获得的，除非你去读一个定向专业的实际被广泛承认的学历，比如CMU的HCI Program，其他的边角认证在设计圈都是简历附赠品。评估设计师能力一般只看思维和作品本身。

这两点一般通过作品集Review和面试来考核，所以你的沟通水平、职业化经验、思维能力和视觉同样影响别人对你能力的评价。

最好的专业升值是自己踏实地去做一些研究和分析，或者比较硬核的练习，自我思考的提升带来的才是硬实力的提升。比如对某个领域的产品做深入和广泛的竞品分析，调研50个实际用户并输出洞察报告，独立分析和理解系统的设计规范并输出成信息图。如果你想做，有太多这样的课题去做，做完后的输出物可以直接证明你的能力，但是大多数人都选择不做。

设计师不要转岗产品，我只有这一个建议。但如果你一定要转，当然我也拦不住。

设计师做得足够好，可以向上渗透和产品协作，也可以成为产品的关键输入方，比如转型Product designer，硅谷有越来越多这种设计师；但是转了产品经理后设计的专业大概率就不会坚持了，而且要改变自己的思维模型，大部分设计师都做不到，结果回又回不来。

扩大招聘与提升设计竞争力的关系

我公司产品能力弱，多半是1～2年的产品经理，“功能型”产品经理多，高阶产品经理太少，导致产品功能越来越复杂（公司在二三线城市，高级人才难招。公司共200人，大概有12个产品经理，7个设计师，140多个研发工程师）。设计团队也没有多强，新的产品经理对设计团队也比较信任。因竞品越来越多，领导层开始看重用户体验，也愿意投入资源，领导亲自抓产品经理培养和招聘方式以提升产品能力（培养居多）。领导希望设计团队同步把设计提高到具有行业竞争力的水平，考虑过继续加大高阶招聘，又担心以现状看，产品提升慢，设计解决不了根本问题。对此有什么建议？

两件事不要混为一谈，先把产品经理和设计师在你们公司产研流程中的具体工作范围区别清楚，“上帝的归上帝，撒旦的归撒旦”。

你们的视角应该优先关注自己产品的阶段性目标和市场竞争力如何获得，小公司在商业上的稳定和可持续比放大招更有意义。产品经理和设计师多出去接触用户（1周至少1次），了解真实的用户痛点，服务好每一个客户，把问题落实到产研系统中。人盯人式地解决，按PDCA原则要求每一个员工的工作，就已经能超过很多同级别的公司了。

优秀人才的流动是极度符合市场经济规律的，二三线城市大概率招不到更好的人，不过最近两年也有变化，很多二三线城市的政府班子也在调整人才计划和进行产业改造，很多被一线城市透支的年轻人也会选择回去。所以，你们先树立一个好的公司形象有助于吸引优秀人才。

然后针对优秀竞品要有敬畏之心，像素级地分析和理解竞品的设计。这项工作需要的只是细心和坚持，与人的聪明程度无关。不过，很多公司就是没人踏实做这件事，包括一线的大公司也是。

小公司中，领导层的综合能力决定了公司人才厚度和发展的速度，你们领导的担忧本质上是对自己能力的不自信。要从自身提高开始，或者外部聘用一些高级顾问，帮助出谋划策，优化管理方式与产研配合方式。

横向看问题与解释问题的关系

最近想了一下人生计划。我本人性格很内向，不爱表达，目前在一家大厂工作。虽然专业能力还不错，但是性格原因不爱表达，临场发挥也不好。领导原先打算让我做大团队管理，现在也放弃了，准备招新人。我也很讨厌自己的性格，为什么能把设计的理论写得很好，到进场发挥却说不出来，很阻碍我的前途。这在大公司也是一个现实因素吧。

后来去精神科医院查出有抑郁症，挺崩溃的，不知道人生方向在哪。我今年30岁，有想过35岁以后去三四线城市生活，但不知道自己这5年在北京还需怎样拼搏。

想请教有什么好的方向。

（1）有病先治病，这是最健康的方式，打败疾病不但可以保证全身心投入，也能获得非常高的精神能量，抑郁症不是绝症，正向面对就好（当然，要看什么阶段）。你还年轻，身体和精神的潜力还没完全释放出来，多和家人沟通，需要勇敢面对。

（2）设计=沟通，所以横向看问题和解释问题的能力就显得特别重要。我因为大学是学传媒出身，很早就经历了各种媒体的内外部采编与访谈活动，有过一定程度的训练，从我的经验看，理解陌生环境，面对质疑和勇敢说话的能力是在坚持1～3个月后慢慢提升的。你可以先从组内的设计分享做起，放低自己的期望，多倾听和复盘自己说话的过程，再逐渐扩大范围，到协作部门、公司、行业……

软能力和职业化，其实是设计师在往管理岗发展的最大阻碍因素。这需要自己的勇气和训练，靠等是等不来的，和你的年龄也没什么关系。

（3）我个人判断，北京的人才饱和程度与城市政策因素还是造成了非常严峻的竞争的，而且就设计行业来说，很多其他一线城市也不比北京差，北京的好处是企业比较聚集，工作机会更多一点。

如果你坚持要做设计，那么建议你还是留在一线城市：三四线城市一方面是因产业环境问题需要优秀设计师的不多，另一方面是市场成熟度需要提升。这样，设计师的发展速度、受尊重程度以及发挥的价值都不如一线城市。

项目经理的职业发展疑问

目前我在国内最大软件外包公司的UX团队做后备PM，但实际交付的产出物很基础，会PS就可以。每天跟很多人开会沟通、确认，合作方也是国内最大的手机厂商，但是鉴于信息安全以及所有产出物也没有什么价值，我有点纠结，是继续朝着PM的方向走还是换一家公司？坐标西北某省会城市，UX选择空间较小。

从以下几个方面来分析你遇到的问题：

（1）如果你不选择换城市，那么要看一下近几年你所在城市的发展动向——哪个产业和领域是政府的重点支持与发力方向；看一下还有哪些龙头企业会到这个城市开分部，密切关注本地的新兴岗位。

（2）不管做什么职业，自己是不是真的能120%地投入，拥有热情和坚持的动力非常重要。如果现在做的事情是你真的喜欢的，还愿意花工作以外的时间进行学习提升，总结复盘，能主动更深入思考的，那么就坚持下去。缺乏热爱和兴趣，工作就是简单打工而已，谈不上什么职业发展了。

（3）PM（项目经理）的强项就是沟通、协作，推进项目落地，这个过程中会接触整个项目节点的所有人，其实也是很好的自我学习的机会，不要以工作内容来限制你的个人成长。在和别人合作的过程中，主动学习他所在领域的专业知识，不懂就问，把对项目效率提升有帮助的专业技巧都记录下来，项目总结时输出成整体项目管理的最佳实践，这也比单纯的跟催有价值。

（4）信息安全不是不能沉淀的理由，你回家自己再做一遍不行？如果有突破现状的欲望，就要付出更多的时间和努力。如果你现在换到其他公司，给自己的定位是什么呢？还是PM吗？或者继续做设计？没有一个公司是完美的，与其带着问题走，不如在当前岗位解决了问题，带着成绩走，这样至少下一次你的面试会顺利很多。

关于创业与做设计的选择

我是一个36岁的设计师，曾经转行之后因行业萎缩又回来继续做设计，也创业过，均阶段性失败。设计的能力因为自己还有不断学习的热情略有进步，但毕竟自己年龄大了，不知道还该不该继续做下去。有业务能力和谈判能力，也有管理能力，但一直在犹豫是该继续创业还是继续做设计。

我个人认为，所谓的“35岁淘汰论”是非常没有事实根据的说法。如果一个职业人没有自己的专业能力、核心软技能、好的教育和从业背景加持，即使25岁、30岁，也会面临被辞退，失去方向，上升空间迷茫的问题。只是那个时候你觉得自己还年轻，机会还很多，选择性地遗忘了，不认为那些职业的动荡和转变约等于“淘汰”。

创业通常是大概率失败的，成功者永远是少数，做好这个心理预期，再有合理的前期分析、团队准备和产品计划，才能启动创业。现在创业的成本还是挺高的，这个成本不单单是资金，还有人力、物力、精神等。所以，如果你只是抱着试试看的心态创业，其实还不如打工。

如果还热爱设计，愿意沉下心来投入，做设计还是很好的职业选择。业务、谈判、管理能力都具备的设计师，在这个行业中并不太多。你可以尝试去一些大的设计公司求职合适岗位，在服务不同行业的客户过程中，保持商业的敏感度，建立上下游的联系，在积累了一定的信息、资源和团队后，再选择创业会是成功概率更高的方法。

失败本身并不可怕，只要能总结经验，学会自我复盘，这样以后的职业发展就会少走弯路。和成功的经验类似，真正有成长价值的失败经历，其实很多人也是没有的。

关于大城市与老家发展的选择

有一个困扰我一年多的问题想请教：

我在一个二三线城市的互联网公司工作，职位是运营类设计师，也会涉及品牌设计等一系列平面的设计工作。工作并不算难，但是事情冗杂又不成系统。

很茫然，觉得在这个公司和城市都没有更多的上升空间，天花板触手可及，自己有考虑两条路：

（1）去北上广的好的广告公司或者互联网公司，好好做一些全案，系统的Case，未来自己创业做品牌。

（2）继续在这里，利用业余时间接活儿巩固，自己创业。

然而，作为一个约30岁的单身女生，要实行第一个方案，要面对种种来自父母的压力，以及陌生环境，感到有些惶恐。

第二个方案于我来说是现在的状况，觉得烦闷，无法找到突破。希望给些建议。

这个事情取决于你最后是想在大城市发展，还是回老家。其实现在国内一到三线城市的发展都比较快，有时候需要根据自己的性格、能力和家庭情况分析。

大城市虽然竞争压力大，但是资源也相对集中，只要对自己的能力有信心，大城市的成熟度还是明显更好的，机会也更多，特别是在设计领域来看。坦率地讲，如果不是在深圳，我回老家的话是找不到我现在这样体量公司的工作的，不是能力，是根本没有这种岗位和需求。

想在职业上有所追求，必然要放弃安稳的想法。一线城市也不是求安稳的人的第一选择，所以有机会的话进入一线互联网公司是比较好的选择。现在广告公司自己也混得不怎么样，就不要继续踩坑了。

很多大型互联网公司也在二三线城市开设了研发中心，也可以考虑本地化的一些岗位。不过这种研发中心对设计师的数量需求可能比不上总部，但是只要能进入，后期也可以申请内部转岗换城市，工作的挑战也不会小，能学到很多。

如果方案二对你来说是消磨热情与斗志的选择，不如现在就把选择控制在自己手里，人最要紧的是开心。

关于出国工作的一些规划

我现在在做设计，将来想去英国或者美国工作，计划还是做设计相关工作。想问一下：如何进入国外的大公司，并且要做哪些准备？现在自己专业、语言和经验都不太够，也没敢申请。我知道的是要先拿到Offer再申请签证，或者先到国外大公司在国内的分部，比如谷歌和微软，再调到美国总部。还有的是先去新加坡这样的国家锻炼几年，积累经验再跳到美国，或者在那边读研再申请工作。您对这几种方式有啥优先级的建议吗？

你为什么要去英国或美国工作？可能要移民，或者家庭原因？如果是这样，可能需要考虑这几个问题：

（1）语言首先是第一位的，不能熟练地交流，在工作场景处理文档、需求和进行深度沟通，工作基本没法开展，更别说相应的人文习俗和职场文化了。

（2）如果专业能力还不错，可以先拿一个亚太地区或者华人友好地区Office的工作机会，工作熟悉一段时间后换到相应的地区。不过像英美这样的热门国家，其实换岗机会也是有限的。

（3）对于新加坡这个地方，我个人观感是锻炼不了什么专业能力的，甚至练习语言都不是很地道的选择。

（4）你如果决定要出去生活和工作，至少自己可以做一个自己的SWOT分析，想清楚了再行动，因为读研和直接工作根本就是两条完全不同的路子，只可能二选一。决策成本这么高的事情，不是一个问答可以解决的。

关于用户研究人员的职业规划和方向

请问：用户研究人员在互联网和实体企业是否正在逐渐被淘汰？因为其基础技能被产品和交互要求掌握，一部分职能由数据分析师替代，该如何提前进行职业规划和方向转变？

实体企业好像请的更多的是市场研究人员，也有一些金融类企业（比如银行）会在零售端业务上有洞察C端用户的需求，会有一些用研人员。

依我的观察，并不是用研人员的需求减少了，而是因为现在互联网的发展比较成熟了，一些针对用户的理解和产品玩法也比较套路化，属于比较平稳的发展期，做用户研究得到的用户洞察不够说明ROI。另外一些常规的用研方法和手段，很多产品经理与设计师也掌握了，所以更倾向于自己做效率更高，也就逼迫一些“只了解传统用研方法，且只能做研究报告产出”的用研同事的价值降低。

但是以下这两类综合能力较好的用研人员还是非常稀缺的。

（1）懂业务逻辑，并且能够使用契合业务发展阶段，不套方法论地去研究用户真实需求，进而提出产品策略的（有一些偏产品的工作）。

很多做这个阶段的用研同事犯的错误是，用用研的结论本身去证明一个已知的问题，当然会显得价值很低，特别是在本身信息量就掌握比较全面的老板面前。

（2）有比较好的设计合作经验，能帮助设计师和产品经理理解数据，并输出设计的具体指导意见的（通过数据驱动改进设计方案）。

很多用研同事本身并没有实际做过设计，对设计阶段的了解不够深，所以有时候即使发现了问题，提出的解决方案也流于表面，或者完全是想当然，那么设计师也就只能对研究结果“意思意思”了。

不是岗位的问题，也不是这个职业有没有价值的问题，是从事这个工作的人本身是否能不断提升自己的核心价值，不设边界地看待问题，解决问题。

对于35岁女中层的职业规划与建议

我是一名35岁的女中层，管理十几个设计师。甲骨文事件之后，陆续看了一些文章，越发焦虑：身体没有年轻人能拼，家里有小孩要照顾，工资又不接受太低，万一被公司裁员，前途渺茫。

（1）中层和中层面临的压力是不同的，BAT之类的一线互联网公司中层尤其累，确实很难平衡工作和家庭。如果是比较小的公司，可能压力会稍小一点，毕竟业务的规模不大。

（2）在这个年龄，其实不单是女性职业人，男人面临的问题也是类似的——身体、家庭、时间成本、职业切换风险等。如果往职业管理者的层面上走，其实这是一条单行道，要么是不断提升自我的竞争力和从业背景背书，要么就是自己合理看待ROI，不要对比太多，而要安心做自己。如果你有担心被裁员的思考，那么可能是公司的业务并不稳定，或者自己的竞争力还差那么一点，这个时候需要提前做准备了。

这个年龄的人早已变成别人口中的“中年人”了，所以骑驴找马，为自己做副业准备，更加看重家庭的综合投资回报能力，不会再把工作作为唯一的筹码和资金来源，已经是心照不宣的事实。

如果你缺乏以上的物质和心态准备，那么可能你要优化一下思路。

（3）设计团队相对其他团队来说（比如销售团队），狼性和内卷化没那么严重，作为职业管理者，提高团队的绩效和效率，照顾好团队的每一个同事，让团队保持一致性是最重要的操作。

同时，也要兼顾在行业中的PR，与几个关系不错的高阶猎头保持联系，尊重和维系与每一个合作伙伴的关系，你的路肯定会越走越宽，即使公司意外裁员，你也可以以最快的速度找到新工作。

女人在这个年龄确实是有较大的压力，生活和家庭完美平衡只不过是出现在书本上的故事。我建议你还是更多地和你的父母、老公（如果有的话）深入聊一下你面对压力，保持好的心态。其实回到本质看，家庭还是最重要的，职业只是一个生活手段。

团队气氛和流程不合理该怎么办

我最近在职业上非常纠结。我入职一个部门快一年了，很想走但又拿不定主意。想走的原因是团队氛围比较压抑，领导很独断，作为设计师很难自由表达观点，部门里也没有很牛很专业的设计师；作为设计师做太多打杂工作，比如测试，由于没有测试团队，设计师作为测试主力军，一个版本下来要测十几遍，花费的时间比做设计还多。我认为在一个地方工作的核心诉求是得到合理回报（含金钱和雇主品牌资源）、获得发展（专业成长、职位等级上升），但现在都达不到。

从你所提的问题看，大概猜想是以下几种情况，我不知道你公司的实际环境，所以这些不是建议，只是简单分析，最后决策还得是你自己来做。

（1）因为不知道你的公司和团队规模，所以我猜测公司还是有一定品牌价值的，让员工愿意在这里获得个人职业品牌增值，那么这个公司可能不会太小。可以看看内部其他团队是否也和你的团队一样，可以优先考虑内部换岗。

（2）可能给的工资还不错，然后外部谈的一些工作机会都给不到这个钱。如果是这样，那么你可以再等等，好饭不怕晚。更多地积累自己的优势案例，沉淀一些专业理解，虽然设计师不应该去做测试工作，但是既然你做过大量的测试，反而会掌握比其他设计师在交付环节更多的经验，这些经验也许是你的加分项。

（3）从专业成长看你的自我要求和速度，如果团队内不沟通交流，只做很多非常浅层思考的设计，你的专业成长肯定会变慢，这对未来的发展会有很大影响。要么你就自己组织一些交流分享，要么你就向领导申请一些资源来投入专业的建设，比如买书、买软件等。学习提升终归还是自己的事，外部资源少就自己想办法，不能依赖别人。

但是如果项目本身挑战不够，那么确实有很大风险，因为没有优秀的产品背书的设计师，职业提升速度肯定不会太快。

（4）在特别小的团队，职位上升注定不会太快，而且你也说领导很独断，那么给你的做事机会未必是要培养你，也可能是其他人做不来。另外，有事做和能提升，是两个维度的事情，所做的事情如果不能持续提高复杂度和ROI，只是在重复过去的经验而已，不会成为你职业价值的筹码。

在职业发展中如何发现与善用自身优劣势

我想咨询一下如何发现与善用自身优劣势及个人职业发展的问题。

我是工作近6年的视觉设计师，年初虽然晋升了职级，但答辩完感到无比焦虑与惶恐，不知下一步该如何确立目标与规划。原因一是在答辩后组长指出了我的优势没有明确展示出来，我自问却得不出答案，也询问了很多人，回答偏“综合能力强”这类能力，不觉得突出。平常做的项目偏规范、统筹、产品逻辑类，运营类不突出，创意类不擅长。

请问：我该继续学习并覆盖所有类型，还是选出专项强攻？

原因二是我未来想走管理路线，但是穷于不知从何下手，请问：前期需要具备哪些能力？如何寻找合适机会？有哪些途径？Leader是否优先招交互背景的人？视觉设计师应聘如何突出优势与避开雷区？

说几个关键点，可操作的那种，因为鼓励和期望暂时解决不了你的实际问题。

职级晋升的本质是：你现在已经到了该有的职级（无论从能力还是视野上），之前有经验的人帮你看一下，确定你到了，然后你晋升了。带来的是更多价值回报，以及更有挑战的工作。而不是“我去试了一下看看自己有没有到”。

这个意思是，很多时候设计师思考自己的职业发展路径应该是前置的。提前判断自己的能力项、技能树、项目投入精力和时间，你的老板和周围关键决策人在想什么，把这些问题的解决方案提前准备好，再不断迭代。这叫作职业化思考。

而那些发展缓慢、缺乏方向的人，根本原因在于都是后置思考：有了需求才做事，碰到困难才找方法，会议开始了才想到要沟通，甚至遇到裁员才知道要找工作。

现在行业逐渐进入了成熟期，对设计师的综合能力要求会越来越高，也就是单个人的单位时间内能产出得更多更好。所以不存在什么“专项强攻”的问题。设计就是一个实用主义工具，在你能力范围内把所有的问题解决掉就好，为了解决这个问题你可能要快速学习新知识，做一些陌生领域的研究，去找到合适的人获取资源或者请教，控制自己的时间，遇到挑战时做好专业准备，把握自己的情绪，学会总结经验形成对组织有价值的输出等。

从今天开始把专业领域的限制从你的脑子里抹掉：交互设计、视觉设计、用户研究，这些都不应成为你的专业限制，而是你的工具和方法。转为从全过程负责问题的解决来看你的工作，平时没有这种机会就去找领导申请，如果这个项目组速度太慢就申请换一个项目组，产品开始稳定缺乏挑战了就申请去孵化类项目。

优秀的员工都是会独立思考并提出诉求的，因为只有你自己才真的会为自己的发展担心。

上面的事情做好，形成一些更加职业化的工作习惯，走到管理岗位才能更有支撑。先驱动自己再驱动别人。做管理的前提是要先建立自己的“领导力”。建立领导力并不需要什么任命和培训，你日常每天做的事情都在建立自己的领导力，从而获得你的职业信誉。

Leader不区分什么背景，好的设计管理者和好的设计专家是两个模型，不冲突。

同理，视觉设计师也不存在什么天然的劣势和雷区，你自身没有达到相应的高度，避是避不开的。从今天开始训练你的职业性，优化设计过程，多做设计思考并帮助团队成长，理性沟通，贡献有价值的信息而不是主观评价，你自然就能比很多人有优势。

在互联网裁员大背景下设计师应该怎么做

最近互联网裁员大潮不免让人感到风声鹤唳，很想听听你怎么看，以及我们设计师应该在这种大背景下做什么样的动作来保护自己。

对于公司来讲，最划算的人力投资就是请一个人来，给一个半到两个人的钱，干两三个人的活。当然，如果不用加钱，那公司就赚了。

大环境不好有多方面原因，经济一般都是转移和重构，短暂失衡说明有人在破产，有人在发横财。当然，作为设计师来说，一般没有发横财的机会，所以只能思考怎么止损和降低风险。

裁员绝对不是因为经济大环境突然不好而导致的，而是之前就想裁某个人了，只是赶上经济危机不得不执行而已。除非是公司突然破产的不可抗力，否则公司都有自我修复能力，事情还是要做的，只是希望人效比再高一点。所以保护自己的核心原则就是要保证比别人跑得快，而不是比老虎跑得快。

为什么要成为全栈设计师（Full Stack Designer）呢？其实就是降低自己应对不确定环境和变化时的抗击打能力。你能同时做3个领域的事情，意味着你有和3个人进行竞争的专业机会，由于你的综合能力强，所以你的沟通协作效率通常也会更高，侧面也降低了企业的隐性成本，你对企业的价值高了，企业也就不会考虑裁掉你。

设计师还要学会观察和分析行业，自己的专业积累好了，还要得到市场的认可才能真正变现。有些行业虽然不如消费互联网风头这么好，但是发展机会也不差，比如某些能源、建筑等产业互联网公司，还有一些虽然风头很好，但是泡沫也非常大，未来的不确定性很高，比如共享单车、P2P金融等。从职业领域出发，有些行业天然对设计的依赖是很小的，所以设计师的风险就会很大，这个要注意分辨。

除了设计以外，也要学会做一些简单的投资，扩展自己在设计领域以外的圈子，设计师的生活不是只有设计而已，认识一些律师、医生、警察、老师等朋友对你生活的帮助远远大于一堆设计师，很多行业机会都有交叉的空间，现在不是流行互联网+了吗？所以你的经验也可能在其他领域发光，扩展圈子，观察机会，投入时间与输出，你的人生之路就会比别人更宽。

前面关于裁员问题的回答中第3、第4点，行业分析能力和扩展圈子的能力，具体可以怎么执行呢？可以展开讲讲吗？

行业分析通常在金融和商业领域用得多。一般的技巧是：

• 善用方法论框架（Framework）。框架的主要作用是不重不漏（Mutually Exclusive and Collectively Exhaustive）地掌握这个行业或者公司的知识，并具有一定的系统性。比如SWOT分析和波特五力竞争模型非常易用且通用，因此内外部沟通也非常方便，理解成本很低。

• 养成每天看数据和报告的习惯，其实也是强调日常对业内知识的积累和商业感觉的培养，我认识很多所谓BAT大厂的设计师连自己公司的财报都不看或者看不懂。优秀的设计和产品负责人除了天赋异禀，对数字敏感之外，也每天孜孜不倦地关注各项业务数据，然后将这些定量的参考辅以对业务逻辑、用户需求、人性的理解，最终转变为产品具体功能设计的思考。

• 认识跨行业的人，一个是自己要善于帮助值得帮助的朋友，二是要通过设计能力提高社交能力。

• 有些带有社会资源帮助的设计项目，即使设计费比较少也值得做，因为品牌溢价高。

• 有些投资创业的聚会活动可以看主办方的背景和邀请的嘉宾选择性参加。

• 有上下游关系的企业朋友间的业务讨论和合作性沟通，尽量到场。

• 有兴趣圈子性质的高端聚会可以适当参加，比如××商会、奔驰车友会、创投俱乐部酒会等。不过，这些需要你纳投名状，别人才会接受你，比如至少你得有一辆奔驰车才称得上车友。

我们把问题再看深一点：

• 是什么让你想换工作，如果是专业成长，那么这个限制是否可以让你放弃高薪？

• 你的专业技能如果真的成长了，是要在市场上变现，还是只追求自己的心理满足感？

• 工作本身也是生活体验的一部分，切换行业的乐趣是否大过转行挑战期的恐惧？

• 你现在的专业储备，究竟是不是可以顺利面试进入你心仪的目标公司的设计团队？

• 有没有随时准备做一个新人的勇气？

其实很多时候职业发展上的选择，就是你的生活态度和对工作方式的选择，把上面的问题认真回答一遍，你自己会有答案。

如果你一定要问我的建议，那么我认为你应该换工作，因为我接触过的金融行业内的设计师都会吐槽公司对设计不够重视，这是金融行业的自身逻辑决定的，设计不是金融领域的核心竞争力。如果真的有一天，金融产品的设计决定了生死，那么金融行业的习惯是去直接收购一个最好的设计公司来为它服务，而不是慢慢培养。

金融行业设计转行需要考量什么因素

我现在在职业生涯中遇到了一个很难抉择的问题。我从事的是金融行业设计领域。金融行业设计对业务知识的要求非常高，这几年项目经验让我有了一定的金融知识储备和对法律法规的了解。

但作为一个用户体验设计师，我又想加入字节跳动、阿里巴巴等公司的用户体验部门，看看他们是如何做用户体验产品设计的。现在纠结的点是要不要换工作。在金融行业，设计师虽然月薪不高，但是年终奖可完胜大部分互联网公司设计师，市面上这方面的设计师也很难招聘到合适的人选，不过因为金融公司的传统属性，设计师很难在公司里面有一定的突破。

我不太想放弃以前的积累，但我又想加入更大的互联网公司的用户体验部门，希望在专业技能上有一个质的提升，不知道您这边有没有好的建议。

根据三元悖论的理论，工作轻松、挣钱多、专业成长快这三者之间有且仅有两项能同时满足。

摆在你面前的其实是一个设计的问题，简单拆解就可以找到符合你需求的答案：

（1）你现在的家庭条件和生活环境，是需要面向工资设计，还是面向成长设计。

（2）你以前的积累，究竟在以后的行业发展中（同时要看金融行业和设计行业）能不能起到对个人增值的作用？金融产品发展的抓手是要以用户为中心，还是会转变为以产业为中心？

（3）专业技能的成长，从主观上并不依赖设计团队的专业度，而依赖自驱；但是如果你的专业成长需要尽快匹配市场变现，就需要专业设计团队的加持，有挑战和成功概率高的产品，以及更多落地到实际项目中的机会。

（4）互联网大公司的设计部门并不意味着是设计行业内最“厉害”的专业标杆，设计本身就是一个基础性输出技能，难道说很厉害的建筑设计团队在用户体验的思考方面就会比互联网公司的团队差？设计是依赖于场景、需求、解决问题的领域来构建输出的，所以没有什么可比性。

在职考研对职业生涯有帮助吗

在职考研对职业生涯有帮助吗?

在职考研对职业生涯有没有帮助，要看你的职业发展在现阶段的需求，还有公司未来的要求。

如果只是想自己多学一点东西，也有充足的业余时间，那么可以去考研。

如果只是单纯为了学历和学位，希望在职业道路上加分，就要看看具体的性价比了。学位的含金量，时间成本和经济成本，学位对自己相关行业的影响力，公司是否真的认可这个学位的长期价值，以后跳槽了怎么办……这些都是提前要考虑好的维度。

如果是对互联网和消费电子行业来说，越大的公司越重视学历，但这个重视主要体现在招聘环节，进去以后就要看实际工作产出了，而且这种类型的公司在招聘环节也是把专业能力放在第一位的，不完全由学历决定是否通过简历筛选环节，大多数只要是本科学历就行。

如果是希望通过考研的学历，获得升职的机会，那么很明确，不可能。国企、央企或者特别传统的企业也许可以吧，我不太清楚。

怎样识别好的设计团队

我做设计做了几年，居然发现做人比做事更有讲究。我换了两份工作，都没有摆脱为领导做设计的怪圈。在一个几乎没有设计流程，处处要揣摩领导心思的产品设计部门，我应该久待吗？如果要待下去，要怎样去发挥个人价值，从而得到综合能力的提升呢？从整个大的市场环境来看，好的设计团队是不是特别少？那么，怎样识别好的设计团队呢?

如果你只是为了比较高的薪水在等待更好的机会，那么可以熬着观察观察，毕竟每个人都有现实的生活压力；但如果有更好的待遇和机会，那么应该立即跳槽离开，因为我相信任何一个真正热爱设计，把设计作为职业追求的人都不会长期忍受为领导做设计这种事的。

如果你留下，除了把领导哄开心以外，也不要浪费时间，因为一家公司不依赖设计取得成功，也没有因为设计导致失败，恰恰是设计师应该学习和取经的地方，它一定在其他方面有着过人之处，比如市场和销售上的强势，技术研发上的巨大成功，或者整体管理与领导的洞察力确实比同行业水平要高。去学习和挖掘，并理解这种现象背后的本质竞争力，会让你跳出设计的思维看待一个企业，为自己后续的设计落地找到素材。

所谓的综合能力，其实就是为了解决某个问题，让某件事成功所要具备的端到端的思考执行能力。这就要求设计师本身不能狭隘看问题，一定要开放、包容，能接受与自己价值观相反的现象，但是进而会认真解读它背后的逻辑。有时间的话，可以找几本MBA相关的书来看，以更好地理解企业是怎么运作的，商业上的思考有哪些。

UX设计大行业在中国落地发展的时间本就不长，满打满算也就20多年，要不是因为这20年中国的经济飞速发展，高科技行业和互联网行业造就了空前的岗位规模，我们的行业水平肯定是达不到这个现状的。国内好的设计团队（我理解的好，是公司尊重设计，有一定规模，公司业务需要设计助力，且已经产生了较好的产品和设计影响力）确实是很少的。

一个好的设计团队还是比较容易识别的：公司和企业比较知名（尤其以互联网为主），公司在市面上的产品和服务你能看出是经过细心设计的，且有粉丝愿意分享这方面的话题，团队中一定有1～*N*个业内比较资深的设计管理者或设计师，成立时间超过3年，团队规模在30人以上，甚至拥有全球化的分部，等等。

大龄设计师如何保持竞争力

最近在职业发展方面有些困惑，想请教一下。我曾经认为设计是可以在专业方向上一直走下去的，但是随着年龄的增长，确实在一些能力上的发展比一些新人来得缓慢。

而且周围几乎所有的人都觉得如果一直在公司的话，就只有做管理的出路。虽然还没有到特别大的年龄，但还是想请教一下对于40岁以上的，还愿意走专业方向的大龄设计师，有什么职业发展的建议吗？除了打造自己的个人品牌外，大龄设计师怎么保持竞争力呢？

走纯专业道路确实是比较辛苦的，一来是我们的市场和用户也许可以分得清50分和80分的东西，但是对于80分和90分的东西具体有什么差别是不敏感的，这个现状导致真正的高专业能力，高价值人才的溢价被低估，或者企业觉得ROI不高；中国各个行业（尤其以互联网为代表）的飞速发展实在没有时间和精力来探讨所谓的专业，因此企业的老板基本都是要求如何保持团队的低成本、高效率，这就对管理工作提出了很明确的要求。那么，设计作为研发的一环，好的设计管理的价值肯定是更显性的，大龄设计师转到设计管理岗是更顺畅的路径。

从你的描述中，如果你还想继续坚持专业化路径的话，可能要考虑一下：

如果你感到在能力发展上比新人慢，那么说明你对专业的深挖程度还不够，20岁的时候你只和周围人比，30岁的时候你和公司里面的所有人比，40岁的时候你就要和行业里的所有人比了。你想坚持专业发展，就需要让别人知道并认可你的专业水平是难以超越的，不可替代的。

以视觉设计为例，做一个可用的、好看的界面，这事是有上限的，而且很大可能是你做的速度比不上年轻人。

这个界面背后的功能需求、用户价值的分析，就是你的经验体现，也是你沟通能力的结果；虽然只输出一个界面，但是与这个界面有关联的一个业务流程你都能很快理解，这又是另外一个层次。

在这个业务流程中，视觉设计层面背后的心理学、消费者行为学、视知觉理论，是你可以稳定地设计同样品质和控制产品整体视觉逻辑的能力体现。

把这些分析沉淀为一个方法论，甚至开发成一个工具给团队去复用，那就是真正的专家价值的体现。

大龄设计师就是应该打造自己的个人品牌，在国内这个行业非常小，建立个人品牌并不是什么难事，不要排斥这件事。多在行业里面交流学习，也更容易打开视野，看到自己与别人的差距，了解别人怎么坚持下来的经验。大龄设计师的竞争力，不在于手上功夫有多快，会多少设计软件，做过多少产品，而是这么多年的工作经验，沉淀下来的不踩坑的技巧，对业务的理解，设计决策的逻辑，与高层对话的推动能力，以及帮助团队进步，为公司构建设计竞争力的能力。

设计师应如何选择团队

能不能分享一下你选择从腾讯MXD跳槽华为的考量和抉择过程？并以此展开，谈谈设计师（无论是专业岗还是管理岗）该如何选择团队，其中涉及的因素优先级又是怎样的？

1. 从腾讯MXD跳槽华为的考量和抉择过程

我在腾讯待了4年半，算是职业生涯中时间很长的一段了，经历了移动互联网产品从2012年到2016年的整个发展过程，学习到了很多东西。到了这个阶段，我更想做一些软硬件结合的产品，特别是在国产手机飞速成长的大趋势中，华为有足够的体量和机会实现这个目标。另外，华为的团队也有更全面的全球化布局和视野，这也是对专业面的再次提升。

我和华为方面谈了很长时间，但是我个人的决策过程并不是特别困难。你想做一件事，然后有一个平台已经具备了很多条件去满足或者帮助你达成这件事，而且在这个过程中你不但有收入，还能提升能力，我想没有什么其他困难会形成障碍吧？总不可能会因为华为上班要打卡而拒绝华为吧？

2. 设计师（无论是专业岗还是管理岗）该如何选择团队

职场的选择情境非常不同，家庭、生活、个人喜好方面我不好给建议。我只说一点职业发展和专业层面的，按优先级来看，我个人的排序是：

（1）是不是一个好平台。平台的意思等同于跑道，选对了跑道你才能更快地起飞和到达目的地，这是做成事的“天时地利”，违背大趋势和大方向的选择，往往会造成对你经验和能力的低回报。倒不是说慢慢发展不好，而是时间浪费不起。

（2）是不是体验思维导向。这个部分包含了是否以产品品质为做事的基础价值观，是不是以用户体验作为根本，两者缺一不可。设计师一定是通过真实落地的产品来体现自己的职业价值的。所以，如果是一个人浮于事的环境，那么你会浪费大量时间和精力在非产品环节。其实我在面试的过程中，一直都在观察和确定这个团队究竟是不是以体验思维为导向的，这是重要诱因。

（3）是不是双赢。企业挖你当然愿意给你钱，给你岗位，给你机会去实验，但你也要评估一下自己能帮企业做什么，你带去的是什么。如果没有互补性，其实你还是不够有竞争力，而且重复把自己的经验用在不同企业，并不会让你自己提升。新机会需要你的经验和能力，同时还会给你一些挑战，这样的状态是最好的。

（4）是不是利大于弊。当你因决策一件事感到很困难时，尽量切换到经济学视角看问题。任何一个企业，特别是大企业，外部看到的都是成绩，而内部看到的都是问题，所以不要因为一时的问题而放弃了更好的可能性，也不要因为片面的成绩高估了这个企业带给你的价值。当你衡量了一切可行性和选择因素后，决定了就立即去执行，只有你自己的选择，你才会愿意承担结果。

想要获得收益，必然要付出成本，这个成本可能包括更大的工作压力，更高的沟通成本，但只要你能明确看到长远的收益，短期的成本是值得的。

对于裸辞的建议

我是一个毕业一年的交互设计师，学设计学了七年，学交互设计学了三年。我内心总有一种冲动，我想当作家，不想再做设计了。现在不管是工作还是生活都感觉很没有激情，不是自己喜欢的。我想辞职和朋友一起去外面游荡一段时间，边游荡边写文章，看自己到底能不能坚持写作，或者写作能否养活自己，这是我目前最想做的一件事情。对于遵从自己的内心冲动辞掉工作，不顾后果地去做这样一件事情，有什么建议吗？

学了10年设计才发现自己不是真的喜欢设计，你的沉没成本有点高了，导致你很难突然放手。

你的现状不是单纯的工作问题，大部分还有生活问题，我不能给你最直接的建议。但是如果换位思考一下，我会这么想：

是不是真的不喜欢设计？如果是，之前的10年是怎么坚持下来的？是不是现在的公司、岗位和发展预期与自己的前期投入非常不匹配，导致比较灰心？如果换一个公司，换一个产品，换一个岗位有没有重新发现新机会的可能？

是不是真的想做作家？作家是一个比设计师更难变现，更难获得优质生活的职业，一开始可能由于新鲜感，你会觉得很有激情，但是一段时间后，如果作品难以获得认可，还有被迫写作的压力，仍然会产生各种问题。况且，要当作家也是需要产品思维的，你如何确保读者会喜欢你的文章，为你的文章付费并获得自己的粉丝？

设计圈也有这样的人，比如[http://mengto.com/（若原链接失效，请自行搜索）]Meng To。他就是辞职后，自己旅行加写作，最后发布了一套Design+Code的课程，卖得还可以，现在也算硅谷小有名气的设计师。

如果你觉得这是你追求的生活方式，也能承担这样做的后果（包括能否接受失败，家庭是否支持，亲朋好友的关系处理等），完全可以试试，能不能养活自己这个问题，不是做了才知道的，心智成熟的人，任何时候都知道怎么养活自己。

做一种选择必然要承担成本，也要能分析收益，如果对决策不够有自信，可以考虑先休一个长假，比如一个月左右，从零开始运营一个公众号或者小密圈，如果一个月的全心投入（包括产出内容，学习运营，坚持用户互动等）不能带来比较正向的用户量的话，说明你的积累还不够，要继续自省并学习。

同样是游荡，有的人是逃避，有的人是享受生活，有的人是忘掉前任，有的人却拍出了《国家地理》的封面照片……

如何在不成熟的团队中建立良好的工作氛围和职业规划

如何在不成熟的团队中建立良好的工作氛围和职业规划？

在急速发展和缺少长期远见的大环境中，不要去规划你的职业，这都是没用的，活在当下，保持热情，持续勤奋学习，做对的事情更重要。

工作有没有好的工作氛围和你想不想有好的工作氛围关系不大，这是你老板应该考虑的事，或者你有类似老板的话语权时才有办法去慢慢改变。

打个不恰当的比方：如果你的团队有10个人，只有1块狗屎，那么寻找一切办法把这块狗屎踢出去；如果有5块狗屎，你就得站队，谁的资源大站谁，有了资源再慢慢谈改变；如果有9块狗屎，赶快跳槽好了，为了自己也为了他们。

团队有变得更好的潜质时就帮助它，没有时就应该放弃它，市场经济视角看问题一切会简单得多，不要拿职业道德驱动团队认知，职业道德是用来管理自己的，不是用来限制别人的。

在应聘交互、体验设计相关岗位时，应考虑哪些因素

目前我在乙方公司工作了几年，最近考虑跳槽去产品公司发展链路设计能力以及数据与产品跟踪设计方面的能力。在做简历的过程中发现以往的项目类型往往是从0到1的，而执行方面更偏重产品策划能力，比如产品策略规划、产品需求规划、产品系统规划等等，当然交互体验设计也是重要内容之一，会严格把控设计质量。

问题一：在应聘交互/体验设计相关岗位时，应聘企业是否对此会有所意见或误会？或者说现在的招聘企业是如何看待我这样的求职者的呢？

问题二：观察今年上海春招市场需求，交互/体验设计需求量非常少，是互联网环境变化导致用人需求变化吗？那么在需求紧缩的情况下该如何转型呢？

企业内的设计团队招聘任务主要是引进能立即解决现阶段团队某方面问题的专业人才，即使是一个大型的、复杂的问题，也会拆解为小而具体的问题，针对问题去规划岗位、职级和专业能力要求，越大的公司越是如此。

所以，如果你考虑跳槽的岗位需要乙方公司的前期规划、创新和探索经验，甚至是你服务过的其他客户的设计项目经验，那么你的面试不会有太大问题。至于你是不是要发展自己全面的产品设计能力，是不是要提升数据分析能力，那不是企业关心的，是你自己的事情，或者是在团队项目协作中，你自己的学习和积累。

也许当你进入一个企业后，发展得不错，工作资历上升到一定程度后，走上更高阶的综合管理岗位，或者专家岗位，就算你自己不想学，你周围的压力和领导的要求，也会逼着你学。

你在应聘某个具体岗位时，企业最关心的是你现在已有的能力是不是团队急需的，不存在什么误会；评价一个设计师的专业能力，还是以纵向的深入视角为主，适合则招入，不适合则看有没有其他合适的岗位推荐过去，至于横向的能力是加分项，不是决定项。

上海市场的情况我不太了解，认识的几个上海大型团队的负责人，今年都在增加HC，所以机会应该还是有的，只是可能不在公开市场大面积散播了，主要依靠内推。互联网行业因为变化非常快，所以用人需求只会越来越大，只有那些做得不好的业务才会收缩编制。其实传统行业也是这样的逻辑——发展太迅速，人才积累跟不上就要加大招聘力度；业务发展不顺利，即使有人才也用不到，就要收缩裁员。

我个人看到的情况不是需求在紧缩，而是需求在升级。初级的，不具备产品思考能力和商业视角的设计师找工作会困难一点，而综合能力强的，有经验的设计师，年薪和机会每年都在快速增加。

面对中年危机，如何调整心态

有没有过接受自己不是一个年轻人的心态调整。我这一两年都有一种中年危机的感觉，今年已经29岁了，没有梦想，不知道人生的意义。“帝都”外地务工人员，有车有房，未婚，不想把自己想要做的事情寄托给下一代。自己是个普通人，成不了什么大师。平时也不算太宅，闲的时候会看书、看电影或综艺节目、玩游戏，也会去旅游、看展览、健身等。在一个三十而立的年纪，却没有充足的干劲，我感觉自己老了。

现在互联网发展太快，对人的淘汰率很高，房地产又搞得大家精神紧绷，总的来说年轻人确实是心理压力比较大，这两年有听说过中年危机已经从35岁降低到30岁了，我相信和你有类似困惑的朋友很多。

为了避免鸡汤味太浓，我简单讲讲我的思考和解决方法：

（1）我从来没觉得自己不是一个年轻人。我觉得是否“年轻”主要是和心态，看问题视角以及是否能保持好奇心有关，和岁数没什么关系。那种低于30岁就是年轻的，高于40岁就是老人的论调，恰恰是一种“老人思维”。年纪这个事脱离具体的环境、工作要求、自我认知等去评价没有意义。

其实本质是因为：你到了30多岁，觉得自己“好像没那么成功”。

（2）可是“成功”是没有比较上限的，就拿字节跳动公司来说，其CEO张一鸣和我是同龄人，如果拿我的成就和他比，我就啥都不用干了，只能气馁。但是这不应该（也不能）妨碍我把自己的事情做好，设定一个清晰的小目标（比如带好现在的团队，给业务贡献自己的专业能力，帮助优秀的年轻人不走弯路），到一个“有可能实现的”大目标（为中国设计行业树立一个正向的榜样，为提升设计师的地位做一点事），清晰的目标意味着清晰的定位。

（3）在工作和生活中为自己设定的目标全力以赴。“闲的时候会看书、看电影或综艺节目、玩游戏，也会去旅游、看展览、健身等”，你这个描述里面除了健身是有生产力价值的，其他都是纯娱乐，在生产力创造上花的时间少，可见的成绩自然也会少，投入产出比还是符合经济效用原则的。我不知道这个时间你又在做啥，我是在花时间回答你的问题（只是说我会刻意投入时间在生产力输出上，不是说你不该问，或者你不该玩，我猜你明白）。

（4）人生的意义在我看来是不给别人添麻烦，做好自己能做且擅长的事情，珍惜时间过好生活，陪伴家人。大多数人都是别人眼中的平凡人，你想得太多就会减少做的时间，先做再说，不要设立和比较那些超出你生活边界的人和事，叔本华说：“人生就像钟摆，在无聊和痛苦之间摇摆。”我的哲学观是：小孩只会荡秋千，大人才会欣赏爬山，而且是单行道。努力专注地向前，比什么都重要。

如何分配工作和生活的时间

如何分配工作和生活的时间？

生活和工作是交织状态。我早上7：30起床，晚上1点睡。除去不能节省的杂事和吃饭时间，我的工作主要围绕各种项目会议，设计评审，设计项目深度参与，回复邮件，写文档展开。

充分利用好“暗时间”很重要：等待会议，发送邮件等空档可以多刷几条业界新闻，吃饭时间可以同时看一些深度文章和电子书，晚上休闲的时候也可以想想产品问题和沉淀一些思路。

要想利用和平衡好时间，就要学会同一时间干多件事，一件事的输出可以产生多种效果。比如写一个设计输出文档，既可向领导汇报，也可以当作自己的简历，还可以作为素材用在对外分享和内部培训。

你有没有偶像或者想成为的人

你有没有偶像或者想成为的人？

作为一个已经“奔四”的成年人，似乎不需要偶像了，也没有必要。当然工作和生活中会有很多欣赏的合作伙伴和行业同人，但不会以他们为榜样，我追求的是和而不同。

没有想成为谁，做自己比什么都重要。现在已经过了需要别人的认可才能快乐的年纪，我最在乎的是能不能更自在。

设计方法 / 业务与项目

对于大公司版权被侵权的管控方法

公司大了，会出现图片、字体侵权，内部原创被侵权事件。大公司有比较完善的管控方法吗？

首先要保证自己不侵权别人的设计，然后再控制自己的设计创作部分不让别人侵权。

（1）公司内部建立一个版权保护后的设计资源池，包括照片、插画、字体、软件等，供设计师使用，序列号之类的可以联系开发者买一个企业授权账号。

（2）对运营端等设计要建立一个交叉抽检机制，因为这些场景中使用图片和字体的量很大，交付频率又很高，很容易一不注意就引发版权问题。

（3）制定一个使用图片和字体等资源的统计列表（当然，你们自己输出的原创内容也可以用类似的统计库管理，什么时候针对什么需求，输出了哪些设计，这些设计从上线到下线的时间），和服务器上的文件做一对一检索管理。

（4）凡是确定为原创的设计，特别是产品端的，可以去申请视觉界面设计保护，只要申请了后面就可以根据侵权情况进行追溯；但是运营类的设计，就很难通过法律手段进行严格保护，最多是在SNS平台曝光，谴责一下。当然如果你们公司有法务部，可以给对方发一个提醒函（注意，这个不是律师函，是不能拿来起诉的），通常对方都会把盗用的设计下架并道歉。

产品改版，如何论证“为什么这样设计”

一款现有的产品做改版，可以从哪些方面去思考和展开“为什么这样设计”呢？
整款产品改版和单个功能模块改版以及全新App设计是同一个思维方向吗？

先谈改版的目的，改版不是解决一切问题的良药，否则不会有产品不停地改版，甚至就是有一些产品团队是通过改版来掩盖很多组织能力不足的根本问题。

为什么这样设计是设计说服力的问题，至于是整体，还是模块，只是范围不同。如何提升设计说服力？

1. 清楚你在为谁设计

深刻理解并和你的目标用户站在一起，如果不能发现用户的痛点，不深入理解用户的场景，那么你做的所有判断都有可能是错的，大量地参与用户访谈，积累用户案例，并共享给团队的所有人，就是一种日常建立共识的方式。如果平时你和产品团队就没有统一的Voice&Tone，真正到聊设计方案的时候，你们也很难达成共识。

2. 洞察用户价值，平衡商业目标

设计不是做出来欣赏的，是创造性地解决用户的问题。解决用户的问题不是为了做雷锋，是为了商业上的竞争力，所以从用户价值抽象为商业目标，这个过程的转化需要产品经理、设计师一起来完成，为什么这样设计？因为这样的设计方案是ROI最高的现行最优解，另外一个方案的实施成本太高了，还有一个方案没有太多创新和差异化，用户可能不买单。

3. 熟悉基础设计理论，并学以致用

设计理论就是很好地解释为什么的，不过很多写理论的文章，只说理论本身，不说应该怎么用，以及在哪些场景适合用，所以导致大家觉得理论很虚，都是写出来做个样子，实际在工作中根本不会这样想。

这个其实是懒于思考（包括内容分享者和阅读者）造成的。

学习理论以后，最好挑一些工作中实际碰到的问题，逐一对照理论的背景、说明去深入分析、代入具体的场景，看看是否能举一反三，才算学会了理论，然后将这个分析过程记下来，在设计评审中使用。

4. 围绕设计原则和价值观讨论问题

任何产品都有自己的边界，这个边界是组织能力、企业文化、产品特性、目标用户群共同构成的，为什么选择做这件事，不做那件事，背后总有一个原则在指导，而指导原则的是价值观。

如果有一件事大家有非常大的分歧，99%其实都是价值观的分歧，那么就需要邀请能澄清价值观的VIP来决策，就是所谓的上升讨论。当这些讨论被理解和执行后，应该记录成Case study供没有参与讨论的同事学习，最终达成价值观高度一致。

面向销售人员的B端项目如何进行改版探索

我最近在做一个面向销售人员的B端项目，老板希望我站在行业和全链路的角度去做改版探索，我有点找不到思路，一般应该从哪些维度分析？

（1）先找几个销售人员聊天（而且是你们产品希望针对的关键领域的。销售这个专业领域太广了，卖房子和卖水果是完全不同的，要有针对性，帮助销售建立领域知识），这是最简单的用户洞察，看看你们的产品是否真的能解决他们的问题。

（2）做一下行业研究，阅读几篇垂直行业的报告和分析文章，如果能找到这个行业的关键竞品或者行业专家更好，能帮你节省大量的学习时间。

（3）全链路的意思就是从产品需求端到设计产出端的每个部分都给出自己的分析，一般这种摸底分析都需要拉产品部、市场部、研发部的人一起参与，否则只有设计侧的观察，结论会失真。

（4）改版的目的是清晰的，还是不清晰的？现存问题也许不是靠设计改版才能解决的，要先阐述清楚真正需要解决的问题。聚焦到设计层面，销售人员的用户旅程图需要梳理，整体系统的交互框架要做体验走查，然后是视觉层面的改善（是聚焦提升效率，还是塑造品牌差异化）。

（5）先梳理整体项目的问题、难点和需要的资源，多和老板碰几次，让他把自己的真实判断和需求也提出来，避免你们做了半天，结果和公司的整体战略步骤不一致。

新产品如何做产品与设计的汇报

一个新规划的产品，完整的产品方案汇报与完整的设计方案汇报，有哪些异同点？你认为做到什么程度算是专业度比较高？

具体要看什么产品，不同产品的市场发展阶段和竞争饱和度是不同的，打红海的高优还是打蓝海的先发，策略完全不一样。在启动产品之前，应该先做波特五力模型分析（现有竞争影响因素、新进入者威胁、替代威胁、顾客议价能力、供应商议价能力）以及准确的STP分析：S（Segmentation）——细分出不同的竞品定位；T（Targeting）——目标人群的年龄、性别、区域等；P（Position）——市场定位的重点包括：品牌定位和市场竞争战略定位，还有产品定位。

上面这些一般设计师接触不到准确信息，也不具备相应的市场逻辑，所以主要依赖输入，以下是设计师可以参与并贡献力量的。

1. 深入了解用户，获得用户洞察

你的设计方案不是天上掉下来的，是为了某些明确的用户需求而存在。而设计的目标是要解决问题。所以获得用户洞察的过程是否符合逻辑，真实而细致，就是设计目标是否准确的根本。

如果设计目标本身就错了，设计方案也就没什么执行的必要了。所以设计方案第一步最核心的是要解释清楚，为什么问题本身是重要的、高优的，应该被解决的，你们作为产品和设计师是如何洞察的（渠道、方式、采样准确度）。

2. 详尽的竞品分析和SWOT分析

首先关注竞品在发展历程，最新版本，用户群反馈等方面的表现，抽象竞品的大致用户特征，然后拆解产品的几个层次（可以用用户体验五要素模型），设计师至少要关注到表现层、结构层、内容层和范围层，不过有很多设计师的竞品分析还不够细致，对着1：1看都不能完全看清楚，这其实不是设计专业能力的问题，是阅读理解水平和性格的问题，要通过评审机制与设计提案来提升。

3. 不要做鸿篇巨制，要做精益有用

最好把你们产品要解决的问题排一个Roadmap，针对当前阶段要解决的核心问题，制订一个设计方案的阶段性范围，汇报时也聚焦这些要立即改善的问题。我看过那种200多页的设计方案汇报，汇报完了大家啥都没记住，汇报的核心是推进设计方案落地，并关注准确，而不是关注“特别详细”“看起来好像很专业”，有时候直接回答一个问题的答案，可能只有两个字——“不行”。

成熟产品如何重新制定、挖掘视觉表现

最近要专注于一个产品的运营视觉工作，这个产品已经运行了三年，算是一个独角兽产品，但视觉这块领导一直不满意，想做一些在产品视觉层面更深入一些的东西。对于一个已经有几亿用户日活的产品视觉来说，怎样着手重新制定和挖掘视觉表现？具体有什么方法吗？

运营的视觉设计是为运营目标服务的，先和运营同事（你没说具体是产品运营还是市场运营，我只好猜了）对齐他们的目标，以及公司层面是怎么看运营的ROI的，没有这个分解，设计都是在碰瓷。根据你们发现的运营指标的问题和波动，逐步对应到每次活动的视觉表现和用户反馈，如果你们之前没针对性地做过运营活动的用户反馈，赶紧近期做几个调研。

把调研结果和分析报告找个时间向老板汇报，同时追问他觉得有哪些可改进的地方。其实对视觉，老板的感受无非来自竞品对比、主观判断和用户反馈，这几个点你们都有前期了解的话，只要把方案的优劣势对比摆到他面前，他做一下选择就好了。

另外，在这3年过程中，没有任何一次成功的运营视觉案例吗？那真的挺失败的，可

能运营策略本身都要调整了，如果有的话，复盘分析一下成功的原因，放大它。

凡是产品就一定有自己的品牌调性和核心用户群，从品牌出发，然后分析市场上关键竞品（你们都这个级别了，有资格做竞品的产品不会太多）的运营做法，取长补短，继续打磨运营的整体Story telling，你们这么大的用户量可以有很多新的玩法，包括线下活动，联名，与强品牌合作等，不要只限于视觉设计。运营设计的本质是快速触达用户，放大运营效果，最终达到商业化的成功，而不是出图机器。

如何做可用性测试

我目前从事的是医疗B端，因为场景的不确定性，以及为了减少研发的修改，所以想做一个关于原型的验证的流程，主要是给医生验证，之前没有接触过这样的流程，想问一下这个流程应该如何去做，细节如何处理？

这个好像和正常的原型可用性测试没有什么区别吧，都是准备好可点击原型（如果有接入数据的Demo更好，毕竟B端的业务场景真实数据会很影响测试效果），设置好测试任务，然后专业的用研+产品+设计师找样本用户测试就行了，最后分析测试结果。

我觉得更大的问题是，你们要找到有这个时间，愿意配合，且能说出自己真实想法和痛点的医生。因为医生确实太忙了，有些专业模型和常识给你解释，你不一定听得懂。

细节具体指的是什么？如果是医院的业务产品细节，我其实不懂，不能乱给你建议。

生活类App如何具有科技感

最近在做生活类App方案，新来的领导一直认为推出的方案没有科技感。我们问他，您见过科技感的App吗？他说还没有。那么，我们如何去满足这种诉求？如何诠释并交付满意的问卷？

你的问法不对，是在让领导做问答题，做Stakeholder Interview的时候，优先提供判断题，实在不行就选择题，效率最低的是问答题。

先做行业分析，把你们同一领域的头部企业（非头部没什么意义，成功者才值得学习）在做什么类型的生活类App罗列分析一遍，从市场表现、品牌、信息架构、交互、视觉、服务等方面做完整的竞品分析，找出差异化，形成SWOT分析报告。

从里面抽象出“科技感”的定义和描述，可以从目标用户（或竞品用户）中抽选一定样本做定性分析。因为科技感和可用性不同，是一种比较主观的感受，通过用户调研得来的现象归纳，更容易反映出用户态度，设计师基于同理心再提炼设计机会。

“科技感”是不是在已知的、识别出的问题中是最重要的，对产品的成功有决定性影响？因为很多领导其实自己并不懂产品设计，给一个这种笼统的评价，并不能真实反映他的疑惑。如果你们识别出的问题，依靠增加“科技感”的感受是有利于获取用户，得到市场认可的，那么就分解到设计需求中去做；如果不是，那么要提出真正的核心问题，然后把领导的疑惑抽象出来，让大家知道你们是在做正确的事。

纯工具型应用如何做后续的体验优化

处于成熟期的纯工具型应用，数据长期处于平稳状态，如何做进一步优化？

我这里有个方向就是针对用户积极评价的功能，新的版本中会做强化和放大，除此之外，是否还有其他方向？

另一个问题是针对纯工具型应用，在投放广告过程中，如何尽可能降低商业对于体验的影响？

数据长期平稳是什么状态？数据通常都会有一些波动的，不要被“伪平稳”迷惑了，通常一段时间的平稳后总会出现下滑的，做工具要根据用户和市场的情况随时调整策略，走在数据的前面去洞察新的设计机会。如果洞察不出来，可能是你们的数据收集和分析的粒度太粗，看不到潜在的波动危险。

给核心用户做同期群分类，优先服务好核心的头部用户、重度用户，让他们变成付费转化的贡献者或者品牌的传播者。简单的用户好评是有误导性的，你都不知道那个好评是不是你的用户发出的。

广告没有问题，场景只要匹配可以以推荐和功能绑定的形式出现，不要想到广告就是Banner，或者运营图挂件，巧妙的广告，连表情包都可以埋进去。使用工具的过程中不突兀，有联系，在场景中有价值的信息就是好广告，本质是找到这个场景中你们产品还未提供的，但是用户潜在的需求。

如何验证项目做得好

对标行业发展，怎么验证项目是做得好的呢？

不可能做过的所有项目都是成功的，这不符合行业发展规律，但是有几个比较有代表性的就好了，项目的成功不完全是设计的功劳，是团队整体产出的结果。

1. 设计师的成功来源于产品的成功，行业一般只看市场数据

我参与的几个有代表性的项目：瑞典Doro Care系列手机的系统设计，拿过红点和IF奖；在腾讯期间的《应用宝》，当时做到国内Android应用市场第一；在华为期间的EMUI更新，帮助华为手机和消费类电子产品逐步走到国内前三。目前在做飞书，也是短时间做到了国内前三。当然，你可以说这些平台本身就有势能，可是如果平台不好，我干吗去呢？

2. 行业的视角不是设计行业，而应该看用户对你的认可

设计行业评价一个产品的好与坏，通常都很片面，信息也不完整，所以作为UX设计师，最好的数据（无论是定性的还是定量的）验证应该就是用户，用户的满意度，接受度，NPS，品牌美誉度等可以客观反映你在行业中的排位。

3. 如果你的产品有价值，一定会快速吸引用户，获得影响力

作为职业设计师，最好不要有什么“小而美”的想法，那些宣扬小而美的东西其实本质上就是不知道怎么做大而已，哪个企业不想有更多的用户，更高的市占率，更好的利润？如果你的产品本身不好（当然，设计也会是其中一个因素），用户一定会用脚投票，留存率一定会降，投诉一定会多，所以与其关注对标行业，不如把视线聚焦自己，不断挑战和调整自身的问题，很快你就会在行业中有一定影响力了。

如何让产品体验设计具有高端感

我们团队主要做软件产品体验设计，目前公司在做软硬件一体化产品（与硬件厂商合作，定制），涉及的包装盒、外壳、开机动画是团队没涉足的，其中包装盒团队尝试完成，品质感基本能保障，但开机动画团队做得质量不行。因目标是整个产品体验设计有高端感，以当前团队情况，有什么建议？如有合适的合作团队也可以推荐。

“整个产品体验设计有高端感”，这个几乎是所有做软硬件类消费产品都想追求的，

可这不单纯是设计部门的事情。

你们的品牌命名可能会LOW，广告制作和投放可能会比较山寨，产品规划可能仅仅是跟随，硬件研发投入成本和BOM成本可能卡得非常死，市场定位可能不够精准；既想服务潮流青年，又想抓住中产精英，你们的软件调教可能不够稳定，销售渠道可能非常普通。以上种种，任何一个都会让消费者感觉你们的品牌和产品不够高端。

所以开关机动画不是你们高端的命门，你们的市场定位，品牌策略和产品竞争力决定了你们是不是应该继续在软件设计上花费心血。如果前面都没问题，那么开关机动画可以考虑。

高端感有一个简单的原则就是高维打低维，你用不同的策略和视角来设计，就会得到超出现状的高端感。比如你可以把你的开关机动画想象成电影的片头、演唱会的开场，什么样的动画才能突显你们的品牌关键词，然后映射成视觉元素（版式、图形、字体、色彩等）；当然，你也可以说苹果手机就没有开关机动画，高档的东西都摒弃复杂，不过你们老板认不认就不好说了。

动画制作涉及CG类的知识和经验支撑，如果你们团队不愿意同时养脚本、文案、3D动画制作、动态制作、拍摄、插画等岗位的设计师的话，找外部设计公司合作是ROI比较高的方式，整案UX设计国内可以找Ark Design、唐硕咨询等，如果只是纯粹的动画设计，就要看你需要的动画风格了。

如何制定设计规范

一个大的交付项目，涉及公司多个产品的集合，能满足客户不同角色的功能使用。以前公司的多个产品是独立设计的，预见集合后体验较差，计划账号、数据、资源、设计都统一规划。如果成立小组制定统一设计规范，您有什么建议？

（涉及Web、App、PC不同的端，目前计划各端有统一入口，不同的产品往统一入口里嵌入，区分核心应用和非核心应用，甚至是第三方应用。目前看了支付宝和钉钉的思路及规范，但是我们涉及不同端、不同角色、不同场景。）

首先你们应该为这个交付项目成立一个有很高决策权的专项小组，涉及市场、产品、研发、设计和交付实施团队负责人。如果你们交付的是很重要的客户，还需要拉入客户成功团队对接需求。

标杆用户的核心场景往往有代表性，可以先把核心场景的产品设计跑通，这个可以快速既让客户满足使用需求，又让团队做好产品集合的MVP测试，这个时候产品框架，技术架构，功能的模块化是最重要的，设计规范不是最重要的。当然在做MVP版本期间，你如果是设计负责人的话，可以和产品、技术达成共识，那些部分的设计原则和控件规范可以先建立并维护。

钉钉、企业微信等和你们的情况没有特别大的不同，也同样是不同端，不同角色和场景，区别只是客户的组织复杂度与业务复杂度。如果你们抽象不出一个普适的设计方案，最好找你们产品目标客户中ROI最高，商业价值最大的客户场景来先做定制，这样难度会小很多。

设计规范本身建立依赖产品成熟度，假设你们的产品集合成熟度已经很好，设计层面上建立一个Design system平台，分端查阅规范比较简单，角色和场景是设计交付的问题，规范本身不能完全解决，不过角色如果解耦充分的话，可以把角色对应的关键路径，放到Pattern部分来维护。

教育类产品设计过程如何打破黑盒状态

我在一家互联网教育公司做UI设计，目前遇到的难题是学科老师和学科产品（偏传统教学背景）认为设计的工作过程不够外化，只输出了结果给大家汇报，学科老师和学科产品希望参与设计过程。请问有什么相关的方法或者建议，可以帮助设计外化过程打破设计黑盒状态？

教育产品是一个路径偏长，同时重服务和重产品的内容驱动的领域，学科老师和PM有这样的需求是很好的，这个过程有一个专业名词：参与式设计。

首先这样的产品形态决定了设计师不能只是一个设计稿的产出者，设计过程中的洞察、观察、理解、分析和设计机会的落地，都需要设计师拉着用户、关键利益方、合作者一起完成。

可以先从理解用户开始。让你自己和老师、PM成立一个虚拟小组，调研一下你们的核心用户或者合作机构，接触真实的客户与产品使用者，建立起大家的同理心，把用户的反馈整理为纪要，有BUG解决BUG，有需求洞察机会。

将整个产品的服务过程梳理为服务体验地图，在里面把设计师、PM、老师的工作角色也匹配进去，了解整个过程中用户的关键痛点，以及不同岗位之间需要怎么优化合作，才能更好地服务用户。

设计师的设计具体产出过程可以更仔细地记录和评审，包括访谈、头脑风暴、概念设计、线框图、情绪板、设计组件库等。向合作伙伴解释为什么需要这些设计过程和产出，帮助解决了什么问题，如果有一些内容是大家有共识的，不影响沟通的，也可以考虑去掉，设计流程跟随产品服务的过程来定制，做到帮助团队知道为什么，这样才能更好地在过程中听取意见，及时调整设计方向，让大家参与进来。

对于创新型业务和成熟型业务有不同的设计策略吗

对于创新型业务和成熟型业务，有什么不同的设计策略吗？我现在负责公司的一个创新型产品，它还在获取拉新增加留存，探索商业模式的阶段，业务迭代速度很快，业务策略也变化较快，我们的设计策略是快速设计响应，有时效率比质量重要，但这样就导致设计价值感不强。另外一个业务是公司的成熟业务，商业模式已经很稳定了，我们的策略是探索更多的业务场景，运用创新思维，为业务目标赋能。不知道我这样的方式合理吗？

1. 先说创新型业务

创新和试错常常是交叉在一起的，且大部分的创新过程对策略的调整都很频繁，设计师要明白这个产品阶段的情况，有时候效率确实比品质更有意义。但并不是说品质就可以被放弃，因为品质直接决定留存，如果你产品的拉新能力很强，但是品质又不过关，那不是不断拉来骂你的人吗？对品牌的长期伤害更大。

但是品质是30~60分的区别，还是90~95分的区别，这个ROI是不同的，设计师很容易陷入完美主义，经常在不合适的时间追求那种90~95分的事情，其实这对于商业来说是有副作用的。因为市场的竞争是资本周转率和份额的竞争，细节是重要，但是不影响核心场景和变现模式的细节，优先级应该考虑往后调整。

2. 再说成熟型业务

成熟有不同的定义，是成熟期刚开始，收入稳定且还有增量空间，还是市场已经进入黑海了，成熟期走向了衰退期，只能拓展新业务领域？这两个周期判断不准，会直接影响你的策略选择。所以对于LTA和LTV的分析，要多看战略部门、投资部门和市场部门的数据再综合判断，进行新业务转型也应该在服务好现有用户，不影响业务收入，以及有很好的边际联动关系的领域进行尝试。比如外卖服务的市场成熟了，可以发展跑腿和同城快递，而不是去做共享充电宝。设计策略往往是业务战略的分解步骤之一，是整体业务的子集，创新也不只是设计部门的事情，小样本量信息和缺乏商业数据分析的设计方案改版，其实并不能直接帮助公司转型成功。

如何解决交付给客户解决方案的设计体验一致性

公司做了很多业务，（各种端的产品，其中Web端占90%）各业务再根据客户需求将现有产品打包进行交付（有些不满足客户需求的会进行定制），如何解决交付给客户的整体解决方案的设计体验一致性？

目前设计已做统一规范组件，从设计层面只能做到最基础的，涉及大的模块可统一的，产品侧还是比较独立，各模块业务属性也比较强，最终设计体验还是不够统一。有没有一些建议或者参考？

如果可以从顶层制定规范（包含产品层面、研发层面），有哪些方法或建议？

客户需求不是完全一致的，用一套规范和流程简化定制工作只是满足了你们降低成本的诉求，不是客户的真实需求，公司的业务本质是帮助客户成功，所以个性化定制的需求永远会存在。整体解决方案的一致性保障可以从这几点来改善：

（1）帮助产品经理建立 VOC 反馈机制，把重点行业重点客户的需求再抽象完备一些，其中有共同点的强需求做成产品的Pattern，个性化比较强且无法兼容的需求做成几个灵活配置的Template，但是给几个Template自身的控件做好一致性。

（2）从产品的技术架构层面把数据层，业务逻辑组件，表现层（颜色、字体、版式、图标等视觉要素）解耦出来，达到主题可配置，版式可弹性调整的状态，这需要一定的技术工作量，要看你们研发和业务方是否觉得这事ROI高，可以逐步推进。

（3）体验不够统一有时候对客户来说不是最要紧的问题，最好和PM一起到客户的现场去搜集真实的反馈建议，什么程度的不一致会导致客户的业务效率降低，工作难度变大，这些从客户投诉中总结出来的重点问题可以提升优先级，设计侧理解的不一致和客户的不一致有时候不一样。

（4）也可以尝试像Android团队一样，组建一个类似Material design的系统设计语言组，从公司整体业务视角去分析和抽象共有产品模块的设计统一性，然后在代码端组件化，这样可以有效降低研发周期和成本，公司应该会支持，但是，研发部支不支持就不好说了。

数据驱动角度下如何改进功能多样性导致的体验问题

我在一个比较成熟的产品线上做交互，能感知到产品本身为了盈利，以及为了产品功能的“多样性”，导致了很多交互体验上的问题。因为体量比较大，只要改动一点就会引起数据的变动，很多想法都不好推动。在这种情况下，怎么入手比较好？

好的体验和盈利并不冲突，但是要看产品周期。你说你们产品体量比较大，具体从产品阶段来看是稳定期、成熟期，还是衰退期？

• 如果是稳定期，这时候需要更快的增长率和生态建设，稳定的基础体验还是很重要的，在不影响基础体验的底线上，可以依赖各种产品功能的实验找到增长的最优解。你和产品一起来参与设计产品的实验就好，动态看问题。

• 如果是成熟期，那么收益的变现速度、健康度就很重要，这时候不但内部要以体验视角看问题，外部也会有更多的、复杂的体验反馈的声音，利用用户的反馈和实际的商业数据波动来支撑你的设计，不要只提出设计专业层面的想法，这样不够有说服力。

• 如果是衰退期，很不幸，这时候LTV都是下行空间了，应该做新产品转型和导流的工作，存量用户和功能都是维护状态，可能会出现牺牲体验换取收入的情况。不过如果是一个大公司的话，品牌的美誉度还是很关键的，所谓的“下船姿势要漂亮”就是指这个，伤害公司形象的事情是底线，不能做。

数据只是衡量体验的一个维度而已，反映的是行为，关注体验本质是要通过行为背后的态度来度量，定性分析和研究仍然是很重要的。你可以和产品经理一起组织定期的用户沟通会，粉丝俱乐部，客户拜访等活动，找到背后的真实问题，才能长期有效的避免纯数据表现干预决策的事。产品经理和设计师一样需要具备同理心，通过用户研究建立痛点的场景库，维持临场感和小白视角。有一些事情做了虽然可能对新增数据没有直接帮助，但是可能会影响留存数据，产品追求的是最终成功，而不是短期成功。

创新有时候就意味着短期的不适应、挑战和质疑，这时候产品经理和设计师的判断力就很重要，把负面因素降到最低，剩下的交给机制和时间，你们的产品能力也会得到很快提升。畏首畏尾都是打工思维，不是创业思维，保持创业思维的人通常更容易得到老板的认可和授权。

运营设计上如何制定有体系的色彩规范

我在公司负责产品的运营设计，目前领导对我们的设计产出不是很满意，一是觉得色彩有点乱。把所有的活动页面放在一起的时候就觉得很乱，没有体系，尤其活动的几个Banner都出现在推广位置轮播的时候特别明显，整体上感觉颜色很乱。希望我们出一套运营色彩规范。但关于这点我比较困惑的是在运营设计上如何能落实出一套有体系的色彩规范，因为运营设计就是追求创意上的多变，不是确定的。二是方法论落地的问题。领导提出我们的方法论看起来是对的，但如何才能真正解决和落地方法论里提及的提高设计品质？能不能给一些指导建议？

运营设计虽然是追求创意的，但是创意并不意味着不稳定和随意的变化，创新也是应该服务于运营目的，追求运营效果和ROI，且有规律可循的。你们的产品运营的频率、周期、阶段、产品特征、品牌定位与策略、目标用户的喜好是什么，要先做运营策略的研究，再制定相应的运营手段。而运营设计的风格服务于手段的需要，手段模糊，数据跟踪不到位，设计只能被动挨打。

要学会拆解和翻译领导的话。乱是表面，本质的问题在哪里？是没有符合产品的需求，还是目标用户无感，或者是你们本身就做得乱，缺乏体系？可以先给你们的运营活动分一下类，哪些是固定的大型活动，哪些是话题和季节驱动的，哪些是每日拉量的实验……目的不同，设计的方法就不同。

组成运营位设计的具体的动画、入口标签、Banner、专题Icon，要学会引导用户的视线与兴趣，遵循Hook Model和Fogg Model来做页面的整体布局，以及Banner位置的对比衔接。

研究并分析市场上你们同类、异类竞品在吸引你们的目标用户上哪些运营手段是高效的，通过分析归纳总结出别人做得好的经验，再来制定你们的版式规则、色彩规则和文案规则。运营是需要精细化操作和思考的事情，不仅仅是作图这么简单，没有这些前置分析，自然搬过来的方法论都是不接地气的。不管你的框架画得多好，没有效果的运营其实都是“自嗨”。

如何分析市面上的游戏，提高审美

因为种种原因，我转型做了手机游戏设计，但做了两个多月，感觉自己好废。我也是从拟物时代过来的人，可游戏界面视觉表现一直不得要领，以前竞品分析分析工具类产品时，清晰全面，有时还会被里面的小细节打动，但分析游戏却不知从何下手，完全摸不着头脑。以前做工具类产品方案，总是可以做出靠谱上线且表现好的设计，面对游戏市场程序，我却无法捕捉到游戏的审美。我感觉从来没有这么失败过，前Leader把设计团队交给我，所以我不能放弃。我该怎么提高对游戏的审美，我又该怎么分析市面上的游戏？

游戏产品本质上是文化和社会娱乐趋势的折射。从UCD视角出发，你应该先去接触一些游戏圈的真实用户，包括硬核玩家和小白玩家，游戏产品最终是为垂直型目标玩家服务的，而且游戏风格有极强的情绪排他性，深入理解玩家需求比什么都重要。

然后你需要进入他们的社区，线上主播平台和线下活动。游戏有很强的社交属性，很多经典的玩法和游戏形态都是从游戏社区的交流，洞察获得的，这需要设计师有足够开放的心态和积极思考的同理心。有些游戏玩家的审美你很难理解，但是如果这样的玩家群体的审美是一致的，你要考虑是不是自己的问题，调整视角去适应。

工具类产品的经验在游戏端没有特别大的作用，工具强调效率，游戏强调沉浸，从体验本质上就不一样，没什么好气馁的。可以买一些游戏类设计的专业书籍来看，先懂得游戏本质、产品运作和商业化逻辑的原则，再看产品本身你会通透很多。

从哪些思考维度去体验App

设计师和产品经理经常被建议要多体验App，那么体验App时要从哪些维度去体验和思考呢？

我现在能想到的有以下几点：

（1）思考应用的定位，商业模式；

（2）看应用的功能，思考它为什么会这么做；

（3）看应用的交互，看有没有好的体验；

（4）看应用视觉，看有没有可以学习的地方。

想问下您在这方面有什么建议，平时您是怎么做的？

体验分析App的工作，爱好者和职业设计师（包括产品经理）的视角是不同的，你不可能随机体验，也不可能只分析自己感兴趣的App。因为你没有这么多时间，而且研究本身的结论和洞察要用于工作才有价值。

（1）建立分析的范围。首先确定哪些产品是你们的直接竞品（市场上提到类似品类，用户第一时间拿来和你们比较的；或者商业层面上，对方多赚一块钱，你们就少赚一块钱的产品）、间接竞品（你们某些市场和用户有重合，且都在消耗用户的时间，用户价值层面有争夺性，比如都是用来娱乐，看电影和听歌是不同的）、潜在竞品（目前还没有直接竞争，但是随着对方用户量的发展，产品边界可能会延伸到你们的领域）。

（2）分析是长期的跟踪，不是一个版本的对比。纵向来看你们要建立分析的维度模型，把要分析的App，从1.0到5.0（只是举例）的发展历程做一个对比和统计，逐渐理解他们的业务发展思路，然后结合公司的战略路径，来推演接下来的优化可能性，这是在分析中获得洞察。如果只是把功能点罗列出来，那是总结报告，不是分析。

（3）关注竞品的用户。既然是设计师，也就代表了用户视角的同理心，从对方产品的粉丝群、论坛、SNS平台、应用市场评价中获取竞品用户的真实反馈，成为对方产品的开发合作者（如果有的话），从协作中理解别人的优势和不足，形成自己的竞争力权重工作内容安排。还是那句话，时间是有限的，干最有价值的事。

（4）具体到分析维度层面。功能点的布局和着力（为什么强调这个功能而不强调另外一个，用二八原则看功能分配）、信息传递的逻辑、交互模型的成熟度、视觉设计的风格、线上线下如何运营等分析在很多产品经理社区都有，在Medium上也有不少产品分析的Case study，多学习一下别人分析的框架，再加入你们业务的行业领域关注点就行。

我平时的习惯就是找到核心竞品的公司，了解这家公司的财报、新闻、合作方情况、产品矩阵（所有产品）、用户评价与反馈，再找这家公司的实际员工做一些访谈。

目标和价值的区别与关系是什么

目标和价值的区别与关系是什么？例如用户目标、用户价值、商业目标、商业价值、产品目标、产品价值、业务目标……目标和价值又分别是怎么得到的，什么顺序，什么推导过程？

这个问题如果详细讲一遍，能写一本书了。

实现目标才能获取价值，无论目标有多大或有多难。

以终为始地看待这个问题，商业的本质是满足用户价值，并按照契约获得合理的回报。因此一切的起点都是用户目标与用户价值。

以吃饭举例：

用户的目标是解饿，解馋，还是打发时间，补充能量？目的不同，则需求不同，需求不同，则对目标的定义不同。解饿的话，馒头就够了；解馋的话，可能要冰激凌。价值是跟随场景走的，在发达国家一般没有人因为饿而达不到生理的需求，所以粮食的价格都比较稳定，但冰激凌有快乐的增值加成，用户心理高层次需求得到满足，所以价格可以更高一点。

商业的目标是你是要开一个馒头店，还是冰激凌的品牌餐厅？为了达到这个目标，你需要测算不同的市场容量，用户接受度，技术研发成本，营销成本等一系列问题。为了这个目标需要制订财务计划、经营计划、研发计划等。

商业的价值是在不同阶段的完成目标的过程中的总回报，这个价值不但体现在你赚了多少钱上，还体现在直接或间接地解决了多少就业，增加了多少税收，社会贡献以及拉动社会经济的贡献。

产品目标是为了实现商业目标和用户目标之间平衡的产出物，根据用户价值的阶段性变化，商业价值的具体实现情况，灵活调整产品目标和计划，为最终的目标服务。产品的目标可以是具体到哪天发布，也可以是获得多少项专利，甚至可以是降低多少比例的用户投诉，但这些指标最终都要服务产品的北极星指标，也就是对商业+用户目标最关键的影响值。

产品价值是指用户价值的反馈，也可能是商业的竞争手段，比如有些公司认为研发失败的产品是没有价值的，其实作为创新探索成本的一部分，验证某个产品思路是错的本身也有其价值，只是这个价值最终体现在成功产品的历史教训上，帮助成功产品提升了成功概率，要合理进行这部分的价值理解。

这几者之间没有严格的顺序，因为任何行业，任何产品都是动态发展的，你今天的优势和经验可能就是明天的缺点和障碍。创新性地思考本质问题，不断学习和质疑，把用户价值和用户目标放在第一位，恪守商业原则和道德，不违反法律法规，才能让成功的概率更高。

设计师如何做相关调研

目前接触一款银行内部的应用App，主要用途为银行各部门高管看数据报表用，数据种类和维度都比较多，也很难约到真正的用户做访谈或了解。对接的业务方也不了解领导看报表的习惯和明确的需求，大部分情况下靠猜测；因为属于银行内部的工具，很难看到相关的竞品去做分析。

请分析一下作为设计师从哪些层面做工作，才可以更好为最终的体验落地负责？

- “也很难约到真正的用户做访谈或了解”——这个不是太了解，做用户体验的设计，如果都不深入接触用户，一般都是“自嗨”。
- “对接的业务方也不了解领导看报表的习惯和明确的需求”——这就更可怕了，不了解需求那怎么对接需求，进而落地到业务中呢？你们这个项目没有目标、成功标准和ROI核算的吗？
- “很难看到相关的竞品去做分析”——不知道竞品和竞品不存在是两个概念，如果有竞品，那么一定有办法可以找到研究的突破口，可能是你们的思维有点局限了。

基于以上3个关键点，我觉得这个时候设计师什么都做不了，但是“美工”可以做很多事，先画10套系统界面视觉探索和数据可视化的设计样式，让“不懂需求的那个客户”选一选，然后再邀请“真正的老板”选一选。

品牌升级如何评估效益

品牌升级怎么评估效益呢？在品牌推广的时候有哪些角度来评估传播效果？只是PV、UV转发、阅读、分享这些维度吗？有没有评估模型之类的方法？

品牌咨询公司Interbrand有一个品牌价值评估法。

这个方法以未来收益为基础评估品牌价值，公式是：

品牌价值=∑（n.1）第n年的收益 /（1+贴现率）n

品牌价值的未来收益通过财务分析、市场分析、品牌强度分析得出。

从这个评估公式至少可以看出，品牌如果升级了，短时间是看不出效果的，而且短时间的用户评价也不能完全代表真实的市场反馈（反对声音最大的客户，不一定是真正买单的客户），需要在广泛市场观察至少一年才能判断。

通常品牌升级伴随着一系列的升级，包括产品功能、销售方式、产品设计、整体服务、价值观等，所以你做了哪些部分就评估哪些部分，不要拿没做的部分参与评分，拉低均值。

通常这些分拆的品牌组成元素有各自自己的评估量化手段，你在做推广时投入的广告会评估到达率、记忆率、二跳率等；但是运营一篇公众号内容的时候，你会更注重受众范围、参与度、访问量、转化率、情感影响力等方面。它们有时候是监测一个指标换了个说法，有时候是说法很相似，但是核心侧重不同。

品牌本身是一个非常巨大的体系，要做精细化效果衡量，就要先做精细化的品牌元素拆解，为每个元素分别去做关键指标跟踪，当然你也可以先设定一个NPS值的目标，然后让品牌元素去适配它，这对于一些初创品牌很有用。对于成熟品牌来说，操作难度会比较大，一是你不能精确地知道每个模块在NPS中的真正占比（这取决于你调研的倾向性），二是如果品牌NPS做得不好，每个模块都可以甩锅。

如何处理VIP需求

我们最近在做一个VIP重点需求——让所有手机桌面图标都动起来。在设计的过程中遇到了很大的问题，只有部分图标适合在图标内给用户一定的动画提醒，部分图标很难想到动的意义，但是这是一个非常重点的需求，强势要求所有的图标都能动起来。这种需求是否合理呢，作为设计师是不是需要从各种维度绞尽脑汁来实现这样的需求？

VIP需求有时候背后也代表了一部分的用户洞察和本质需求，虽然大多数时候都是拍脑袋决定的，但作为设计师你也要去处理和理解。“很难想”“需不需要”这种怀疑论是没有意义的，只会让老板觉得你专业程度不够。

一般处理这种（很可能天天遇到）VIP的需求，我的思路是：确定原则、规则—技术验证—用户验证的设计过程展示。

比如图标为什么需要动，动解决了什么问题，有什么体验的提升，客观地分析，并辅以竞品分析，告诉老板“图标可以动，但是动起来，有收益也有成本，我们从UX角度出发给出几个原则”。

在这些原则的基础上，细分出可以执行和看得懂的规则，比如动起来的图标究竟应该怎么动，是长时长的动——随着时间改变显示状态，还是短时长的动——提醒的角标在动态变化，或者是状态判断的动——比如有音乐播放时，音乐App的图标才开始旋转等。

有了这些规则，就可以出动态设计稿演示了。出了效果Demo就要找开发团队做技术评估和验证，图标动起来的代价是内存占用、电池功耗、后台服务监测、Activity生命周期等一系列问题，把这么做的UX风险和软硬件成本估算出来，让老板自己判断值不值（当然，在这个过程中最好把你们自己的分析写清楚，不要让老板做选择题，要让他做判断题）。

最后，做一个简单的、小规模的可用性测试，从用户侧验证这个需求带来的用户价值，是全局推送升级，还是作为小版本的灰度测试，达到什么数据指标可以全量推送，这涉及产品策略的问题。

如何解决需求信息不对称的问题

我们公司主要做高等法院的项目，有平台项目，也有基于平台的应用项目。我们不同于C端产品，无法通过用户访谈、问题反馈、调查问卷等方法介入。我们的客户群体很难接触，并且他们也不是很清楚自己要什么，我们公司也缺少司法领域的行业专家。所以我想问，在这种情况下，我们有什么方法可以在各个环节解决需求不明的问题？

“需求来自于对用户的理解”，如果没有深入接触和理解用户的过程，需求往往只剩下拍脑袋和抄竞品了。

接触用户的方式方法不限于书本上教的那些看似很严肃的方法，观察和理解也是很有价值的。对于用户很难接触的问题，我不是特别清楚，既然他们不和你们沟通接触，为什么要找你们做项目呢？你们的项目产出帮助法院解决了什么问题？产品是怎么迭代的？每个版本更新的理由是什么？

如果法院是你们垂直细分的唯一客户源，那么负责和客户进行接触沟通、项目管理的人就应该变成司法领域的行家，至少是非常熟悉的人，不熟悉业务本身，做“提高行业效率”的服务就是一句空谈。不但是产品负责人，开发、设计师、测试、运营等都应该或多或少地学习法律常识和司法行业的真实工作路径。

总结：想尽办法，制造机会接触用户，接触那些真正在用你们产品的人，思考如何帮助他们更好地解决问题。找不到问题通常是缺乏用户研究的训练，产品的业务思维不足造成的。

让公司内部的某些人变成业务的专家，和别人沟通时，有时候不是客户讲不清楚，而是我们自己缺乏相关的思维和语言，只站在自己角度看问题，客户可能心里已经认为你是菜鸟了。

需求澄清和理解，一定要当面进行，和客户的最高利益相关人，团队核心成员，产品的高频使用者接触，观察他们的使用过程，理解他们的抱怨，记录他们的行为和情绪表现。

设计师从哪些维度思考推荐排行榜

我们最近在做一款产品，要在排行界面做多维度分类以达到排行定制化的目的，维度有年、月、日热度排行，综合、游戏、应用，全部、未下载，让用户通过三种维度去选择，然后筛选出一种排行榜，像美团类应用那样，每个维度还有耦合关系。我们在设计的时候觉得很难去设计，又感觉需求有问题，因为感觉用户不会在这个界面进行这么复杂的操作，但是每一个筛选项感觉也有存在的道理。像这种设计应该从哪些维度去思考呢？

我的看法是，你们的产品经理可能不是很成熟，对于需求的理解比较浅。我猜测你们是做一个类似应用市场的产品？

降低用户选择难度，用户才有信心去选择，也是简单的第一步；你把所有的选项组合可能性都展示给用户，这是极差的做法，这等于是在说“我把所有选项都给你了，你还选不到想要的，不怪我”，没有帮用户降低选择的心理负担，消灭选择的障碍，就是在制造产品距离感。

选项是否应该存在，要根据市场成熟度、用户习惯和产品本身的发展诉求来看，单纯从用户视角来看，以年为单位的热度排行就是没意义的：你抓一下你们产品相关领域的数据，大部分刚需应用都符合马太效应，一年下来头部应用就那几个，黑马通常出现在细分领域，这就会导致这个维度的排行一年可能都没有什么变化，更好的做法是做一个年度选单就行了。

“未下载”对于用户来说，是一个结果展示，而不是推荐维度。用户下载了还是未下载他自己知道，他不想下载的内容，你放在未下载里面，他就会去下载吗？另外，你是怎么知道这些都是用户未下载的内容的？你是不是在读取用户的应用安装状态？作为一个App产品，读取用户的系统应用安装状态是违规的。

“综合”是什么？你的分类不就是应用和游戏吗？这是信息架构不清晰的问题，可以定位成精选，每日最佳等等。

筛选、推荐是你产品的事，是业务逻辑，不要把业务逻辑想不清楚的架构性问题，转移到用户的使用上。

如何洞察痛点背后的本质诉求

我们要做智能生活服务的功能。在产品设计的初期，产品经理带领我们对生活中的痛点进行了头脑风暴，洞察痛点背后的本质诉求，将本质诉求分类成几个主题，进行头脑风暴，最后投票选择我们要做的点，这些步骤走完了得出了要做的功能，但是这样就可以了吗，感觉遗漏了好多，完全没有考虑竞品、实现方式、产品定位。你对这个过程怎么看，产品前期的正确步骤应该是什么？

产品设计时使用的方法取决于产品发展的阶段，团队人员的实际比例，人员的综合能力，当然最重要的还是给了多少时间和资源。抛开实际投入资源的创新，都是耍流氓。

创新型产品，希望找到新机会，新洞察的时候，我个人推荐使用Design sprint方法，我在圈内已经分享了一些这个方法的内容和工具；在一个成熟领域即使做创新型产品，大多也是微创新，除非进行市场定位切换，新技术发明，公司资本重构等降维攻击。

发展期产品，不断快速迭代，以增长驱动的时候，大多数都是用互联网产品的敏捷开发模式，基于数据和用户反馈，加上产品敏捷设计流程：竞品分析——找差距、找亮点、找不足；技术分析——提升基础体验、功能解耦、向平台化转型做储备；用户分析——定量数据挖掘、定性研究；交互+视觉+开发——输出设计、迭代灰度版本、合流测试、上线。

你感觉遗漏了好多的根源是什么？如果完全不分析竞品，也是可以的，前提是对自己的产品设计能力足够有信心，或者想排除竞品的干扰。实现方式需要技术团队、运营团队一起商量解决，在脑暴的时候不一定需要。

产品定位是一个巨大的话题，大部分的产品定位其实都是在做市场定位、品牌分析的事情。现在对于很多产品来说，都是处于一个“被定位”的状态，因为产品改进的路线并不是确定的，有很多变量。

遇到新项目时的思考方法

当您遇到一个全新的项目，或是突然发生一件事需要您处理时，你是如何思考的，方法论是什么？

首先，考虑事情的性质，是好是坏，是长期还是短期，和我的关联性是强还是弱，理清事情性质是建立本质思考的第一步。

其次，任何事情的发生都要注重最终结果，如果是持续性事件就不要在阶段性的时候下结论，驱动结果的大部分都和人性、经济效益相关，不要只考虑情绪因素。

最后，解决事情就是遵从逻辑找方案，第一优先级肯定是定位本质问题是什么，然后找资源去支持，解决过程依靠成熟的方法论（方法论都是现成的，不知道就需要多看点书，多认识人），最后检验结果是不是符合预期，一定要闭环。

关于主流电商类App Banner的分析

请问为什么现在的主流电商App Banner都那么窄，甚至有的还和导航进行了整合？

目前主流电商App的Banner广告并不窄，从单位广告面积的角度来看，甚至比以前还宽了，只是大多数都选用了沉浸式头部操作区样式，把搜索栏等做了融合。

电商平台产品是以成交率为导向的，所以界面上可谓寸土寸金，无论你是卖CPS，还是卖CPM，界面上的每个按钮、图片、文字都有它的“坪效”——餐饮界的术语。

所以，在有限的面积中，如何更好地展现内容，提高转化，降低浏览和跳转成本，就是设计师需要考虑的问题。

与搜索栏，品类入口区，甚至和主导航栏的融合，都是为了更好地为商业转化服务，一般在品牌日，专属定制的活动中经常出现，这个部分应该是计算了品牌广告的投放费用的。

电商产品的任何设计，都不只是简单考虑设计专业本身，要更多考虑商业因素。

如何评估设计任务的工作量

如何客观评价一项设计任务的工作量？目前公司每月底核算工作量的时候，项目经理总觉得占用人力过多，因此领导希望我们能想个方法，制定一套通用的标准来衡量工作量。但是我个人觉得这个很难做，设计师的水平参差不齐，需求也是经常变化，即使是一个确定的页面，也可能因为产出物不够理想而多次修改。遇到这类问题，如何进行工作量评估？

“项目经理总觉得占用人力过多”

“项目经理总觉得占用人力过多”——这个怎么理解？项目经理是项目的第一负责人吗？在项目中需要用到多少产品经理、技术开发、测试、设计师，他一开始没有规划吗？为什么到核算工作量时就觉得人多？

设计师和其他各岗位的人员比例，没有一个通用的标准，你只能参考业界比较平均的标准来看，比如1个产品经理、8个开发、2个测试、4个设计。因为项目的难度、需求变化都是动态的，这里面肯定有时间和人力资源的波动区间，不可能完全卡死在一个水平上，否则项目管理就没有了弹性。这里面还涉及人员本身专业能力的问题，你们公司如果有钱请那种一个抵三个输出的设计师，那也可以试试。

我觉得这个问题的本质可能是项目经理根本不清楚或者不理解设计师每天的产出效率，以及产出过程需要耗费的时间和精力，这需要设计负责人去说明。另外，设计作为一种脑力工作是不可能按照工厂生产杯子那样计件发工资的，否则你只会得到“杯子一样”的设计。

智能硬件中软件层面Roadmap的操作思路是什么

最近在负责智能软件的Roadmap，分为长期和短期两个部分。我们的智能软件是和智能硬件配套的，可以认为是智能硬件的操控软件，而智能硬件是通过销售，直接卖给最终消费者的（2C），然而在规划中，遇到了一些迷惘的事。

针对长期的，我个人认为应该是要匹配智能硬件的发展、营销路线的，因为最终的功能服务落地是通过智能硬件去体现的，而智能硬件的Roadmap是基于大市场的分析而规划出来的，所以我觉得，从长期来说，应该是要匹配智能硬件的Roadmap的发展。

而对于短期的部分，落实到最终的版本计划，我觉得应该是基于长期的某一产品阶段，针对用户体验反馈而进行优化迭代，即以用户为中心，进行迭代。

但是目前我们领导给我的思路和做事方式是长期的部分让我不要去考虑智能硬件层，而只是从用户需求出发，看软件要做什么；而短期部分，是希望我基于长期的Roadmap，自己排出计划，要有自己的思考。

基于领导给的方式同我自己的思考思路，有很大的矛盾，我也试图说服领导，但是无用。想问下，真实的智能硬件的软件层面的Roadmap，应该是怎样的操作思路？

PS：

智能硬件受众对象：偏高端人群

产品使用生命周期：2年

产品市场生命周期：3年

用户使用频次：1周1次

App操控使用占普通使用份额：50%

行业排名：国内No.1

你们老板的思路是对的。智能硬件不是目的，虽然它最开始形成收入，用户买智能硬件本质上是需要硬件提供的软件功能和服务，软件功能很好地满足用户需求才能促使用户提升使用率（现在的使用频次是1周1次，比较少），有了使用率才能谈得上后续的转化。

硬件只能卖一次，总不能靠保养维修来挣钱吧，除非你是卖车的。所以软件能否持续运营是很重要的命题，只要软件的功能很好地服务于用户的场景，用户是不介意持续更换硬件的，或者购买相应的配件。

如果你在软件层发现了目标用户的痛点，进而可以对硬件发展提要求这是合理的，但是上来就对硬件做大改变不太合适，一款硬件的各种沉没成本太高，随意切换版本有点浪费。

Roadmap构建依赖于公司的资源、服务能力和技术研发敏捷度，你们产品的生命周期是2年，每年的更新次数是多少？计算一下你们的总资产周转率，产品的Roadmap本质是商业运转可能性，不能只关注产品研发本身。

如何让公司的视觉设计能力整体提升

我是一名产品兼交互设计师，我们公司视觉设计师的设计能力不强，可能还比不上我自己做的。老板让我多给他们提意见，我该怎么让公司的设计能力整体提升？或者我该自己动手做，插手视觉的事吗？如何能够很好地和视觉设计师沟通，又能快速提高整体的设计水平？

有时候公司就是需要能者多劳的，这是确保产品顺利发展的一个条件。

如果你确信（无论是用户评价，还是带来的数据表现）公司的视觉设计师做的方案比不上你的方案，你就应该自己做一稿，然后拿着用户的评价和数据表现，和现在的视觉设计师沟通一次，看看是因为他思考不到，还是只是个人审美偏好问题。在项目中直接发现，解决每一个问题，就是在帮助设计师的能力提升。

只提意见会显得像说风凉话的人，你要多提建设性建议，有时候甚至这个建议就像帮设计师做东西一样，有反省能力的设计师在几次以后就会自己调整做事方式和心态了。如果持续无法理解你的意图，跟着你做又做不好，配合态度还不行的，就要考虑换人。

和视觉设计师沟通的技巧：不要一上来就说好看不好看，虽然很多视觉设计师本身是从是否好看角度出发的。

要尽量沟通：

产品的目标是什么，具体到视觉元素的目标：这个界面上这个功能对数据表现非常关键，也是用户的最常用操作，希望能在视觉权重上最醒目。

交互的逻辑和控件一致性：视觉元素的前后点击关系应该是有联系的，无论通过外形、色彩、质感或者是动效、有逻辑的操作、可用性会得到保证；另外，控件一致性也是在保证可用性，对于产品界面的视觉来说，可用性是不能逾越的底线，而且这个底线是关于信息传递的，不区分什么交互或视觉。

视觉应该紧紧地贴近品牌和产品气质，用你们的产品的是怎样一群人，这就是你的产品气质，你要和视觉设计师一起去访谈用户，理解用户的痛点和喜好，这样以后他做设计时会下意识想到具体的“人”，而不是什么“一线城市的白领”，这种用户描述对做视觉设计没用。

如何平衡用户目标和商业目标

如何平衡用户目标和商业目标？

用户目标和商业目标本质上并不冲突，商业目标达成的前提条件就是满足用户需求价值后获得合理的收益。由于过去的商业环境中信息不对称比较严重，物质生产与获取也不丰富，用户和商家之间存在巨大的信息差，且处在卖方市场，所以商家作恶的成本很低（其实这是一个高维和低维的问题，在不熟悉的领域，用户天然是有信息瓶颈的）——制造虚假需求，恐吓用户，利用用户隐私，价格歧视、偷换概念、隐瞒真实信息，降低必要成本获取暴利，制假售假等。

但随着经济发展消费升级，用户的知识水平提升，互联网让信息更为对称（也可能是另外一种不对称），帮助用户获得了更多的选择权，特别是在大众消费品领域。商家逐渐意识到，优先满足用户需求，提升产品对用户的价值，才是获得长久商业成功的保证，除非是那种准备捞一票就走的。有了这个基本认知，那么平衡用户目标与商业目标的方法就容易理解了：

（1）信息透明公开，诚信：功能说明上小到看不见的字，用户抽奖安排内部人，关联推荐下载又不让用户取消……这些要小聪明的手段既损害用户感情，也伤害整体的商业目标，应尽量避免。

（2）守住用户价值的底线：用户为什么使用你的产品或服务，这个底线是不能突破的，在核心任务上保证用户的正常使用，提升易用性和效率。用户想买一款笔记本电脑，如果必须捆绑一个电脑包才卖，就是突破价值底线。

（3）不要刻意浪费用户时间：聚焦节约时间的产品不必做密集式的运营，聚焦消磨时间的产品一定要足够有趣，促成心流体验，否则都是在浪费用户的时间，浪费时间就是浪费生命，用户不会原谅你。

（4）直接告诉用户你要赚钱：免费虽然是很好的拉新手段，但也会带来很多低质流量。抽奖虽然是很好的激活手段，但更可能招来一堆羊毛党。所以没有小聪明是万能的，你要赚钱就大大方方告诉用户你为什么要收费，你能够满足用户的核心诉求，收费不是什么坏事。

设计效果与开发难度的对应关系

有哪些视觉效果和交互效果是开发很难实现或者实现起来很困难的？

暂时没有一个视觉效果的开发实现难度对照表，在回答这个问题之前需要先限定一下范围，Web端产品和移动端产品对开发的挑战是不同的，但是从开发的角度来看，实现什么效果都是成本和收益的问题。理论上任何你见过的、没见过的效果都做得出来，Web端有Canvas和WebGL渲染，移动端有大量的动画库、控件库、GPU渲染算法。

从企业来讲，投入多少研发人力，并且专门用于解决视觉，交互效果的开发，这是一个商业问题，有很多设计层面的事情对不同产品来说，优先级是不同的，如果不是核心商业因素，可以不那么着急去考虑。设计师非常强调这个，是因为他的工作本身要对这个负责，而开发团队也许不这么看，这里面就出现了沟通障碍。

从开发团队来讲，更多考虑的是技术整体性、系统性能、功耗、稳定性等实在的问题，他们的视角是技术驱动，比如你要在Android平台上做一个图库的应用，到他们那里会分解为：需要用到Camera类中的哪些方法，图片怎么显示、分类、排序、图片选中后的focus效果，图片被点击、放大、缩小的方法，这涉及X、Y、Z轴的判断，位移等属性。如果图库显示要做成循环的，还涉及修改重写Adapter中的GetCount和GetView两个方法。

你看，一个简单的，作为设计师就是几张图的事（有时甚至是几句话），在开发那里会变成很多细分的，有逻辑关系的一系列代码，所以开发人员需要在动手前详细了解需求价值，项目时间，效果难度判断，技术是否支持，能不能进行代码复用等问题。经验足，有耐心，认可你的需求价值的开发，会认为这个可以做，不太难，或者努力一下能搞定；经验不太足，对你的需求价值有怀疑，项目时间又紧张的开发就会认为这个不值得做，不愿意做，甚至不会去尝试挑战。

iOS平台的UIkits本身很强大，很多效果都可以原生搞定，算系统层面支持非常好的；Android平台上涉及复杂运算和渲染的，通常都会有难度，比如半透明模糊效果；Windows平台自从推出了Fluent design system的架构以后，在视觉表现上也做得很不错了，但是要遵守它的调用规则。

从设计师本身来讲，平时在设计落地的过程中和开发人员学习，自己主动掌握一些开发常识和技巧，也有助于推进设计效果的实现。比如我们在动效设计的过程中，经常会遇到的插值器的概念，可以很好地帮助你和开发人员沟通具体的动画曲线效果。

这里有一个在线的工具，http://inloop.github.io/interpolator。

产品到达什么阶段需要制定设计规范

产品做到什么阶段或者规模，需要制定设计规范（设计语言）？

起步—快速成长—10万用户量级以下的阶段，通常不需要做产品级的设计规范，原因是：

（1）产品在快速成长阶段基本都是在解决基础可用性问题、升级技术方案、保持方案稳定、快速迭代、活下来。

没有时间去想什么全面的设计规范，通常都是基于设计样式做一些Style Guide，这样的模板已经很多了。

（2）这个时候设计团队的人肯定不多，做设计输出的样式控制基本都是靠1~2个人搞定，因为出口简单，控件整合度高，主要做的都是核心需求，所以控制起来也比较有迹可循。

（3）小团队和小产品的设计规范不是没用，而是性价比较低，你花很多时间去整理一套规范出来，产品的发展速度太快，也许从战略方向到整体设计都要改，你跟不上这个节奏。另外，小产品很难建立合理的第三方生态，没有第三方和你一起做，你建立的规范只是对设计团队和部分技术团队起指导作用，这样的工作完全可以通过建立开发侧的公共控件解决。

什么时候开始建立正式的设计规范：

（1）产品团队和设计团队开始变大，设计模块开始多到有一天你发现“这个界面的这个控件和那个地方不一样”。这种情况出现时，就是需要建立设计规范的时候。

（2）技术模块开始解耦，各个技术团队开始提交不同的分支模块，做分支测试和合流发布的时候。这个时候好的设计规范可以提升每个模块中设计师和开发的配合速度，也更容易把高内聚、低解耦的思维贯彻到研发流程中。

（3）产品的设计品牌需要一个整体的一致性，开始强调产品的价值观、原则性。设计规范这个词是脱胎于平面设计领域的VIS系统的，随着你的产品用户数增多、宣传渠道复杂化、版本运营的多样化，如何保持与用户的沟通有效，设计规范在这其中会起很大作用。

（4）随着公司发展逐渐壮大，人员视角和KPI都会出现各种分歧，作为产品设计原则的一部分，设计规范有它的约束力。成熟的设计规范应该成为产品设计中的“宪法”，你不理解没有关系，遵守它就行了。

在产品不同阶段，设计师如何发挥更大的作用

在工具类软件产品不同阶段，设计师如何发挥更大的作用？或者说产品不同阶段都要做些什么？

工具型产品从起步到成熟的通常路径是：

工具（解决用户一个或多个明确的问题）—社群（让用户形成互动，贡献内容，建立连接）—分为两个变现方向：（1）虚拟内容为中心，卖知识、卖经验、卖广告；（2）实体内容为中心，卖货，给电商平台导流量。

起步阶段是解决用户明确问题的时候，用户的核心使用体验应该放在第一位，设计师聚焦核心任务的极简，一致，高效，其他的事情在这个时候都不是最重要的，如果是O2O类型的工具，那么提供服务的商家体验也必须做好，提高商家的效率，降低固定成本。

用户达到一定数量后，就要持续拉新和优化留存，这时候设计的重心在精细化运营，讲究是反应快，在核心任务中要尝试开拓不同场景给不同需求、不同熟练度的用户，这时候逐渐会有大量的用户运营，内容运营设计需要做。

转向变现的时候，产品的形态通常会有调整，产品的大版本改版，服务于商业的新功能开发，用户运营面积的扩大，会带来更多的设计需求，走到这一步设计团队一般都会开始扩大，走向多维度、多类型的综合类设计。

设计师拿到产品原型后如何开展UI设计工作

对于许多新的App项目经常会有这样的困惑，在设计初期，只有最基本的设计参考（logo+主色值，整体的VI和设计规范尚未建立起来），设计师在拿到产品原型之后着手设计UI界面。这时候设计师最先要做的事情是什么？比如，先根据产品定位、受众等特

性选定一个风格，然后制定一个常见的设计标准，设计师们开始具体到页设计，还是先集中设计一个样本页面，然后在样本页面中汲取参数和标准之后就投入到具体的页面设计中去，等到项目完成后，再集中整理设计规范，之后再对规范进行迭代？简而言之，对于新项目设计师建议的工作流程是什么？设计标准建议在什么时间点制定？

是整体改版设计，还是只做视觉改版？

新项目启动通常都有项目目标和整体的设计需求，如果目标不清楚，不单是设计师不知道该怎么做，其他岗位的同事也会没有方向，包括产品、技术、运营等；设计需求通常承接自产品需求，具体在这个版本中解决哪些产品问题，要分解到设计层可理解的范围，比如产品目标是提升产品的留存率，那么产品需求可能是增加使用频率，可能是增加更多的新功能，也可能是提升旧功能的易用性或减少错误。这些需求会导向具体的界面设计和后端技术。

也可能是全新的一个产品，这个时候可以深入做一些竞品分析，完全没有人做过的事情大概不太可能，而且竞品也不是说你做个App，然后看看有没有类似的App。应该是寻找目前用户怎么处理问题的方式，比如你要做一个水下摄影的App，现在市面上可能没有相同的App，但是现在肯定有用户是在做水下摄影的，一些传统领域的已有产品也是竞品分析的重要输入。

一般我们启动一个新项目，设计过程为：问题调查和分析—确定设计目标—组建团队，制定项目管理流程—关键决策人访谈—项目启动（有可能需要封闭，这里面有行政和人事的支持）—项目阶段性调研、概念设计、关键界面设计等—项目阶段性汇报—项目输出与开发落地—项目迭代。

设计规范是否一开始就制定没有一个标准化的定义，通常设计原则等理念建设，需要在一开始和团队同步并达成共识，Style Guide类的产出一般要等视觉风格确定后才开始做，否则Guide变动范围太大、频度太高，也会失去指导意义。

关于弹窗按钮布局的合理性问题

请问App中弹窗的2个按钮是上下布局合理，还是左右布局合理？（主要在英文App使用环境下，例如“确认”和“取消”按钮，“更新”和“下次”按钮等）

另外，不用考虑文字长度因素，因为按钮文字是精简过的，预计都能放下，即使很长的文字也会考虑放外面，不放到按钮里面。由于这个布局规则会应用到整个App的弹窗按钮，所以还是想能有依据地做出选择。

假设你做的App只在手机端呈现，那么主要面向iOS和Android平台，从这两个平台的弹窗Pattern来看，右边的是比较匹配系统设计原则，也是用户比较熟悉的。

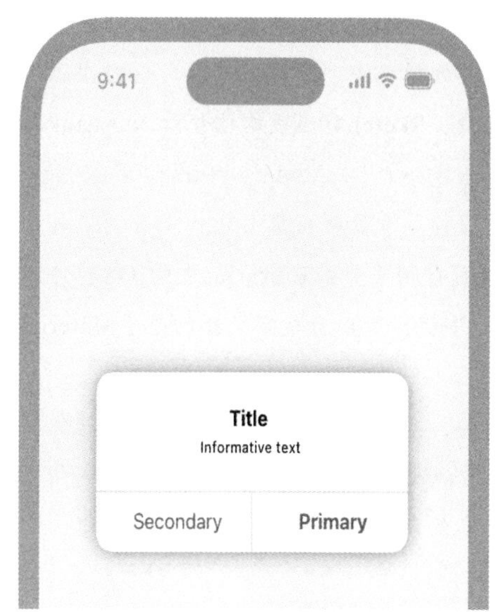

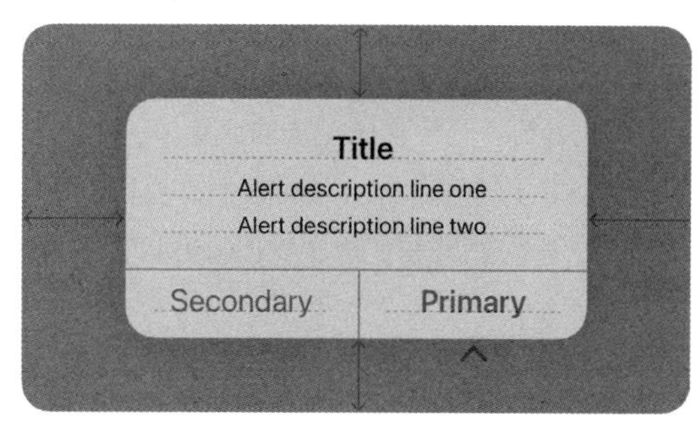

若无必要，勿增实体。所以这两个设计方案没有在“合理”层面的可比性，在没有特殊需求和业务逻辑强制性的必要下，原则上应该使用惯常的控件Pattern和Layout。另外，右边那个方案的弹窗上，在左边的按钮用了蓝色突出，是说这个位置放“确定”吗？这两个平台的确定性主操作通常都放在右边。

从信息阅读的顺序上看，左边方案的视觉动线会有一次变化，先从左到右阅读弹窗内容文本，再突然切换到从上到下阅读按钮文本，降低了阅读效率；右边方案则都是从左到右的阅读视线，效率更高。

但有两种特殊情况会出现使用左边弹窗的样式：

你的产品是面向全球用户的，文本显示要跟随系统语言，比如德语或者很多小语种，同样一个简单的单词，也许长度超过你的想象，这时候布局要响应式的调整为左边的方案，因为这个时候的设计目的——完整读完并理解文本，比读得快更重要。

这个场景的弹窗操作，在描述上或者属性上无法用简单的“确定”和“取消”来完成，比如按钮上需要加入倒计时这类交互元素，以强调场景内操作的逻辑，那么为了让用户更关注按钮上的交互信息，刻意用了这个设计。但这个设计是不够好的，应该尽量避免。

关于Sketch做交互的提效方法

用Sketch做交互，有什么提升效率的方法？

交互设计的输出有很多内容，从用户旅程、信息架构图、体验画布分析，到业务流程、任务流程、界面线框图，以及基于交互逻辑开发的低、中、高保真原型。这些内容你可以用Keynote做，用Visio做，也可以都用Sketch做，Sketch49.3版本已经加入了Link功能，可以实现简单的交互点击跳转。

假设你是用Sketch做界面线框图，包含任务流程的关系说明，那么软件本身的工具是完全够用的，如果是初期，只讨论概念方案，完全可以用自带的Libraries中的iOS控件库完成。或者使用新发布的Material Design V2插件，安装后可以自行定义新的基于Material design风格的自己的设计规范控件库。

另外，熟悉所有的Sketch自带的快捷键是必须的，强大的插件库也能很好地提升你的效率，比如Craft插件，链接：Craft|InVision(https://www.invisionapp.com/craft)。它除了自动填充图片，复制元素等功能，还支持你导入真实的后台数据来显示原型中的内容，这个非常有用。

还有将交互线框图进行逻辑连线，可以在“知识星球”搜索“uxflow-gray”，下载ZIP文件包，在Sketch中直接使用。可以快速的插入界面之间的连接线和说明文本背景。

上面说的都是做的部分，这个部分的原则就是软件使用熟练度和能不能找到合适的插件应用到需要的场景。

但是交互设计的难点本质在于思考设计细节的深度，对业务逻辑的理解，以及对用户痛点的洞察，这些才是效率的瓶颈。

如何赋予产品设计风格迭代的DNA

在一个产品做大版本迭代时，如何寻找或赋予产品新的设计或视觉DNA?

一个成熟产品的大版本迭代应该是稳定的，不轻易进行交互和视觉的彻底改变。

很多实验都证明频繁地改变产品的交互、视觉风格，会造成留存率的下降，除非有以下几个要素存在：（1）产品的整体战略发生彻底变化，面临转型；（2）因为并购与整合等，产品需要新的版本来告知用户；（3）以前的版本积累设计问题过多，用户抱怨很严重。

产品的设计DNA，由品牌、功能、交互、视觉、运营、公关形象等方面构成等。整个设计DNA探索确定的过程，是一个抽象—具象—抽象的过程。

- 品牌：你的企业和产品在用户心目中是什么形象？什么样的用户才会用你的产品？用你的产品意味着用户是什么样的人？从具体的调研和访谈中得到你的用户画像，这里面可能有不契合你的企业或产品价值观的方面，找到突破口，形成关键认知和缺陷的清单。

- 功能：从功能上补齐你的目标用户的诉求，并且加入一些上一步关键认知中的改进点，比如你从调研中了解到用户认为你的产品仅仅是个工具，不具备长时间停留的吸引要素，也不愿意分享给朋友。但这点又是你现在产品阶段的改进目标，那你就应该丰富工具外的产品功能，增加内容侧供给，并开辟新类目让用户留在产品中，并突出分享的模块。

- 交互：交互的本质是要符合人的直觉、心理感受和场景限制，更强调效率的产品会突出交互路径更短，操作效率提高；强调情绪的产品会突出微交互的细节动效的引入，会改变自身产品的文案风格，更具亲和力。这些改变是用户在使用过程中能感受到的，属于DNA很重要但不那么显性的部分。

- 视觉：视觉DNA要覆盖到品牌要素、图形、色彩、字体、版式、图像风格、视觉引导（动线）、动静关系、空间关系等。选择其中的部分组合作为你们的差异化特征，比如色彩+字体的组合，然后在各种适合的场景中反复强调，形成整体的风格，这会给用户带来强烈的认知。但这个认知的本质是为了传递你的品牌信息和功能信息，不能喧宾夺主。在App中的各种关键细节场景也可以通过视觉组合的方式来强调DNA，比如启动页、空页面、内容加载动画、关键控件、运营位Banner风格等。

- 运营：做什么样的运营，就会给用户造成什么样的印象，比如新闻类产品经常会发通知给用户，微信就从来不发通知，这些具体的运营行为也会给用户造成整体的产品印象。“这个产品很烦”，“这个产品很安静，不打扰我”，这些印象也会转化为具体的感受在潜意识中影响用户对产品的看法。如果是那种依靠积分、红包、福利来做运营驱动的产品，其实你的视觉DNA做成什么样并没有多大影响，你只要在运营中把具体数字放大就可以了。

- 公关形象：好的公关形象会给产品DNA带来加分，也会让用户形成产品是言行合一的感受。被媒体曝光、被政策监管、 选择负面形象的代言人、与竞争对手恶性竞争、获取用户隐私等行为都会让用户反感一个产品，进而讨厌你的产品设计本身，所以DNA的闭环通常都是行为层和整体形象的聚合。你可以看看，同样是社区，“百度贴吧”和“豆瓣”，就是具有完全不同DNA的产品，这种DNA会反过来影响他们自身产品的设计，从交互到视觉再到运营。

THINKING IN DESIGN

设计方法／效率与协作

如何提升组织研发效能

经历了几家大公司的不同时期，或者以你的经验分析，有哪些因素影响产品研发效能（含设计），如何提升组织研发效能（方法与路径）？

影响组织研发效能的因素和提升组织研发效能的途径是一组问题，做好了就趋于正向，做不好则趋于反向，大概如下。

1. “不设边界”思考和合作的习惯

产品能全局地看问题，更多关注设计细节、研发能力，从产品整体ROI看问题，确保产品的整体交付和成功度，最直接的表现是，产品是否会预留时间与资源给设计做品质优化，给研发做重构，并知道其中的重要性；事实上大部分产品经理做不到这点，因为更上一级的老板可能没这个意识，然后产品经理又不能给出合理的解释，去获取资源。

设计和研发的交流顺畅，能互相赋能，提升专业视角，把Hand off的流程改良到团队水平能快速使用的状态，甚至设计和研发之间能为了提升效率去改变流程，自研工具，对走查进行Peer review等，是很多团队做不到的，本着多一事不如少一事的原则，很多设计和开发之间的合作是比较偏对抗式的。

2. 真正懂研发流程和项目管理的人才

是否能招到真正解决问题的人，同时这些人具备开放心态，能积极面对问题，主动解决，是很多产研过程中的职业化管理的问题，大部分的产品、设计、研发的面试评估都聚焦在专业层面上，其实影响协作效率的最大障碍是职业化程度，如沟通、协作、心态、主动性等。

这需要团队中在组织推进项目时有比较老练、综合素质强的项目管理者（项目管理者不一定是项目经理），能够站在比较中立的视角给出建议、争取资源、平衡利益方的诉求、找到合适的接口人等。

关于字×跳动设计团队的分工方式

字×跳动当初在短视频同时推出抖音、西瓜、火山，是同一设计团队负责还是一位设计师负责？

在《设计的思考》里讲到设计团队组织架构有分层分级的工作室方式，字×跳动内部短视频是否也是这种形式？

设计团队原子化，如果一个业务线只配置一位设计师，当设计师离职，有什么方法保证业务支撑的敏捷？

最早西瓜、抖音的设计团队情况我并不知道，现在来说也不是我的团队的范畴。

设计团队的组织架构一般都是跟业务线走，研发和产品在哪里，设计就应该在哪里，字x跳动作为正常形态的互联网公司，没有太大区别，具体的组织架构是公司机密不能透露。

如果一个业务线只配置一个设计师，那么必然在开始就要想到设计师离职时离职带来的短期设计任务Delay，人力成本和交付周期风险从来都是正比关系，一般要么就是给设计师增加一个Backup岗位，比如助理，实习生等，要么就是利用外包设计驻场的方式，短时间补齐人力。不过设计师是知识型工作岗位，一个优秀的设计师离职带来的影响远远不是少了一个人这么简单，但是大多数公司的HR、管理者并没有能力去计算这个隐性成本。所以，就当它没发生过好了，不就是招个设计师嘛！

如何给设计组内做一份错误清单

如何给设计组内做一份错误清单？有没有什么工具或者具体实施的方法？组内成员做事总是喜欢拖延，告知拖延会影响绩效还是不改，主要也是绩效没有真的扣他们的。但是有没有可以通过制度和流程，督促他们调动自觉性的方法？

如果你是团队的主管（正式任命的那种，设计师汇报给你），可以参考以下做法：

（1）制定设计需求完成的重量级和完成时间关系，比如S级需求1周，A级需求3天等，因为团队产出效率的人效比是你和公司其他业务合作方沟通得来的，所以你确定的时间就是团队成员必须达到的时间。无法满足的先分析原因，找到影响效率的根本问题，设计师拖延只是现象，不是问题本身。如果最终结论是设计师能力达不到，那么就应该招聘新人，直到新设计师可以达到时间要求为止。

（2）通过设计评审和周报沟通等形式维持设计品质。通常在设计团队中，设计主管对品质的要求和自身能力就是设计团队整体产出的上限，不要相信什么“管理者不一定是团队中专业能力最强的那个”，这种概念早就过时了，设计主管无法主动提升要求，严控设计品质，团队内的设计师就只会摸鱼。

（3）绩效考核分几部分，最重要的是业务贡献，所以在绩效考核时收集来自业务合作方的评价是最有效的，包括完成效率、配合积极性、沟通有效性等；然后是自身工作输出质量，包括前期思考、用户理解、设计稿交付品质、返稿率、设计说明完整性等；最后是团队贡献，是否正向思考，帮助新人成长，维护团队声誉，主动发现问题并解决等。上面的几个部分绩效百分比你自己控制，根据团队的现状和问题的优先级可以适当调整。

（4）柔性沟通，奖罚透明。在我的团队中设计师有3次犯错的机会，第一次叫不知道，而作为Leader和其他老员工有必要告诉设计师正确的做法、流程和思考逻辑是什么，先教后学；第二次叫不小心，可能是设计师的职业习惯没培养起来，对问题不够重视，那么再强调一次，让设计师自己做Case study复盘；第三次再犯就是故意，绩效降低，进入PIP或者直接辞退。并不是所有做设计工作的，都能成为称职的设计师，故此团队主管要做的工作就是识别问题，提供方法，在方法无效的时候采取止损手段，毕竟公司不是家庭或学校，员工追求的是互相成就，不是混日子。

设计团队的协同方法

大厂有些有专门做前沿研究的设计团队或者在国外建立高端团队，那么其与其他设计团队是如何协同的呢？

前沿研究分很多种，其中偏硬件技术、人工智能等层面的比较多，设计团队一般自己内部做趋势分析（比如找WGSN等趋势分析公司，潘通等色彩研究公司合作）或者参加顶级行业大会了解前沿动态（比如CHI大会）。

前沿性研究或者探索性的创新团队带给企业的是更高的分析事情的维度，最新的信息差以及产品落地的启发，很多探索性研究到产品量产之间有无数的工程学问题，ROI问题需要平衡，本质上成功概率是很低的。

在这个过程中既需要有产品思维的研发人员，也需要了解研究难度、懂科学逻辑的设计师，不过这两种人在中国都非常少，跨领域思考属于智慧层面的问题，只有极少数人能掌握且应用。

首先，企业对于研究的态度要正确。哪些是核心战略需求的（比如字节跳动的信息高效流动），哪些是启发性探索（比如很多车企的概念性车款），哪些是为了解决现存问题提供的突破性方案（比如华为手机的摄像头技术），目标在波动，研究本身就会受干扰。

其次，在研发过程中需要中间环节团队去催化成果，包括战略分析、市场研究、UX设计、工程开发等，从解决一个相对可行的落地项目开始（比如阿尔法狗下围棋），然后再扩展边界，不要想一口吃成一个胖子。

最后，团队需要项目制驱动。一个靠谱的项目负责人，要按内部孵化的形式来给予奖励和组织激励，不要把前沿研究当成面子工程。

设计部门的定位、职责、协同运作模式方法

根据近一两年的变化及对未来两三年的分析预判，您认为设计部门的定位、职责、协同运作模式需要做或者必须做哪些方面的调整和改变？

可以基于普适性的中型（50人）团队分析一下吗？（业务涉猎to G、to B、to C）

这个问题有点大，你要分行业，分领域，分产品看，如果只是以科技行业，互联网产品领域来看的话，我的初步判断有几个：

（1）设计部门一定会越来越和业务部门强耦合，作为业务成长的伙伴存在于企业内，过去那种抽象的中台型团队会转变为混合结构，只输出方法论和规范，变成一个训练型和研究型的企业内智库。

（2）设计的职责更强调帮助产品成功，回到商业设计的职业本原，而不是形而上的用户代言人，设计的流程与方法，设计师的模型定位，应该根据产品发展阶段动态调整，可以预计设计团队的组织架构应该是企业内变动最频繁的组织之一。

（3）部分设计师的日常输出会逐渐被高智能化的AI、范式库和外包服务公司所替代，由此对设计师的综合能力提出了更高要求，设计师会越来越多地关注产品完整流程，而不是只有设计产出阶段才参与。

（4）人数没有意义，一个思维先进、招聘要求足够高、协作效率足够好的团队，可能10个人产生的价值远远高于50人的团队。你可能会说50人的团队速度快呀！没错，不过因为其他质量影响的因素，花在沟通、修改上的整体时间并不会减少。设计团队的组织方法在未来会更加趋于职业化，精兵简政，利用更高效的工具和流程来提升沟通效率、产出速度和品质控制。

保证这一切的基础是，需要一个强力且经验丰富的设计管理者，不过在当前行业现状中，这样的设计管理者非常少就是了。这个问题得不到改善，可能也会影响到上面的趋势，改变没有这么快发生。

设计与开发的敏捷合作模式流程

现在公司在提设计+研发敏捷，请问一般设计与开发的合作模式流程是什么样？可以从哪些方面或者角度去优化适应敏捷？

敏捷开发有一套完整的方法论框架，也不是很新的工作方法了，具体的可以自行搜索“Agile Development”，也有很多这方面的书籍可以买来看看。如果你们公司有决心转型的话，通常会请这方面的专业培训教练来公司上课的。

我从设计与开发合作的基本流程来说一下。敏捷设计和开发最重要的过程和产出是构建合理的Scrum过程，以及每个Sprint是否高ROI地完成。附件图片里面我放了一个业界通常在设计研发合作上构建一个Scrum过程的必要环节。

抽象到最简单的，最关键的三步是：前期分析、中期设计、后期验证。

（1）前期分析：这个过程建议产品经理、设计师、开发人员一起参与需求分析和理解，各个角色分别评估自己的工作交付难度、人工时、所需资源，也可以在脑暴环节中给出自己的建议。如果已经有一些用户调研和竞品分析的结论，一定要同步给所有参与项目的人。

（2）中期设计：产品的PRD完成后，设计师和工程师就进入工作环节了，好的敏捷开发流程，设计交付与代码开发是可以并行的，这就依赖你们是否在两个团队有理解业务架构，技术架构，设计系统的Leader，或者资深设计师和工程师了。好的体验设计师可以解耦后台功能，前台界面结构与业务逻辑，可以帮助工程师提前部署后台工作，并做业务开发的前期预研，交互或视觉设计师可以依赖Design system快速交付工程师必需的界面，如果是新产品，也可以生成一个Style guide先工作，后期随着产品形态稳定了再形成Design system。

（3）后期验证：互联网公司通常都比较强调灰度发布、AB 测试、用户行为数据分析等工作，所以在产品端要留出数据平台和第三方数据分析工具的API，通过数据验证、用户定性研究等，得到指导下一次迭代的深层次需求，不断回顾和检查每一次的Scrum是否有较高的ROI，如果不够敏捷，则不断优化这个过程。

如何在结果中量化用研和交互的核心价值

想提问：到底怎么样才能在结果中量化用研和交互的核心价值呢？

流程里这两个岗位都有，但是实际互联网企业快速迭代根本与岗位设置不同。例如用研，流程是需求输出，但用研纯做用户画像不与业务结合，基本上业务就废了，领导是觉得有输出啊，这么多调研报告不错嘛，但是脱离业务，没有实际结果落地，用研无用。但是跟业务的话，会费掉很多的时间协助产品经理梳理需求，最后产品经理输出的产品文档、产品原型，领导并不知道用研费了多少心力，让产品经理了解用户的想法、行为路径。再例如交互，会输出交互文档，但是领导觉得产品经理不是都做得那么详细了，交互其实可以省略不计。请帮忙引导一下思路。

你的公司还存在这两个岗位，就说明对于你的公司现状来说，岗位是有价值的。比如我们团队现在是没有交互设计师的。

如果你们公司的文化比较开放的话，可以考虑以下做法：

（1）设置一个实验组，一个对照组。实验组只保留产品经理和视觉设计师，对照组保持现状：用研、产品、交互、视觉的配置。接手两个同样的需求（或者同样模块内同等复杂度的需求）从需求分析开始到落地上线后的测试，完整跑完一个流程，最后看用户反馈与实际产品数据表现。

结果A：实验组完胜，则你们公司的产品研发流程有改进效率的空间，且这两个岗位的同学能力较强，在保留现有团队的情况下，用研和交互岗取消。

结果B：对照组完胜，则你们公司目前还没有相对稳定的方法论和产品设计策略，并没有办法在一个岗位上产出复合价值，老板的愿望很美好，但现实很残酷，告诉他实际情况。

结果C：实验组成绩和对照组成绩不相上下（可能大概率是这样），则你们的问题不在岗位配置上，应该是沟通、协作流程和KPI设置有问题。

（2）用研的价值是关键的，特别是对于抽象的复杂问题方面的用户行为和态度的洞察上。对于初创业务和模糊目标市场，用研的分析能够帮助团队更好地理解用户真实需求，还原用户价值。当然，除非你们的业务并不需要重视用户体验（比如垄断或相对垄断行业）。

同时，大多数成熟业务的产品，用研的价值可能更多体现在数据分析、满意度评测上。但有时候业务的整体体验不是完全由用户端决定的，比如滴滴，司机端的体验和管理机制，监管端的政策，社会舆论，服务链条的安全保障等，有太多不可控因素，这些东西用研并不能帮上太多，当问题集中在非用研侧产出时，领导层会认为用研无用。

在关键的用研工作流中卷入老板，利益相关人，产品经理和设计师，就显得很重要，帮助这些角色建立用户视角，在协同研究中建立临场感，也是用研的价值。

（3）交互设计和产品经理的角色有部分交叉且替代成本并不高，是因为单纯从产品任务流设计来看，两个角色都可以做，如果同时业务复杂度不高的话，目前PC和移动互联网的交互范式是基本稳定的，所以并没有什么难度。很多交互设计师的现状是按照既定规范和交互原则产出设计，这没有问题，但是遇到深度思考和复杂逻辑的时候往往不如产品经理，甚至研发同学考虑得全面，解决方案不满足MECE原则，久而久之就会让合作方产生还不如我自己来的想法。如果交互设计师能做到思考全面，围绕用户视角思考，谙熟交互原则和平台规范，能把研究结论+产品统计数据转化为设计机会，懂得平衡研发和需求的ROI，那么这样能力全面的交互设计师也是有机会替代产品经理的，而且每个公司都需要。

设计与前端如何合理拆解任务

前端要等到所有设计稿全部都出完才排期，不然不排期。所以交互稿评完前前端没事干的，又不接受出一部分设计稿就做一部分设计稿，所以压力就全给设计了，要求设计迅速产出设计稿，并建议设计周末加班。我就很气愤，我认为设计和产品排期，按时产出交互稿、视觉稿就好了，至于前端什么时候排期，和设计无关。每天开会都扯皮这件事情，心好累。我这样对吗？

你们前端为什么有这么大的项目管理权限？产品负责人不反思一下吗？

在部门配合中最影响整体效率的事情就是线性工作（上游不完成，下游不动作），需要把思维切换成并行工作（各模块尽量解耦，并把时间压缩到同步完成各自的事情），这样能有效提升整体效率，降低时间成本。所以，你需要算一下实际的各模块设计交付时间是如何的，设计师能不能通过Design system等工具方法把自己的设计交付流程化、控件化，帮助并行工作成为可能。

然后，前端是产品设计的重要衔接环节，他们的排期当然也很重要，如果前端不完成，后端开发是不是也不干活？如果这样你们公司的研发效率真的太低了。可以调研一下业界内其他公司的设计与研发合作模式，然后简单写一个报告给老板，让老板决策这个工作模式是不是应该往更高效率的方向发展。

电商类平台团队分工以及合作的建议

本人在一家电商类平台工作，团队分ued团队（交互+UI总计18人）和运营设计团队（18人），平时ued团队做产品设计，运营设计团队做活动图片。最近有一些复杂交互的营销类增长活动，这类需求应该交给哪个团队做呢？或者是两个团队应该如何合作？

是的，他们应该合作完成这类项目，各自发挥自己最擅长的部分。

既然是一个团队，就要更多创造这种横向合作的机会，虽然按产品体验和运营设计分工的效率是比较高的，但是长期没有合作的话，会让人感觉这是一个虚名化的大团队下面的两个独立团队，对建立成员的整体归属感不太好。

在合作的过程中，可以快速识别哪些同学更擅长协作、沟通、平衡ROI，是比较好的通过项目机制催化团队优秀人才的方式，大家也可以互相学习。我带过的团队中，从产品设计转到运营设计，和从运营设计转到产品设计的都有，正是需要这种机会给成员锻炼，以提升他们的综合能力。

合作的启动肯定是以增长为目标，在增长方法和玩法的设计上，产品体验设计师可以更多地和产品运营讨论，这个讨论建议大家都可以旁听+发表自己的意见。在具体的流程上，交互设计师要教会团队如何把复杂的事情做简单，这个能力在任何岗位都有价值。最后在运营设计的视觉表现和美观度上，还是运营设计师更多地出力，然后把创意过程总结出来，让产品体验设计团队的同学学习。

组织层面如何体现部门的价值，吸引优秀人才

一个关于组织层面的问题。公司出于体验提升和未来创新的考虑，在各业务设计团队之外，正在筹备集团层面的交互设计中心。从我个人角度来看，中心的定位主要着眼于：集团重大项目设计、创新型设计研究、产品基础体验标准、专业资源建设。以您的角度来看，这样的平台部门，主要的工作应该围绕什么来展开？又如何体现部门的价值，如何吸引优秀人才加入呢？

这取决于你们是要建一个攻坚型的专家项目团队，还是做一个企业级的设计平台，赋能各个业务。有时候老板的要求是把两者混为一谈了。

1. 工作围绕什么展开

首先要盘点一下你们公司目前业务各个产品之间的关系、市场的表现，以及用户端的体验现状，也就是做一个体验反馈和设计层面的审查，了解当前的具体问题。包括：人才厚度、项目合作关系、设计竞争力是否足够支撑企业的长期发展，用户体验的痛点以及解决成本。

有了问题的定位和摸底，才能设定具体的设计目标，设计目标应该服务于你们企业的业务目标，然后根据目标来设定团队架构，吸引哪种人才，组建何种能力的专项团队。

核心工作是提升产品的设计竞争力，服务好目标用户的需求，之位在此基础上补充相

应的管理动作，而不应该过度地关注管理手段本身。

2. 如何体现部门的价值

如果你们的部门一直在证明自己的价值，成功的速度将会很慢。设计部门发展需要两个助力：一个理解设计重要性的老板，以及一个尊重设计专业的文化。

在此基础上你们可以做的是：

服务好业务的每一个设计细节，让每位设计师都足够重视自己的输出，因为任何一个设计师的基础错误，都影响对整个设计部门的评价，要努力地增加协作的信任感。

透明化你们的设计过程和思考，把你们的专业思考分解成合作伙伴能听懂的语言，输出出去，共建设计的思考方式。

建立关于体验设计的数据指标，并实时监测它们，用数据驱动的思维来让决策层看到变化。积极维持和核心用户、客户的关系，定期进行满意度调查与分析，定位问题，反哺给需求端。

3. 如何吸引优秀的人才

优秀的人才最关心是否能和同样优秀的人一起共事，所以已经在你们团队工作的同学要努力保持不断学习和进步，同时增强沟通能力和职业化态度。

第一步就是要做好专业的面试，包括候选人面试过程的体验优化、问题的设置、平等开放的业务交流等。很多团队在面试的环节上做得都不够好，所以优秀的人才在这个环节就把团队给否定了。

然后就是时刻让团队中的设计师保持专业的视角与态度。团队的一致性是非常重要的，这种一致性体现在思考的视角、沟通的语言和交付的产出品质上，有时候看看一个团队做出来的产品，优秀的人才基本也就能决定是否应该加入他们。

保持和顶级猎头、行业协会、前公司领导的良好关系，他们一般都是优秀人才的消息掌握方，一个靠谱的人会把合适的人推荐给靠谱的团队，人脉的价值就体现于此。

如何规范工作流程

今早和运营、产品讨论首页改版的需求，方向都没太确定（需求分析做得不充分，比如缺少数据），就在讨论解决方案、具体的交互UI层面了（UI做了一份初稿，其中环节不了解），后来叫来CTO（产品和设计归CTO管，PM没有Leader），直接否决。平时迭代需求也是这种情况，运营和产品经常要求先出方案，灰测上线看效果，设计和开发Leader一般也会同意。每次试方案，因为“正确地做事”没做好，结果通常不是特别好，然后就再改回来。作为设计师，面对这种情况如何解决？

这个情况在很多公司都很常见，但是因为变量太多，所以没有一个通用解，我个人建议你们可以先做这几个事：

（1）找出你们团队被CTO认可的PM，或者方案通过率最高、思考方案的完备程度最好的那个人，让他来做一个虚拟示范组。这个组的人员（设计、开发等）他来指定，然后做一个实际的被否定过的需求。

（2）如果这个方案过了，那么把这个做的过程写成Case study（详细到每一步的工作输入—输出、流程、人员沟通的记录、草图等），等于给大家复盘展示一个成功项目的过程，让大家学习；如果这个方案不过，只能说你们公司的人才招聘还不够好，只能CTO自己来示范了。

（3）然后让你们公司最不靠谱的PM（虽然嘴上大家不会说，但是谁其实大家都心知肚明）来分享他看完这个Case study的感受，并总结一下哪些成功的经验和技巧可以让大家沿用。这个过程是一个形式，也许他根本总结不出来，不过这是营造正向团队氛围的一个必经过程，让大家知道“做错事是有成本的，做错事更要关注如何修正和优化，而不是追溯到人本身”，不追究犯错是为了让大家聚焦到收益上，而不是鼓励犯错，有错不改。

（4）和你们CTO、CEO等高阶管理层聊一下，让他们参与评论和指点这个Case study，如果高层不关注产品开发过程的细节，下面的人就不可能会关注。

把以上的步骤，用在你们每一次需求设计的过程中，最终看提升效率。

怎样才能提高设计团队的整体产能

怎样才能提高设计团队的整体产能？在推动过程中，会遇到一些问题，比如说设计如何被量化、如何做设计管理等。

“如何做设计管理”这个问题太宽泛，可以看一下我前面一些问题的回答，每一个相关话题的问题都看完，也许可以建立一些整体认识。

关于提高产能这个事：

（1）设计不是劳动密集型行业，是知识密集型的，现在可能还会过渡到智慧密集型了，所以它不是工厂里面造个杯子，一条产线一天有上限值800个，少了就是产能不饱和，多了也不可能，除非增加产线，提升产品技术效率。

（2）所以相比通过管理手段促进生产力，不如聚焦在人和生产效率本身。首先要招到比较有全局视角、动手能力强的设计师（当然，受限于城市、公司吸引力、薪水条件等，可能招不到足够好的，那只能靠培养）；其次，建设一个相对开放和平等的设计环境，让设计师发挥自己的能力，如果你一直让设计师证明自己的价值，那么设计师就不可能给你体现任何价值；最后，使用更高效的工具（包括更快的电脑、正版软件、舒适的座椅等），高效的流程（少开无价值的会议，不要搞太多文书性总结，避免多头汇报），先进的设计方法（Lean UX、Design sprint等），以及有一个靠谱的老大（很多团队的设计管理者，其实不是团队的引擎，而是团队的绊脚石）。

（3）设计输出是品质导向的，所以做得多并不等于做得好。你看看国内很多厂家的产品有多少产品线？苹果才几条产品线？设计这个领域不存在什么大力出奇迹的事情，没有聪明且高执行力的人，没有合理的环境以及没有对设计的深入理解和高度认同，希望通过一个管理者，或者一套高效的方法产出世界级的设计，这基本都是技术直男的思维。

怎样设定交互设计内部的评审流程

目前团队内部还未建立比较完善的交互输出内审流程，有几次设计师直接就把方案给到需求方了，结果方案被需求方批得体无完肤。目前我们团队需要直接对接多个需求方，设计师会充当产品经理和交互双重职能，需求的难易及复杂程度也不一样。为了保证交互输出的质量和专业，该怎样设定交互设计时内部的评审流程会比较有帮助？

这个问题的解决方案要分成三个部分：

1. 如何理解需求，和需求方沟通

把团队中更擅长思考产品策略、商业目标和产品价值的同学分出来全职做“产品设计”接口人，如果团队人比较少的话，至少需要一个这样的人。由他来统一接口需求理解，将初始产品需求分解成为实际的设计需求，这样在这个环节就可以把需求的优先级和重要性排好。

2. 建立合理的、敏捷的设计流程

人本身不专业，依靠任何方法与流程都是不能产出高品质的设计交付稿的。所以对人的持续训练、评估就很重要。在日常设计需求分解好了以后，可以建立一个专业小组来示范性地做1~2个项目，把项目的沟通—执行—验证的环节做一遍给团队看到，然后输出case study，这样团队其他同学也可以学习到经验。尽量缩减设计过程中的反复沟通环节，能用一个人做的事情，不要分成两个人做，减少信息丢失的概率。

3. 建立高效、能保证品质的设计评审流程

所有的设计稿都需要设计团队的直接负责人看过（我不知道你是不是就是这个角色），还是那句话，设计团队的第一负责人的专业能力直接决定了这个团队的整体产出品质（专业性、细心程度、客观性、理论支撑等），所以在设计评审中直接负责人的评审环节是最重要的，不可遗漏，不可片面。这个评审可以邀请产品方，或者需求方参与建议，一开始可以不让他们发言，后面建立起比较好的信任关系了，可以参与讨论。

设计师如何了解到用户的需求和审美

我知道要了解目标用户的审美与需求，做出他们眼里优秀的设计。我深知了解用户的重要，可在实际工作中关于目标用户的一些资料也都是通过pm了解的，了解得也不会深入而只是一些性别、年龄等资料。视觉的把控更多地靠Leader或是直接做靠近竞品的方向。作为设计师，通过什么方法了解到用户呢？该如何切实地了解到他们的需求和审美呢？

设计师应该参与到一线的用户调研中。在我们团队非常鼓励设计师与产品经理一起外出进行客户（to B）拜访和用户（to C）调研，因为设计师只有真正接触到最终使用你产品的那个人，观察他的操作，听到他的真实反馈，才能建立起临场感。

（1）改变你们目前的用户洞察习惯、申请到一线去接触用户，到他们真实生活和工作的场所中去，而且需要了解的不仅仅是约见的那一个用户，也要了解他周围的人，怎么评价你们的产品。

（2）除了线下的访谈，线上的社区也是比较重要的，因为线下的结论需要一个量化提炼和验证的过程。建立一个核心用户社群，尽量拉开他们的地域和交际圈，这样可以验证一个问题是否有普适性和代表性。

（3）让设计师去回答相关设计的问题，这样设计师更能理解为什么自己做得不对，也能运用自己的"用户视角"和同理心尝试建立这类用户角色背后的真实观感，而产品传达过来的需求基本上都是根据自己的判断清洗过的。

（4）理解用户的审美要观察用户的行为和生活，他家里的装修风格，穿什么品牌的衣服，看什么电视节目，读什么类型的书，这些是一个人长期以来的习惯，是不会骗人的。因为当你询问对方的审美水平时，不会有人主动承认自己的审美能力不行，所以他描述出来的审美需求通常会比自己的真实情况更加"理想化"，所以通过各个环境观察用户的生活细节所得出的结论会更为客观。

制定KPI的思考维度

手上现在有两个项目，需要和老大制定一下KPI，请问应该从哪几个维度思考呢？我的想法是：

（1）设计侧。项目整体的设计质量，比如UI KIT的建立、全局交互的梳理。

（2）业务侧。通过动线梳理导出用户地图，在关键环节上进行优化。不知道我的思考是否太过细碎，有不足或者不对的地方还请周大指点。

制定设计KPI，还是需要以产品本身的KPI为起点，因为设计的目标是帮助产品取得成功，成功的维度有具体功能的完成、用户的评价和满意度、各类数据（用户数据、营收数据等）的增长。

（1）设计侧的工作中建立UI KIT可以在一定程度上提升效率和沟通的一致性，但是这个组件库的建立最好是动态的，及时更新的，而不是做一个“规范”让大家来遵守。而且设计的品质不仅仅是一致性的保证，还有创新性的方面，这个部分组件库是无能为力的。

（2）整体设计质量提升还需要依赖体验走查（全局交互梳理是其中一块内容），设计评审和执行标准的设定，这个部分除了设计执行，还有团队管理、流程管理的部分，这些部分可以都完善起来。

（3）与业务侧一起进行用户研究是很重要的，帮助业务线梳理整体用户体验地图并挑出关键体验点来改进是正确的方式，但是改进的意图、方案的完备性和修改的ROI可以先考虑好，这样方案落地的成功率会提高。

（4）设计目标不怕细，从整体到局部都有考虑是最好的，但是不要琐碎，大目标还没确定，整体架构还没拆解，就开始讨论具体的设计细节是不合适的。

优秀的组件库案例推荐

发现越来越多设计团队在建自己的组件库，请问是什么原因？在驱动这项工作时，有没有比较好的组件库案例推荐？

你指的是样式库（Style guide）还是设计系统（Design system），Design system通常包含了Style guide。现在的情况是有不少只做了Style guide的部分（通常以交互+视觉组件为主），也叫自己是设计系统（Design system）。

组件库从设计角度是为了提升沟通和协作效率，预防一致性问题诞生的，特别在具有一定稳定性的产品中使用会比较有价值。如果产品在非常初期，成熟度和产品设计风格不稳定的状态下，做组件库的收益不是特别高。

另外，组件库还解决了和研发，产品沟通具体设计细节和产出符合设计规范要求的新设计稿时对齐共识，一方面不是所有人都对产品的设计细节很清晰，另一方面是稳定的组件可以避免重复造轮子的情况。

最后，很多团队目前都是跨地域、跨产品线合作的，一套完整的组件库可以帮助大家快速理解产品的基本形态，依赖文档和输出物来管理设计流程，而不是仅仅依赖团队管理者。

没有所谓“好”的组件库，每个组件库的内容范围和版本都是跟随产品状态走的，倒是有一些做得比较成熟和规范的组件库可以参考一下，这样你们自己做的时候避免走一些弯路。Github上有人建了一个参考合集，可以了解一下：https://github.com/alexpate/awesome-design-systems.

如何与产品沟通Banner入口的合理性

产品负责人希望提高一个专题页的点击率，我们App有三个Tab页，其中有两个已经有这两个专题的Banner了，仅剩下一个清爽的Tab页，产品负责人说在这个Tab上也加上吧。出于设计的原则我是拒绝的，因为这个Tab的功能跟专题内容一点关系都没有，但产品负责人说加了曝光就能增加点击，产品导向是数据而不是体验。对此我该怎么处理，我能想到的极端后果是加上这个很有可能口子打开，所有的页面都加运营位。

这种情况说明了两个问题：你们产品负责人的KPI过大，可能是季度性目标达不到及格线导致的；产品负责人的用户运营能力很一般，急需一位靠谱的产品运营人员帮助。

（1）产品的KPI拆解究竟需要增长什么数据，这和你们App的业务模型是相关的，只看点击转化已经是上个时代的数据关注维度了。你可以和产品团队聊一下，了解一下他们的KPI具体由什么构成，这些数据在历史专题运营中的表现是如何的，然后构建一个专题运营的数据基线和合理指标。

（2）说清楚你的“设计原则”。用户对重复性广告是厌恶的，这个究竟带来多大损害？对未来的同位置的运营可能会造成什么后果？能不能先切分一部分灰度用户来验证这个方案是否可行？或者考虑即使是一个活动，三个不同地方可以做不同的推荐位图片？原则要跟随场景走，场景要跟随用户价值走，这里面需要具体分析，你能讲清楚分析过程，意见才会被采纳。

（3）产品导向是成功而不是数据，数据的增加只是成功的一个必要条件；对良好的体验不够重视，产品也无法取得长期成功，除非你们产品负责人就想干这一年就跑路。过去很多案例都证明，越是下滑迅速的业务越需要粗暴的运营（淘宝双11这种不算，他的运营就是业务本身），因为需要挽救。所以你们的数据提不起来的根本原因可能不是运营的次数少、频率低，而是其他方面出了问题。

（4）如果上述的分析都说明其实这个尝试是合理的，那么就应该去做，并且做好合理的、全面的用户行为打点分析，还可以加入AB测试，争取从做一个“是不是3个Tab页都可以推广运营”的需求，上升到“我们产品中运营推广的最佳方式是什么”的解决方案，这样以后就不会再重复为这个问题吵架了。

但如果不让放Banner图片只是设计师的洁癖或者风格坚持，那么，这个洁癖和坚持在商业环境中是没有价值的。

如何处理boss不合理的需求

我们的总经理几年前想出来一个他认为绝妙的方案——底部上滑屏幕开启手机分屏，因为误触受到用户各种吐槽。现在我们在做底部上滑控制中心设计的时候仍旧不能改动大boss的方案，最后实现的是底部部分呼出控制中心部分呼出分屏，再加上我们底部做虚拟按键。一大波的误触和体验差的反馈，又不能动大boss方案，项目节点又很紧，这种时候有什么好的办法呢？

你们公司的产品导向是BCD（Boss Centered Design），还是UCD（User Centered Design）。如果一切围着老板转，那就做出来Demo，让他自己用，用得不爽会让你们改的。

但是产品最终面向的是用户，所以最好的方式就是进行可用性测试，把测试结论和用户使用时误触的录像给老板看一下，他来做决策。

另外，之前的问题如果都有明显问题，但是不能改这个事情个人很难理解，如果改了会开除你们吗？如果会的话，那你为啥不赶快换工作？

需求流程不规范怎么处理

产品不出需求文档也没过需求评审，给我一个大概的想法就要求我出交互文档，然后大概的内容做出来后，就去过一遍交互评审，之后就要求开发启动。这样就导致交互和开发经常都是边改边做，同步进行。开发过程中遇到一些功能上的定义或者别的交互做不了主的问题，开发来问我，我又要跑去问产品，然后再反馈给开发。周老师，这样的情况我该怎么做？这样做下去，感觉做了很多产品的活，交互上时间就少了很多研究。我是该维持现状继续做下去，还是该咋办？

这是明显的产品经理不专业的表现，如果只靠一句话和一个点子就可以做产品，那么任何一个人都可以做产品经理了。产品经理是要对产品的整体竞争力和成败负责的，老板是不是明白这个事。

（1）建议以后在产品概念的设想和头脑风暴的环节，设计师与技术也一起参与，尽量在需求提出之前达成共识，知道这个想法是怎么来的，为什么现在就要做。

（2）使用一个简单的产品需求描述模板，模板内容可以你们一起讨论，总的来说是为了让项目组内所有成员，看到这个模板里面描述的内容后，都能对产品需求有一致的认知。

（3）如果团队人数不多，规模很小的话，建议产品经理、设计师、开发人员坐在一起集中办公，这样可以提升沟通效率，特别是在某一方沟通条件和能力有限的情况下。

（4）做产品需求本身就是提升设计能力的过程，这两个不是分开的，设计研究、用户研究也是产品设计过程中不能省略的部分。研究的目的也是为了提升产品设计的质量，毕竟你们不是科研机构或学校吧。

产品经理和交互设计师的区别是什么

产品经理和交互设计师最大的区别是什么？

经验丰富的产品经理和交互设计师，通常只是职位名称的区别，两者的工作有很大交集。产品经理通常在需求分析、竞品分析、用户洞察和具体的交互设计输出上都能替代交互设计师，如果他自己有时间的话；而交互设计师为了更深入地理解交互关系、需求、场景条件，会做很多产品经理的沟通、推进、平衡工作。

在我经历过的团队里面，有遇过没有产品经理，完全由交互设计师来驱动产品设计过程的；也有不招交互设计师，完全由产品经理直接和视觉设计师对接工作的情况。这两个选择只是公司团队和产品发展阶段中的不同结果，没有对错之分。

回到本质上，产品经理和交互设计师最大的工作内容区别在于：

（1）产品经理通常更关注产品战略、产品竞争力、需求洞察和分析、公司商业回报等问题，所以他的视角必然是从外到内，市场上有什么变化，竞争对手有什么牌，目标用户有什么需求，我们做这事为什么能赚钱。为了达到目的，他必然要更多地和老板打交道，要和上下游的合作伙伴谈判，要争取内外部的资源支持，要写PRD和MRD，要考虑发布会。你可以理解一个产品的产品负责人，通常就是这个产品的“CEO”。

（2）交互设计师更关注人机交互关系、场景、角色、用户画像、交互范式各种专业性问题，所以他的视角经常是从高到低，用户用我们产品有什么问题，怎么确定哪些问题是最重要的，可用性出现问题了吗，易用性怎么提升，硬件和软件能力怎么更好地服务于用户。这样的思考方式，促使了交互设计师更多会关注产品本身技术平台，各种竞品的差距，用户的感受，交互条件的限制与优化，所以会输出竞品分析报告、场景分析、任务流程图、交互模块逻辑关系图、用户研究、纸面原型、高保真原型Demo等。你可以理解一个产品的交互设计师，是这个产品在UX框架层面的专家，他决定了你的业务逻辑怎么解释为用户逻辑，而不是技术逻辑。

如何评估需求合理性

我公司应属于智能产品的行业。App服务于硬件产品，对于一些功能可以算得上原创功能（该功能目前没有看到过类似竞品）。产品提出的需求，很多时候感觉是无法分辨真伪的，因为还在研发阶段，没有用户。这一功能做出来后，体验的都是相关研发人员，也是依靠这些同事去完善现有的不足。就这种情况，交互设计应该如何做交互，如何评估自己做的这些需求？

需求的洞察和验证需要来自用户的数据，这样才有较好的支撑。

你们可以先做一个MVP（最小可行产品），然后拉一些目标用户来做测试和意向性访谈，看看能否满足他们的需要，或者发现一些可用性问题，不能通过用户测试考验的产品，就需要再继续打磨。

产品经理自己，或者你自己的臆想都不能替代用户实际的需求、场景、价值观。所以，更快地把产品推向市场，通过观察和测试来学习，再快速地迭代优化，才是更合理的产品设计方法。

从交互设计本身来看，功能的定义即使在现有的App中看不到，也可能已经出现在传统的场景中，要更多考虑一下“用户在没有这款App的时候，究竟是怎么解决现有的问题的”，这就是你们的竞品。另外，如果一个功能在比较成熟的场景一直都没有人做，那么也有可能是因为别人发现了里面有风险，而你们暂时还没发现。

视觉改版的通用方式及步骤

看您曾经发过开会时贴的关键词标签，我们在改版时也用过这种方式，我想问下视觉层面的大改版通用的步骤方式是什么？

贴便利贴的形式是KJ法，但是贴的目的会根据工作内容有差别，是卡片分类，还是头脑风暴，还是做用户旅程图，目的不同，贴的方式不同。

单纯的视觉改版一般步骤是：

（1）定义目前产品的视觉问题，找到关键问题，改版才有结果可以衡量，视觉不是单独存在的，除了美以外，更多的是信息传达和品牌印象。

（2）分析品牌需求、用户反馈、竞品改版情况以及视觉设计趋势。

（3）将以上的分析做一个Design brief，进行第一轮汇报，确认问题是否正确，需要投入多少时间、人力、资源来处理这些问题，制订项目计划。

（4）根据项目计划，把视觉设计按属性制定设计流程，比如图标、版式、字体、图片、色彩等，概念设计虽然是整体展示，但是元素属性的设计还是基于Atomic design方法的。

（5）根据设计问题、设计方向、品牌调性将分开尝试的各种设计元素，做组合尝试，找出最符合设计需求的Hero image，也有叫Keyline visual的，就是主视觉方向。

（6）根据主视觉继续设计20~30个界面，再把界面放入各种融合场景中测试，比如手机、网站、平面广告等。

（7）确定设计后，生成Style guideline，开始后续开发等工作。

怎样进行专业赋能与设计布道

怎样去进行专业赋能与设计布道？

专业赋能和设计布道通常会交叉到一起，在一个对UX理解较浅的组织中，先布道后赋能；在一个对UX理解较成熟的组织中，在赋能过程中，形成道的约束再提升到组织文化层面。

（1）抓住关键决策者：获得对设计活动进行决策、支持、资源投入的关键决策者的支持非常重要，这个人很可能不是你的直属上级，要根据企业的组织状态、部门的权重，以及产品的发展目标去找，通过平时的会议、私下沟通、微信交流等建立信任感。

（2）找到内部制胜联盟：企业发展到不同阶段会对UX设计的侧重不同，但商业的本质是满足客户价值，提升转化效率，这个本质会分解成不同阶段的具体的组织目标和KPI，那些绑住这个强KPI的部门，都有可能是你的盟友。客户的反馈、数据分析、研究报告都是很好的联络手段，拉他们进入你的组织，参与你的日常工作，有助于逐步达成共识。

（3）重视关键汇报：每次关键的、重要的决策会议和战略会议，先在线下和跨部门盟友对齐思路和汇报侧重点，不要只考虑UX设计自己的内容，要想想为他们能做点什么，哪怕是帮助美化PPT也是有意义的（很多设计部门很反感这个事，其实是很愚蠢的，了解别人汇报的内容，恰恰可以发现自己的短板和不知道的信息）。

（4）把设计过程透明化，设计方法融入企业生产流程：不要关起门来做设计，每次和用户的沟通，数据的分析，设计工作坊的开展，都可以邀请跨部门的关键角色参与进来，一起参与式设计，理解他们的视角，并在方案中体现他们的部分思想，增加团队认同感。

学会把设计的各种方法融入战略分析、需求挖掘、结对编程、敏捷方法、单元测试中，只有设计的概念被记忆，方法被使用，结果被重视，UX的布道才能融入组织，而不是成为又一篇网络文章。

如何构建组件化App

能聊一下关于构建App组件化的话题吗？产品的哪个阶段可以考虑构建组件化？构建组件化的流程和标准是什么？在制作过程中该怎样跟开发协作？最近在跟开发的头儿一起

做组件化的落地，不太知道从何入手。

看产品的发展阶段和稳定性，如果只是在MVP验证阶段，这是抓紧时间迭代和测试用户的核心需求满足的时候，存在很多不稳定性，不要急着做组件化的事情。

组件化的必要性是：

（1）构建产品稳定的设计语言。

（2）产品和开发团队规模变大，业务解耦以后用以维持设计统一性、开发统一性、提升效率、降低错误。

（3）形成自己的开放生态后，用来和第三方无缝合作（比如：微信的小程序平台）。

如果是要做到设计和开发无缝地整合组件，（以Android App为例）需要有两个条件：

（1）对齐开发和设计语言，具备基础的软件知识。例如：对于Linear Layout、Relative Layout等界面布局方式的理解。

（2）深入理解控件的使用场景和类型，了解UX的控件和开发的控件的对应关系。例如：Listitem与SingeList的区别，List与Perference的区别，Textfield的类型与输入法的关系。

现在Google在建议使用Flutter（地址链接：https://flutter.io/）来帮助设计师和开发人员沟通，实现设计的代码化，这个SDK生成的代码是直接可以Copy到Android studio中进行App构建的，不是那种为了动效和场景跳转做的Prototype。

如果是基于Web的组件化，那么网上的很多design system的在线展示可以很好地学习到别人的最佳实践，比如Salesforce的Lighting design system（链接：https://www.lightningdesignsystem.com/）。

如何过滤产品需求表的内容，做出最优化的输出

我想向您询问下：

（1）拿到产品经理的需求表（很详细，包括一些异常情况）的时候，需不需要过滤下需求表的内容，优化一些需求表上比较啰唆的需求，删除一些没有必要的内容？

（2）交互设计师在没有参与挖掘需求的时候，拿到经理的需求后如何更好地做出最优化的输出物？

（1）如果你拿到需求时觉得需要过滤一下，这个时候你应该去找产品经理当面沟通，对正式下发的需求做一些澄清工作。需求不是只给你一个角色看，也许你觉得没有必要的内容，恰恰是其他环节的工作人员非常需要的信息。如果真的是文档能力不够，私下沟通后，让产品经理自己改比较合适，不要试图证明自己比别人更理解他的工作。

（2）交互设计师应该在产品需求的原始阶段就介入，交互设计师和产品经理应该是贴身合作的，单纯的上传下达做不好需求。如果你们的流程不是这样的，你应该去申请变成这样，对需求的理解应该在一开始就达成共识，而不是单纯依赖设计评审。

创业产品初期研发流程的方法

对于创业团队来说，开发文档的重要性到底有多大？开发任务在团队会议中已经说明，因为需求很急肯定没办法做很详细的开发文档，在会议中开发人员也并未表示出疑问，但在最终工期总是无法上线且告知是没有文档导致，而且工期一拖再拖。在创业团队产品初期到底是流程重要还是快去实现需求重要？

是否需要文档依赖于团队合作水平以及老板（或执行团队最高负责人）如何激发战斗力。Facebook是弱文档化管理，一切以交付的代码为目标，Review都是依赖于交付件展开，所谓“文档”即代码。但这需要团队成员的综合能力都比较强，沟通能力尤其重要。

大部分团队，尤其是创业团队，可能团队能力达不到这么高的要求，所以严谨的流程与文档追溯还是必要的，完整的流程并不意味着缓慢。从你的描述看，开发团队的沟通能力和风险管理能力显然是不足的，另外需求管理能力也需要提高，准确的需求管理也能帮助减少流程复杂度，提升开发团队的配合意愿。

另外，对于创业团队来说，快并不是工作重心和优势，准确才是关键，如果方向和决策错了，快是没有意义的，为了所谓的快，把能保证准确的合理流程删除，更是错误的方式。

对一个创业团队来说，老板、销售和市场负责人、技术负责人、产品负责人是最重要的。如果是面向消费者产品，那么设计负责人也需要物色一个靠谱的。没有好的CTO，不但技术成本会高，开发人员也会缺乏目标导向。花钱赶紧挖一个吧，投资款应该先用于人才和团队建设。

如何进行部门例会

您平时是怎么开部门周例会的，可否把开会流程说一下？

部门周例会的内容和流程根据团队的发展阶段、人员的沟通习惯来定。通常我会包含4个方面：

（1）大家提出团队成员一周工作内容的重点和难点，一起思考办法，如果没解决，可以现场给点启发性讨论，如果解决了，可以把解决方案共享出来作为团队经验，以后遇到类似的问题，别人也知道怎么解决了。

（2）基本的工作内容同步一下，特别是横向模块中对整个系统影响很大的，大家会知道对方在想什么，做什么。如果是比较固定的工作，模块也不大，这个内容其实可以以会议邮件发出来，直接在工作群里面同步也可以。

（3）设计类的专业分享，如看到的新东西、趋势、评论、业界新工具等。这个地方没有要求，讲任何东西都行，主要是有趣，有启发。

（4）组织团队活动的建议，看看最近的公司八卦，团队有什么可以一起玩的，要不要做个Side Project之类。

团队例会除了同步信息，还有就是把握团队气氛，会议时间不用太长（最好不要超过2小时），大家觉得到位了就行。

跨地区多业务公司如何处理设计规范带来的限制

我所在的公司是个跨地区多业务场景的公司，每一次做好设计都需要远程电话会议和总部的设计师过一遍，总部设计师会用“设计规范一致性”拍掉我们的很多发挥。我目前带了三个视觉在做一块业务，每当设计被拍掉，我明显可以感觉到团队同学的沮丧，也会觉得在“设计规范”下，没有什么可以发挥的余地。并不是觉得规范不应该存在，也不是不认同，但每次都觉得挺不爽的。我应该怎么鼓励团队同学以及应该怎么突破？

你这个问题是每一个大型产品较分散职责的设计团队和产品特性团队经常遇到的问题。

要更好地解决这个问题，只有在流程中上下游合作团队的沟通更加紧密，更主动积极地达成共识，避免信息差，才有改善的可能。

（1）梳理你们跨地区、多业务场景的具体场景条件和限制，跨哪些地区，这些地区的目标用户群特征是什么，具体差异化在哪里，本地化特点又是什么，形成一个符合当地的用户特性场景库，在具体的场景中讨论业务的诉求，包括总部的策略与本地化执行团队的策略——只有从目标用户出发，立足于场景，才能更好地站在规范外看问题，而你们讨论的重点应该围绕设计的目标，即是否满足了跨地区不同用户的需求，实现了业务场景的目标。

（2）如果总部设计师总是以“设计规范一致性”来作为评审的否定依据，你们要思考的是：单纯的一致性是不是不能满足上面的设计目标，如果在有限的一致性要求内，利用已有的设计模式和控件，能不能满足我们的设计目标？或者是你们根本就没有理解总部对一致性的要求？大家回到规范本身，依据场景的需求，重新梳理一下“一致性”落地的范围和要求，找到根本原因，而不是大家都只停留在表面。

（3）设计规范的本质不是限制创新，而是减少设计方案出错的可能性，仅仅依靠设计规范是不可能有创新的，设计的目的也不是遵守规范，而是创造用户价值，满足业务目标。从这个优先级来看，有质量的创新应该是：满足用户需求（这个需求也许是通用的，也许是有地区特征的），有利于业务目标的达成（业务目标首先被设计团队整体理解并认可），不随意违反既定规范（比如不是设计师想“发挥”一下，就新增一个样式，创造一个控件，改变一个布局——若无必要，勿增实体），确实在设计层面有改变的必要（设计规范是动态的，不合适的，或者随着产品发展无法满足场景的部分就应该升级）。

自己的方案被否定肯定是不开心的，但是职业设计师必须在一定的规范体系内证明自己创新的质量，如果你有足够硬的依据，客观、科学地从用户和场景出发，应该不断据理力争，有句俗话说得好：“你如此生气，只是因为你没有办法。”因此多积累办法、手段、数据、方法论及用户洞察，设计方案的通过率一定会不断提高。

设计方法

设计方法论

方法论存在的意义

领导要总结方法论，但感觉方法论这个东西像是玄学，总觉得不太靠谱，是我的态度有问题吗？另外我不太明白方法论存在的意义。

先说下方法论是啥：

方法论往起源追溯，可以到笛卡儿的《谈谈方法》，和南宋朱熹的格物致知论。它是在解决特定问题时，可以复用的一组一般性规律。

关于方法论的三个正确：

（1）没有一个方法论可以解决所有问题。

（2）方法论是要根据场景和问题，不断迭代、不断优化的。

（3）世界上不变的哲学和逻辑，也会因为外部条件的变化，导致表现不同。

关于方法论的三个错误：

（1）设计主要看直觉，方法论是写给客户和老板看的。

（2）我用过这个方法，没啥用，都是写出来忽悠人的。

（3）公司内不关注方法，只关注结果，什么对结果有帮助，我们就做什么。

如果上面的6点你都同意，那么我们具备讨论的基础，再看怎么去对待和怎么用方法论。

如何输出一份产品体验报告

作为一个体验设计师，该如何输出一份产品体验报告？

首先要明确为什么要写这份体验报告，目标和范围定好了，才能规划内容与结构。

目标和范围，就是UX Framework里面的战略层，写报告需要不同程度和视角的分析，输入从哪里来，资源怎么找，信源是否信度高，都会影响报告本身的可信度和参考价值；如果你仅仅是以UX设计师的视角去做，可以考虑只分析用户画像、信息架构、交互设计、视觉设计、品牌、内容文案方面。

内容架构一般有两种常见形式，一种是User Journey式，按核心用户画像的关键路径遍历体验地图来梳理；另外一种是穷举式，就是按产品界面（也可能是包括硬件、服务等环节）结构与深度，逐一对比。

用哪种形式取决于你的报告要给谁看，发布范围，期待获得什么样的反馈与传播，属于范围层和内容层的东西。

如果你需要一个体验报告的模板的话，这个网站有一些。

可以买来看：https://uxdesigntemplates.com/

不管你的报告写成什么样，最终这个报告的受众是谁，起到什么作用、带来什么价值才是写的基础，而不是按图索骥做一个看上去通用的报告，这样很难给团队带来洞察和启发。

设计标准的制定需要考虑哪些因素

请问设计标准的制定都需要考虑哪些因素，有没有好的书籍或者链接推荐?

设计标准？具体是什么？是设计指南还是设计评审要点，还是交付标准?

如果是Style Guideline相关（样式指南，设计控件类），可以看看：

Home–Mozilla Dot Design

Lightning Design System

https://www.bbc.co.uk/gel

如果是Brand Guide（品牌VI类），可以看看：

https://www.dropbox.com/branding

https://www.behance.net/gallery/9028077/Google-Visual-Assets-Guidelines-Part-1

Making the Brand：Redesigning Spotify Design | Spotify Design

设计评审要点方面之前的回答有详细说过，就评审本身而言还有一些设计外信息需要对齐：

（1）清晰展示业务目标、期望达到的数据指标等。

（2）展示用户目标，以及为什么这些目标必须这个版本达到。

（3）评估技术限制，开发做不出来都是白扯。

（4）评估时间点，预期的测试版本与正式版本。

（5）评估达成共识的基础标准，如果不同意请围绕哪些方面提建议。

（6）对设计稿的保真度达成一致，别对着低保真说要看高保真才懂。

（7）建设性反馈，要么给具体指导，要么就闭嘴。

如果是设计交付的话，感觉没什么特别要说的，现在交付流程已经非常标准化和简单了，取决于你们的工具栈怎么用，我们都是用 figma。

https://blog.usejournal.com/how-to-prepare-design-files-for-the-developer-design-handoff-guide-ef2bff879aeb

以人为中心与以用户为中心的区别

看到您回答飞书设计理念时说：以人为中心设计。这是近一段时间高频出现在我耳朵里的词。我想请问以人为中心与以用户为中心的区别？感觉人是一个更大的概念。

IDEO有本专门讲HCD的书，可以看看：

Design Kit

你可能听过这样的描述："用户不是人，用户是需求的集合。"这大概就能帮你理解"面向用户的设计"和"面向人的设计"的区别了，他们两者之间确实有很多相似之处，而不同之处在于以人为本的设计认识到行为、情感和环境的重要性，它鼓励设计师将产品的用户视为具有个性、复杂生活的真实人类，而不仅仅是屏幕上的数字。

而有时候老板、领导、PM、研发都会说："我也可以代表用户啊，我就是用户之一。"其实这个说法的背后是"我们都是人"，人是更抽象更高维的设计受体，从人出发，设计方案的包容性、整体性会思考得更多，而不是局限地代表某一群有相同特征的用户，特别在做面向海量用户的大体量产品时，HCD的视角更为实用。

HCD在设计层面更多是把情感、交互、信息、视觉等放到一起考量，更关注：

（1）人的负担：不同的用户能力不同，也就导致了他们对于信息接受的反应速度、理解程度、心智模型不同；设计方案应该尽可能包容地照顾到不同能力的人，减少认知负荷、学习成本，提升效能。

（2）明确的指示：人脑是需要输入作为输出的判断基础的，所以更明确、更简单的指示有助于人更好地使用工具、产品和服务，按钮表示按，滚轮表示滑动，警报声代表危险，绿色代表成功，这些指示都是在社会中的潜在习惯和隐喻。

（3）约束条件：一个产品设计中约束有4类，物理的，文化的，语义的，逻辑的，比如你去看0~3岁的儿童玩具，其中很多就包含了大量的上述几类约束情况，以形成玩具本身的范式，这些范式正是人类从儿童时代形成的对世界万物的认知，这些认知也决定了你看待事物的视角，行动的习惯，思考的路径。

（4）反馈：缺乏反馈的系统是无法提供高效的服务的，无论你是设计汽车，还是设计软件，或者是设计游戏，反馈是人机交互过程中最重要，也不能省略的环节，好的反馈可以带来准确性，提升准确性意味着信息量的提升，更容易帮助人解决问题，人依靠大量信息的输入作为下一步操作的判断条件，直到完成整个使用过程，解决自身问题。

如何平衡不同信息化水平的用户群体接受度和学习成本

飞书作为新产品，有很多惊喜的交互体验。在体验创新上，如何平衡不同信息化水平的用户群体接受度和学习成本？

如何平衡不同信息化水平的用户群体接受度和学习成本的？

不需要平衡，我们是以人为中心来设计的，当你把人使用产品的习惯、意图、动机抽象得足够好，那么功能的易用性一定可以让大多数人接受；在办公环境中，人和人之间的信息化接受与处理水平也没有你想象得这么大，现在用户的IT能力不是20年前了。当然，能降低用户使用成本，当然是尽可能降低的好。

飞书的设计理念、设计原则是什么

飞书的设计理念、设计原则是什么？设计体系是否建立起来了？

我们的设计理念是高效和愉悦，这个也在各个场合都说过。高效比较好理解，企业的效率型工具，首先要解决效率本身的问题，降本提效是所有企业的追求，并没有什么行业差别；愉悦，是因为我们非常在意企业中单个员工本人的使用体验，好的工具带来好的工作感受，这会有助于企业降低隐性的管理成本。

设计体系是否建立起来了？

我们有自己的跨平台的Design system，在没有正式对外公布以前，暂时不能说太多。

竞品分析的方法与建议

我最近在做一份竞品分析，除了做产品的战略产品架构以及具体细节体验分析外，还做了一些关键维度对比，从而提出结论和建议，但感觉每次竞品分析都这样的套路。在竞品分析领域，您有什么好的建议吗？

套路不套路不是问题，主要是要搞清楚竞品分析的具体目的、需要得到的对比结论和启发是什么。有些套路可能是通用的模板，也许你们觉得有一些信息是缺失的，那么去补充这个缺失就行了；有些套路可能是业界的最佳实践，如果你们没有足够的经验、合理的理由，那么照着成熟的框架做，一般不会出问题。

我个人做竞品分析，除了常用的模块分析、行业数据和系统化拆解以外，我还会做几个补充动作。

1. 观察竞品用户

找几个竞品的高阶用户，看他们怎么用，有什么要吐槽的，他们期待竞品做什么调整，以及看看他们是怎么选择其他替代产品的。

2. 实地研究

比如你想了解苹果是怎么做服务的，就去报名几个Apple store的Genius bar课程，去提问、互动，现场参与这些客户服务项目，才能切身地感受到别人的优势和经验。

3. 用户角色扮演

直接注册，购买竞品的产品和服务，作为用户你当然可以打客服电话，去论坛反馈，找售后投诉，把你自己的痛点植入竞品的服务流程中，看看他们是怎么解决的，也会给到你自己启发。

开关按钮设计是否存在最优解

想问开关按钮的设计是否存在最优解呢？一直对如何设计这类按钮很困惑，状态和动作不知道应该强调哪一种更容易理解，具体方案如图。

选择开关按钮样式遵循几个基本原则就行了：

（1）你要给用户多少种选择，且这些选择对这个操作是有同样权重的意义的。

（2）用户可以进行的选择有多少，是不是有限制条件。

（3）默认选项会是什么，这个默认选项是不是大多数场景下合适的。

（4）你怎么描述这些选项，文字、状态、颜色还是Hover以后的Tips。

（5）选择后何时生效，Press后，还是Release后，还是要二次确认。

基于上面的几个原则，1、2、3、6方案可以直接放弃，因为都不是最准确和最清晰传递操作的方式。

方案4和方案5比，优选方案5，因为用户操作是为了目的和结果，仅提示当前状态，不满足Don't make me think原则，不够高效和直接。

1.按钮状态表达开/关状态

2.按钮状态+icon变化表达开/关状态

3.补充文字说明，仅说明开关名称

麦克风　　麦克风

4.文字表示状态

麦克风已开启　麦克风已关闭

5.文字表示动作

静音　　取消静音

6.通过其他符号表达

视觉设计的NPS怎么做

想问下视觉设计的NPS应该怎么做？从品牌和视觉角度如何提出满意的调研问题？

NPS通常是用来从整体视角给用户对产品的满意度做一个推荐意愿的评分，在市场营销等领域用会比较好，而且这种分数因为取样时间和样本标的的不同，误差也比较明显，分数常常不高。

NPS本身的分数只是一个参考，其实通过定性分析和设计机会洞察把其中的批评者转化为推荐者，才是NPS考评后真正有意义的事情。

从这个视角看，视觉这种比较主观的评价，很难有一个准确的NPS值出来，即使出来了，能够给你什么指导呢？如果你的评分很高，但是仍然有一部分目标用户评价不高，你改还是不改？如果改的话往哪个方向改？改了之后影响了评分正向的用户又怎么办？

所以视觉的评估一般分为功能性和审美性两个维度，功能性可以通过用户测试和易用性评估来达到一个合理的水平，审美性完全依赖视觉设计负责人在对市场、战略、用户洞察做出综合判断后给出的有经验性的假设来完成，如果视觉设计可以通过纯粹的量化来指导下一步改进，那么业界就不会有这么多翻车案例了。

单选框与多选框的使用规范

目前我做单选框和多选框时遇到一个问题，开始定义的是单选用点，多选用钩，但后期发现远远没有那么简单，查了很多资料，感觉也是用什么的都有，有的在左边有的右边。请问这个控件，曾经有过一些结论性沉淀吗？

这个是一个经典的交互控件使用问题，我尽量简单一点讲，单选框（一般是圆形中带圆点，叫Radio Button）、复选框（一般是矩形框中带对钩号，叫Checkbox）使用的场景和规则不同。

当内容列表中存在两个或两个以上互斥的选项，且用户必须选择一个选项时，使用Radio Button。换句话说，单击未选择的单选按钮，将取消选择列表中先前选择的任何其他按钮。

当使用选项列表时，一般使用Checkbox，并且用户可以选择任意数量的选项，包括0个、1个或多个。换句话说，每个复选框都独立于列表中的所有其他复选框，因此选中一个复选框不会取消选中其他复选框。

所以使用哪个控件和你的场景、场景中对内容操作的交互目的有关。

这两个控件都是从早期的PC软件和网页设计中继承下来的，最早可以追溯到20世纪80年代的第一代苹果电脑的界面，保留继承事实的交互控件，可以最大化降低用户的理解和使用成本。

但到了移动端以后，控件本身仍然可以做符合产品需求的修改，比如微信：

在微信的群内加人界面，你会看到左边排列的圆形的Checkbox（因为它的本质还是复选框，只是样式不同），我猜测是微信在代表移动端产品形态的底层思考时，刻意避免PC端的控件样式，且圆形的点击感更强。

移动端的Checkbox在左边，是因为右边留给了姓名首字母索引栏，而PC端又放在了右边是因为更符合PC端的操作习惯，减少鼠标移动路径。

所以在不违反基础交互逻辑的基础上，符合场景跟随用户习惯进行设计才是有价值的。

如何制定全面的交互范式

请问制定交互范式的规范时，怎么才能做到非常全面呢?

晚上和团队同学讨论一个文本输入Pattern应该如何制定交互规范的问题，贴一下我的建议：

（1）文本字段是单行or支持多行?（行数上限和字数下限，超过均需要反馈提示。）

（2）固定字段的高度、光标位置。

（3）键盘自动弹出逻辑（用户激活文本框后出现，还是上层交互进入页面后直接定位后跳出），以及弹出哪种系统键盘（输入电话号码时，应该是数字键盘）。

（4）是否支持字段的自动补齐，比如：上次编辑信息，剪贴板已有文字、网址前缀、电子邮件后缀。

（5）占位符文本规则和样式。

（6）是否在文字输入到一定长度后，控件末尾出现“清除”按钮。

（7）文本字段是否跟随场景判断，变为安全字符（*），比如输入的是密码。

（8）文本框内是否应该有Icon，出现和不出现的场景逻辑。

（9）对系统操作的响应方式，iOS和Android系统长按文本后的操作菜单。

（10）用户意外退出，返回，切换应用到后台时，应该在缓存中保留已输入文本。

上面这些考虑仅是基于【手势操作】的控件层面，还没有考虑鼠标、轨迹球、键盘和Apple pencil等输入设备的差异。

比如说：键盘如果直接输入了@，那么默认应该根据文本的属性，联想是@人，还是@邮箱地址。

Material design palette设计规范分析

最近在看material design相关内容，关于Material design palette～这些颜色(900/800/700/600……)是怎么定义出来的呢？为什么叫900/800/700/600……呢？和下面A700/A400/A200/A100之间的关系呢？实际设计中又运用的是哪几个颜色呢？哪个颜色是主色，哪些颜色是延展出来的呢？

这个东西Material design 2014年的版本中简单解释过，现在去掉解释的意义就是这个命名的逻辑是不重要的，当年官方的解释是，这个颜色命名帮助你想要用某一个颜色的时候，可以直接用数值表示，而不用引用16进制颜色值。比如：

Red 500：#F44336

Pink A100：#FF80AB

这个在Design system的做法中，经常是用来提升设计师，前端开发的对齐效率的，数字命名是Google Android团队自己商定的，你自己当然也可以命名：C-100、C-200什么的，只要大家可以达成共识，能理解就行。

*00：这组是用在Primary color palette（主色Primary）

A***：这组用在Secondary palette（强调色Accent）

500是主颜色，基础色调，一般用在工具栏、关键操作控件等

700一般用于状态栏，300都用于辅助信息

有些数字小于500是通过将颜色淡化为白色（在Photoshop中为“屏幕”混合模式）或黑色（“相乘”）而找到的，其中也没有什么严格的逻辑：

900：59%（关闭）

600：10%（几乎准确）

500：基础

400：15%（准确）

300：30%（准确）

200：50%（准确）

100：70%（关闭）

50：88%（准确）

至于为什么是500开始，然后每100递进，我猜测是从webfont的字重梯度借鉴来的，具体可以看这里：GitHub-rsms/inter：The Inter font family。

在字体里面Thin是100，Extra light是200，Regular是400，Medium是500等等。

红色50	#FFEBEE
100	# FFCDD2
200	# EF9A9A
300	# E57373
400	# EF5350
500	# F44336
600	# E53935
700	# D32F2F
800	# C62828
900	# B71C1C
A100	# FF8A80
A200	# FF5252
A400	# FF1744
A700	# D50000

粉红50	# FCE4EC
100	# F8BBD0
200	# F48FB1
300	# F06292
400	# EC407A
500	# E91E63
600	# D81B60
700	# C2185B
800	# AD1457
900	# 880E4F
A100	# FF80AB
A200	# FF4081
A400	# F50057
A700	# C51162

紫色50	# F3E5F5
100	# E1BEE7
200	# CE93D8
300	# BA68C8
400	# AB47BC
500	# 9C27B0
600	# 8E24AA
700	# 7B1FA2
800	# 6A1B9A
900	# 4A148C
A100	# EA80FC
A200	# E040FB
A400	# D500F9
A700	# AA00FF

用户分群的有效方法

想请问现在业内比较成熟、有效的用户分群有哪些比较推荐的方法吗？我自己尝试：

（1）纯数据。这种分群就是集合也能分出来，但是差异化具体的原因和业务关联度都很复杂，推导不出来。不知道是自己数据能力不行，还是数据分群纬度太多本身就具有这样的特点？

（2）定性研究（偏主观一些，比较传统）。但是观察出的点数据量化方面又觉得很难下手。例如说年轻人比较敢表达自我，结合具体数据互动率、热点事件关注度等又没有较大差异。

希望给一些比较领先的模型和思路。

模型不重要吧，任何模型都要服务于你用户分群的目标才行，也没有一个模型是在所有领域都适用于用户分群的，比如：基于产品设计目的做的Persona、基于产品运营和商业化做的User profile、基于市场营销和品牌策略做的Customer segmentation，这些都是用户分群的应用，但是目的、思路、关注的研究重点都不同。

用户分群有一个前提条件是，你的产品如果用户量太小就别想这个事情了，努力服务好你的种子用户，找到产品机会才是正经事。对于互联网公司的产品来说，这个起始指标一般是MAU超过10万（不是说10万以下就不能分群，而是因为此时用户的特征差异没有那么大，还有你的产品复杂度在这个时期也是有限的）。

1. 第一分群属性通常都是基于人种学的，类似查户口

通常看行政管理级别（城市/乡村等级，麦肯锡之前也提过城市圈的概念）、性别/跨性别（现代人的政治正确）、年龄层、学历、平均收入情况（关注中位数更有价值）。

2. 第二分群属性通常看和产品、服务本身相关的

准用户、潜在用户、付费用户、免费用户、活跃/潜水/沉默用户、竞对用户、PGC/UGC/PUGC/UPGC 用户、渠道用户、新/老用户。这么多用户的分群分类方式，而且很多属性之间还有交叉，所以现在已经有公司专门提供用户标签的数据追踪和管理系统，比如BAT的公司中，最强悍的用户数据能力也体现在这个层面。

不同类型的产品，在不同的发展阶段，关注的用户群体是不同的，比如一款手游正处在生命周期的下行阶段，这个时候新用户的LTV已经很差了，尽力让付费用户多交钱才是王道。

3. 第三个就是行为属性

产品常见的行为方式有粉丝量、浏览量（PV/UV）、注册/未注册、评论、点赞、转发、付费、话题、分析、取关、入群……然后，我们可以通过计算得到相应的关系比率，比如日环周环新增率、增长率、存留、次日、周存、月存、转化率、付费率、Push率等一系列变化，再通过这些变化，又可以对用户进行定义，比如朋友圈、私聊等功能的轻度、中度、狂热用户，周存留的犹豫、潜在、标准用户，商城转化的潜在、标准用户，卸载、挽回、围观倾向的用户。

有了基本的数据输入和清洗，就可以通过统计归纳方法来寻找机会点了，用户分群的目的，是为了给这些分群的用户分别提供更好的产品和服务。常见的方法有：聚类分析、因子分析、判别分析、多元回归分析、多元Logistic回归分析、神经网络分析、决策树分析（CHAID分析、C5.0 分析）。

随着机器学习和深度学习的能力提升，上述的分析其实直接用工具就可以做了，不过你进行训练的数据集一定要准确，否则方法越先进，计算越快速，错得越离谱。

通用能力/设计专业能力方面的书籍推荐

可否推荐一些通用能力/设计专业能力方面的书籍，组内做读书分享会。我这边也在整理一些书单，希望也能得到您这边的一些建议。

https://www.amazon.com/s? k=ux&rh=n%3A283155&dc&qid=1569817941&rnid=2941120011&ref=sr_nr_n_1

通用能力和方法的书，可以在Amazon搜索“UX”关键词，前面5页的书买来全看了，基本也就这些了。这里指的是和用户体验比较强相关的基础知识、方法论框架和设计思维的。

（1）直接看英文原版书，能查找到相关联的推荐，也能避免翻译错误。

（2）有些书确实时间有点久了，但是基础理论和框架没有变，读的时候要懂得举一反三。如何举一反三？需要你了解自己从事的具体行业、竞对关系、产品阶段和团队技能现状。

（3）看书要到一定的数量（我主观的想法，至少是50本），才能有交叉启发性，你会开始独立思考为什么这些方法在不同的环境中使用是不完全一样的。

涉及具体的交互设计、视觉设计产出的，不应该看纸质的书，而应该到Coursea、Udacity、Youtube平台上看实例视频教程，无论是做法，工具，还是案例实用性都是最好的。

项目配合、设计协作、设计管理、与具体的设计师访谈，应该去Medium等平台看每日更新的专题文章，结合自己企业的现状参考改良做法。

另外，读书本身只是拥有知识，拥有知识并不会让你的专业能力变强，只有运用知识才可以，所以看完了记得总结、分享、运用到实际项目中观察效果，方法本身也需要迭代。

设计前期应该思考哪些方面的问题

设计前期通常应该思考哪些方面的问题？

（1）定义问题（谁提出的——紧急或重要，究竟是不是问题）。

（2）明确设计目标（短期的或长期的），通常是用户目标在设计层的分解。

（3）相关研究（设计方面or产品方面or用户方面），部分研究工作会体现在日常积累。

（4）知晓有哪些限制（时间、人力、研发成本）——ROI评估。

（5）KPI是什么（产品目标+体验指标）。

（6）最好用流程图将想法可视化出来。文档参考：

https://medium.com/xd-studio/our-product-design-process-9329cb3bc403

https://medium.com/microsoft-design/abstracting-the-microsoft-outlook-design-process-ca811ea5053

定量可用性测试的方法

看您提到定量可用性测试，能详细讲讲方法、结果数据反馈等相关问题吗？

可用性测试是用研中非常重要的一个方法，聚焦在研究用户的行为上（当然也会反映部分的态度问题），在小范围针对性测试的时候，它偏定性，一旦放量到全局和整个设计过程中时，它又带有定量的意义。

关于可用性测试为什么具有很强的设计指导价值，以及具备统计学意义，核心理念来自于NNGROUP的这篇文档：Why You Only Need to Test with 5 Users（https://www.nngroup.com/articles/why-you-only-need-to-test-with-5-users/）

但是从设计的过程来看，可用性测试还对各种类型的用户在包容性理解上有很大价值，比如：

- 认知缺陷（痴呆、ADHD、脑损伤等）；
- 视力缺陷（色盲、低视力、失明等）；
- 运动性缺陷（关节炎、帕金森病，脑性麻痹、四肢瘫痪等）听力缺陷（听力障碍、耳鸣或聋）。

单纯看数据和问卷的话，这些用户的特征是无法反映的，所以真实的可用性测试才如此必要。

测试完成后，通常会建立一个可用性问题量表，根据问题的发生频率、影响程度、可改进难度等评估需要解决的问题优先级，再进行功能分析、交互和视觉的优化设计。

关于可用性测试的详细指南，一个答案涵盖不了，可以看*Handbook of Usability Testing*这本书，作者：Jeffrey Rubin & Dana Chisnell。

如何在交互上做创新和差异化

和竞品功能大部分都重合类似的情况下，如何在交互上做创新和差异化呢？另外有这方面比较好的文章或书推荐吗？

竞品分析有很多文章和书在写，建议看一些国外咨询公司、设计机构的文章，搜索关键词Competitive analysis。

在交互上做创新和差异化要考虑好以下几个点：

（1）用户是不是对这件事有强诉求，以及企业有没有能力做到这点（通常交互设计方面的创新会牵涉到硬件、系统平台、软件能力等）。如果你是苹果，消费者对你的创新是有期待的，也愿意为这个差异化付费，那么你就应该做，任何设计的创新背后都是ROI的平衡。

（2）如果需要做差异化创新，也要在有限制条件的范围内做。因为用户的使用习惯、市场的准备度和接受度，以及达成这个交互体验的最佳实践环境都需要符合要求，最终的创新才能带来体验的绝对升值。比如：苹果的FaceID，就是在深度摄像头器件，人脸识别算法，环境光感应能力，CPU算力达标，电池功耗优化达标，软件速度优化，以及各种安全、合规指标平衡后的综合结果，最终让你实现了“看一眼就解锁”。一个底层的差异化创新是：概念化—工程化—产品化的漫长过程，越成熟的产业这个路就越难走。

（3）对人的心理、能力、使用成本和情感的综合考量才是真正的创新。刻意不一样其实很简单，但是做到不一样还能有体验的升级才是设计的目的，所以有一些系统级的体验，用户惯常的下意识认知和习惯，尽量不要去打破重建。交互设计更多的时候是一个发现者和调试者，最高的目标是自然。如果你的软硬件产品已经在交互上做到了自然，那么很可能这就是最优解，你们和竞品的差距可能不在这里。

如何度量产品体验设计的产出

设计如何被量化？

这个问题感觉就是楼上的技术直男型领导提出来的要求吧？这个世界上不是所有的东西都可以被量化的，比如哲学、爱情、自由。设计是其中一项，它有可以被数据化的部分，也有只能依赖人性和智慧的部分。

这个问题应该换成：

应该如何度量产品体验设计的产出，以验证设计目标被达到了？或者我们应该为自己的产品设置哪些可被测量和优化的设计指标？

在互联网的领域里，产品设计指标大致经历了这三个阶段：

（1）PULSE指标：Page Views、Uptime、Latency、Seven-day Active Users、Earnings纯粹的互联网用户行为度量、重视页面流量、停留时长、7日留存和活跃等。

（2）AARRR指标：Acquisition+Activation+Retention+Referral+Revenue。

更关注产品的整个生命周期，从产品和用户的结合点出发，关注激活、留存、推荐、收益模型。

（3）HEART模型：Happiness、Engagement、Adoption、Retention、Task Success。

这是Google在用的产品设计指标，从用户体验视角关注用户参与度、留存和流失、任务成功率与满意度。

如果你想针对你们自己的产品建立设计指标的度量体系，应该做到：

（1）措施：你可以通过什么手段收集到数据并且计算。

是通过Google Analytics后台获得数据报告，还是在线下门店安装摄影机拍摄视频。

（2）指标：你们想了解哪些指标，且这些指标是有业务价值的。

对一个软件应用商店来说，是关注用户下载量与评论数，还是搜索关键词命中应用的相关性，还是首页头部与长尾应用的推荐分布数量，是完全不同的产品业务逻辑。

（3）分析：你用什么样的工具和平台去分析这些数据，还是单纯靠Excel。

分析的工具和人一样重要，错误的视角会让数据说谎（显然还存在故意用数据说谎的情况，毕竟大家都有KPI压力），实时分析优于延迟分析，分析的结构化优于项目化。

设计不可被量化的是什么呢？

同理心、审美水平、道德感、价值观，以及追求极致的热情和动力。很多企业的老板或者设计管理者，没有这些素质和能力作为支撑，只想简单地以数字结果来论证设计价值，是舍本逐末的做法。

用户画像的定性定量方法

（1）用户画像定性+定量方法，流程和方法以及例子，这里指定性挖掘之后的，定量又是通过什么方法，出于什么目标，怎么样验证和修正了定性？

（2）纯定量用户画像的相关方法与例子有哪些？

你这个问题全部写完可能要一本书吧。我先发一个文章给你看看，明确理解一下定性研究和定量研究的区别、用法和关注点。

Quantitative vs. Qualitative Usability Testing

然后我贴三张图和一本电子书出来，方便让你理解以下几个问题：

用研有哪些方法；哪些属于定性的，哪些属于定量的；在什么阶段可以用；这些方法在实际工作中的使用频率如何；在设计思维的整个过程中，哪些研究方法是支撑具体环节的设计产出的。

见我下一条内容的三张图和一本书，谢谢。

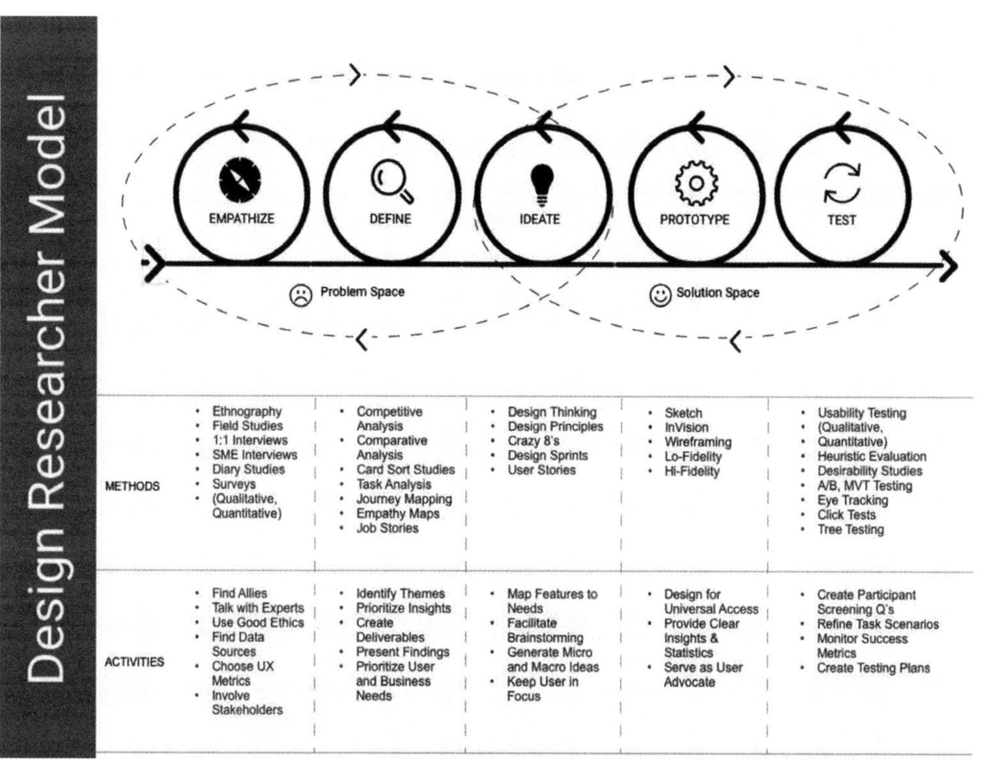

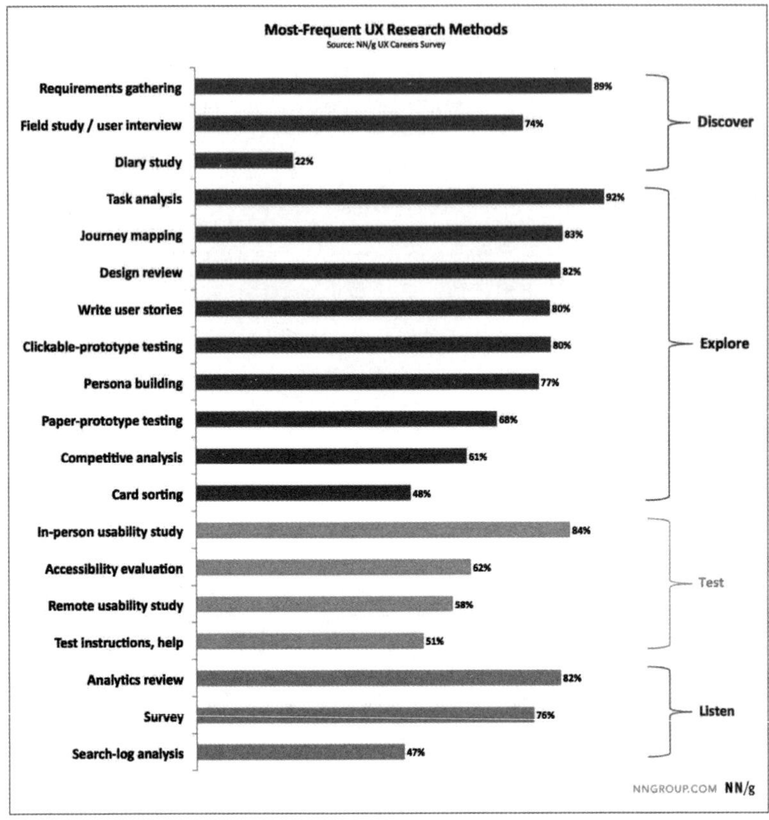
Most-Frequent UX Research Methods
Source: NN/g UX Careers Survey
Requirements gathering 89%
Field study / user interview 74%
Diary study 22%
Task analysis 92%
Journey mapping 83%
Design review 82%
Write user stories 80%
Clickable-prototype testing 80%
Persona building 77%
Paper-prototype testing 68%
Competitive analysis 61%
Card sorting 48%
In-person usability study 84%
Accessibility evaluation 62%
Remote usability study 58%
Test instructions, help 51%
Analytics review 82%
Survey 76%
Search-log analysis 47%
Discover
Explore
Test
Listen
NNGROUP.COM NN/g

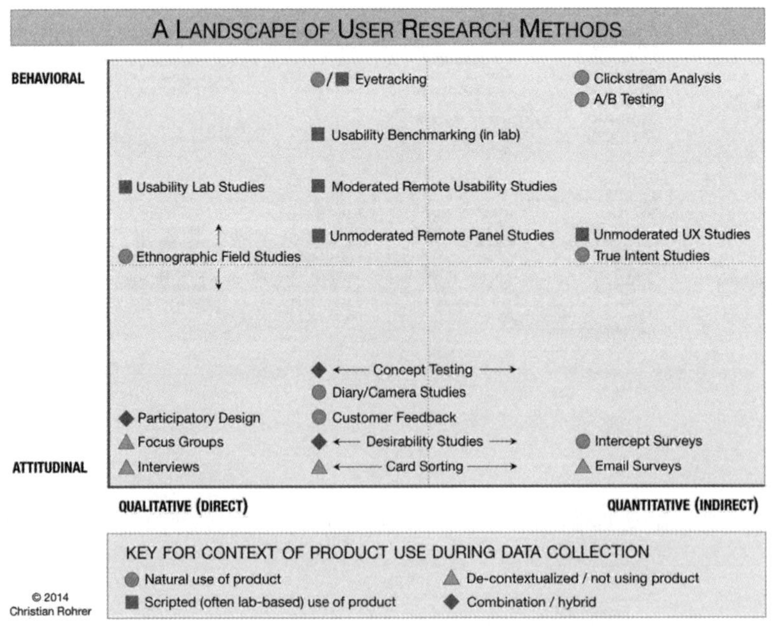
A Landscape of User Research Methods
BEHAVIORAL
ATTITUDINAL
QUALITATIVE (DIRECT)
QUANTITATIVE (INDIRECT)
Eyetracking
Clickstream Analysis
A/B Testing
Usability Benchmarking (in lab)
Usability Lab Studies
Moderated Remote Usability Studies
Unmoderated Remote Panel Studies
Unmoderated UX Studies
Ethnographic Field Studies
True Intent Studies
Concept Testing
Diary/Camera Studies
Participatory Design
Customer Feedback
Focus Groups
Desirability Studies
Intercept Surveys
Interviews
Card Sorting
Email Surveys
KEY FOR CONTEXT OF PRODUCT USE DURING DATA COLLECTION
Natural use of product
De-contextualized / not using product
Scripted (often lab-based) use of product
Combination / hybrid
© 2014 Christian Rohrer

用户画像如何通过定量去验证

之前的问题可能有误会，我具体细化一下，不是定性和定量的问题，是说通过定性访谈挖掘之后建立了用户画像，接下来如何通过定量去验证？请您以您的经验讲讲。

定量验证通常有几个做法：问卷调查、AB测试、眼动分析、脑电（肌电）分析。

这里有一个定性和定量研究如何结合的文章可以看看：https://measuringu.com/mixing-methods/

定性方法和结论可以帮助定量的数据进行归因，以便发现体验创新和优化机会。

定量方法和结论可以帮助定性的研究进行验证，进而理解用户态度对满意度的影响。

比如直播平台里面，对主播进行用户访谈（定性）之后，发现大多数主播都希望增加一键购物功能，这样可以增加周边淘宝店的销量。那么后期在AB测试（定量）的时候，从这些主播当中抽取两批房间设置实验组和对照组，并跟踪关键指标数据（比如：主播/粉丝停留时长、商品互动率、购买转化率、粉丝增长率等），发现增加了这个功能的主播房间，这些关键指标真的在良性上涨，因此可以确定这个功能需要进入主线升级。

但是有一些产品的设计可能单纯用AB测试不一定能反映问题全貌，所以可以选用其他的定量方法。

比如在设计手机操作系统的设置菜单时，我们想了解设置项的数量、设计样式、图标样式、文案描述等设计细节如何影响用户的操作效率。这时候需要用眼动测试来做，因为这是研究用户在阅读过程中的心理活动和心理现象以及信息加工过程。

眼动仪能够还原用户在阅读过程中的眼球运动，如眼睛停留次数、停留时间、注视顺序和回视次数等。这些数据指标可以综合反映出用户的整体使用效率。

如果你用访谈的话，用户可能最多只能告诉你：好复杂、不会用、找不到。

而可用性测试是定量和定性相结合的常规方法，所以我们一直建议设计师在设计交付的时候应该多做可用性测试，把问题发现和解决在上线之前。

向外拓展知识的渠道

之前关于自驱力的回答，看到您“每天看100篇趋势行业文章、趋势、深度分析和产品评测”，惊呆了，想问问这些内容来源都有哪些？方便分享些比较好的渠道吗？

在互联网今天的信息量更新频率下，每天100篇应该是下限要求了，来源一般通用的有：

（1）一些和工作相关的：相关领域大牛和专家的公众号。

（2）互联网资讯相关：虎嗅、36氪、钛媒体、PingWest、Solidot等。

（3）数据相关：CNNIC、DCCI、各类行业数据报告平台。

（4）生活方式与创意类：异视异色、好奇心日报、数字尾巴、Voicer等。

（5）设计类：Behance、站酷、UI中国等。

（6）外网资源：Google、Medium、CNN、Youtube（订阅频道）、Twitter（Follow专家）等。

根据关键词按图索骥，广泛看经济、金融、开发、运营等不同类信息。

如何分配工作、生活和拓展阅读的时间

如何分配工作、生活和拓展阅读的时间呢？这半年转做产品工作后，我感觉自己的阅读时间受到了很大的压制，疲惫时间阅读效率又有些低。

即使每天工作超10小时，但是仍然很多工作间隙可以穿插信息获取和评估，可以训练自己“双线程处理”的能力，比如：有些会议可能会进入无意义、无决策讨论时间，这个时候就可以看上面的那些平台内容，不要在别人浪费时间的时候，你也无所事事。

多利用碎片时间，你会发现一天不玩《王者荣耀》、不刷朋友圈、不刷抖音，你能节约出很多时间，大部分人的时间都是下意识地消磨在这些上面了。

出差坐飞机的时候是最佳的读书时间，不要浪费在睡觉上。我一般出差一次，来回可以看两本完整的书，选那种看得完的，主题明确的，优秀作者的专题类读物，别看小说。

至于具体的阅读方法，一般是快速看一遍掌握大纲和关键观点，然后挑自己最感兴趣的内容先读，然后再挑自己看不懂、最不感兴趣的去读，最后把核心内容点、金句等标记一下。读完后花10分钟总结一下，在你要给别人介绍这本书，你知道怎么说。

如何将交互知识理论运用到实际设计中

交互知识理论是自学的，对交互知识理论如何落地并运用到实际工作中，总是感觉不知如何下手，比如一些交互模型，如何套用到实际设计中。能帮忙举例子讲解一下吗？

所有的交互理论落到实际工作中，都要考虑场景和真实用户的行为。

所有的交互设计方案不能违反的底层逻辑是，符合直觉、提升效率和满足用户价值。

所以随着你产品发展的不同周期，产品投入到了不同的市场，使用你产品的大多数用户的年龄、兴趣、习惯在变化，都会反过来影响你的最终设计方案。

书籍上罗列的一些交互设计原则或者使用范式（比如iOS和Android系统上的控件、范式等）很难有放之四海皆准的套用情况，即使看上去很经典的认知心理学原则，也有其时代局限性和条件限制。

比如米勒原则（7±2）提到用户在同一时间最多能记住的同类信息数量范围是5～9个，这个原则帮助我们理解需要减少同时让用户记忆、选择、判断、操作的内容或功能项，作为设计原则它没有错，但放入不同场景这个问题又不是唯一解了。

现在移动互联网的操作中，用户接受的碎片信息太多，同一时间内的周边信息干扰也很复杂，所以同时可以处理并获得注意力焦点的信息应该不太可能超过5个了；另外，在电商双十一的时候，用户同时筛选和判断感兴趣的商品时，又希望数量很丰富，浏览速度很快，因为他们已经非常熟悉这个品类了，对这样的信息的分辨能力很强，有一定储备，所以同时在20个产品中找出2～3个自己感兴趣的内容，是很容易的。

交互设计既简单又复杂的内涵就是，你一定要具备强大的同理心，丰富的环境和设备的知识，理解用户场景的多样性，考虑到各种边界条件，然后再进行设计方案的产出，这才是一个专业交互设计师的价值。

怎样才能快速提升发现交互问题的能力

我在一个项目组里做交互顾问的角色，因为项目组都是产品经理，只有我一个交互设计师，领导希望我能对产品经理画的交互图给出专业的交互建议，但是我自己其实交互感觉并不好，工作年限也不长，怎样才能快速提升这方面的能力：找出别人的交互问题，并给予专业修改意见？

交互的感觉不好，为啥会成为交互顾问呀？你们老板的考量是什么？

快速提升是个伪命题，因为交互设计本身涵盖的内容太多，只有一点点地积累才能掌握真正的核心能力，还要付出大量的时间去练习和思考。但是尽量少走弯路，以结构化的思维去学习提升是可以的。

（1）交互过程的形成一定需要双方（输入方—输出方）共同完成，所以这个过程究竟是系统—系统、人—系统，还是人—人，定义了你的交互设计的基础信息环境。比如你做的是手机系统软件设计，那么至少你要对手机系统的生态非常了解，要对iOS和Android的系统规范非常熟悉（这个网上都有对应的查询网站，自己搜就行），然后对应研究两个不同生态系统中的用户差异，通过大量的调研报告、用户访谈、可用性测试等建立场景感。

（2）理解交互的前提是理解需求和用户价值，所以应该和产品经理一起思考“为什么这个需求是合理的，是否必须在现在立即满足，需求的价值和ROI如何”，没有这个基础共识，是无法完成有效成本范围内的交互设计的。你们可以通过价值讨论、项目管理核算、开发成本预估、竞品分析等方式来做好这件事。

（3）交互设计回答的是基于用户角色模型“为什么”的问题，所以需要具备一套认知心理学的知识，一些基础的交互设计原则你要明白，以及为什么这些原则的普适性很强，比如菲茨定律、席克法则、米勒法则、格式塔原理等。还有比较经典的尼尔森十大可用性原则，然后用这些原则尝试分析一下现有你们产品中的每个界面，看看是不是出现过类似的问题，如果再次修改能不能得到更好的方案。

（4）多进行任务流、线框图、原型开发的练习，具体的产出会锻炼你全局视角的能力，对功能优先级理解、信息结构、模糊边界与极端条件下的交互反馈、界面信息展现有深入的思考，这些理解和思考能让人看到别人的设计稿时一眼就发现问题，只看别人的案例是积累不来这种意识的。

（5）过去的交互设计只停留在减少错误率、提升操作效率的层面，现在的交互设计已经发展到对软硬件前沿技术的理解、业务数据的支撑、系统的兼容与生态的融合，所以对设计师的综合视野与知识水平提出了更高的要求。交互设计的专业发展也是跨学科的，所以优化自己的设计逻辑，不断反思迭代自己的方案，懂得理解用户，也懂得分析数据，善于不断从细节中找原因，这样才能越做越好。

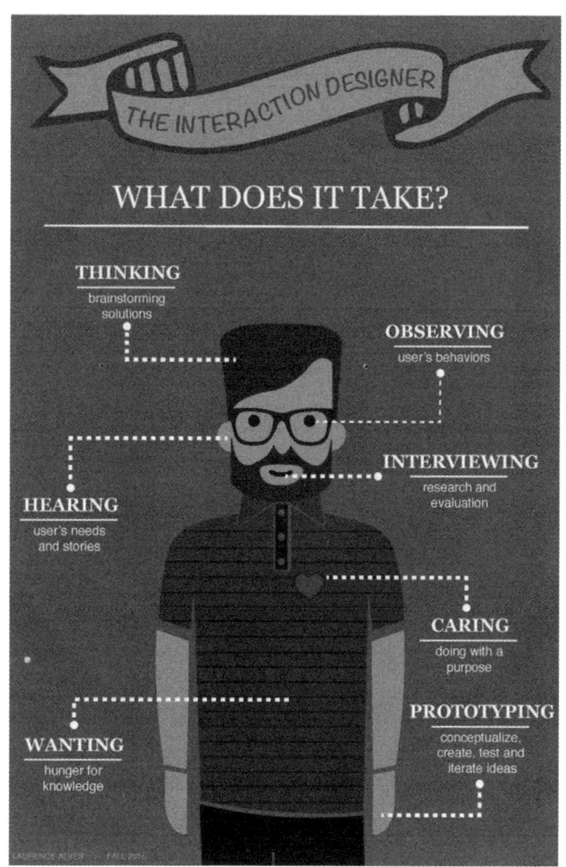

交互设计、增长设计、服务设计的区别

交互设计和现在出现的增长设计、服务设计，工作内容上和流程上有什么不同呢？

交互设计和服务设计可以理解为用户体验领域的基础学科，具备自有的学科范围和方法论。

服务设计的范畴比交互设计更大一些，但是视角不同。现在广义的交互设计和服务设计究竟谁从属于谁没有定论，普遍上的认识是交互过程是服务设计中的必备环节，但后端技术支撑，服务流的各端点协作是否也算作"系统自身"的交互，现在都看站在什么立场如何解释。传统意义上的交互设计，还是聚焦在人机交互本身，强调交互行为和场景本身。

服务设计的基础信息和工具可以看：

基础知识：https://www.nngroup.com/articles/service-design-101/

https://medium.com/capitalonedesign/service-design-tools-methods-6e7f62fcf881

工具和方法论：http://www.servicedesigntools.org/

交互设计的基础信息和工具可看：

基础知识：https://www.interaction-design.org/literature/article/what-is-interaction-design

工具和方法论：https://blog.usejournal.com/the-ux-designers-toolkit-26-methods-tutorials-and-free-templates-8dc3487111a3

在体验设计视角来看，包含了服务设计与交互设计的完整方法论：https://uxdesign.cc/ux-design-methods-deliverables-657f54ce3c7d

增长设计是一个生造出来的词，基础概念脱胎于产品运营的Growth Hacking思维，核心逻辑是AAARR模型，企业和产品所处的阶段，用户行为和运营目标都会影响运营会在哪个部分投入资源，提升关键数据。设计在这个过程中可以起到一些帮助，但大部分是创新思维和运营方法的问题，这里面的抓手是找到更便宜的流量渠道，或者是对资源投入的合理分配、ROI核估的经验。

如果说什么改一下设计，增长数据就提升非常多，这一般肯定不是设计方案的贡献，而是运营方式的贡献。比如：金融类产品你做一个Banner，上面写了注册就有机会得100元红包，这个活动的拉新数据肯定好，但是你不能说这是增长设计的帮助，因为只要是个产品运营都知道结果，这是常识。

以前讲运营设计，大家觉得有点Low，现在换成增长设计了，概念先进了点，也更和业务贴近了一点，老板对这事的认知会更正向，但这个部分的设计方案还是传统的设计方法，对人的要求主要在创新思维上。

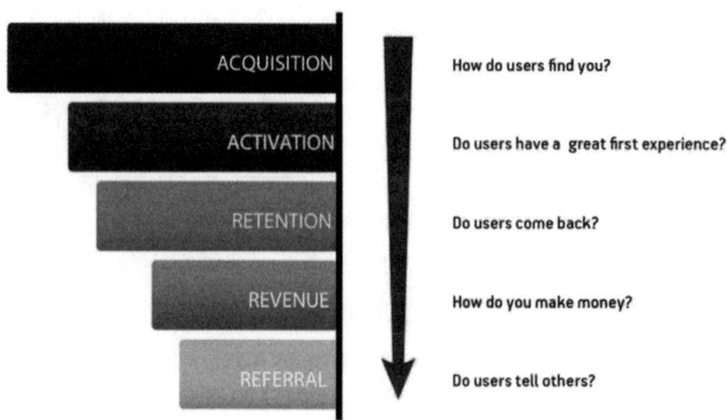

栅格化系统的相关知识

现在手机客户端做栅格系统，基数多少比较合理，现在了解到有6px和10px?

Android平台参考链接：https://material.io/guidelines/layout/metrics-keylines.html#（需翻墙，原链接失效，请自行搜索）

官方Material design定义的系统Grid system metrics是8DP，文字Layout是4DP，附件中有基于这个规范的桌面端、移动端和平板端的AI网格源文件。

iOS平台因为引入了Auto Layout、Dynamic Type，所以在适配上会更轻松一点，只要基于Auto Layout给每个界面元素指定好4个属性：坐标、对齐、分布、间隔，系统会自动搞定适配和横竖屏的问题。

参考链接：https://developer.apple.com/library/content/documentation/UserExperience/Conceptual/AutolayoutPG/LayoutUsingStackViews.html#//apple_ref/doc/uid/TP40010853-CH11-SW1

如果是确定iOS的界面静态Grid system的话，也是8PT。PT和DP其实都是一回事，两者的逻辑像素根据不同的PPI，都有倍率换算关系。

关于屏幕尺寸的问题，这篇讲得比较清楚：

链接：http://www.voidcn.com/article/p-kaaxwtnm-bnv.html

对于文档自由拖曳设计的见解

最近研究Office系列产品交互设计，从2010到2013.2016，多文档打开有比较大的变化，2010是多文档都在一个窗体中并排显示，到了2013后却改成了单独的一个个文档独立形式，可随便拖，想怎么排列就怎么排列，2010到2013两种多文档打开方式的变化主要出发点是什么？或者说为什么要变？

这是一个挺经典的问题，除了2013版本后多文档打开都变成了独立窗口以外，其实Excel、PowerPoint和Word软件在之前的版本上，各自的逻辑也不同。比如Word就是多文档打开也是独立窗口的，而Excel打开独立窗口必须通过Shift+点击Excel程序图标的方式实现。

具体的设计逻辑很难逆推，毕竟我不是Office设计团队的，但有一些历史典故可能可以说明这个问题的源头。首先几个软件不是相同的开发团队来做的，不同的开发团队对技术架构的设计哲学不一样，Excel团队倡导DDE模型，就是动态数据交换，把对数据的输入和输出作为电子表格的操作机制；而PowerPoint团队提倡OLE模型，就是文档的链接和嵌入。这两种不同的设计机制，必然带来各种不同的细节。

随着微软Office设计语言的逐渐成熟和稳定，这些历史问题在新版本中会不断地被统一、修正。

让每个文档拥有独立的窗口，猜想出发点可能和办公用户的使用场景相关，现在的显示器尺寸和分辨率都在不断提高，双显也逐渐成为办公用户的标配，那么通过复合Tab承载多窗口的形式，优越性就不大了（当然也会引起一些习惯该模式的用户的反弹）。

当然独立窗口也不是没有缺点，比如同时打开多个文档，又在其中一个文档中激活了模态窗口的话（比如打印设置对话框），你要反复切很多次窗口可能才会找到。

也许更好的解决办法是，让用户可以自己设置习惯的多文档窗口模式吧，类似PS那样。

关于功能入口重复的看法

在App页面中，出现了两个指向同一功能入口的链接，体验上有什么问题？2015年陈谦曾经讲过类似的问题，关于手机腾讯网加书签搜藏位置的，当时结论是左上角和底部更多操作里的书签都收纳到底部，合二为一了。

除为了用户更容易记忆之外，还有其他原因吗？

交互设计的基本原则是“符合直觉”与“优化效率”。

不在同一App界面中，使用两个入口（可能是图标，可能是图片）指向同一目的界面，原因是：

（1）手机的屏幕尺寸有限，手指操作又需要一定的元素间留白，这就导致手机界面上“寸土寸金”；同时，为了保证合理的可用性，让位大面积空间给内容，那么留给功能区的部分就非常有限了，你还留两个入口给一个页面？这违反了“优化效率”原则。

除非这个目的页面有非常高的商业价值，但本质上还是低效的，因为点了第一个入口成功找到目的界面的用户，基本上不可能再退出来点第二个。

（2）两个入口，一个目的，在一定程度上是增加了用户的选择负荷，当然，有些产品就是刻意这么做的，比如某些拉流量的广告。产品经理通常的说辞是：“用户点哪里都可以进，这不是提升了易用性吗？”但是因为第一点原因的存在，刻意增加某个功能的曝光，势必影响了其他功能的曝光。另外，用户如果这次点A可以进去，下次点B也可以进去，这显然带有一定“诱骗感觉”的设计，会使用户反问：“那我究竟应该点哪里进去？”这违反了“符合直觉”原则。

甚至还有产品经理提出过：“那网站上的导航有首页的链接入口，为什么点网站LOGO还能回首页呢？”宝贝儿，这是他们本质上就做错了啊，而且网站点LOGO回首页是有历史继承的。所以，现在来看很多网站仍然保留点LOGO回首页的传统，但“首页”链接基本都被去掉了（不排除有些小网站仍然没改）。

附加：输入网站一级域名地址，但很可能被带到二级页面这种事，要看清楚，二级页面基本都有“回到首页”链接的。

如何把提升产品用户体验的愿景转化为目标

如何把提升产品的用户体验这个愿景转化为目标？根据Smart原则，用户体验中有哪些可以是具体的，可被衡量量化的？我是做游戏UI。

游戏产品是一个强商业驱动的产品类型，但是游戏性本身又是特别关注用户体验的。这两者之间可能有矛盾，但也不是完全对立的。

（1）游戏成功的本质还是“是否给玩家创造了心流体验”，“是否能让玩家上瘾”。

第一点是专业的游戏模型设计、故事、游戏类型设定、世界观、价值观等要素，这些主要是由游戏的策划来完成，设计师在这个过程中也应该更多地参与，做好竞品分析、用户观察和调研，到具体的游戏中参与互动，理解玩家的心态与情绪，这些分析本身也是UX设计的重要组成部分。让玩家上瘾有比较成熟的方法，比如Hook模型等，这也是消费者产品设计的通用方法，方法中的具体数值，衡量指标本身就是SMART化的。

（2）有了“心流体验”和“上瘾”两个要素，剩下的就是大量的运营工作，即如何提高转化率。

游戏的渠道广告投放，新玩家注册转化，首个道具与充值皮肤转化，日/周/月游戏次数，游戏停留时长等每个都是具体的转化场景和指标，这些数据可以通过对设计元素A/B Testing的方式来测量。

（3）建立自己的SUS（System Usability Scale：系统可用性测量表）和TPI（Task

Performance Indicator：关键表现指标）来调整设计和运营方案。

可以针对自己游戏的特征属性制定相关的TPI，比如：

- 目标时间：在通常情况下完成这样一个任务，一个玩家需要花多少时间。超时：一个玩家在完成这个任务时，超过了5分钟。
- 自信心：在每个玩家完成每个任务后，他们的自信心波动情况如何。
- 小错误：玩家不是很确定自己是否做对了，但是结果总是会成功的。
- 大灾难：玩家本来有非常高的自信去完成任务，但最后还是失败了。
- 放弃：玩家最终放弃完成这个任务。

怎么构建一个合理的信息架构

关于信息架构能讲一讲吗？怎么构建一个合理的信息架构？在混合结构关系里，比如层级、自然、矩阵，在做信息架构图时都需要体现吗？有没有案例可参考？

（1）关于信息架构的概念，可以看看Wikipedia的简介，链接：https://zh.wikipedia.org/wiki/%E 8%B3%87%E8%A8%8A%E6%9E%B6%E6%A7%8B

（2）合理的信息架构是实时的、动态的，随着用户属性（Persona）、情境（Context）、需求（Requirement）的不同而不同，通常在一个产品或服务环境中，能够满足80%以上用户的寻找和使用信息的需求，那么架构设计可以说是比较合理的。

（3）使用什么架构和产品达到什么目标有直接关系，比如你希望产品的平台化属性更自由，去中心化，让信息的流动更自由，但是负责这些服务的企业模块又是流水线型的，决策高度集中化的，那么即使信息架构如此设计，在后续的维护和服务上也可能出问题。

一般来说，信息架构会选择一个路径作为基础开展，很少有把层级式与自然式混用的情况，比如一些原型制作软件编排元素的方式，Framer就是层级式的，Origami就是节点式（自然式）的。

信息架构的经典书籍可以反复看看，这些概念都解释得比较清楚：

对于包容性设计中弹窗比值的解读

关于包容性设计PPT第197页中“Color contrast calculator”弹窗里的比值是什么意思？具体是怎么算出来的？

包容性设计中对于“色盲、色弱、色偏”视觉型问题的兼容处理方式，弹窗的比值说明了前景文字与背景颜色之间的对比比率，比率越大则对比度越强，可见性和可读性越高（这只是说色彩关系，不包含字体本身的设计问题）。

具体是通过RGB对比算法来的。

色彩明度的对比公式：((Red value X 299)+(Green value X 587) + (Blue value X 114)) / 1000

色相差别的对比公式：(maximum (Red value 1， Red value 2)−minimum (Red value 1， Red value 2)) + (maximum (Green value 1， Green value 2)−minimum (Green value 1， Green value 2)) + (maximum (Blue value 1， Blue value 2)−minimum (Blue value 1， Blue value 2))

具体可以参照 W3C 的可访问性评估建议，链接：https://www.w3.org/TR/AERT#color-contrast

另外，苹果官方 Keynote 里面那个工具可能是自己写的，不够强大，推荐一个更强大的给你，链接：https://www.paciellogroup.com/resources/contrastanalyser/

如何进行产品体验度量

类似CRM和ERP这样的企业级产品在用户很少，UV数据很低的情况下，如何进行产品体验度量？有哪些方法？

CRM和ERP这种to B类产品如果用户很少的话，要定位一下用户少的原因，大部分可能是推广、销售、客户采购的问题。你要先做到以下几件事情，才能开始进行合理的产品体验度量，否则度量的输入数据会失真很严重。

（1）针对性地对比相关优秀的竞品，看看别人在产品体验上是否有比自己做得好的地方，这些内容只靠设计师的专业分析就行，不用依赖来自用户的数据和访谈验证。

（2）对种子用户和高活跃度的用户进行一次深访，定位他们的工作流程、业务模型，以及这个系统使用过程中的问题。你可以认为这是一次深度的可用性评价和焦点小组。

（3）每日核心数据的建模，确定是长期数据不好看还是周期性的波动，to B类产品会受到业务周期的影响，不要误读数据。

（4）产品起步期要聚焦解决核心问题，并快速理解客户的业务逻辑，建立模块化的服务，优化流程。这个时候用户业务的匹配程度，是不是解决了核心需求是关键：比如系统快不快，稳定不稳定，处理大批量数据和文档时是否便捷。这些都是产品体验的核心，度量核心任务完成率、用户操作失败率、用户满意度等指标。

（5）to B类产品对用户体验的度量，一定要做客户高层和采购负责人的1V1访谈，理解他们的运营目标和公司组织管理逻辑，不要只从C端用户的角度出发。

产品包装设计的解决方法

屌丝创业怎样解决产品包装设计？有没有好的方法？

不太清楚你的问题核心是聚焦在设计上，还是聚焦在用户增长上。我只讲讲设计方面的。

无论怎么说自己屌丝，创业必然是有启动资金的，只是你愿意在产品包装设计上（这里我理解是整体产品的品牌形象，而不是包装盒的设计）花费多少比例而已；另外，要了解你做的这门生意面对的用户或者客户，是否真的在乎你的品牌形象。产品的初始竞争力是不同的，有些是靠进入了合适的行业，有些是靠大客户支持，有些则完全就是拼性价比。不同的启动背景，对设计的诉求不同，不是说设计必须是第一优先级的问题。

品牌形象的建立在初期，没钱没人的时候，你只能二选一：要知名度，还是要美誉度。这区别于你的目标市场现在需要什么。

- 要知名度的话，可以选择走亲和路线，蹭流量大腿和热点事件，适时推出一些短平快的运营设计案例，选择正确的渠道进行传播，比如微博上的杜蕾斯官方账号的做法（当然，杜蕾斯是做得非常专业的，你可能很难复制一样的思路和团队）。这里的包装设计要极其贴合你的产品功能、卖点，有传播性为第一目标，记忆性倒不是特别重要，因为你的频度高，重复多了，大家自然有印象了。
- 要美誉度的话，就是聚焦自己的价值观事件，通过打开垂直差异的用户群关注来形成口碑，比如核心价值观是真货，那么就把制作的整个过程进行直播，并允许用户对产品进行现场抽检，从互动行为到消费者连接都围绕这一个价值观做透，做到用户信服。围绕这个主线，再展开具体的设计，强调绝不抄袭、尊重版权、抽奖真实等。做美誉度的事情，一般都不仅仅是视觉层的产品设计，还包括更多服务设计、价值观人设建立的工作。

用户体验测试方法书籍的推荐

用户体验测试的方法，或者相关方面的书籍有哪些推荐?

Jeffrey Rubin的*Handbook of Usability Testing*

Tom Tullis和Bill Albert的*Measuring the User Experience*

做用户可用性测试通常需要先思考一些基本问题，用几点的5W法来确定问题范围:

（1）为什么要进行这个测试（Why）：测试可以验证一些设计中的疑惑，或者找出现有的界面、流程设计上的问题，具体问题可以具体分析。

（2）什么时候在哪里做测试（When? Where? ）：时间一般是需要和被测试者协调的；地点一般选择在安静的会议室或者休息区，如果公司有专门的体验实验室就更好了。

（3）谁作为测试者（Who）：这里可以在招募测试者会详细讨论，不过测试者一般是符合我们Persona描述的人，或者换个说法，测试者一般是我们的核心目标用户。

（4）我们要测试什么（What）：测试一些功能点，测试界面设计，测试流程设计，测试设计中有争议、有疑问的地方。

确定测试的基本问题后，就是撰写测试脚本、进行测试环境的搭建、制作测试原型、进行实际的测试和记录工作，最后根据测试结果的分析形成测试报告，用于指导后续的设计迭代环节。这个展开讲会特别多，网上有很多不错的案例，用Google搜索看看吧。

如何让设计方案汇报更具有说服力

设计方案汇报时，如何讲好故事，使方案有理有据，关键还感染人?

我个人的建议是，任何一次设计方案的汇报都要提前准备好以下几个关键内容项:

一系列真实、有据可依的数据:

美国谚语说，除了上帝，任何人都要基于数据说话。这个本质就是强调实事求是，聚焦在问题本身解决问题，设计作为解决问题的一种具体手段，入手的第一步就是从各种现象和数据中挖掘本质问题，定义面对的关键问题是什么。设计的出发点错了，后面的方案再完美都是没有意义的。

而且设计方案汇报大多数情况都是面对各种领导和客户，没有比清晰的数据更能说服他们的了，商业上重视的是求证，而不是感觉，感觉是靠不住的，有风险的。

一个来自用户的、具有画面感的案例：

商业的基础是满足用户价值的同时赚钱合理的收益，无论是买产品，还是消费服务，本质上最终消费者才是一切商业交易活动的根本。所以用户端的问题是最值得关注的，也恰恰是冗长的商业链条中最容易被忽视的，因为在面对大量的分析报告和商业计划书时，用户基本都被当成了一段数据，一个称谓。把真实有代表性的用户抽象为一个角色，把他们最直接真实的反馈呈现出来是很有冲击力的，形式包括但不限于录音、录像、照片、模型。聪明的设计师不但会展现用户的问题，还会巧妙地让用户帮助自己说出想说的内容。

一个可被证伪的、客观的方法论：

相比起你对竞品的对比，描述设计方案使用的形容词来说，更有说服力的是来自专业学科的客观证明，你想想看，“这里这样设计的话，用户会更容易点击到”，对比“根据费茨定律的验证，这个方案的点击效率会提高25%”，你要是客户，你觉得哪个方式更有信任感？这并不是什么技巧，或者设计师的装逼法则。因为“你觉得”的事情只说明解决这一个问题的方法，而被证实有效的方法论可以解决一类类似的问题，被汇报对象会更倾向于ROI更高的说明方式。

如何培养与启发产品感觉

产品感觉怎么启发？

作为用户体验设计师，工作的出发点是在提供的产品设计和服务设计中，真正满足用户需求，解决用户问题，提升产品服务的口碑。

也就是常说的“做正确的设计”的优先级，要比“正确地做设计”来得高，有起点级的重要性。

做正确的设计就是解决对的问题，问题对不对取决于考虑问题重要性和优先级的变量：同样是社交产品，微信今天要解决的问题和Tinder显然是不一样的。这里面不但涉及产品阶段、企业规模、市场状态，还涉及创始人的气质、团队的经验、与上下游合作伙伴的契约要求。

不过上面那些都太宏观，对于一线设计师来说，“怎么训练自己的产品感觉，并在设计思维的驱动下，落实到自己的设计过程中”才是需要关注的问题。

有感于现在很多设计师期望提升自己的产品感觉，我今天来聊聊在团队合作中，设计师的产品感觉应该如何启发。（考虑到各公司的流程、团队的复杂性和针对用户的产品服务差别较大，这个方法请灵活使用。）

1. 训练自己的产品触觉

如果你在日常生活中听到：“这个太不方便了……”“如果可以……那就太好了”“这个做得不行啊，还不如×××……”，那么你的机会来了，马上和说这话的用户建立联系，进行访谈、交流，观察导致他不满的原因。

同时，对比自己在用某些产品时的痛点，是否会有共鸣，找出它们之间的联系。

产品触觉这件事情，其实就是敏感地洞察自己遇到的问题，又能具备同理心地观察到和你相似的另一些人的问题，推己及人，以人为镜，找到需求的能力。

比如：人人都在用浏览器看网页，看到一个不错的网页除了要保存下来以外，可能还有截图的需求，那么截图这个功能是不是可以做一个特性？

2. 产品设计的评估过程

大多数解决方案的Beta版本，都是简单粗暴地直接提供功能，方案可能就一句话：“给我们的浏览器加一个截图功能，一个按钮就行了，放在工具栏上。”

这时团队群策群力的讨论开始了，正常情况下，方案会进一步描述为“这个截图功能需要支持滚屏操作吧”，围绕这个特性，接下来：

有一种设计师很快就接话：“现在市面上有人做滚屏的吗？”“开发难度好像大了很多！”“嗯，好像不错，不过我应该用不上。”

另一些设计师开始思考：“现在的用户用什么软件来滚屏截图？竞品分析一下。”“滚动的节奏、频率，图片最大支持的容量和尺寸，保存到哪里？”“滚动同时是否能智能屏蔽广告？”“如果用户放大过浏览尺寸，滚屏时是否智能切回到100%？”

还有一些设计师开始盘算：“截图未必要我们自己做，开放接口给SnagIt是否可以？”“截图如果可以基于账号共享，浏览器就成了用户的云图库。”“图片可以云端输出到PPT和Keynote中，在线办公不是梦。”

这种对话和思考，可能在很多团队中都出现过。这里不谈思考角度的对错，其实你会发现因为各自角色的不同，KPI不同，利益刺激点不同，对于产品细节的讨论倾向性都很明显。这是大部分方案讨论过程中常见的，不必在意。

3. 设计思路的收敛变量

偏重产品侧的设计师更关注用户留存率和用户活跃度，偏重运营侧的设计师更倾向于评估PV和DAU收益的短期和长期价值，而产品经理同时还要考虑开发周期、产品节奏、实现与运维的难度，甚至考虑到团队评价与业界的评价。

今天主要讲启发，这个部分的详细内容以后再说。

分享一个自己设计的小工具，我叫它“产品慢陀螺”，用来训练产品概念设计的日常思考。从内到外的因子排序是：行业领域—企业自身的优势—用户普遍需求—产品的具体形态。在4个圆环之间旋转排列，做成纸板模型来训练自己从陌生领域中发现潜在需求的能力。

比如：在医疗领域中，一家拥有社交基因优势（掌握用户关系链）的公司，像腾讯、中国移动、陌陌等，如果希望满足用户节省治疗时间的需求，去运营一个微博账号会怎么样?

通过逐步的分析，层层问题的递进，来看看这个命题是否成立，经常持续地进行这种训练，对于产品的感觉会逐渐圆润。

而如何将问题层层分解，哪些对于问题推进是有价值的，哪些是问题的陷井，下篇文章继续说。

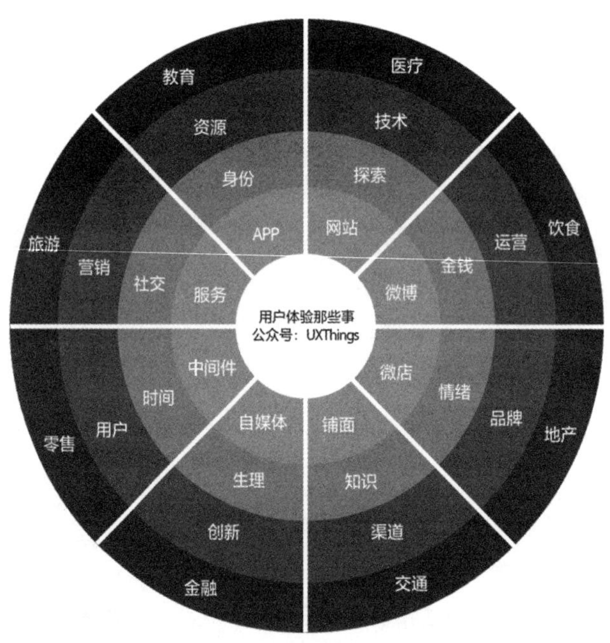

对于设计的基本认知

有哪些对于设计的基本认知?

曾经有人问我：“UI设计是不是Icon、按钮、背景图片的组合？”我答：“那生日蛋糕就是面粉、鸡蛋、蜡烛的组合。”

关于UX、UI、GUI的基础知识解释，只要稍微Google一下就行，不用反复地讲。

但问题映射出一个现象，外行人不懂也不搜索一下，张嘴就问，显示出我们身边的大多数人是不会提问的；有不少“行内人”其实他们自己也搞不清设计的准确概念，造成了有误区的基础术语被一再传播，直到扩大为“不准确但又能听懂的常识”。

设计作品因为其视觉的表现力，往往被用户和合作方直接理解为设计的结果，作品本身又很难完整描述整个设计过程，所以让非设计师身份的人很难理解设计的出发点和目的。

久而久之，不少设计师对设计的理解也开始模糊而零散（这种情况并不罕见，很多院校的设计专业学士和企业的设计师都有认识上的不准确）。

简单来讲：

设计是一种解决问题的思维方法，主要由设计思维和设计手段组成，但设计不是唯一的解决问题方法，比如理论数学的问题用设计手段去做就不可能得到可靠答案。（现在有一种“大设计”的火热概念，企图把地球上的所有事情都用设计思维去解决，我持保留意见，同时建议药一定不要停。）

在当下社会环境中，设计面对的问题主要是产品和服务的问题，因为这些东西原本就是设计的产物，是人创造和产生的。树上结个果子，你路过吃了，这件事情没有设计，是大自然的鬼斧神工。但你把它摘下来，装箱，贴上标签和说明卖给其他人，这里面产生了诸多环节和信息，这些东西就需要创造和制作来参与。

创造对应的是思维能力，制作对应的是各种制作的手段，这两者持续精进得到了设计经验。

所以，作为设计师，如果要提升自己的设计专业能力，无非是从以下这两个层面入手：

• 思维层面：找出问题，产生想法，形成方案。

• 手段层面：改善流程，熟练技法，具体制作。

• 如何区分初级、中级、资深、专家级设计师？

• 初级设计师：问题和解决手段已经很明确，你的工作就是做出来。

• 中级设计师：问题很明确，但是解决的手段没找到，你的工作是清楚理解问题，针对性地给出一个解决方案。

• 资深设计师：问题和解决方案都不清楚，你的工作是发现问题所在，并提出有效的多个解决方案，选择其中一个最佳的去落地。

• 专家设计师：在定义问题和解决方案的基础上，横向考虑商业、技术、品牌的综合问题，决策一个好的设计方法，让方案设计的ROI最大化。

设计系统简介

什么是设计系统？什么情况下需要一套设计系统？

现在业界通常对Design system的定义还是围绕在打造一套完整的视觉语言，以帮助产品团队建立统一的设计认知。设计系统的作用是巩固和维持设计语言的一致性，引入设计组件和工具，使得设计过程的效率提升，并在团队之间建立起沟通的桥梁。可以说，建立成熟的、完善的设计系统是对产品设计品质的保障，也让设计师有了可以共同遵守的约定。

现在的企业发展，特别是TMT类型的企业（以互联网企业为代表）越来越强调产品研发周期的效率以及正确性，随着产品策划和研发队伍的快速扩大，设计团队通常有几件事要跟进：招更多的人、设计得更快、同时为多个复杂问题提供解决方案。

这几个要求也同时带来了问题：招更多的人意味着团队的管理和培训成本上升；设计得更快就减少了设计师的思考和检视时间；同时处理多个复杂问题（通常是设计需求的并行化）就会带来对一致性的影响。这些问题单靠设计师的个人能力是很难去控制的，所以设计师需要一个基于设计原则、设计流程和工具运用的新方法来解决问题。这就是设计系统诞生的原因。

如果你的设计团队遇到了以上1个或多个问题，那么启动进行设计系统的规划工作就需要列入考虑范畴。设计系统其实就是由过去的Style Guideline演变而来，不同的是过去的Guideline更强调控件、范式的组件化和一致性。

一套完整的设计系统至少应该包括：设计哲学、设计原则、设计方法、设计流程、设计规范、设计工具化、公共组件代码库。

GVT工具和NPS度量的知识与工具

您在《建立用户体验驱动的文化》这份文档中，提到了GVT工具和NPS度量，文档的篇幅有限，能分享一些这方面的知识或者工具吗？

GVT是我们自研的内部界面测试对比工具，用来看开发还原界面后和设计稿之间的差距的，有一些公司也在用自己开发的工具，细节不能多说，属于保密内容。

NPS是净推荐者得分：是一种计量某个客户将会向其他人推荐某个企业或服务可能性

的指数。是Fred Reichheld（2003）针对企业良性收益与真实增长所提出的用户忠诚度概念。它是最流行的顾客忠诚度分析指标，专注于顾客口碑如何影响企业成长。

一般回答的问题是："您有多大意愿向您的朋友推荐×××产品？"

推荐者（Promoter）：具有狂热忠诚度，铁杆粉丝，反复光顾，向朋友推荐。被动者（Passives）：总体满意但不忠诚，容易转向竞争对手。贬损者（Detractors）：使用不满意不忠诚，不断抱怨或投诉。NPS的得分值在50%以上被认为是不错的。如果NPS的得分值在70%～80%则证明你们公司拥有一批高忠诚度的好客户。调查显示大部分公司的NPS值还是在5%～10%徘徊。

http://www.chn-brand.org/c-nps/shouji1.html是国内一家专注NPS评估的机构，参考看看。

对于全部从竞品出发得出结论的看法

总监带领我们做产品规划时，没有做任何用户研究，全部从竞品出发得出结论，但在规划文档输出时，却要求是从用户的角度得出这些结论，这个时候就得自己YY用户需求和结论对应上。是不是很多公司都会这样？

如果是因为老板喜好、产品线思路要求、项目时间紧张等因素做一两次这种事情，可以理解，但这种做法一不专业，二不解决根本问题；如果你们总监只会这样做事，而不考虑以用户为中心的思维导入，运用合理的设计和研究方法支撑设计结论，那么你们总监就是不称职的。

也许有不少公司内部是这么做的，但我不太清楚具体数量，我经历过的腾讯、华为等公司不可能这样去做（特别是在一个专业团队中）。

如果没有来自用户的定性和定量研究结论，没有对于市场和产品运营数据的分析，你去做竞品分析，分析什么你知道？分析达到什么目的，支撑什么设计转化你清楚？还不就是无脑抄嘛。可是竞品为什么上这个功能、真实用户数据如何、运营效果等都是黑盒状态，还不谈有些人连竞品都不会选，业务逻辑的更新跟不上产品迭代变化的要求。

从用户视角出发看问题，做专业的、聚焦问题的用户研究和设计分析，是为了降低设计出错的概率，提升产品的成功率和竞争力。了解你们产品真实目标用户是谁，在哪里，遇到什么困难，对产品有什么期待和抱怨，尚未满足的需求是什么，为什么选择了其他产品，这都是设计逻辑的基础问题，没有这些，任何设计方案都是无源之水。

稍微重视一点业务逻辑和产品逻辑的老板、产品总监，都不可能会认可这种抄竞品、无用户视角的设计过程。

意愿研究如何帮助做品牌调性的确定

定量用研方法里的意愿研究，这个是怎么做的？是否对做品牌调性的确定有帮助？

意愿研究使用定量的分析方法，得到用户偏定性的分析结果，通常是先收集一段时间范围内的数据报告和文献，提出一些初步的研究假设，再采用抽样问卷调查的方式获得用户数据。也有资源比较充足的公司会对产品销售、服务场所进行视频、音频的跟踪。

研究的过程中，变量（自变量、中间变量、因变量）的观察跟踪与分析是最重要的，根据不同的产品类型，经常会包括品牌信任感、品牌整体形象、产品购买环节体验、态度变量关键影响因子、购物意愿影响因子等。

获得问卷数据结果后的分析，需要关注样本结构的合理性，差异性分析能明确匹配到你的产品目标。相关性分析、回归分析：比如以消费者的态度关键词聚类结果为因变量，产品专业性、可靠性、吸引力、功能性、经验性、销售地点便利性、空间体验、标志等为自变量，进行多元线性回归分析。

品牌调性可以作为一个具体的分析主题，导入意愿研究的方法来分析，可以做，但是品牌调性通常是意愿的结果，而不是意愿的起因。

设计的依据与决策准确性

通常设计中的决策是怎么做出来的？依据是什么？怎么判断这个决策的准确性？这也是最近我在困惑的问题。

设计的决策伴随设计的整个过程，也是设计过程中价值最高、难度最高的部分。在初期的阶段回答为什么要通过设计解决某个问题、为什么采用某种设计方法而不是另一种、为什么要选择某个设计方向、为什么这些设计方案对我们的目标用户是有价值的、为什么几个不同的设计方案中会选择这一个、这个方案为什么能达到我们期望的设计目标等问题都是设计决策要考虑的。

通常有高级设计管理者（这个管理者通常也会和产品、技术、商业管理者密切合作）的团队，最终设计决策都是由他来决策的，其间可能会参考更高层领导的建议或者战略目的；如果没有相应经验的设计管理者控制品质，通常都是产品负责人或者老板直接确定某方案。

做出设计决策基本的依据是：商业战略目标，用户满意度与口碑评分，可用性测试结果和易用性专家评估，品牌规范，设计原则或设计指南（以保证一致性），关键数据指标反馈，美学逻辑。

但作为设计管理者来说，更多时候的设计决策都是各种条件限制和综合平衡后的结果，所以越大的、越成熟的产品往往做出的设计决策越是稳定，甚至是有点保守。除非这个设计目标一开始就是奔着颠覆式的创新探索去的，但一般到落地过程时又会理性地思考各种后果。

因为对于设计决策的准确性来说，设计师和设计管理者的视角是不同的：

（1）设计师认为的准确性是：不要用回第一稿，一次通过率，认可设计思路并赞同，专业导向，UCD用户视角，如果老大通过了这个方案，老大的老大不认可也不要回过头让我背锅。

（2）设计管理者认为的准确性是：多次修改直到没有更好的方案为止，满足商业价值，技术成本，沟通成本，用户满意度，运营压力和三方合作耦合性，设计原则是否应该升级，这个决策的ROI究竟如何，是否有plan B，任何设计都没有绝对准确只有相对准确。

如何促进运营与设计协作高效落地

最近对接的运营负责人总是以不好看为理由让设计师反复修改，设计师也尝试过从竞品的风格分析，进一步引导沟通对方觉得不好看的理由等方式做沟通，但也没起到明显的效果，对方还是在反复提及不好看。

另外一个问题是在设计流程上双方也没完全达到一致，在对方的认知里面，设计是最后一个环节的事情，前期的一些策划和想法无须设计师参与，设计最只需要等最终文案和框架确定了之后直接做视觉就好了，而我认为设计师必须要参与到前期活动页面框架划分的环节里面，增加设计师项目参与深度更利于最终视觉的落地。

从团队Leader的角度上来讲，我可以再从哪些角度上去做可以利于两个部门的协作及设计的高效落地？

你们两个团队是汇报给一个老板，还是不同的老板？如果是一个老板，你要和运营负责人一起跟老板坐下来谈一次，找出问题关键，建立有共识的解决方法；如果不是，你们头上两个老板要找到更高层的老板去确定。这种协作的问题，只有管理手段可以推进，专业展现只是你们沟通的素材。

另外，运营设计在你们产品中的地位究竟如何？如果不和商业利益直接发生关系，那么这道题很难解。如果发生关系，你要找到在产品核心指标衡量中，运营背的KPI目标是哪些，把这些目标分解出来落实到页面上的每一个控件、图片、文案，计算他们之间的转化关系，以及这些运营的节奏、目的究竟是什么。是为了拉新、激活，还是留存、转化。不同的产品目标，映射不同的设计目标，在这个目标上制定你的设计规范、设计标准和交互，视觉上有提升量化的手段。

好不好看是非常主观的事情，但是通过协作达成共识，制定量化标准，可以在一定程度上把主观变成客观，这样大家的情绪化争吵会少一点。你的理解是对的，设计师必须参与到前期的策划、交互、运营指标分解中，但是前提是你手下的设计师是否具备了这个能力？不是说他参与了，就一定能理解，或者能在这个阶段提出相应的设计意见和建议，这个能力的提升工作需要你日常去完成。

不要抱有“设计师设计出来的东西就一定是美的”这种想法，做得丑而不自知的情况很常见，所以在运营指标的基础上，拉着运营负责人、运营人员一起做情绪版工作坊很重要，看看业界做得好的究竟是什么样，他们心目中美的标准是什么，哪些“美”的设计既符合产品品牌基调，又促进了运营指标提升，还获得了用户好的口碑——无非是看竞品，看市场，看趋势，看用户反馈。在此基础上，建立你们运营设计评审的条约，以后大家清晰地知道该如何评价运营设计，而不是随口一说。

最后就是设计出来的内容，做一些AB测试，让用研结果和数据跟踪告诉你们，产品的目标用户究竟为什么风格买单，再熊的运营负责人也不会跟用户过不去。

如何提高指出PM不足并优化的话语权

我是一名设计师，在这个行业四年了，每天做着广告图、产品新功能界面等等关于形、色、构、质的东西。我常常做出新功能界面后因为缺少引导或反馈体验差而返工，我未能在做设计时就意识到这一点。我常常根据设计原理去定义一些版式、颜色的规则，之后会因为PM都想要提高点击率，都想要提高广告展示率而每个页面又都不一样。我参加评审会时，我常常提出自己关于提升体验的意见，但这评审会如同告知会一样不会采纳你的意见。我不想仅仅在做视觉的东西，我想掌控我做的产品，我想提高话语权能指出PM需求的不足并优化。我该从何开始学习？

想掌控设计的决策权需要做到两个方面：

（1）专业能力足够，并且知道面对不同角色用他们听得懂的话，把自己的专业性传达出去。

（2）在组织中建立权威地位或领导地位，让不同角色能耐心地、理性地听完你的话。

第一点，从你的描述中看，你在设计项目启动的前期并没有建立起对整个项目设计目标的充分认识，这可能是你的专业能力还不够，也可能是前期缺乏沟通导致你掌握的信息量不足。在一个组织中，商业成功是优先保证的，然后是不同角色的KPI，然后是产品顺利及时地上线，最后才是设计层面的综合考量。

提高点击率、提高广告曝光率，和好的设计是完全不冲突的，如果你的设计违背了产品的目标，然后再企图用所谓设计的原理来解释，当然不会得到认可。设计原理是基本的做事方法，但是不同的方法在不同的组织中、不同的产品阶段，甚至不同的场景中是不能套用的，这个在设计原理的书里面通常不会写。

如何学会根据不同的设计目标和场景调整自己的设计思路，灵活运用原理？首先，要学习在特定组织中让设计落地的方法，听取他人的建议，对齐基本的设计目标，这个沟通在设计开始前就应该完成，形成对设计方案的输入；其次，应该多接触实际用户，理解产品的相关运营数据意味着什么，有时候并不是PM的需求有问题，而是你的思维听不懂别人的需求。

然而这些经验没有任何一本书会说，通常都是在团队完成项目过程中积累下来的，不同的团队在沟通、协作的成熟度上又有很大差别，所以即使1：1地告诉你腾讯、华为的团队是怎么做的，也不能解决你组织中现有的问题。所以要看第二点。

第二点，建立UX驱动的产品逻辑是一个大工程，由上往下推比较容易，由下往上推是很难的，因为UX本质上是臆想的建立，改变思维是组织中最大的挑战。那么在设计导向和专业性不够成熟的时候，一个成熟的设计负责人（可能是你的领导，也可能你自己胜任到这个位置）就显得尤为重要。

设计团队的话语权，或者说帮助组织建立设计竞争力的团队，他们的瓶颈通常都在那个设计总监（或者经理、主管）身上。如果你的设计团队没有一个专业度够好、说服能力够强的领导，那么很容易在群体公开讨论的场合找不到话语权的切入口，导致团队越来越被动，最后沦为需求解决方。

说服力又是建立在：足够的专业能力、强大的沟通能力、因为坐在这个管理位置获得比别人更多的信息量、理解商业和设计的关系、拥有理解用户的同理心、成熟的设计决策经验。这些能力需要适当的团队、产品的经验、工作的资历，甚至一些背景才能达到。这也是为什么这个行业里面这种人很少，而且特别贵的原因。

回到怎么学习上，首先在专业上建立设计+商业+用户+技术的综合思维，意味着你要去了解公司是怎么挣钱的，PM在背什么KPI，设计团队在产品的不同阶段应该做什么事，假装自己是设计总监来思考问题。

然后你要开始有意识地锻炼自己在公开场合有逻辑地表达自己想法的能力，会议中学会观察别人，理解会议和讨论的目的，什么话应该讲，什么话不应该讲，以解决问题的最终结果来准备自己的方案和数据。

坚持自己的专业度，如果经过全面思考的方案被挑战，要懂得不放弃，不过很多设计师其实这一点都做得不够好，原因还是第一步的准备不足或者经验不够，所以在被挑战时，轻易就被别人找到了短板。

为什么PM说的话通常会比设计师更有效，更容易被接纳呢？因为很多设计师并不会考虑公司的成功，而只考虑设计的“成功”——被接纳，被认可。

关于设计侧驱动改版的思维模型

求一份设计侧驱动改版的思维模型目的：论证改版与否、如果改怎么改。

————————

以下是我自己拆解的目标：

（1）论证用户群的变化；

（2）了解公司动向；

（3）分析时局和行业动向；

（4）从（1）（2）（3）得到改版策略（大方向）。

————————

遇到阻力，知识储备不够思维模型没有形成闭环，只能高屋建瓴，却无法从（4）走向落地。

要驱动改版首先要问清楚自己为什么需要这次改版（任何的改版（特别是大改版）都会带来研发和决策的成本，这个过程中人员、时间、金钱都是需要投入的，所以要算好

ROI），设计侧能不能驱动好改版，核心在于ROI思维够不够成熟。

（1）改版是由问题引起的：用户群为什么会变化？这个变化靠改版能解决吗？改版以后是吸引回老用户，还是让新用户更适应？

公司策略具体有没有引起产品方向的调整？如果有引起，最好让产品侧先发起，设计侧配合。

（2）组织架构和改版没看出什么关系。

时局和行业动向要足够的市场分析数据提供依据，由战略部门的洞察来告知，设计侧通常不具备这种分析能力，不是网上的一些媒体爆了个什么料，行业动向就变了，真实的行业中，这些不是决定性因素。

（3）新的改版必然或多或少造成老用户的抱怨，用什么方式平衡和计算这个问题？有没有B计划来应对可能的失败？

基于上面的这些问题都回答清楚的话，下面的改版推进计划可供参考：

（1）现在的版本哪些部分做得好，哪些做得不好，好的继承，不好的会分解到什么部分的问题（单独把设计部分的拆出来）。

（2）改版要解决的这部分问题，重要性和波及面有多大，需要绝对硬的数据支撑，因为要排需求优先级，不是设计师觉得不好就要改，那不是职业化思维。

（3）设计侧的投入会怎么样，改版的成功标准是什么，这个标准是否符合公司目前战略和产品方向的需求，是不是能放到一起看，作为产品竞争力来思考，而不是设计优化。

（4）详细的设计流程和改版Biref的提出，规划好时间，人力投入，改版计划要尽量科学，详尽可持续，不要扩大问题范围（问题永远是解决不完的，但是资源有限，只能解决目前最需要的那些）。

运营设计上如何制定有体系的色彩规范

我在公司负责产品的运营设计，目前领导对我们的设计产出不是很满意，一是觉得色彩有点乱，把所有的活动页面放在一起的时候就觉的很乱没有体系，尤其活动的几个Banner都出现在推广位置轮播的时候特别明显，整体上觉得颜色很乱。希望我们出一套运营色彩规范。但这点我比较困惑的是在运营设计上如何能落实得出一套有体系的色彩规范，因为运营设计就是追求创意上的多变，不是确定的。二是方法论落地的问题，领导提出我们的方法论看起来是对的，但如何才能真正解决和落地到方法论里提及的提高设计品质。能否给出一些指导建议？

（1）运营设计虽然是追求创意的，但是创意不意味着不稳定和随意地变化，创新也是应该服务于运营目的，追求运营效果和ROI，且有规律可循的，如你们的产品运营的频率、周期、阶段、产品特征、品牌定位与策略、目标用户的喜好是什么。先做运营策略的研究，再制定相应的运营手段，而运营设计的风格服务于手段的需要。手段模糊，数据跟踪不到位，设计只能被动挨打。

（2）要学会拆解和翻译领导的话，乱是表象，本质的问题在哪里？是没有符合产品的需求，还是目标用户无感，或者是你们本身就做得乱，缺乏体系？可以先给你们的运营活动分一下类，哪些是固定的大型活动，哪些是话题和季节驱动的，哪些是每日拉量的实验，目的不同设计的方法就不同。

组成运营位设计的具体的动画、入口标签、Banner、专题Icon，要学会引导用户的视线与兴趣，遵循Hook Model和Fogg Model来做页面的整体布局，以及Banner位置的对比衔接。

（3）研究并分析市场上你们同类、异类竞品在吸引你们的目标用户上哪些运营手段是高效的，通过归纳总结分析出别人做得好的经验，再来制定你们的版式规则、色彩规则和文案规则，运营是需要精细化操作和思考的事情，不仅仅是作图这么简单，没有这些前置分析，自然搬过来的方法论都是不接地气的。不管你的框架画得多好，没有效果的运营其实都是自嗨。

如何做用户访谈

我们公司在设计一款新产品时需要进行用户访谈，需要访谈的用户是一群特定职业的群体，但我们想不到途径能接触到这部分群体，并将他们邀请到公司做用户调研。用户调研的用户招募方面，有什么好的经验可以分享吗？

你们针对的用户究竟有多特殊？通常是这么理解，用户一般都是有职业性的（即使是小孩，他也有相关的职业性，比如中学生、某兴趣班学员、王者荣耀玩家等）。既然有职业性，就一定会有甲乙方的交易关系，所以最好的接触这种用户的方式是，成为他们的客户进行付费接触。你看很多纪录片的深入访谈模式，都是这样进行的。

如果有自己接触用户的渠道，且数量不太大，主要做定性访谈的话，还是建议亲朋好友的推荐，或者自己去市场中寻找，甚至街头拦访都可以。

如果没有自己接触用户的渠道，但是访谈频次很固定，可以考虑与外部第三方的用户调研公司合作，他们会去招募相对应需求的用户，但是这里面有一个偏差，有不少这种渠道过来的用户，都是常年参与访谈的，你未必可以真正获得自己想要的信息。

最后就是让用户来找你了，采取制作大量的问卷，或者报名有奖问答的方式，在目标用户群经常出入的线上、线下平台进行投放，获得具有统计意义的样本。

如何体现用户研究的价值

在面向特定的垂直领域，业务极深，行业壁垒很高时，用户研究的价值应该怎么去体现？当我们尝试去带入一些方法到产品上实践，会发现执行者必须由业务方来操作，我们只能以配合的方式去推动事情进展，这就导致：一团队成果不好切分，二业务方也有自己的研究方法，当产生的结果类同时，会认为价值不大。

垂直，业务成熟，行业壁垒高。这说明已经是发展比较久，利润还不错，进入收割期的行业，这个时候已经不是不理解用户是谁、在哪、他们喜不喜欢我的时候了。已经沉淀的数据、客户的定制需求都需要用研团队紧跟业务，深入分析数据，洞察商业变现。传统的用研已经没有意义了，简单的访谈也起不到了解用户的作用。

简单来说，你们需要从所谓“研究用户”的人本身，转向“研究用户产生的数据”，找到合理的体验支撑点，而且这个体验的改良能同步提升商业效果。

交互在产品中的作用

产品的成功如何归功于交互的成功？PV\UV\DAU\转化率\下载量等数据上去了，怎么证明这些结果不仅仅是产品设计规划和运营的功劳，怎么证明交互在这里面的作用？

这是一个公司内常见的对设计不理解造成的问题。

（1）要看需要向谁证明交互的价值。

如果是对老板，那么交互设计有没有聚焦业务成功，在设计层面计算用户体验的ROI可以做一个课题，这个内容后面我可以发发模版。

（2）交互的价值是提升交互的效率，提升用户满意度，但对数据直接负责是不合适的。

交互设计师如果对这个负责，那么就要负责产品策略和运营相关的工作，那么这部分工资公司愿意加吗？有一些交互的细节设计问题，也不是只有交互设计师可以想到的，所以有些公司没有交互设计师，有些公司没有产品经理。在一定程度上也说明了两个角色交集很大（特别在产品的初级阶段）。

（3）产品的成功是团队的成功，不是某个人或某个部门的成功。

如果一定要分清楚各自的价值，可以试试在一些单纯数据环境中做设计细节的测试，互联网产品经常这么干。比如做两套方案进行AB Testing，观察数据变化，建立信任基础。

但只是为了比较价值谁大，而不是聚焦让用户体验提升，这个出发点是有问题的。另外，如果让产品来评价交互有没有价值，本身就是悖论。

（4）未来的团队更强调Leadership，而不是Role of position。

每个成员在团队内的价值是大家能看到的，如果团队成员开始质疑某个角色的价值，已经说明这个角色的存在感或参与感不强，这个是信任关系的问题。

实体产品的布局和设计如何与用户研究有效结合

实体产品的战略布局，由于供应链和生产关系的影响，基本是长周期的，至少一年；而以用户为中心的互联网思维，却发现用户需求时刻发生变化。如何把实体产品类的布局和设计，同用户需求研究有效结合？

实体产品的更新迭代速度也在越来越快，单个产品虽然时间长，但是架不住几款产品同时跑，因为市场和竞争对手不等你。

互联网的小步快跑、精益迭代等产品思维方式，也在渗透进入各种传统行业，大家都不傻，能提高效率和成功率的做事方法总是被很快地学习的。

用户研究在这个问题上也要灵活区别看待，快速迭代中的具体的可用性测试、用户访谈、游击式调研，本来就应该非常快才对；而大型的专题研究，深入课题调查就需要一定的样本量，以及数据分析和专项研究时间。另外，现在对于产品大数据的分析维护也逐渐变成很重要的用户研究技能，从数字中洞察用户的需求、行为变化，甚至到心理诉求，都是对用研从业者的新挑战。

再看互联网产品的用户群表现，其实也不存在用户需求时刻发生改变情况，而是用户的注意力容易被分散，移动互联网的使用让用户的行为更碎片化，但是需求本身还是固定的，吃喝玩乐、生老病死的主命题并没有根本上被颠覆。

实体类产品链条长，问题反应慢，也可以通过一些互联网工具来解决，比如现在各大手机厂家基本都有自己的SNS舆情监控平台，也就是快速获取用户声音，反映问题并进行改进的工具化思维。

建议在实体产品类企业工作时，要多到线下的一线去走访，看清楚一线的真实用户和需求，建立自己的用户亲密调查组，随时与用户保持联系；另外在一些大型课题的布局上要有提前量，从战略层考虑下一代产品的设计竞争力；同时，在企业IT系统上更深入地分析数据、舆情、产品研发周期，让用户有机会进行参与式设计，不要静态地看问题，要改变过去瀑布流的思考方式。

iPhone如何在设计阶段考量用户需求

创新服务和产品一般是慢慢培养用户需求和习惯，如iPhone这种产品在设计阶段如何面向用户（用户需求）？

前提不够准确，创新的服务和产品如果是直接针对用户痛点的，通常不需要太多时间培养，用户的使用习惯这种事，完全可以通过发红包等手段解决掉。

用户需求是一个从发现到长大的过程，不存在完全没有需求生造一个的情况，有些人认为某些用户需求好像是天下掉下来的，只是因为他们不了解那个用户群体，眼睛看不到。最明显的就是指尖陀螺之类的产品。

iPhone这样的产品出现是有天时、地利、人和的。

当时的手机产品设计处在一个关键的转折期，没有突破性的改变，对互联网和内容消费的后端市场没有深入，但是多点触控技术已经具备了商用化的能力，大屏幕的形态也开始崭露头角，消费级移动网络的发展开始加速。

苹果公司的极简设计原则，产品研发设计团队整体能力，iPod和MAC的产品生态，都给iPhone的开发构建了环境；另外加上乔布斯和核心成员的加持，对行业趋势判断，供应链整合，系统OS设计沉淀，少任何一项，iPhone都有可能夭折。

产品设计创新一般有两种路径：从行业整体入手，看趋势，做分析，占领制高点打大格局；从身边环境入手，看用户，做洞察，从一个核心需求入手快速迭代。

iPhone这样的产品选择的是前者，所以在一定程度上更专注的是数据分析表现，而不是某群用户的需求。

在App上注册时，应该分几个步骤

在App上注册时，应该分几个步骤？

首先要考虑的是究竟需不需要注册流程，然后思考注册放在哪个环节（一开始，任务完成后，还是必要信息或奖励获取时）才不让用户反感，最后才值得去考虑流程是否简单。

大多数注册流程是运营需求和CRM管理的需要，根本和用户无关，“我在你这里有注册信息，就一定会成为你的忠实用户吗”？

通常的做法是先让用户浏览部分内容，有明确的吸引力后才告知用户需要注册。

如果产品必须让用户从初始步骤注册的话，尽量思考降低注册的门槛，提高注册的效率和成功率。

（1）允许用户连接其他社交平台的账号（比如QQ、微信、微博等），获得基本账号信息。

（2）让用户输入手机号，获得验证码，也为未来用户可能忘记密码做准备。

（3）其余需要完善的信息，包括实名认证、年龄、邮箱等资料，可以在产品使用过程中逐步引导用户补充。

手机App中动效的价值是什么

手机App中动画效果的价值是什么？

动画本身的作用不同，带来的价值就不同。如果你只是想做一个具备基础可用条件的产品，且产品非常强调成本，性价比优先，那么会带来很多限制：芯片能力较低，屏幕显示素质不够，运行内存不足，对动画的渲染限制很大，还会同时带来功耗提高、性能下降的问题。这种情况都会让产品团队、技术团队质疑动画的价值。

但是如果你的产品希望走入高端市场，更强调用户体验的整体性的话，动画又是不可或缺的。

因为动画可以传递出静态视觉信息传递不了的信息维度，也同时可以给交互操作以更符合直觉的反馈：

具有功能性信息的动画，能很好地帮助用户理解场景中的要素变化，同时降低用户心理负荷，比如让用户等待的进度条动画。

具有情感性信息的动画，能很好地传递品牌调性，让用户在使用的过程中获得更好的人性化感受，比如长按iOS桌面的App图标的时候，图标从静态变成抖动的样式，好像是App在说：“很害怕，别删我。”

元素本身的细节动画，会让用户感觉到设计者的细心、专业，同时能更好地表达当前的点击反馈，并预期接下来的系统行为。

转场动画会建立起上下文的联系，让用户不看文字也知道前后跳转的逻辑关系，不至于迷失在快速、复杂的操作中。

总而言之，动画是人机交互过程中的一个必要手段，特别在消费者产品领域，动画除了传递必要的功能信息外，还担负着品牌传达、情感化设计的角色。

但是，如果你设计的是特殊化场景、特种用途的产品，那么是否使用动画要根据场景来判断了，比如战斗机的作战指示界面，放入不必要的动画，想想就是不科学的。

卡片式设计有什么好处

卡片式设计有什么好处?

（1）让信息更规整、简单，提高阅读的速度和舒适性，用不用卡片式和产品的终端显示区域有关系，小屏幕低分辨率不适用。

（2）也和信息的样式复杂度有关，完全一致样式的信息应该用列表，更适合阅读，这涉及信息流总量和单个信息丰富程度的平衡问题。

THINKING IN DESIGN

设计视野／行业认知

如何看待飞书用户体验打分8.4分

飞书对外产品介绍中，用户体验打分8.4分，这里说的用户体验是哪些维度呢？是否方便说一下这个分数的计算？也可以单说包含哪些维度。

我们没有官宣过这类PR文案，用户体验打分8.4分，这个其实没有意义，如果市场上的竞品都是9分或以上，你只有8.4也意味着没有竞争力。

之前飞书产品在App Store的用户评分是4.8，不过随着用户量不断增大，可能分数会往下掉的，这个东西看看就好，产品都是在不断发展中满足用户需求的，声量大的用户，不一定是B端的核心KOL，也不意味着分有差距，就是产品体验上的绝对差距。

还要考虑是不是有被刷分、被刷差评的情况发生，如果抛开非标准因素，只要不是特别低于平均标准，就是可以试用的产品（比如竞品都是4+，你是2分，这个就明显有问题）。

内部看体验的指标，我们会看功能渗透、留存、任务完成度、稳定、一致性、易用性、用户满意度反馈等。

服务设计公司的主要工作内容

最近老板想请服务设计的公司来解决我司的问题，没有明确问题方向。

首先想了解下服务设计的公司主要是做什么的，一般帮助企业会解决哪些类型的问题。有没有比较好的服务设计公司推荐？

其次是外部服务设计和公司内部设计部门负责内容区别是什么？是否会对内部设计部门造成威胁？

先搞清楚为什么老板要请服务设计的公司来解决你们的问题以及解决什么问题。

有些是做咨询，设计的外包公司打着服务设计的旗号（因为这两年服务设计这个词太火），其实还是做传统设计咨询的事情，因为服务设计的方法论并不难，难的是理念优化和落地指导、效果评估；

你们公司的业务问题可能不是通过服务设计的升级能搞定的，你没具体说你们公司的行业、业务现状和问题，我没法想象；

你们老板可能是参加了一个什么外部论坛、峰会，听到了这个词，想借用外部力量来调整内部的组织、管理方面的问题，不一定是产品设计相关的问题。

服务设计的范围和外延很广，是非常体系化的设计思维，不但要考虑消费者和企业，还要考虑生态、上下游、行业、技术基建等，很多复杂系统的服务设计优化项目，一般是好几家公司通力合作的结果。

国内的比如唐硕、ARK、EICO Design这种做体验设计出身的公司，都在往这一块快速靠拢和转型。如果有专业的团队不但可以帮助企业解决现存的产品设计问题，还可以指导进行设计战略的制定、设计组织的培训和人才优化、设计流程的梳理、设计理念的布道、设计资产的管理等。

如果内部有优秀的设计管理者，赋予其足够的资源和权限，有耐心和时间组建一流的团队，当然也是可以做到很高的品质的，但是很多企业不具备这个时间，时间是成本最高的事情，所以不得不借助外包；内外部设计团队的合作不但是国内很多大企业的做法，苹果、Google、微软也有自己核心的外部设计合作伙伴，一个可以对内部设计部门造成威胁的外部伙伴，本质不是外部的力量太强，而是内部的这个部门本身就没有价值。

关于B-Design的一些见解

B-Design：呼吸视觉。

看了阿里云最近发布的B-Design，前面的概念展示很棒，但是到落地的界面，就还是很普通，感觉撑不起前面的高大上的概念。假如一开始设定的风格语言方向单看很美好，但落地很难，请问对此怎么看呢？

不要仅仅从视觉设计的表现层看问题。

B-Design看起来是对外的生态级设计规范，可以参考Material Design和HIG，那么就要先解决3个问题：

（1）外部客户企业是不是接受，想不想用；

（2）能解决什么问题，有什么价值，使用成本如何；

（3）体系化是否成熟，兼容性好不好，后期升级维护有没有保障。

设计概念、理念视频等是用来回答第一个问题的，需要有品牌差异化和识别度，更强调说出来“我”是什么，偏广告性质，可以做得更有吸引力，品质感更高，但毕竟只是在视频中的“品牌载体”。

具体使用过程中，每个企业的设计承接能力、理解能力和实际研发能力是不同的，所以设计系统本身要具备普适性，甚至有时候只能给一些Fundation Elements的定义，这是为了兼容不同企业的实际情况，另外在工程应用中还要考虑性能、稳定性、服务端资源占用、前端展现效率等技术因素，不太可能按视频中一比一来做，你看看微软的Fluent Designsystem，视频和实际系统中落地的差距就知道了。

相比视觉设定的“超前”，实际应用过程中的体系和效率才是更重要的，毕竟客户不是来欣赏你的设计的，而是要用你的工具和系统达成业务目标，如果在以后技术瓶颈、前端能力、设计理解和承接上，产业上下游都有足够资源和时间的话，也许这个期待是会实现的。

如何高效检索、分析行业报告

从哪些网站可以找到行业报告，一般怎么去搜索关键词，同时在分析行业报告的时候怎么能更快地找到自己想要的信息？

学会用搜索引擎和找到置信度高的行业分析平台，就可以找到符合需要的行业分析报告，而且我的习惯是不要只看一家的，每个平台和分析师的视角、目的、信息量都不同，最好选2~3家针对同一问题的报告交叉着看。

1. 行业是由企业组成的，先了解头部企业完整数据

天眼查、百度的Investor Overview、中国政府官网（在国内很重要）、国家统计局、世界银行公开数据平台、国家各机关部委的公开数据、各大政府开放数据平台等。

2. 咨询公司和咨询机构的阶段性报告

IDC、GFK、Gartner等市场分析公司的报告；国外的CB Insight、国内的36氪、艾瑞咨询等，不过他们的报告在专业度，客观度上会差一点；还有两大权威的金融数据库：路透（Reuters）和彭博（Bloomberg）。

3. 看企业的年报和财报

这种就不用说了，只要是上市公司都有投资者披露义务，自己家的官网、各大股票信息平台都会按时发布，科技新闻类媒体也会发的。

至于如何更快地找到自己的信息，只要知道自己想要的信息属于那个目录分类，按分类查看和搜索即可，如果连分类的基础认知都没有，就要靠自己学习了。

平台方如何制作通用规范开发给第三方

关于平台级产品设计，像飞书、钉钉、支付宝，工作台/应用中心里的应用，有自有核心应用、三方接入应用，有的是小程序模式，有的是导航返回，这些接入规范，是以什么为指导规则？平台级的通用规范，三方及自有应用的遵守要求到什么程度？

飞书的开放平台官网：https://open.feishu.cn/？lang=zh-CN

钉钉的开放平台官网：https://open.dingtalk.com/

上面都有完整且详细的开发者文档，接入规则，在线help desk，比问我更能得到直接的答案，如果你是问接入的时候需要在设计上避开哪些坑，可以咨询一下开放平台的服务接口人，问一下技术架构和设计规范，如果是飞书的话，我们会有设计相关的服务接口人，大型应用还会有设计指导支持。

如何进行设计创新并推动落地

飞书在这么短时间开发出来并推广，其中有很多惊喜设计体验，这些创新设计并落地的过程中，有什么经验可以分享一下吗？

因为多数时候，领导往往不敢冒险去做体验创新，更多是看成熟的大众产品的用户习惯。

（大多数还是没有创新及验证创新正确性的能力和资金。）

可以说一点我自己的看法和思考，不代表公司和团队，也不代表我们具体的设计过程（这块是严格保密的，不能透露）。

1. 高层要求+战略需要

任何一个行业都有先发者和后进者，先发者带来一些先发优势并进行大量的创新试错，有一部分是战略判断，有一部分是生态需要，先发者一定是解决了一些核心路径上的用户需求的，但是细节体验上是不是够好，就看高层的具体要求与执行团队的能力了；后进者虽然没有了时间优势，但是可以分析和研究先发者的试错情况与实际产品状态，所以更容易做得更好。（你想想，如果一个后进者做得还不如先发者，他有什么必要来做这件事呢？）

而作为一个后进者进入一个领域，必然有充分的分析和决策，认为自己可以找到机会与突破口才会进来的，所以表现在产品层面一定会有亮点，这其实是很多新产品启动的必然结果。（当然，确实有更多都是没想清楚就冲进某个行业的，为的是站到风口，蹭流量红利。）

2. 不是不想，是没有必要

创新这个东西天然带有风险，且对创新的判断是非常需要经验、能力和洞察的，所以创新必然不简单，哪怕是渐进式的创新。那么作为一个渡过了创业期，进入成熟期或稳定期的产品，要想自己孵化下一阶段的创新就很困难，一方面前期成功有路径依赖，一方面团队不一定有足够的灵活性和自我突破的勇气。另外公司层面如何看到创新失败带来的后果？怎么考核？怎么评估价值？

这些作为职业经理人（大多数公司的中层都可以看作是职业经理人）来说是一个经济学问题，聪明人当然会选择博弈结果ROI最大化的方式来处理创新和发展的关系，这里涉及企业管理、文化、产研价值评估，会容易说得太广。

3. 不具备改善用户体验的能力

从用户行为中抽象更优解，本来就是少数人才具备的能力，要把这个能力发挥到最大化，至少需要以下几个条件：

产品的初创阶段需要依赖创新来获得竞争力，否则没有更多的市场机会；

能够给予足够时间和耐心，让产品打磨得更好，并且合理评估ROI；

合理、职业、协作较好的团队，与有信任感的团队负责人；

关注用户价值、用户体验，并落实到具体的产品迭代过程中形成原则。

你看看，上面这几点都要做到，基本上能不能淘汰掉业界90%的企业和团队？

所以创新的落地是一个综合结果，很多企业追求创新但是又没有落实到产品上，基本上是这么几个原因导致的：

（1）团队内缺乏以用户为中心的基因，只向上负责，不向用户负责；

（2）产研过程管理混乱，部门协作效率低，纯KPI导向；

（3）不能接受失败，认为创新一旦失败就是人的问题，想通过换人解决所有事情；

（4）缺乏耐心，对行业和专业缺乏敬畏，不肯踏实地做好每一个落地的需求。

他们本质上追求的不是创新，而是创新带来的高杠杆收益，就是只想吃肉（创新提升利润），不想挨打（创新的痛苦过程）。

探讨关于品牌设计中Slogan、使命、愿景三者之间的关系

想请教下关于品牌设计中品牌Slogan、品牌使命、品牌愿景的关系。我们公司VI设计规范里和Logo一起出现的是Slogan，我们理解的Slogan是更宏观一点，不容易修改，不那么具体地描述我们公司理念的口号，比如永远相信美好的事情即将发生（小米），自律给我自由（Keep）。所以我们的Slogan类似科技改变世界。但新任的市场总监觉得这个Slogan太高了，希望更具体更接地气一些，改成了：科技办公定制专家。这让我们品牌VI一下感觉低了不少，并且还要求我们修改为新的VI规范。想请问下周大，专业上是怎么区分Slogan、愿景、使命等概念的，我们公司这块调整是否合理？我们担心随着业务的变化，这个Slogan太接地气，第一可能变来变去，第二同事们觉得没有逼格，不像科技公司Slogan而像家具厂商的Slogan。

品牌是一个结果，品牌背后的基础都是企业实体和产品服务本身，所以一般会关注企业的价值观、使命和愿景，这些内容会影响你的产品服务做成什么样、愿意招聘或培养什么样的人，甚至影响战略的取舍。

- 价值观：是战略的载体，确保企业中的员工按照统一的规则行事。
- 愿景：是你做什么事情，以及在做这个事的过程中逐渐清晰的全景，更偏向于长期的目标。
- 使命：是为什么你要做这个事，你做这个事一定是有自己的原始欲望和动力的，不管是企业还是个人，比如腾讯要做社交，阿里要做电商，如果一开始这个使命就互相换一下呢？

一般承载使命和愿景的文字化描述叫Tagline，比如你列举的小米和Keep的例子，而Slogan更偏向于Marketing campaign的视角，倒是可以随着产品、市场的战略调整有一些升级和变化，但是它的改变不能从意义和目标上改变Tagline的语境，所以一般Tagline的内容维度都会更高，更抽象，这样为企业以后的多元化经营留出认知空间。

是不是科技公司，有没有逼格，甚至能不能达到好的传播效果，不是你们内部自己说了算的，一般需要经过专业的品牌诊断和分析，才能逐步提炼并落地到具体的CI、VI、BI等。

通常的分析设计流程是：

（1）定义目标用户与细分目标市场，特别是新品牌；

（2）提炼出目标用户的角色模型；

（3）寻找并确定最核心的痛点；

（4）根据角色模型、数据分析等，获得一些品牌定位的洞察；

（5）用这些洞察来优化、调整，重设计用户的决策旅程，设置干预点；

（6）配合一定的媒体行为来加速这个优化；

（7）在不同的优化路径上做品牌反馈测试，逐步迭代优化，最终达成一致性。

智能终端设备体验设计怎么撰写Standard Operating Procedure

最近在写智能终端设备体验设计SOP，有点没找到方向，有这方面资料提供吗？

你说的SOP是Standard Operating Procedure么？这个没有现成的。

各个公司比如华为、OPPO等有自己的设计流程，涉及前期消费者洞察、消费数据分析、硬件器件设计、工业设计、软件系统设计与后期的包装、渠道传播、品牌等，是一个很复杂的过程，每家的团队情况、产品线需求、成熟度都不同，且这些资料一般都是企业内涉密资料，放到网上供下载的可能性不大。

而且所谓SOP是纯制造生产领域的规范，涉及品牌创意、体验设计等，都是收缩到设计部门自己控制的，而且每年会根据市场情况、产品特点灵活调整，知识型工作不可能有一个固定模块，然后往里面套内容就可以输出的。

如果要了解这类内容，最好的方式是找外部的专家智库进行行业专家匿名访谈，或者找咨询公司进行企业内训合作。

设计如何提升ECPM

我有个无厘头的问题。设计如何提升ECPM?

你这个问题倒不是无厘头，是有点太大了，缺乏场景和上下文不知道该怎么回答。

基本逻辑是，ECPM是千次广告展现的获得收入，但是因为ECPM是对媒体的，所以广告单价可能你影响不了，那么就剩下展现次数了，而最快的提升展现次数的方式，是让你的页面获得更高的转推荐、分享，才能获得更高曝光量。

那么问题聚焦到转推荐和分享，就是提升转化吸引力了，这个单单靠设计可能不够，需要一些配合的运营增长策略，比如分享一次获得折扣，分享者和查看者都可以获得相应比例的奖励，达到多少次直接获得一定比例的降价等；也有比较Hack的方式是，利用慈善和爱心传播病毒式活动等，设计在这个过程中是互动的载体。

活动运营设计怎么做到自动化输出标注

H5这类活动宣传的切图有什么自动化的工具推荐吗？也能跟前端同学比较好地协作。除了蓝湖和Zeplin。

这有个自动标注和输出的神器，不过只有PS的对应版本：http://ink.chrometaphore.com/Zeplin，海外用得比较多的，国内使用速度稍有点慢，且有些本地化功能支持不好。

蓝湖由于是个小团队的创业项目，所以服务的延续性和稳定性稍差，但是做得还不错。

BAT之类的大厂，像这种H5页面的输出工具（通常自带模板化、组件化的能力）一般都是自研，开发的成本不算太高。

iOS 11会给界面设计带来哪些新的变化

iOS 11会给界面设计带来哪些新的变化？

新一代iPhone的硬件有很多变化，这些变化现在还没正式公布出来，那么软件的预览其实还有很多调整空间，我相信为了保密，苹果是不会在Beta版中泄露基于新一代硬件的所有软件功能的。

硬件带来新的交互形式，软件去适配和提供相应的功能操作。相应的界面的交互组件、视觉排版、界面元素等会有变化，然而以苹果的设计基因来看，不会在这一代iOS上做多大的风格化调整，不会像iOS 7那样引领一种“扁平化”的趋势。

从现在看到的iOS 11的优化来说，操作更加简洁，比如截图后编辑；终于把呼声较高的功能落地——录屏；基于市场需求和趋势做的功能升级——相机中直接识别二维码；更有趣味的功能——Livephoto转为GIF图片等，方便大家制作表情包。另外，还有在iPad上的Dock栏设计、分屏操作等。

苹果的功能更新和设计，越来越以满足现有市场用户需求为主，不再聚焦于“突然搞个大新闻”了。这其实也回到了设计的本质上，解决问题更快一点，更实用一点，虽然不酷，但肯定好卖。

但是别忘记了，苹果是有创新基因的，它们的体量和使命也不会仅限于卖更多机器而已。我个人猜测，它的下一步创新也许更加“隐性”，会围绕未来科技（比如AI、AR等）构建。

如何看待平台评价后发红包的运营策略

为什么一些平台采用评价后可以发红包的策略呢？是为了促进用户活跃度？

具体是指哪个平台？不同平台的红包策略和运营目的是不同的。不过本质都是拉激活，红包是最有效，成本也相对较低的补贴方式，还可以通过广告分发的手段把成本进一步降低，比如微信的无现金日活动。

共享单车的旧车怎么办

在扫描单车二维码时，会遇到二维码被涂改的情况，这时就要再去寻找另一辆车，使用时感觉很麻烦。

对此单车的厂商也在新车中进行改进，那旧车该怎么办呢？

共享单车的二维码问题不会导致旧车无法使用，重新生成后替换就行了，共享单车平台每天都有维护的卡车装着新车去替换旧车的，这也是他们现在最高的成本之一。

用户量大的产品如何进行品牌升级

做一个用户量大的品牌升级的流程一般是怎样的？需要注意什么？产品如果有三个及多个品牌关键词，有必要简化梳理出一个核心关键词吗？如何梳理？

用户量大是多大？十万级？百万级？千万级？亿级？十万—百万级，品牌靠线下推广和用户口碑；

百万级—千万级，品牌靠头部大V、渠道硬广、让利用户；

千万级，品牌靠社会事件、抱流量大腿（BAT等）、顶级大V；

亿级，自带品牌光环，不要瞎改品牌的任何元素。

从设计出发来看，品牌升级核心内容有：品牌名字、品牌标识（LOGO等视觉、听觉元素）、品牌谈吐（口号、文案等）、品牌承载（代言人、广告、产品等）。

做好这几件事需要注意运用完整、成熟的设计逻辑，而设计逻辑由下面几个部分构成：

（1）品牌升级的目的：为什么要升级？是以前的品牌出现了问题？为了显得专业？为了拓展业务范围？为了跟上潮流？为了覆盖不同用户群体？收购了一家新公司？单纯想占领一类视觉符号？不同的目的和出发点，设计的过程和难度也不同。

（2）充分理解目标客户：用户是使用你产品和服务的人，客户是实际花钱购买的人，这两类人都受品牌影响，这两类人有时就是一个人，有时是一群人，他们之间的关系、认可度、评价，都会反向影响品牌的作用力。你的产品，服务的核心关键词要围绕他们展开，他们衣食住行、生老病死中是什么状态，生活方式中的语境，上下文是什么，才是你推导关键词的核心。关键词不要停留在设计侧，强调“传统”“自然”，你要的是“怕上火，喝王老吉”这样的核心内容，设计围绕客户会买单的核心元素去构建。

（3）保持差异化：品牌设计的一个方面是简化，简化更容易记住和传播，这是常识，但是足够的差异化，才能让用户记忆，用户在每个核心需求上只会记住1～2个品牌，要形成他们的下意识认知，就是保持坚持和重复。如果你的品牌设计不具备差异化元素，那么坚持和重复的工作最后可能是为你的竞争对手培养用户。

（4）梳理核心信息：品牌关键词是打造不出品牌的，品牌是复合元素构成的，目的是传递核心信息。传递核心信息的方式：

第一，适度奢侈化。抬高品牌的价格、价值观、故事性、目标人群，做降维打击。用设计汽车的思路来设计手机，用设计红酒的方式来设计冰激凌，然后卖一个目标用户能接受，但是又有点小贵的价格。

第二，做生活方式的发明人。品牌传递不要直接指向商品，那是沃尔玛的路子，你要指向购买这些产品背后的人，他们的生活、思维、审美、情趣，打造一个“靠，我也是这样的人，我知道你想要什么，你还不来买吗”的语境。“断舍离”“斯堪的纳维亚风”“马拉松”“嘻哈Style”，都是在树立这种标签。

第三，品牌一定要沟通，不要宣传。“此时此刻你在想什么—我懂你—有些东西是要改变了—我给你讲个故事—不如试试这个。”完成这个沟通过程，品牌才能植入消费者心里，但这个过程需要长期积累，也很困难，所以大部分宣传还是停留在变形金刚里面的舒化奶这个层面。

第四，品牌依赖流量导入。一个知名游戏主播使用的键盘，当然比挂在京东二级类目的广告Banner上的键盘更有说服力。现在的品牌都在寻找这种自带流量的个人垂直平台，然后根据品牌定位和他们做深度合作，流量在哪里，销量就在哪里。选择流量方式，如何合作，通过什么方式讲故事，是当前品牌设计中很重要的一个环节。

如何看待信息不对称的问题

都说互联网是解决信息不对称的问题？你怎么看信息不对称的问题？

1. 公开信息

这类信息只要自己能提出问题，掌握合适的信息源一般都能找到，从公开信息中制造不对称主要依赖——谁更快，比如你可以提前24小时采集到，时间差本身自带价值；谁信息来源更广，比如别人只能搜百度，你可以搜Google，别人搜英文Google，你还可以搜日文、德文、西班牙文Google，综合性也自带价值。

2. 非公开信息

这类信息没有广泛存在在互联网或其他媒体上，主要是因为这类信息并不能引起广泛受众的兴趣，但掌握后往往有巨大价值，比如来自教育的个人思考模式，来自实践的个人经验和教训，通过频繁训练得到的个人技能。

非公开信息还来自于社交关系链含金量、社会阶层的封闭度，比如：你亲自听到马云的内部会议讨论和网上流传的马云金句的价值含金量是不同的，你参与到某个圈子内的高端信息互换也比尾随某个名人合照来得更有含金量。

任何非公开信息都有贩卖价值，而且不依赖成本定价，找到高端渠道可以卖得很贵，也可以简单化以后做成“干货”，成为吸引流量的工具。

3. 私有信息

每个人都有一定比例的私有信息，但大多数人缺乏分辨能力，误将公开信息和非公开信息认为是私有信息，并直接售卖，这不是不可以，但很难建立长期的供需价值壁垒。

一个地方的包装盒供货商提前知道本地会新建富士康的厂房，所以提前在附近建厂就近生产，贴身服务，所以快速致富。

一个消费电子产品品牌直接和预期热门的游戏做深度品牌合作、产品运营，快速引入目标用户，销量喜人。

私有信息通常依赖实地调查和商业敏感性，也有一定地域性、主观性条件，通常来不及也不会做为分享的资源，赶紧卖出去才是正事。

私有信息在完成第一轮变现后，会引起广泛注意，进而变为非公开信息，到公开信息，在传播链上稀释。

这也是导致学习炒股、炒房的大多数人最后仍然处于学习状态，而不是直接获得成功的原因。

如何购买第三方表情资源

本人公司想在App中购买第三方的表情，这个去哪里购买？价格大概在什么区间？是按年交费的好一点，还是买断比较好一点？希望给予一点指引和建议。

是你们的App产品需要采购第三方表情吗？要规划一下采购量、风格和后续整体采购计划。大量的需求可以在官网建一个频道，让第三方表情制作者来提交，微信就是这么做的，链接：微信表情开放平台。

微信的第三方表情是买断的，且不允许在另外的平台再次销售，比较严格，当然微信的用户量足以支撑这个购买策略。

如果只是买一套先用着，完全可以自己联系表情作者，双方商定价格，这个弹性很大，一般可以按CPS（按单个用户购买）或者CPU（按单个用户使用）的方式计价，表情这个东西，除了开放的Emoji以外，通常社交产品都是建议自己做，非社交产品用表情的意义不是特别大。授权买IP的方式，因为没有市场统一定价，一般都是按情况处理，里面对商务谈判的要求比较高。

产品运营设计如何制定规范给第三方

网站或平台在做广告资源、广告位出售给企业，为了保证平台整体品质感怎么做设计规范限定第三方呢？有没有规范案例？

以往面对海量运营资源支持和广告图的设计，通常都是以外包形式找一家有大量基础设计师输出，可以在时间和数量上匹配的公司进行合作，按输出量结算，负责接收外包交付物的企业内有1～2个设计师负责审核品质。这种合作有两个核心问题要解决：

（1）甲方：负责审核外包质量的人，本身是否具备控制整体品质的能力；

（2）乙方：是否有足够理解设计需求，并管理大量设计稿设计品质的输出对接能力。

以上两点，缺失任何一点，都无法很好地控制运营类设计的整体品质，设计规范是没有价值的，运营设计不可能一成不变，也要随时跟随业务需求、运营场景、突发热点事件、客户需求更改等调整，你的设计规范最多能够控制色彩范围、字体选用样式、给出几个符合常规运营分类的排版模板，基本都是Style Guide的问题，只能控制不出错，不能提升设计品质。

况且这些Style Guide类的工作，现在已经有不少的设计工具开始支持了，甚至动用了AI的能力进行支持，比如链接：ARKie智能设计助手——10秒帮你做海报（还在起步阶段，但后续发展很值得期待），如果你是不知道怎么控制Style Guide，那么Google一下这个关键词，可以找到很多文章、源文件和具体的在线工具。如果你是不知道怎么提升设计品质，这个问题是产品运营策略和设计能力的综合问题，没有一个规范来管理，基本上是：找对内部接口人，选择熟悉品牌策略、媒体运作、有用户中心思维的创意机构进行合作。

国民级应用如何建立品牌形象

大用户量的产品，像微信这种，已经成为国民级应用，如何建立品牌形象？需要从哪些方面来思考？

用户量即正义，国民级的产品做任何事情都能引起巨大的品牌效应，甚至是产品更新说明的一段文案。

用户量越大的产品，品牌形象上越要重视：

（1）企业的价值观要清晰化，产品表现出来的水平要匹配这个价值观。

（2）品牌形象要有一致性，从Logo，到Slogan，到代言人，到产品包装，都要保持统一的调性，一致会产生重复效应，重复效应往往产生力量感。

（3）不要瞎改品牌的形象，还美其名曰升级，升级不升级是用户说了算的，不是市场部的老大说了算。

（4）越中性的品牌调性，兼容性越强，普适性越好，不容易引起反感。

（5）对品牌的塑造和广告传播，要体现出人性、善良、包容，而不是拼命展示聪明。

（6）你的品牌让用户产生了情绪是好事，但是品牌自身不要带有明显的情绪。

游戏类App为何喜欢采用人物来宣传品牌本身

发现游戏类的App很喜欢用人物作为桌面Icon，或者是游戏首页的主要元素，比如《王者荣耀》《天天德州》《阴阳师》，等等，这是为什么呀？人物形象对游戏品牌或是游戏本身有什么帮助吗？人物形象比物件形象更合适吗？为啥呀？人物的选择又有什么原则呢？

和游戏的娱乐属性有关，沉浸式、强故事性，游戏当中一般是围绕具体角色展开故事和线索的，操作与剧情，包括互动和道具设置，都离不开人物本身，玩家的记忆和识别也聚焦在这个符号上。因此，一个有代表性的人物不但可以让玩家快速定位这个游戏，在一堆游戏中找到（别人也在这么做），还可以和同类型游戏拉开差异化（如果所有的扑克游戏都只用扑克牌元素，显然用户是分不清的）。

用人物是一个比较成熟、可取的方法，但并不是最好的解决方案。对于完全没玩过这个游戏的用户来说，人物显然没有太多品牌作用，而且像王者荣耀这种游戏，难免用户会有“为什么一定要用亚瑟做Icon呢？我喜欢的是小乔啊”的想法，这是一个很大的问题。

解决办法：iOS现在已经支持不更新应用的情况下，允许应用本地化改变桌面Icon了，很多应用还没跟进做而已；使用更有品牌价值和差异化的视觉识别，这对游戏美术和设计团队要求很高，比如纪念碑谷。

设计师与哲学家的关系

都说设计师做久了会上升为哲学家，那周大有没有认同某个哲学家，或者哲学流派？

“都说设计师做久了会上升为哲学家”，这个论点是怎么来的？我没有听过。

任何人在为人做事，生活处世上都有自己的一套思维逻辑、解决问题的视角，以及个人习惯和爱好，这些的东西形成的本质来源于长期形成的价值观，而价值观通常是个人哲学观的反射。

所以做什么事情思考到最终的本质时，总是会追溯到哲学层面，进而产生了处世哲学、生活哲学、设计哲学等。

我个人用以指导思考的哲学观是《实用主义》和《自由主义》的结合，这两个流派（其实也不能简单称之为流派）主体思想简单来说就是：事物成为知识对象的前提，就是它的实用性，只有经过人的追求和实验，才能得到真理；尊重并维护生命的权利、自由的权利、财产的权利。如果你对这两派的代表哲学家和著作感兴趣的话，我推荐亚当·斯密的《国富论》和约翰·杜威的《民主与教育》。

日常设计团队怎么输出标注

在公司有一定的保密要求下，安卓和苹果双系统的标注无法使用像素大师等智能标注工具，我想请问常规界面只标注一套，但是对特殊页面做两套标注和说明，这种做法是否可行，或者是否有更能提升效率又好用的方法推荐？

我们团队都是用Figma，自动标注，暂时没有遇到什么问题。

如果是特别注重设计稿的信息安全问题，也可以考虑蓝湖的私有化部署。

深圳日常用户体验线下交流/分享会推荐

深圳在哪里能参加用户体验线下交流会或分享会？

深圳本地的定期交流活动好像不多，以前我有主持UCDChina书友会，2009年后停办了。有一些零星的活动会在深圳办一些专场，比如AnyFM、Sketch Meetup等。

如果参与人数能稳定，我的时间能抽出来，可以适当办一些类似书友会的交流。

目前因为个人时间比较紧张，也很碎片化，问题的交流还是以小密圈（已改名：知识星球）为主。

数据分析设计的推荐

在大数据分析统计方面有哪些设计做得比较牛的产品，以及在这方面如何去评估交互设计的工作？如何快速提高在这方面的设计能力？

问题没看懂，是指大数据分析的产品本身设计很好的，还是基于大数据应用的产品在前台表现层做得不错的？

本质来看，所有的强互联网属性的产品都是数据驱动的，腾讯的社交，阿里的电商，百度的搜索，背后都是对业务数据的深入解读和深度运营。他们的产品设计都做得很好，某些百度系的移动App体验可能差一些，但是他们的搜索设计能力是很强的（这里不要掺杂商业逻辑、价值观的事情，就看产品本身）。

交互设计的产出价值肯定要和业务逻辑、业务结果、可用性提升、用户满意度提升捆绑在一起，单独看设计是没有意义的。

“如何快速提高在这方面的设计能力”一句话说不完，至少需要2个小时的课，后面有机会再慢慢说。设计师快速提高专业能力的核心是：在正确的方向上，用聪明的方式下笨功夫。

如何选择正确的方向，什么是聪明的方式，怎么下笨功夫，这个要慢慢拆开来讲。

性价比高的素材库推荐

有哪些性价比较高的素材库值得购买呀？

素材库国内的可以用站酷（ZCOOL）的海洛，便宜量足。

国外的有这么几类：

（1）正版授权图片，我现在采购的是Shutter Stock（链接：http://www.shutterstock.com/index-in.mhtml），性价比很高，还可以灵活协商价格和授权方式，比较适合互联网产品和移动App产品使用；

（2）综合类的设计素材，付费订阅的是Envato（链接：https://elements.envato.com/all-items）、Creative market（链接：Fonts，Graphics，Themes and More~Creative Market），这是两家老店了，素材质量还行，更新比较快，常用的上面都有，要注意的是上面有些素材会有重复；

（3）UI领域：UI8（链接：https://ui8.net/），目前看综合品质最好的，价格也很公道，记得买年费授权包，单个买很不划算，实际上买来也是练习和看看别人的设计组织思路，毕竟不可能用在商业项目上。

为什么腾讯的搜索和电商没取得成功

为什么腾讯既有强大的产品基因，又有充沛的战略资源，但搜索和电商还是没能做成功呢?

我当时不是搜索和电商相关团队的成员，虽然侧面听过或了解到一些信息，但这些信息肯定不是直接原因。任何一个事情的成功或失败都是多种因素——时局、人员、方法——的综合结果。胜利有可能也是短暂的，失败如果吸收了正确的经验那也并不可耻。

腾讯确实有产品基因，也有强大的资源、足够的钱来投入，最后导致项目失败的原因（搜索和电商的失利本质是类似的），我个人判断有三点：

老板的思维和企业基因。

企业的战略和边界。

内部打法和战术。

1. 老板的思维和企业基因

腾讯从马化腾到一线产品经理都极其关注用户体验（至少是绝大部分），在产品设计上有非常成熟的经验，作为从to C的社交产品起家的公司，用户的不爽意味着实实在在的数据下跌和失败，这是成功的经验，也是悬在头上的整体价值观。

但是做电子商务这件事，优先第一位的是商务，而不是电子。服务好商家，管理好物流仓储，培训好客服与快递小哥，这是to B的事情，更多是细节的产品运营的事情。大部分沉淀在线下的“接地气”的工作，当时的腾讯并不擅长，线下能力几乎都是通过投资等手段带来。

很多产品经理的思路更多围绕“优化注册登录流程是否能够提高转化率”，而不是围绕“如何让更好的、更便宜的商品更快地被用户发现”，当年我还有过在QQ商城和QQ网购都搜不到一款知名硬盘型号的经验。

2. 企业的战略和边界

腾讯是做增值服务起家的，上市也是靠这个，生意对于腾讯的业务线来说，就是QQ拉量（现在还有微信、浏览器、应用宝等）、开钻、卖点卡、卖皮肤，“Tips一响，黄金万两”对于大家就是金科玉律。

这种做生意的方式，过于聚焦虚拟世界的体验，讲究快速转化和直接变现，使得内部对于电商，搜索的战略定位也容易操之过急。“百度开个搜索框，广告费就哗哗地收”，但是没看到百度多年的技术投入和研发储备，“淘宝商家开店，平台抽税真是爽”，但是没看到阿里背后大量的服务支撑和交易平台优化。

企业成功的经验有时候也框定了认知的边界，高举高打、误解现实的结果就是容易提出“超英赶美”的幻想。

一个企业和一个人一样，能力和认知都是有边界的，你不可能全知全能，希望利用先天的优势，自我感觉良好地去投入战争，恰恰容易失败。

3. 内部打法和战术

短时间烧掉的钱，投入的人，和获得的增长不成正比，是影响高层决策的直接原因。高层不断调整方向和策略，也会导致内部一线作战时不断被干预，甚至是骚扰。既然没有提出“游击战”理论的实力，那就要避免一会儿攻城，一会儿大面积轰炸，一会儿巷战的局面。事实上，小步快跑、灰度验证这些能力在电商和搜索上不是制胜法宝，在用这些方法前，电商和搜索的产品更强调对于业务理解的精准。

基础能力的构建不足，不断调整团队和策略，会让内部无法聚焦于做事，战术层面更急功近利地追求短期数据，进一步伤害了用户的基础体验。

我给一张图你可以清晰地看到电商当年的战略调整是多么的频繁。

Tencent腾讯
一张图看懂
腾讯电商布局
@科技蟹
宣布正式运营
正式运营
启动B2C平台-QQ商城
B2C平台
QQ商城
SHOP.QQ.COM
C2C拍拍网、B2C“QQ商城”、大型B2C企业组成“QQ网购”
20多万商户
1.25万家合作商家
2010年3月22 QQ会员官方店
QQ网购
BUY.QQ.COM
易迅
好乐买
麦包包
KELA.CN珂兰钻石
天天网
VANCL 凡客诚品
疯狂投资布局
投资
布局
艺龙 eLong
与Groupon合作,组建——高朋网
腾讯
Groupon
GROUPON
高朋
电商收入第一次以“电子商务交易业务收入”出现在腾讯财报
7.528 亿元
65.4%
60.2%
96.479 亿元
电子商务交易业务收入
毛利率
总收入
2012年腾讯电商与京东收入对比
京东
腾讯
腾讯收购易迅网
2012市场份额

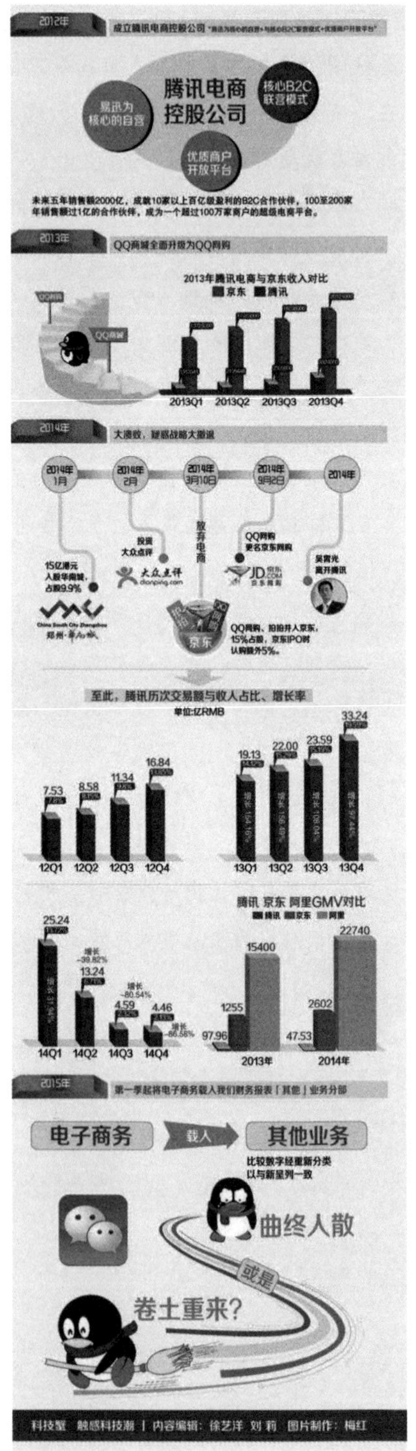

2012年
成立腾讯电商控股公司
腾讯电商
控股公司
易迅为
核心的自营
核心B2C
联营模式
优质商户
开放平台
未来五年销售额2000亿，成就10家以上百亿级盈利的B2C合作伙伴，100至200家年销售额过1亿的合作伙伴，成为一个超过100万家商户的超级电商平台。
2013年
QQ商城全面升级为QQ网购
2013年腾讯电商与京东收入对比
京东
腾讯
2013Q1
2013Q2
2013Q3
2013Q4
2014年
大溃败，疑惑战略大撤退
2014年 1月
2014年 2月
2014年 3月10日
2014年 9月2日
2014年
投资 大众点评
放弃电商
QQ网购 更名京东网购
吴宵光 离开腾讯
15亿港元 入股华南城，占股9.9%
大众点评 dianping.com
JD.COM 京东网购
QQ网购、拍拍并入京东，15%占股，京东IPO时认购额外5%。
至此，腾讯历次交易额与收入占比、增长率
单位:亿RMB
7.53
8.58
11.34
16.84
19.13
22.00
23.59
33.24
12Q1
12Q2
12Q3
12Q4
13Q1
13Q2
13Q3
13Q4
腾讯 京东 阿里GMV对比
腾讯
京东
阿里
25.24
13.24
4.59
4.46
14Q1
14Q2
14Q3
14Q4
15400
1255
97.96
22740
2602
47.53
2013年
2014年
2015年
第一季度起将电子商务载入我们财务报表「其他」业务分部
电子商务
载入
其他业务
比较数字经重新分类以与新呈列一致
曲终人散
或是
卷土重来?
科技蟹 触感科技潮 | 内容编辑：徐艺洋 刘莉 图片制作：梅红

设计师在人工智能设计中的作用

设计师在人工智能初期建完基础的底层结构帮人工智能升级到强人工智能了，设计师还能做啥?

模型建完后设计师又要面临危机了，而场景挖掘对设计师来说又是隐性工作，很难量化、可视化。

从乐观的方面来看，设计师之所以可以成为一个职业，他的不可替代性在于创新欲望和想象力。创新欲望通常对机器来说不是主动的，机器需要接收元指令，才能启动一系列的动作，并达到一个人类期望它达到的目的，这有时候恰恰限制了创新的可能性。

而想象力是需要具备前瞻性和直觉的，属于感性逻辑部分，这个也是机器目前来说很难突破的点。不是说你可以画一幅类似凡·高风格的画，就可以称为有想象力，画1000幅凡·高的画，也变不成1个达利。

设计师帮助人工智能构筑基础的视觉组件、版式规则、色彩运用规则、字体使用规则，是提高自己劳动效率的好办法，虽然这个里面很可能带来底层设计工作者的失业，但也提升了对设计师的专业要求，对行业整体的发展是有利的。设计师从重复性劳动中解放后，可以更好地聚焦想象力方面的工作。

当年电力广泛使用替代蜡烛的时候，过去生产蜡烛的企业，可以去做新的电力使用的工作，而且伴随电力发展，兴起了电车、电器、电动玩具等产业，创造了更多有价值的工作岗位。在这个历史发展进程中，蜡烛被极大弱化了作用（但并未被完全替代，蜡烛现在变成了香薰产业的一部分），很多点灯人虽然失业了，但不能说电力的运用就是错误的。

新闻功能在订餐产品中的作用

最近在一个订餐产品的项目里，客户希望加入知识分享（其实是新闻）的功能。了解竞品时发现，美团App也在发现tab里提供新闻（美团头条号），而且是抓微信公众号的内容。做这样的功能对美团有什么好处呢？这个模块运营效果怎么样？看新闻与订餐是两种场景，是不是分开做两个App会更好？

这是典型的中国“超级App”的场景扩展做法，每个产品在新增用户数出现瓶颈，活跃用户数随着场景(订外卖通常一天就是1～2次，带上夜宵一共4次，很少有情况是单个用户一天订很多次的)无法继续提升使用频率，单个场景中需要停留，可以提供关联场景功能的时候，通常产品经理为了数据和运营的需要，会尝试去做这种功能。

模块的运营效果只要观察一下他们是否在利用其他位置推荐、用户参与度、功能是不是在持续更新或者短时间就被下架了，就能猜出来。

看新闻和订餐从单任务流来看确实是两个场景，但是这两个场景并非没有关联性，比如：用户在订餐的时候无聊，顺便看一眼新闻，发现某个明星喜欢吃一种东西，然后点击过去直接在订餐平台搜索一下（不确定以后会不会做这种关联任务），这就刺激了场景中的二次潜在消费；用户在打车的时候也是同样的，叫车等待的过程中，无聊也可以玩玩小游戏，所以滴滴是在等车的界面中提供过游戏功能的，而且游戏的分发量还不错。

互联网的产品，特别是O2O类的产品，每一个功能都是为服务运营准备的，不是心血来潮，因为用户在长链条、多节点的产品服务中，需求的交叉性太强，多触达一点用户的心智，控制一些用户的注意力和行为，总是对整体数据、商业转化有帮助的。

但是这种周边关联场景的做法，需要非常有产品运营经验的人来控制其平衡，否则大多数用户的需求不明显反而会带来违和感，让用户觉得产品复杂。

如何规划平台与不同角色用户的关系

平台与不同角色用户的关系应该如何规划？

不需要规划，用户的属性在不同平台根据属性划分都是类似的，无非是分类基础不同。比如，《跨越鸿沟》里的用户分类：

（1）探索者：Geek气质、喜爱探索尝鲜，需要新鲜感，为试用新技术而使用产品，对产品的忠诚度较低。这种用户平台给他足够的新鲜感，并刺激他分享即可。

（2）早期追随者：喜欢尝试、探索者的留存或者跟随来的，但并非技术专家，出于明确的需求而使用产品，很可能变成未来的种子用户。这种用户一般是早期产品的重要建议来源，也是核心用户群的萌芽，有很大的可能性变为平台的拥趸。

（3）早期主流用户：实用主义者，不会随便尝试新产品，但对新技术有期待，只要产品足够简单易用，解决用户实际问题，他们会乐于使用；这部分人群开始让产品产生商业价值，约占总用户的1/3。用户群构成的主力，平台的各种用户运营一般都是针对他们的，这些用户既贡献流量，也贡献收入。

（4）晚期主流用户：与早期主流用户相比，对新产品有抵触心理，只有等到某些既定标准形成之后才会考虑使用产品，选择时会偏向知名、大型公司提供的产品；这部分人群在强大的营销和心理攻势下，会产生巨大的商业价值（因为无须大量投入研发成本），约占总用户的1/3。平台变现的主力军，你做得好我就买，所以优惠券、红包、各种活动运营都能让这部分用户快速消费起来。同时平台需要维系这帮用户的口碑、评价、消费信心。

（5）落伍者：对新技术没有任何兴趣，到万不得已才使用产品；这部分人群附加值较低，约占总用户的1/6。对平台的价值较低，做好一定比例的日常关怀即可，注意减少他们的差评。

THINKING IN DESIGN

设计视野／行业趋势

什么样的UX设计师会被市场需求

以你在行业多年和现在的高度来看，市场上最缺少什么样人？具备什么能力和什么思维方式的人最可能成为有价值的人？

这要看是从企业角度看，还是从专业角度看，最有专业价值的人，也许不是最能获得市场价格认可的人。也就是说，你的专业能力也许很强，但是市场并没有给你对应的薪水和职位认可，这样的情况其实在各个行业都普遍存在。

现在市场上对UX设计这块，大概有三类人是非常缺的：

（1）有多年设计经验、横向思考能力强、项目成功案例多的高级设计管理者，上能和老板对话，理解商业意图，下能够深入项目指导设计师高效产出，同时保持对设计专业的钻研和前沿视角。

（2）能将理论研究充分落地的人，今天的行业竞争已经不是消费不饱和、人口红利满地捡的时候了，所以很多企业，特别是面向用户直接开发和售卖产品的企业，都开始越来越注重底层研发，掌握核心技术。这里面对人类学、心理学、语言学、消费者行为学的具体研究会变成关键竞争力，但是传统的院校和研究机构，很多成果都停留在论文阶段，脱离市场太远，所以能够将研究成果，落实到场景中，产生具体的设计概念的设计师很稀缺。

（3）在某个专业设计领域上有特别深入的经验的设计师，比如插画能力能兼容各种风格，匹配产品不同阶段的需求，动效设计上特别有创新能力，同时能将动效落地跟踪很好的，设计规范与设计系统的梳理上特别有经验，逻辑性好，系统思维能力足以驾驭各种复杂问题的。其实不管市面上有多少设计师陆续出现，设计行业的特点还是符合二八原则的，真正有强专业能力的设计师永远稀缺。

能力项：永远把专业能力和专业思考放在第一位，现在设计师很多都在强调软技能，比如什么向上管理，项目管理，通道晋级技巧，这些是重要，但还没有重要到脱离专业看它们，毕竟你最后跳槽还是看的作品。

思维项：独立思考，保持对专业的坚持，同时训练自己端到端的思维，就是说一个设计要落地，从开始到结束，你都应该全程关注，努力确保它成功，并选择正确的方式度量效果。有思考没落地，有落地没反馈，有执行没验证，有创意没卖点的设计工作都是很难获得其他职能部门认可的。

教育类产品如何商业化

被问到教育产品如何商业化，我有点蒙了，但是这个话题引发我在考虑教育类的产品提供的价值究竟是什么？

提这个问题的基础假设是百分九十的父母，为了让孩子不输在起跑线，很乐意交智商税。

那公司要不要先挣钱让自己活下去，然后再考虑做好它。还是饿着肚子，看别人割韭菜。那我的问题是我们是应该顺应市场需求，还是沉下心来去发现教育上我们可以真正去提供有效价值是哪些？

"教育"显然不是仅仅针对父母（虽然付费的肯定是父母，但是接受服务的是孩子），从这个意义上，客户是父母，用户是孩子，以UCD的思维来看这件事，孩子才是这个商业模型的核心；付费的意愿也不是智商税，不输在起跑线上是需求之一，但这个需求有一定社会背景，是一个"偏伪需求"。

教育的核心是我们相信通过教育能最大限度地让下一代高ROI地把我们所处的环境变得更好，对人类本身更有益，且这是被证实的唯一高效的途径，这是教育产品的价值观。作为偏高维度的服务产品，教育这件事如果价值观不对，做的产品本身就会有问题。

公司挣钱让自己活下去，和是否用心做好产品是不完全冲突的，制造焦虑在短期有效，一定程度上是被资本裹挟的产物，教育产品本身是一个长期投入的精细化运营的产品，所谓百年树人；所以，我个人是很反对把教育类产品资本化运作的，国家和政府层面应该对这种事情有足够的敏感度和危机感，试想我们的教育者、教育产品如果都是从利益出发，真的是有长远收益的吗？

你的纠结非常普遍，这其实不是一个做产品的问题，而是有一点偏哲学层的问题，我个人坚信做好产品和服务，在普适的、正向的价值观下守住底线是非常有意义的；教育产品的好坏，用户也不会傻到不区分和比较；至于说你们做的一些具体产品形态并不好卖，可能是产品本身问题，也可能是渠道运营的缺失，不一定是价值观取向带来的。

如何有效输出创意设计方案

我们公司目前正在从设计侧发起手机内置应用的改版，目前提供了一些设计理念的关键词，需要针对这些关键词做设计上的发散，然后形成创意方案，最终落地。目前的问题是从设计侧发起，是缺少对战略层的把控的，虽然有足够的用户调研和反馈，也有数据层面暴露出的设计问题，但只要进行正常的版本迭代优化都是可以去解决的问题，感觉问题点也不能形成创意或者与竞品形成差异化的思路。所以如何能进行有效的创意方案设计？有没有思路可以推荐下？

团队先要在设计目标上达成共识，是追求解决现存问题，还是要做出突破的设计竞争力，是交互上需要强化一些自有技术，还是要在品牌+产品上形成自己的设计语言。目标不同，发力方式和设计成果的产出流程就不同。

有效的创意方案是：能优雅地解决用户的问题，市场上有宣传价值，研发上能做得出来。落不了地的方案不是创意，都是空想，“概念设计”最害人了。

（1）你们的手机产品有没有做过设计端的SWOT分析？希望传达一个什么样的品牌气质？这个气质符合你们的市场形象吗？核心用户是不是可以接受？能不能帮助他们表达自我，形成一个文化氛围圈？

（2）应用可以做很多，但真正能把用户留住的屈指可数，当前你们认为最有机会的点，市场上最具差异化竞争力的是哪个？这就涉及战略判断了，公司的人力物资源都是有限的，肯定是集中力量办大事，设计的最终呈现也是放大这个力量在用户心智上的映射。

（3）既然是要创意，就不是单纯依赖用研和反馈的，做出一个好的创意往往一个有启发性的建议和符合趋势的联想就可以，但是找不到这个突破点，设计负责人得不到这个启发，那么创意就很难具象化，想不同很简单，但是不同能够符合用户价值，值得去做，就很有难度。

（4）设计理念的关键词可以帮助设计成功的话，那全世界都应该是苹果才对呀，因为苹果一直都把自己的设计理念公开挂在开发者官网的。设计推进的过程是一个抽象到具象，发散到收敛的过程，收敛为具象的这一步尤其难做，需要设计师的智慧（而非单纯的知识），智慧是难以通过可视化的方式表达的，你可以用一些模型、流程和方法，但是人本身的创意视角就很窄，用了以后也发现不了新机会。所以你看到的市面上的方案，大多数才会是广泛借鉴后的微创新。

怎么针对下沉市场及用户做生活服务类设计

我现在负责一个生活服务的平台App，用户群是三四线城市及乡镇级的下沉用户，用户可以这里来看本地资讯、找一些本地化的生活服务的信息。您是怎么理解下沉人群用户的心智特点和喜好的呢？我们怎么根据他们的心智特点做针对性的设计？有什么方法让设计迎合了下沉市场，并带有他们的偏好呢？

下沉市场是个很宏观的概念，但是有几个基础逻辑是不变的：中国城市化进度会一直发展且逐渐加速；中国市场广泛而复杂，不是单纯的升级或降级消费，而是分级消费；中国仍然是一个快速成长的发展中国家，“下沉市场”（指三线和三线以下城市）将会长期占比超过50%以上；电商习惯，智能设备普及与移动支付的助力，将会激发下沉市场的消费潜力；消费绝对值可能不高，但是增速可观。

多研究各地城市的规划发展报告和中央的经济指导政策，能很好地预判相应市场的节奏，从共性上来说：房产、娱乐、教育、医疗等主题板块肯定是长期不变的重要组成部分，一线城市的各种线上服务会下沉到这些区域，比如线上医疗问诊、教育培训、游戏与视频等。

研究这些市场的用户，可以先从了解对应做得比较深入的竞品开始，比如拼多多、快手、趣头条等，深度研究他们的产品功能、运营策略和商业模式，可以侧面了解他们的用户模型。

我片面地理解来看，下沉市场的User Profile关键点有这么几个。

1. 熟人社会

这些市场的人际关系比一线城市在生活和工作中的渗透会更强，直观的感受是，你办事需要“找人”，你细品所以产品的社交属性其实是更有落地场景的，口碑传播会比较快。

2. 价格敏感

收入水平不高、消费选择较少决定了下沉市场用户仍然关注性价比和打折季这样的形式，所以产品中需要定期孵化一些低价爆款，大面积的补贴也是需要持续投入的，只要LTV 算得过来就行。

3. 深度娱乐化

下沉市场用户的时间更多，工作与生活平衡更好，所以更愿意用时间换钱，而且这些城市的线下娱乐设施并不发达，导致精神生活需要依赖线上服务来弥补，所以娱乐属性较强的应用渗透率会做得更好，比如微信的小游戏。

最后，在面向自己不熟悉的市场时，深度理解用户是第一步：

走到一线做广泛调研和观察是很重要的，没有什么设计方法是为下沉市场定制的，不了解用户，只靠推导，不可能做得好下沉市场。

从用户体验视角解读“垃圾分类”的流程设计

如果从用户体验的视角来看最近全国比较火的“垃圾分类”的流程设计，应该怎么思考呢？

如果以UCD的视角来看这个问题，那么就要从人本身出发，提供可行的便利方法与系统机制，也就是：

能从机制和流程上解决的，不让人参与，因为人会犯错、懒惰、遗忘等；通过制定标准，让系统本身减少人的生理负担与情感负担。

所以，垃圾分类这个事情的解决路径现在是有问题的，不应该是个人（含使用App）或者雇人来做分类，而是从源头出发：

（1）各种包装和原材料管理上，在设计环节就应该降低材料复杂度，并使用可回收材料。

（2）消费者产品上应该说明，各个部分分别放入哪些对应的垃圾桶，且形成统一国标，不印说明的不能上市销售。

（3）因为有进口商品存在，不符合中国垃圾分类管理标准（材料部分），且不印刷说明的产品进口要增加关税，形成准入机制。

当然，从执政治理的角度看，按制度推进目前来说，这样也的确是最容易实现的，先从人抓起把系统要跑的流程制度先走起来，这样人们会感觉诸多不便；然后再推政策解决不便，这样民心所向很多政策就没这么难了。

如何看待国内动效市场，什么是好的动效设计

我最近在研究动效，动效按理也发展也很长时间了。我看到很多说动效让产品变得神奇，动效与界面一样有统一的理念与气质等等。可我在看国内大厂的程序，动效也都普普通通啊，国外动效特殊的也不多。在周大看来，动效为啥在大部分公司不受重视？好的动效又是什么呢？

目前从系统级的动效细节、执行、规范完整度（设计—开发标准一致性）来说，只有Android的Material Design设计语言和iOS的HIG是做得最好的。也难怪它们是消费级软件系统设计的典范。

动效设计的本质不是为了特殊，是为了用户体验整体设计的品质提升，其目的是：

（1）用元素之间的动画过渡来解释元素之间的层次关系。

（2）用动画来传达反馈和状态（这是交互设计的基础要素）。

（3）提升产品的吸引力和满足用户个性化需求。

这些设计的诉求属于无头紧要的特性，如果从产品的需求优先级上来说，其实排不到P0。而软件开发领域的迭代和细节完备度，通常是“能力越大，产出越好”，大部分的研发团队做基础需求都做不过来，没有什么精力去帮你做动画。

所以你会看到在设计师社区和一些概念设计分享上，有非常棒的动画作品，但是实际产品中很少有真实落地的动画，基本上是这么几个原因：

（1）不是公司不重视，是公司的资源（人、时间、金钱）是有限的，只能按更有价值的优先级来排序设计的产出，通常一个解决问题的新功能的ROI，远远高于一个细节的动画调整，而动画的精细化调整反而是耗费时间和人力的。

（2）一个精细的动画设计，除了需要花时间来做以外，还会带来软件、硬件的负担，比如软件的代码复杂度提升，影响系统的响应速度，增加硬件的功耗（需要耗费更多的GPU去运算）。综合来看，还是ROI不够高，所以不去考虑做非常精细的优化。

除非遇到那种特别重视细节的老板，强行要求产品团队做好动画的改进，那么你肯定能看到很好的动画表现。

（3）为什么ROI不够高呢？因为对于市场端和用户端来说，动画设计精良带来的实际经济效益并不明显，我们曾经做过一些动画方案的定性调研，除了一些增强可用性的动画反馈（这些动效大多数属于你描述的“普普通通”类型）用户能感知到以外，很多设计范畴强调“个性”与“美”的动效，用户端往往表现出来的是疑惑，甚至是无感知。

可笑吧？这就是市场的事实，保持高度敏感性和追求细节的往往都是少数人，这点上中国和外国没有什么区别，因此为了追求“完美”去做的动效设计，在经济收益上其实并没有增益。

（4）那为什么Android和iOS这样的产品会去做呢？因为对自己的要求不一样，以及他们有这种资格去要求。这些“资格条件”是显而易见的，但是很多公司却选择性忽略：

首先，他们有重视细节到严酷的老板（产品负责人）——其实很多公司的老板都是假装懂产品。

其次，他们有全世界相对而言更优秀的人才，包括研发人员和设计人员，同样的工程实现（包括动画、声效、产品图片的处理）他们耗费的时间可能是你的一半，但是效果却比你好N倍——这是毋庸置疑的事实，但是谁都不愿意承认这点。（我亲自接触过这两个团队的现役设计师，人真的是有天赋差别的。）

再次之，他们公司的文化和工作方式更有效率，能尽量照顾好产品的各个方面——很多公司的研发流程和产品设计过程，都是拆东墙补西墙，经验跟着人走，需求跟着老板走。

第四，“只卖100块，要啥自行车”思维的根深蒂固，这个涉及产业环境、市场风气，甚至文化方面了，不说了。

最后，设计师本身的能力不足——这也是一个“好气哦”的话题，很多设计师一方面说公司不重视设计，一方面真的要求他做的时候，他其实做不出来，是的，就是做不出来。（我这几年频繁接触过Behance排名前三十的Design Agency和各类设计Freelancer，单纯就很多视觉效果的执行层来看，很多设计师只会看到别人的“风格趋势”时说“这个我也可以做”，但是一谈到独立原创的时候基本都挠头。）

如何制作付费软件宣传片

软件（付费软件）宣传片要怎么做让人觉得看起来很贵？或者开个发布会之类的？

要让一个软件宣传片看起来很贵的意思可能是“看上去有品质，值得信任”，而不是“富贵，豪气，高级感”吧？因为软件和传统消费产品的形态、目标用户群毕竟不一样。

首先需要确定“剧本”。因为软件是为功能目标服务的，它要解决用户的问题。但是只是罗列有哪些功能肯定很枯燥，这个时候要用“故事思维”去营造一个使用情境，还有用户的实际操作，把用户带入情境中，最终形成“有品质，值得信任”的主观感受。

这类的剧本的必备因素一般有：功能点（最能打动人的1～2个核心功能），比竞品好在哪里（不要直接对比，可以以隐喻的方式做，比如竞品是乌龟，你是兔子），用户是什么样的人（住在别墅里面的商务精英会比街边的小贩更有说服力，当然要看你的真实目标用户群定位），解决问题的场景（一步就解决当然比三步才能解决更好），获得的成就（故事中的用户最后怎么样了），鼓励分享（你做宣传片当然希望更多的用户看到，所以给一个让他们分享的理由）。

然后，基于这个剧本进行主视觉的设计。什么天气、环境、时间、长什么样的用户、在什么地方、发生了什么问题、怎么解决的、他的心情和笑容，周围的一切影响主观感受的光线、声音、色彩、产品（比如在室内，那肯定有家具）这些东西组成了视觉的元素，元素越简单，越有品位，越能衬托你的产品的品质。

最后，这个短片可以做一个测试，拍一个测试片，把它贴上你期望对比或认可的“高端产品”的LOGO，让你的用户试看一下，看看用户的真实反馈。

这个内容和之前做过的输出，都会成为你发布会的核心素材。发布会是一个表演的空间，能不能成功还是看素材本身。

失败的发布会一般是由本身写错了的故事、演讲者拙劣的表演和缺乏细节的素材设计共同构成的。另外，可以参考一些拍得不错的产品的宣传片，找找感觉，Kickstarter上面有很多。

如何看待AR与VR的发展

在目前大数据和AI发展方向相对有脉络的情况下，牵涉展示设备上，全息投影和透明显示器的发展会有怎样的变化？能否成为AR民用的关键因素之一？另外，AR和VR的发展，您又怎么看呢？

大数据和AI属于能力，是对信息数据的处理和加工，更加偏向于软件范畴；全息投影和透明显示器主要是硬件技术发展。通常软件和硬件的发展关系是，硬件平台的研发取得突破，无论是运行更快、更低能耗，还是更智慧化，软件都会快速地跟上，消耗掉硬件的现有能力，直到推进下一代硬件技术的突破。

全息投影是否能够大规模商用，取决于显示精度、环境兼容性、网络同步速度、本地数据还原能力、场景内容是否需要这个展现形式等。目前大数据、AI、全息投影等技术还没出现交叉应用情况，需要有企业或者科研机构的先进者带动。

AR的发展更落地一些，等新一代iPhone被越来越多人使用后，App Store必然会上架一些基于ARKit构建的应用，这当中肯定会出现1～2个爆款产品，个人猜测会在游戏和生活服务内中出现。

VR的发展我个人不看好，首先是硬件平台准备度不够，其次是使用门槛太高，然后是使用体验不佳，这些基础设施没有构建完善的情况下，没有软件服务商会投入更大的精力去构建内容和服务，会进一步导致硬件平台缺乏驱动力。

设计之初是否需考量技术实现

我们公司是一家手机厂商，做了一个锁屏音乐的功能，就是将第三方音乐软件的音乐锁屏中的元素提取出来，以一种统一的形式显示在锁屏上，就像iOS 10锁屏上有音乐的快捷操作和专辑封面的显示那样。但是最后这个项目出现了很多很多的问题，因为我们是用技术去实现这一功能，不是靠谈合作或者给第三方提供接口，第三方一升级我们的技术方案就可能失效，出现bug，作为交互设计师，在一开始就知道这个技术方案风险很大，成本很高，但是还是抱有一定的侥幸心理，现在推出以后，各种问题都出来了，我想知道遇到这种问题，比较正确的处理方法是什么，最开始是不是就应该考虑到实现的风险出一些技术风险小的方案呢？

这是明显的产品场景思考不成熟的表现，商业风险、技术风险、用户需求真伪验证是项目启动之初就要做的事。

在确定功能重要性和优先级之前，可以根据产品现状、用户痛点、公司实际研发能力，做一个多部门决策者都会参与的SWOT分析会议。SWOT分析法是用来确定企业自身的竞争优势、竞争劣势、机会和威胁，从而将公司的战略与公司内部资源、外部环境有机地结合起来的一种科学的分析方法。具体解释和方法请自行Google。

一开始做错了商业洞察，YY了用户场景，误判了技术选型，后面都是整个团队来买单的，所以起步要格外小心。

人工智能与设计的关系及发展趋势

能聊聊人工智能和设计的关系及发展趋势吗？

现在已经有很多设计师在思考AI与设计的关系了，也做出了一些准AI类的产品，比如阿里团队研发的鲁班系统，将设计过程中比较容易抽象成模式的工作（比如图片的识别和抠图、符合阅读规律的排版）进行自动化。

我对科技的发展一向持乐观态度，所以我不支持“AI时代的到来，会完全替代设计师的工作，让所有设计师失业”，相反我认为AI的不断进步与运营会提升设计师的工作价值，帮助设计师更好地开展创意活动。

个人判断AI进入设计行业能够做的事情可以分成3个阶段。

（1）将能够模式化的表现层设计进行自动化，提升设计产出效率，降低客户成本。

比如现在很多电商网站，线下密集的各种活动运营设计，对设计的品质要求在60分以上就行（设计的品质与经济水平，消费者环境，产品品牌需求相关，不是说不需要更好的设计）。通常这些海报、Banner、展板的设计都是快速消费品，基本属于设计素材的排列再组合，那么它的品质只要满足信息传达清楚、视觉阅读顺序和视觉感受合理、符合一定版式规律就行。

这种设计是完全可以通过机器训练、机器学习达到输出要求的，用户直接通过采购这种自动化的方案，去掉在信息不对称的市场中寻找初级设计师的中间环节，快速达到商业目的。

这里面有两个硬需求：人的时间总是宝贵的，而且人会累，所以低价格的设计合作，经常会让设计师不想改，且追求短平快的客户自己也没有能力一次性传达清楚设计需求，那么机器输出和选择的方式会更加直观；人的速度再快也需要思考、找素材、打开PS拼图、沟通等过程。机器可以把这些重复的事情24小时不间断地在后台积累，运算速度也大大快过人，所以出方案的速度会非常快，恰恰可以满足很多追求速度的客户需求。

（2）将复杂设计项目过程中，涉及多模块、多环节合作的设计协作助手化，减少不必要的观点冲突和专业视角缺失。

一个成熟的商业产品和服务涉及的环节非常多，以消费者电子产品为例，市场分析—用户洞察—需求分析—项目启动—外观设计—硬件设计—软件设计—测试调校—制造生产—渠道销售—卖场设计—售后服务，这么多环节都是用户体验的场景。但是，没有一个人可以把所有环节的UX相关问题都跟踪到位，并反馈执行到企业中；也没有一个人能通晓所有环节的痛点，知道每个上下游环节之间最大的沟通障碍、协作障碍是什么。

这就诞生了各种工作流程，企业通过流程和制度来形成标准化，也会开发相应的工具来管理这些过程。AI能力的介入，可以进一步将这个过程中过时的、不够完整的、不够人性化的部分改进。比如：现在视觉设计师和开发人员的设计还原检视，一般都是两人坐一起面对面沟通细节（这样效率会高一点，邮件来回更慢，更不清晰）。AI能力介入以后，视觉设计师可以在设计工具中依赖Design Guideline输出文档，这些文档标准AI可以告诉开发者的IDE如何理解，开发出可运行程序后，AI可以自动跑界面测试，如果出现“差了一个像素”的情况，AI组件自动生成bug单，开发者修改即可（甚至可以自动修改）。

（3）直接在产品中变成用户的私人客服，解决用户现场出现的问题，提升产品整体体验。

用户与设计者、开发者不能直接交流是现在体验问题的根本原因，如果每个用户和每个开发者之间就像夫妻一样的紧密联系，那么任何体验问题都是一句话的事。但现有的产品形态和能力，商业成本与服务能力都达不到。

我们试想一个场景：以后你的手机上有一个AI观察员，你在使用手机过程中，它会知道你的喜好、习惯，以及手机犯过的错误，结合它的大数据能力，它可以把别的用户也犯过的同样的错的解决方案告诉你，或者在后台就自动解决掉了。那么，你就不用再操心地拨打客服电话，去什么售后服务店，听那些类似“重启试试”“多喝热水”的解决方案了。

AI在定位—解决—反馈的过程中，也同样把这些数据（其实隐私的问题不用担心，数据原子化，加密以后有N多办法可以保护隐私）反馈给了设计师，设计师从这些行为和态度中，还可以洞察到更多好的想法和创意，加速产品的改进。

总的来说，AI是一种能力，可以帮助设计师更好地开展工作，它的发展利大于弊。

AR与VR未来在电商设计中的运用

我是电商公司的设计师，最近想学习AR和VR的相关知识，有些疑惑点想咨询，问题如下：

（1）AR和VR的区别是什么？

（2）AR和VR在电商领域可以运用在哪些方向？运用前景如何？有没有瓶颈？

（3）作为设计师如果想往AR和VR方向转型需要哪些能力？如何学习？

（1）关于AR、MR、VR的区别只是概念层的区别，具体的技术应用有不同形式，知乎上这个问题已经回答得很清楚了，知乎链接：VR、AR和MR的区别？

（2）按照目前的互联网产品逻辑，流量在哪里，交易就在哪里，所以电商的下一阶段一定是自造流量，聚合分发，短路径变现，比如：你到电子城逛街，扫一下商品上的二维码就完成了购买，以及看到用户的评论；你逛Shopping mall，拍一张衣服的照片就得到了最适合你的尺寸，官方的折扣以及买家秀的合集让用户获得更丰富的信息，减少决策的环节，提升购买的效率。这些肯定是电商追求的。

前景我非常看好，但瓶颈依然很大，首先是掏出手机获得XR（AR、MR、VR等）需要信息输入，这个习惯养成就需要一段时间，需要类似红包激活微信支付一样的爆炸式场景；另外获得信息后，信息是如何流转的，存在App端，还是设备端，各端之前的数据是不是互通，标准谁来制定，大家愿不愿意遵守；消费实体产品的话，还涉及接入生产厂家的产品信息，匹配的信息整合，也会对传统广告运营产生影响，这些已存在多年的环节上的人利益受到影响，才是最大的普及障碍。

（3）设计师需要准备的是：充分理解软硬件技术基础和实际能力，不要天马行空不落地；对用户和真实世界的理解要更充分，过去做App都是基于虚拟空间、平面维度的，AR和VR等环境因素介入后，三维空间的理解能力要提高，人的各种行为，态度，情绪在这样的空间下会变化；分析应用实例是比较现实的，比如链接：10 Examples of Augmented Reality in Retail http:// www.creativeguerrillamarketing.com/augmented-reality/10-examples-augmented-reality-retail/ 看看这些应用用在哪里，有哪些产品形态，看看背后的技术团队和公司，顺藤摸瓜到相应的技术提供商、专利保护、产品应用的用户评价等信息，做一些综合分析，这样以后自己做产品时，也有一个大体的思维框架。

如何看待咨询公司收购设计公司

如何看待现在的咨询公司都在收购设计公司的现状？

根据John Meada在Design in Tech这两年的报告中体现出来的，确实很多大型的咨询公司和互联网企业（画重点）都在收购设计公司，但和企业数量的总体来比，还是占比很小。这和行业，企业的发展状态尤为密切相关，消费者业务一直是扮演商业重要角色的，随着信息过载，选择变多，需求的垂直细分加强，设计的重要性变得空前重要，设计人才的成才率一直很低，所以收购一家成熟的设计公司是在获得设计竞争力和商业快速发展之间最高性价比的选择。

但这是收购唯一的理由吗？不是的，成熟的设计公司背后拥有对设计产业链的洞察，各种类型（甚至有上下游合作关系）公司的合作经验，以及对这些企业的团队了解，在一定程度上，他们知道一家公司在设计层面的投入、产品成功的原因。这在商业上的价值，远远超过让这些设计公司输出设计方案。

最后，就是对人才的垄断，设计行业中从院校—行业组织—公司团队—设计公司，人才之间是有千丝万缕的联系和传承关系的，垄断人才的价值远超公司本身，控制了设计竞争力有利无弊，花点钱也是值得的。

众包设计中的作用

众包在面向用户的设计中有哪些作用？

众包设计和商业成熟度、商业发展规模相对应，现在中国的商业设计环境是大企业平台占据主导行业，获得大份额市场，这样的企业都会自建设计团队，同时和外部的设计公司合作。

另外在中小企业中，有个人化、自媒体化、更加分散垂直的趋势，现在很容易在淘宝、有赞等平台开展自己的小生意，这在10年前都是难以想象的。所以像这样的小生意，就需要大量的设计资源来支持。

众包设计平台能解决的就是这些小型的、大量的、分散的设计需求。国内几个众包设计平台的选择，可以从专业能力、服务模式、商业保障来看看：

（1）特赞（https://blog.tezign.com/category/tezign-case/）这种是垂直型的，专业度较高，设计师能力也比较强；红动中国等就是平台型的，综合性比较强，但是设计师就容易参差不齐；另外像猪八戒这种威客型的，通常设计能力最弱，大部分都是学生去接单，很难解决实际问题。

（2）一般众包设计平台的模式有外包雇用、比稿竞价、统一招标、计件。这几个模式里面，个人认为精准挑选设计，进行专业的项目合作沟通，再进行外包雇用的方式是成功率比较高的。

（3）商业保障是指既要保证客户的设计项目顺利完成，也要保证设计师的收益得到保护。好的众包平台在这一块的服务通常都是全程跟踪，客户设计预付款由平台托管，设计师拿到一定比例的启动设计费，然后进行项目沟通、提案、方向确定等环节；另外也会保证客户在项目合作不满意的时候，拿到合理比例的退款。

总的来看，众包通过专业化的管理和对接，确实可以解决客户找不到设计师、设计师难以对接客户的难题。如果众包设计不是单纯为了刷单量，能为设计项目的双方都做好服务，是应该鼓励的。

小白在RESNChina深圳部门如何提高

您了解RESNChina深圳部门吗？设计团队如何？作为小白进去的话可以得到提高吗？我看官网上很多案例都是新加坡或者上海那边出的。

RESNChina我不是很熟，他们和上海的W，都是类似的数字品牌营销创意公司，创始人大概是4A背景，创意和执行能力都不错，也比较会做一些实验性的项目，这种公司对设计师的全面创意能力和技巧还是有很多锻炼的。

深圳部门可能也是分公司之一，要看这个公司的CD，也就是创意总监是谁，然后会负责哪些客户吧，毕竟甲方的合作关系很大程度上也决定了最后你参与的项目是不是有意思。

作为小白能够进去学习，还是不错的，至于待多久是个双向选择问题了，里面基本都是以设计师为中心的工作模式。

书籍推荐清单

平时都看什么书，或者什么渠道获取知识、思维启发和专业方法？UCD China群里推荐的书单就不说了，重点想了解在这以外的更广范围的阅读和思维启迪渠道。

设计是跨专业学科，是利用专业设计方法和思维解决跨专业的问题，非常基础的专业书籍一般在Amazon等平台直接搜索就可以，这些经典的专业书可以过1～2年再看一遍，多读几遍每次的体会也不一样。

平时的知识来源主要依赖业内沟通，向跨专业人士请教，还有大量的互联网平台。我个人每天获取TMT行业新闻，设计专业类文章的输入不低于100篇，这里面分看个标题、看个大纲和精读、细读的区别。

类似TechCrunch、Medium等平台的报道，文章是要每天看的，另外再订阅一些设计类平台门户的邮件列表，会按天、按周给你发送精选的内容，省去了自己刷页面的时间。到Quora、知乎等平台，看看别人的问题也是比较好的开阔思路的学习方式。但是要避免被八卦类问题带偏。

设计因为是跨学科的，是聚焦在人的，所以平时相关领域的专业书籍需要花时间去精读。特别是心理学、社会学、经济学方面的书籍。最近我在看的一本书是耶鲁大学政治学和人类学教授詹姆斯·C.斯科特写的《弱者的武器》。

这本书通过对马来西亚的农民反抗的日常形式——偷懒、装糊涂、开小差、假装顺从、偷盗、装傻卖呆、诽谤、纵火、暗中破坏等的探究，揭示出农民与榨取他们的劳动、食物、税收、租金和利益者之间的持续不断的斗争的社会学根源。

看完这本书，再回过头来想想为什么很多企业无法做好项目管理、设计管理、人力资源管理，就一目了然了。

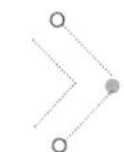

iOS平台设计类App推荐

iOS平台上有哪些设计类App可以推荐?

废话不多说，先上图，这是目前该文件夹内的App，当然文件夹里面的App会有新增删除，一般比较有用的我不会轻易删，所以被删掉的也就是我觉得可以替代的。

有几个App也有iPad的版本，在iPad上的观看效果会更好，我就不重复了。

第一屏:

FrameLess：Framer JS Studio 的手机端原型配套演示工具，由于是个嵌套浏览器，其他 HTML 类型的原型页面也可以显示，而且支持全屏演示。

Perform：App Store里面的名字是“Form Viewer”，Form（就是那个被Google收购的原型工具商）的手机端原型配套演示工具。

Pixate：交互原型设计工具Pixate的手机端原型演示工具，有iPad版本，只要用你的账号登录，同时可以支持选择演示多个绑定账号的设备上的原型。

Hype Reflect：Hype3的原型演示工具，有镜像模式，只要在Hype里面保存一下，手机上马上同步当前设计状态，而且支持JS代码控制台，手机上可以直接调整HTML5动画。

AppTaster：AppCooker的原型演示工具，播放器本身没啥，AppCooker（只有iPad版）本身不错，不但有图标看台、应用程序的商店详细信息、定价报告，还有直接进行意见反馈的功能，但是这个原型工具是专为iOS App定制的，所以对于Android App的设计师来说，性价比不高。

装这么多原型演示工具主要还是因为现在市面上缺乏一个大而全的高保真原型设计利器，要么是动画细节调节不给力，要么是多层级跳转关系制作麻烦，期待尽快出现一个整合功能较好的工具。

DN Paper：DesignerNews的第三方新闻客户端，每天最新的设计圈新闻和资料推送，建议每天看。

Design Shots：Dribbble的第三方客户端实在太多了，最后留了这一个，可能只是因为GIF的加载速度还可以吧。

Behance：这个不用介绍了吧？每天看三遍。

Adobe Color：拍照取色神器，可以输出色板到PS中，做Mood Board的帮手，不过因为无法精确的取CMYK的色谱，对于平面设计师来说并没有什么卵用。（还是好好看Pantone卡吧！）

第二屏：

FontBook：虽然本质上是Fontshop的字体购买工具，但是这个App拿了很多的设计类奖项，也是很好的英文字体参考手册。

WhatTheFont：拍照查字体，只支持英文字体，记不住或说不出字体名字的设计师有救了，但是有时候精度也不够，比如分别Arial和Tahoma时。

SVA Design：美国纽约视觉艺术学院2015年毕业作品集，内容的加载速度很慢，需要一些耐心。

Typendium：各种著名英文字体的历史介绍，有内购，现在只有6个字体。

Collection：App Store上搜索“Design Museum”，伦敦设计博物馆的59件设计藏品的展示，大图，高清，有视频且免费，业界良心。

500px：看照片、找照片的好地方，但是后期一般都比较过，可能是社区氛围吧。

iMuseum：今天去哪里装逼呢？如何科学地装逼呢？如何在地沟油的生活中参与艺术呢？看这个就行了。

Kickstarter：大家都认为是它是个众筹网站，我认为它是个设计网站，每个新产品的图片、文案、宣传视频拍摄都值得学习，当然也有不少脑洞大开的逗比项目。

Artsy：艺术基因项目组的艺术关联作品推送，超过10万件艺术品让你看个够。

第三屏:

Yoritsuki：Hybridworks的大作，日本温泉旅馆为主题的道具类App，制作精美、音效完美、无广告、无打折信息导流、无闪屏促销。这尼玛就是“禅”。

Sooshi：这个App让寿司变成了艺术，其实寿司本来就是艺术。

榫卯：唯一保留的国产App，很用心的设计和素材筛选，我不是想做木工，就是看着爽。

DevianArt：如果不出意外的话，你这辈子应该看不完上面发布的设计作品。

UX Help：体验设计类的付费知乎，知识就是生产力，知识就是人民币，你要愿意付费，我也可以回答你的问题。

Zen Brush：现在的宣纸和狼毫太贵了，只能在手机上写写，笔触效果至今没有找到比它更好的，不过更新太慢，没有书法家的风格选择是个硬伤。

Design Hunt：多个创意类网站的订阅推送服务，编辑每天帮你推荐“他们认为”最好的创意资源，有些还不错，有些别当真。

Fleck：创意图片每日更新，还有个社区，可以链接你的Instagram账号，上厕所+坐地铁专用，图片质量还可以。

Product Hunt：每天更新新产品的速度太快了，也不知道他们是不是24小时轮班的。

最后回顾一下iPhone首屏全景图，希望大家不要被手机绑架所有时间。

设计书籍推荐

2018计划阅读至少5本对设计岗有帮助的书籍，可以是提升沟通的、用户心理学类的……题材不限。有什么推荐吗？

有时间能看多少算多少，5本的量还不错，但和真正的阅读比起来还是少了点。

另外看书并不能帮助你提升沟通能力，提升沟通能力的最好办法，就是去沟通：找那些你不喜欢的，你曾经吵过架的，你不敢对话的人去沟通；带着问题，带着请教，带着对双方有的价值去沟通。

看书也不能帮助你真正了解用户的心理，要了解用户心理就要到他们生活的、聚集的地方去体验，去观察，而不是在网上看文章，听传说，去闻过绿皮火车内打工者的汗臭，去游艇会所看过一掷千金的浮夸表演，你会被这些社会阶层真实的生活有所触动，才能尝试理解他们。当然，做这些事可能需要一些钱和时间，我只是建议你了解用户的最好方式，是走进他们。你想想，你如果做游戏的体验设计，自己从来没有掏过一分钱买皮肤；

你做手机系统的体验设计，自己从来没有去专卖店或维修点听过一次用户的询问和抱怨，你要是能做得好，你自己信不信？

建议说完，书单还是给一个，看书很重要，但不足以重要到超过实践，加油。

《礼物的流动：一个中国村庄中的互惠原则与社会网络》：上海人民出版社 阎云翔 著

《暴力：一种微观社会学理论》：北京大学出版社 兰德尔·柯林斯 著

《灰犀牛：如何应对大概率危机》：中信出版集团 米歇尔·渥克 著

《传播与社会影响》：中国人民大学出版社 塔尔德 著

《哈佛谈判心理学》：中国友谊出版公司 艾莉卡·爱瑞儿·福克斯 著

朋友圈Feed的分析

朋友圈为什么支持按分组发布内容，却不支持按分组查看Feeds内容？

具体原因可能有多种考量，我说说个人猜测的看法：

（1）微信不是微博等强媒体属性的产品，它的核心是熟人社交。

一款社交属性的产品（微信现在肯定不只是社交工具了，它是一个互联网信息的I/O），优先会考虑服务社交行为的发起方，你有用图片文字表达生活情绪的需要，但在发的过程中，会担忧这个信息是不是所有人可以看，因此分组显示是很聪明的方法。选择性地让某些人看到某些信息，有助于降低社交焦虑。同时，发朋友圈的用户感受到了“安全”。

既然是熟人社交，那么熟人的朋友圈人数必然不会特别多，除了那些商务精英，以及带有微商性质的人。你看到不想看的信息，有可能是一次，两次，如果是多次，你会选择屏蔽某个人的朋友圈，但是屏蔽很多人的朋友圈应该比例非常小，否则你当初为什么会加上这群人的？而商务精英通常更少看朋友圈，他们的朋友圈更少出现低质信息，他们更不会浪费时间去分组；朋友圈的微商，主要诉求是分组发，而不是分组看。

（2）极简和克制的设计原则，让他不会满足所有的用户需求。

从产品上说，如果用户只看某个类别的朋友圈，那么被屏蔽的那些人的“朋友属性”会被动降低，原本没有话说的人，更没有机会发起社交行为了。这和朋友圈设计的初衷背离，也不再会出现点赞之交、“原来你也认识他”这类社交状态。

从体验上说，按人分组和按内容分组是两类需求，但是很少有人只会在朋友圈发固定一类信息（除了微商和新任妈咪们……），内容的分组就无从谈起。如果你是阅读公众号，那么做一个内容分组是有价值的。

所以，“不支持分组查看Feeds内容”的本质需求会是什么？这类需求可能微信内部也讨论过，最后也许是数据或者用户声音支撑不起，它作为一个功能被推出吧。

（3）除非有充足的数据或战略支撑，否则增加任何功能都是有利有弊的。

微信这个级别的产品经理思考功能时候的影响因素非常多，早就脱离了“我发现了这个问题，加一个功能试试看”的阶段。在满足用户的某个需求时，如果不干扰其他不需要这个功能的用户，才是最应该思考的事情。

你想想，如果朋友圈这种功能轻量级、内容重量级的产品，围绕内容本身展开太多功能升级，会大大提高它的使用和管理成本，没有必要。而且做这种事，对服务器、数据处理、产品运营等也有压力，收益不大。

关于聊天记录的设计分析

钉钉的桌面版聊天记录为什么做成点击之后定位到原聊天框内，像微信和QQ一样在聊天记录里浏览不好吗，这样导致下载和预览文件、图片都多一步，多这一步操作是必要性是什么？

我个人认为微信的做法是更好的做法，尝试分析一下钉钉的现状。

（1）产品经理可能认为查找聊天记录的根本需求是定位上下文，判断工作环境内的具体情况，所以回到原聊天框并没有不对。但是可能想完这个部分就暂停了，没有考虑其他的支线场景，比如你想在不同的群和对话中查找和主题相关的其他类型的内容。

这个可能是属于产品经理和设计师就没往那个方面去想，属于方案不完备。

（2）你提出的这个问题也许钉钉自己已经发现了，但是还没有排上迭代发布日程，属于优先级不那么高的需求，如果我自己来排这个需求，相对于其他钉钉亟待解决的体验问题，这个细节可能也只能到P2。

产品的问题是解决不完的，人力和时间又有限，所以短期能看到的改善总是不够，这是目前软件用户体验的最大瓶颈。

（3）“多一步”这种情况通常不会是刻意设计出来的，除非是有安全、法务、合规等方面的要求，必须有授权、结算、验证等环节参与。理论上缩短用户路径能带来整体效率的提升，to B类的产品都不会拒绝去做，如果现在没做可能就是上述的两个情况之一。

体验式销售怎么拿下第一笔订单

体验式销售怎么拿下第一份单?

(1)按摩仪器体验过程是最好的直接沟通过程，尽量了解用户的真实生活背景、形态，通过观察聊天判断其消费能力，很多销售人员卖不好东西就是他们太关注销售本身。你要理解大多数中国消费者，特别是老年人的心理处境是：目前我的预算不够，但我不想别人知道，你更不能怀疑我的消费能力。沟通过程中，注意用词、眼神、推销的时机，让用户享受按摩本身，了解功用，而不是用户用了以后就要买，好像体验一下就是欠你似的。

(2)既然是促销，应该把钱花到转化本身，少做媒体广告和DM单页，把经费转移到刺激多次体验的机会上，比如：老年人在体验三次后(基本信息你应该都了解了)，以后每次再来赠送10元体验金券，真正买机器的时候可以折算。老人带小孩来，或者多带一个亲属来，赠送20元。我们内心总是有“别人给了我帮助和好处，我也不好意思总占便宜”的想法。

(3)真的碰到一直占便宜的用户呢?(肯定有，但不会多)，你要理解老年人的生活是比较自由的，个人可支配时间较多，喜欢约朋友做较省钱的娱乐活动。如果一个用户经常过来，起码你的产品或者你个人对他(她)是有吸引力的，可以从他的亲友着手，比如快过年过节了，用户的生日快到了，可以电话联系其亲友：“最近您的妈妈×××经常来我们店体验，她很喜欢我们的产品，我们非常高兴……(描述事实，帮助解决问题)……近日他的生日(×××节日)快到了，是否想送给她这个一直喜欢的产品呢?给她一个惊喜?”

(4)你销售的渠道环境和销售的方式会对实际的“体验营销”带来很多障碍，也可能是帮助，你的前置条件不够，所以给出方法也不一定够针对。让用户从使用者变成消费者是所有行业变现的终极问题，这个问题不是一两个案例可以说清楚的。

总之，体验的基础是产品本身好，这包括产品的设计、用途目的性、价格，关乎健康和家庭关系的产品一旦出现质量问题，用户群体(用户和用户的家庭)的直接丢失是不可避免的；体验的环境是你的推广策略、销售终端、城市环境等——不要指望在一个高级别墅区兜售按摩器；体验的变现是服务和运营，一个用户积累不易，要用好这个用户的最大价值——用户自己的消费，用户亲友的消费，用户自己的口碑传播，用户亲友的口碑传播等。如果实在不能让用户掏钱，只要你的整体体验是良好的，你也可以在他身上获得其他的回报。

THINKING IN DESIGN

设计视野 / AIGC 来了

AIGC是什么

AIGC（人工智能生成内容）是利用人工智能技术生成文本、图像、音频、视频等多种形式的内容。这种技术的落地模式非常多样化，其中一个具体的产品形态就是ChatGPT。

列一些AIGC的应用领域：

- 内容创作。帮助作家、编辑、记者、设计师等创作高质量的文章、故事、新闻、剧本、脚本等，提升内容产出效率。
- 聊天机器人。构建智能聊天机器人，用于客服、教育辅导、娱乐等场景。
- 广告创意。快速生成大量文案、图像、视频等，帮助市场营销人员提升创意效率。
- 翻译。实现多语言之间的自动翻译，跨语言沟通。
- 个性化推荐。根据用户喜好生成个性化的内容推荐，使用户体验更加完美。
- 智能教育。生成教育资源，如试题、教案、课程大纲等，支持个性化学习。
- 艺术创作。生成音乐、绘画、设计等各种艺术作品，拓宽艺术创作的边界。
- 数据可视化：自动将数据转化为易于理解的图表、报告等，提升数据分析效率。
- 智能编程：协助开发者编写代码、检查错误、优化性能等，提高开发效率。
- 虚拟现实：用于生成虚拟现实环境，如游戏场景、电影特效等，提升沉浸式体验。

……

上面这些应用场景，绝大部分已经商用。当然作为日常使用，其实ChatGPT还能作为个人助理，比如你在决定是否买一本书之前，可以问下ChatGPT，关于这本书的内容、结构、亮点、细节、评论等，这样可以较快地判断这本书是否值得收藏。

AIGC时代，设计师如何提升自己以适应时代变化

对设计师来说，提升自己以适应技术变化非常重要。有几点建议：

（1）不断学习新技术和工具。AIGC等技术更新很快，设计师需要快速跟进，掌握新的技术和工具。比如MidJourney工具、提示词技巧（prompt technique）、如何充分利用GPU硬件等等。

（2）跟踪前沿趋势和技术。在学习现有技术的同时，也要对行业前沿技术和发展趋

势有所了解，比如元宇宙、增强现实等正在落地的技术。理解这些新的技术场景，可以发现很多AIGC的应用场景。

（3）建立扎实的基础技能。无论技术如何变化，设计师良好的基础技能和审美水平不会过时。比如平面设计、色彩搭配、构图布局等基础技能，以及对美学原理的理解，这些是设计师岗位价值持之以恒的重点。

（4）跨领域学习。除了学习新技术，设计师还应该关注其他相关领域。比如人工智能、互联网等。这可以让设计师对技术演变有更宽的视野，找到更多跨界合作的机会，获得更多创新灵感。

无论学习什么技术，都要在实际项目中进行尝试。实践可以帮助设计师更深入地理解技术，发现问题所在，促进技术与设计思维的融合。持续实践是提升自己的最好方式。

比如你是一位UX设计师，职业生涯中遇到的实际问题、概念，都可以通过AIGC的能力进一步形成可供二次学习以及模板化的资源库。如下图所示。

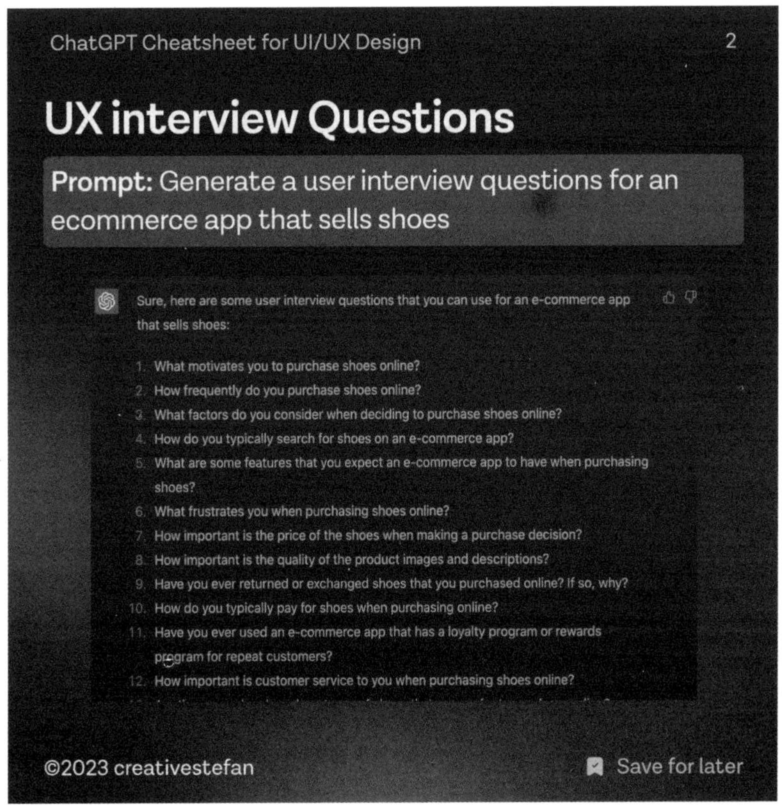

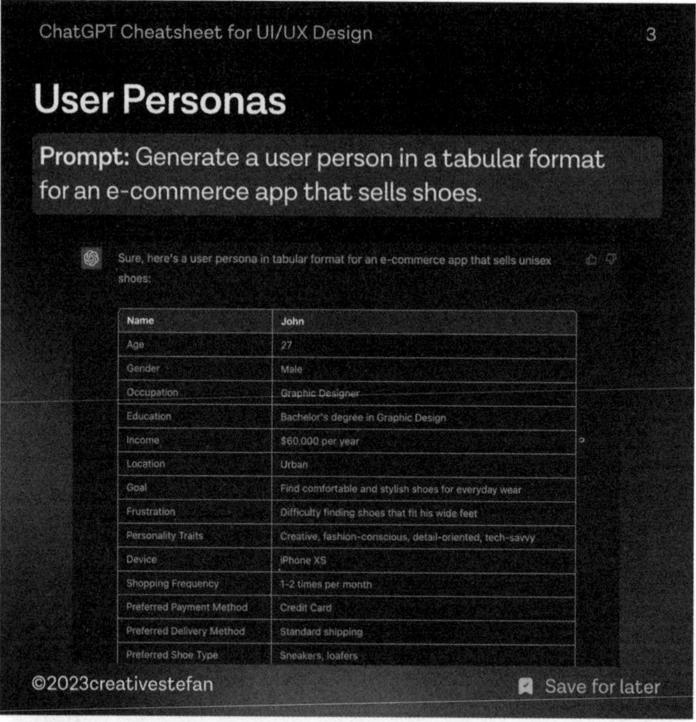

Name	John
Age	27
Gender	Male
Occupation	Graphic Designer
Education	Bachelor's degree in Graphic Design
Income	$60,000 per year
Location	Urban
Goal	Find comfortable and stylish shoes for everyday wear
Frustration	Difficulty finding shoes that fit his wide feet
Personality Traits	Creative, fashion-conscious, detail-oriented, tech-savvy
Device	iPhone XS
Shopping Frequency	1-2 times per month
Preferred Payment Method	Credit Card
Preferred Delivery Method	Standard shipping
Preferred Shoe Type	Sneakers, loafers

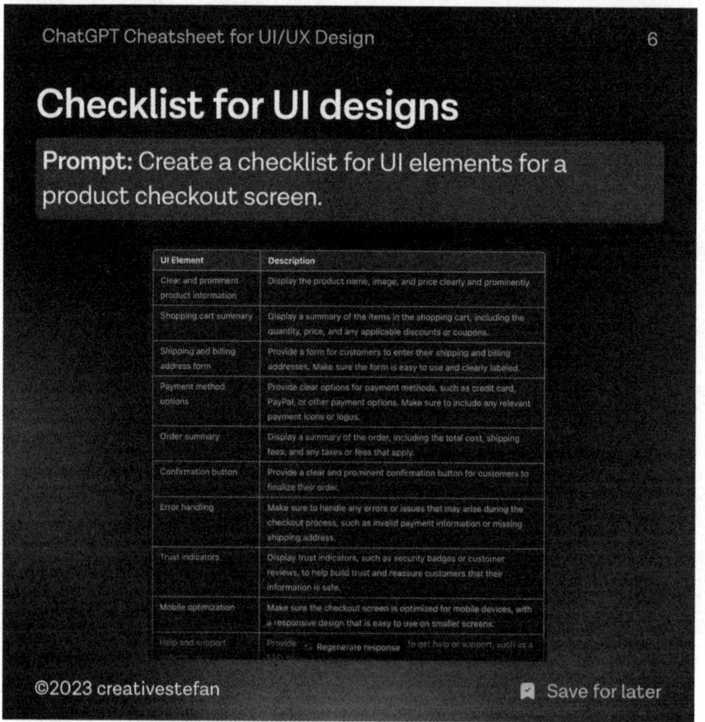

UI Element	Description
Clear and prominent product information	Display the product name, image, and price clearly and prominently.
Shopping cart summary	Display a summary of the items in the shopping cart, including the quantity, price, and any applicable discounts or coupons.
Shipping and billing address form	Provide a form for customers to enter their shipping and billing addresses. Make sure the form is easy to use and clearly labeled.
Payment method options	Provide clear options for payment methods, such as credit card, PayPal, or other payment options. Make sure to include any relevant payment icons or logos.
Order summary	Display a summary of the order, including the total cost, shipping fees, and any taxes or fees that apply.
Confirmation button	Provide a clear and prominent confirmation button for customers to finalize their order.
Error handling	Make sure to handle any errors or issues that may arise during the checkout process, such as invalid payment information or missing shipping address.
Trust indicators	Display trust indicators, such as security badges or customer reviews, to help build trust and reassure customers that their information is safe.
Mobile optimization	Make sure the checkout screen is optimized for mobile devices, with a responsive design that is easy to use on smaller screens.
Help and support	Provide ... to get help or support, such as a

ChatGPT将怎样影响设计师的工作

基于大模型的AI，其自身进化能力是让人难以想象的，可能当前能力还无法覆盖的方面很快就能解决了。目前看，ChatGPT至少可以帮设计师提升这几方面的能力：

（1）创意灵感。ChatGPT 4.0是一个强大的AI模型，能够为设计师提供无限的创意灵感和想法，帮助设计师更快速地实现创意。

（2）自动化。自动完成某些重复设计任务，例如排版、图像编辑等，从而释放设计师的时间和精力，让设计师能够专注于创意和策划。

（3）个性化。根据用户的需求和偏好，自动生成个性化的设计方案，帮助设计师更好地满足客户需求。

（4）跨平台协作。帮助设计师与客户和其他设计师更好地沟通和协作。

（5）设计质量提升。为设计师提供更多的灵感和思路，从而提高设计质量，比如通过几个关键词就可以生成完整的情绪板。

（6）数据分析。可以通过分析用户数据和用户行为，为设计师提供更好的设计依据。

举个实例，当前最好的AI绘画工具是MidJourney（后面会讲到），而使用MidJourney的门槛最高的位置就是如何训练他，给他精准的、他能听懂的提示词。这时候可以直接利用ChatGPT来生成提示词。

当然，也可以用像MidJourney Prompt Helper提示词生成工具，其底层技术或多或少存在ChatGPT的影子。

如何将AI嵌入到已有的用户体验设计流程

这里说的AI，不是前面说的AIGC，需要设计部门提出需求，开发部门配合，但是这个过程中有很多环节可以用AIGC工具完成或者部分完成。

将AI嵌入设计流程需要考虑以下几方面：

（1）识别流程中适合应用AI的环节。在设计流程中，需要确定哪些步骤可以用AI来辅助，例如数据收集、分析、模型训练、模型测试等。

（2）选择合适的AI技术和工具。例如机器学习、深度学习、自然语言处理等。此外，还需要选择合适的AI平台或工具，例如TensorFlow、PyTorch等。

（3）定义设计问题和数据集。例如用户行为数据、用户调研数据、界面设计数据等。

（4）集成到设计流程中。将训练好的模型嵌入到设计流程中，例如用于用户调研分析、用户行为分析、交互设计，design system等。如下图所示。

Generate documentation for a design system for a secondary button. Add a table with anatomy that shows tokens(size, fonts, color). Add a table with states like default, hover, clicked, disabled. Describe these states with design tokens (color, font).

Design System: Secondary Button

Introduction

The Secondary Button design system is used to create a button that has a secondary or lesser importance than the primary button on a page or app. This documentation outlines the design tokens for creating a consistent and cohesive Secondary Button design.

Anatomy of a Secondary Button

The following table shows the different tokens used to create a Secondary Button:

Token	Value
Size	40px x 24px
Font	Inter Regular 14px

Regenerate response

ChatGPT Feb 13 Version. Free Research Preview. Our goal is to make AI systems more natural and safe to interact with. Your feedback will help us improve.

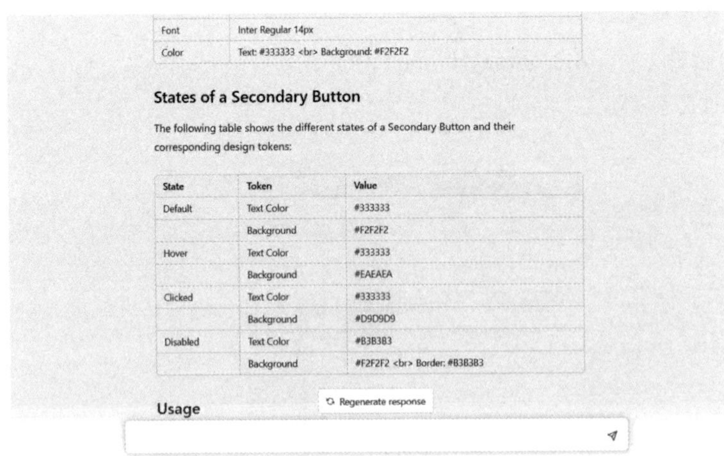

Font	Inter Regular 14px
Color	Text: #333333 Background: #F2F2F2

States of a Secondary Button

The following table shows the different states of a Secondary Button and their corresponding design tokens:

State	Token	Value
Default	Text Color	#333333
	Background	#F2F2F2
Hover	Text Color	#333333
	Background	#EAEAEA
Clicked	Text Color	#333333
	Background	#D9D9D9
Disabled	Text Color	#B3B3B3
	Background	#F2F2F2 Border: #B3B3B3

Usage

Regenerate response

ChatGPT Feb 13 Version. Free Research Preview. Our goal is to make AI systems more natural and safe to interact with. Your feedback will help us improve.

（5）用户测试和优化。根据实际场景中的问题，建立测试AI模型的类用户对话过程，并根据测试结果进行场景中的用户流优化。如下图所示。

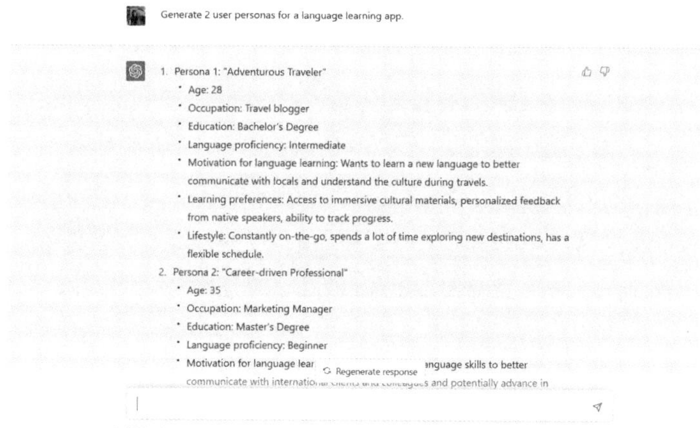

（6）建立海量的情绪板（Mood board）。根据提示词生成与关键词匹配的情绪板图片，更好地启发视觉设计，也可以用来做用户合意性测试，以及提取准确的设计情绪词。如下图所示。

概念设计阶段

Concept design

AI 辅助建立情绪板，Reference board，脑图等帮助设计师确定设计方向，并降低和甲方之间的沟通成本。

生成以下草图和渲染图总共耗费 3 分 45 秒
产品设计的描述关键词后面会具体介绍

是否应该马上学习MidJourney等AI生成图片的设计工具

这个话题是当下设计圈最热门的话题，已经有公司将其嵌入设计流程，运转非常理想，除了实现了“更高更快更强”的设计，还直接造成大量设计师失业。

学习MidJourney等AI生成图片的设计工具是有必要的，因为这些工具可以帮助设计师更高效地完成一些设计任务，提高设计效率。但是，是否需要马上学习，还需要结合具体情况来考虑。

首先，需要考虑自己的设计需求和工作内容。如果设计工作需要频繁使用生成图片的功能（比如原画师等视觉设计师），那么学习这些工具是非常必要的。比如：一些常见的节日运营图片设计，就可以利用AI生成大批量的固定内容的图片，再选择其中表现力好的去做二次创作。否则，如果只是偶尔使用，或者工作内容与生成图片无关，那么可以考虑有需要时再学习使用，因为，当下的AI生成图片工具还是需要投入学习成本的，未来的学习成本则会大幅下降，用时再学。

其次，需要考虑自己的技术基础和能力。这些工具通常需要一定的编程知识和技能，如果自己没有相关背景，则需要先学习相关的编程知识和技能，才能更好地使用这些工具。

海外已经有一个新兴的岗位叫“prompt engineer”，专门调试优化AIGC提示词，很多都是程序员转行而来

最后，需要了解这些工具的优缺点，以及是否适合自己的设计风格和需求。虽然这些工具可以提高设计效率，但有些情况下生成的图片可能与设计要求不符，需要进行修改和调整。比如目前版本中，MidJourney用来做基于文字的品牌LOGO，在准确度上是不够的，而且生成的图片也无法依据设计师的需要作细节优化，以及模型的套用，不过后续升级版本中，这些问题可能会被一一解决掉。

下图是用AIGC工具在30秒内生成的UI界面，是不是应该马上学，相信你应该有答案了。

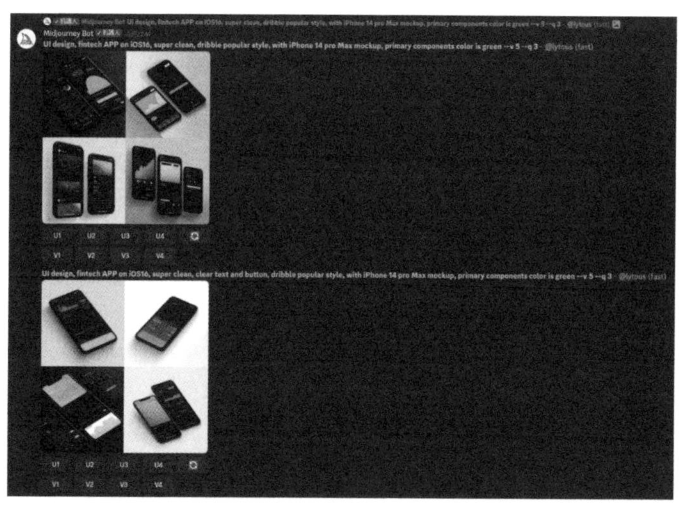

可以发现，当前仅仅靠MidJourney生成可用的UI界面暂时是不可行的，因为无法精确定义场景、控件、规范遵循度以及具体的配色方案、文案描述等。但是如果有一天MidJourney具备了以下主动匹配能力和抗干扰能力的话，那么取代UI设计师也许是可能的：

支持从PRD文件中提取准确的场景描述和用户故事，并在这个范围内给出线框图（wireframe）供设计师确认，再进行U1～U4的细化生成。

支持导入外部的Design system规范源文件（比如：Ant Design、Sketch、Figma文件），按照规范文件的内部结构，生成类似的控件组织形式和控件描述。

支持某个OS平台的系统级UI布局和控件的调用，比如iOS和Android，当然如果有国内其他厂商愿意开放自己的开发者指南则设计会更准确。

支持设计师导入多张原型设计，作为训练元数据，这样能确保设计方向和设计师的要求是一致的。

ChatGPT会替代什么类型的设计师

下图是ChatGPT自己回答的可能会替代掉人类的工作种类，其中"暂时"没有设计师。

Name 20 jobs that GPT-4 replace. Turn it into a chart form with Number, Job, and Human trait replaced

Here is a chart of 20 jobs that GPT-4 can potentially replace, along with the human traits being replaced:

Number	Job	Human Trait Replaced
1	Data Entry Clerk	Speed and Accuracy
2	Customer Service Representative	Communication and Empathy
3	Proofreader	Attention to Detail
4	Paralegal	Research and Organization
5	Bookkeeper	Mathematical Skills
6	Translator	Language Proficiency
7	Copywriter	Creativity and Writing
8	Market Research Analyst	Analytical Skills
9	Social Media Manager	Content Creation and Curation
10	Appointment Scheduler	Time Management
11	Telemarketer	Persuasion and Communication
12	Virtual Assistant	Multitasking and Organization
13	Transcriptionist	Listening and Typing Skills
14	News Reporter	Fact-checking and Writing
15	Travel Agent	Planning and Coordination
16	Tutor	Knowledge and Teaching
17	Technical Support Analyst	Troubleshooting and Problem-solving
18	Email Marketer	Writing and Targeting
19	Content Moderator	Critical Thinking and Judgment
20	Recruiter	Interviewing and Assessment

ChatGPT并不会直接替代任何类型的设计师。作为一种人工智能技术，ChatGPT可以帮助设计师更高效地完成一些设计任务，但它目前阶段不能完全替代设计师的工作。

设计师的工作涉及到许多领域，包括创意思考、用户体验、界面设计、品牌设计等。设计师需要拥有专业的知识和技能，以及对用户心理、不同文化、审美差别等方面的深刻理解，才能进行高质量的设计工作，这还不包括设计师自身的天赋，以及通过时间和眼界积累而来的直觉。

ChatGPT虽然可以模拟人类的创造力和思维过程，但它暂时并不具备设计师所需要的专业洞察力和直觉，也不能完全代替人类的审美和判断力。

ChatGPT更多的是作为一种工具，辅助设计师完成某些设计任务，例如自动生成草图、颜色方案、字体选择等。通过与ChatGPT的配合，设计师可以更高效地完成这些重复性、低创造力的任务，从而有更多的时间和精力投入到更有价值的设计工作中。

如果把ChatGPT当作一个助手来看，那么未来掌握了AIGC的设计师会淘汰不会AIGC工具的设计师，就像当年学会电脑的设计师，在效率和创作自由度上会超过不会电脑的设计师。

推荐一些AIGC比较有价值的基础知识和应用工具

THINKING IN DESIGN

设计面经

设计面经

字节×动比较看重什么能力

如果面试字节的话，应该注意什么？还有就是字节比较看重什么能力？

我们团队的设计师要求已经在团队的招聘H5页面里面写清楚了，比较浓缩，每句话都有用。

无论是UX设计师，还是创意设计师，我们的基本要求是：有很好的专业能力、专业热情，以及不要有边界感（边界感的具体表现是：这事和我没关系，不应该我做；或者，我不懂也想学，所以应该给我安排我擅长的工作）。

我们关注硬技能（具体的设计交付能力）的同时，也关注设计思考（独立思考、发现问题）和软技能（沟通与协作），因为我们完全都是用OKR来管理的，绩效考评也是360考评，对每个人的自驱力有比较高的要求，如果是偏被动的接任务型设计师，可能在这边会比较痛苦。

各个产品和业务现在基本都是0—1的时期，所以对人的综合能力要求就比较高一点，因为随时可能有需要的讨论让你加入，新的工作挑战让你支持，保持积极性和主动性就显得非常关键。

×书的设计团队规模和相关介绍

发现字节×动的招聘海报也用到×书的插画风格，这部分工作×书设计团队也负责吗？×书设计团队规模多大？设计研发比大概是多少呢？职责范围包含哪些？

我们现在人力资源的设计需求比较琐碎，很难兼顾，很多时候提供给他们模版自己搞，但是不尽如人意，影响公司对外形象。

这个在对外招聘的时候介绍过，我们设计团队分两条专业线：UX设计和创意设计。

UX设计负责全流程的产品体验设计工作；创意设计负责各个产品的商业化，产品运营与品牌等方面设计。

×书的插画是团队创意设计师在负责优化与升级，既然有了资源库，那么相关部门可以用的话尽量复用，ROI比较高，也有根据自己招聘需要重新设计的，并不是我们设计团队负责了整个字节×动的对外招聘设计。

我们团队叫ESUX，不是只支持×书产品的设计，只是×书现在正式对外了，所以大家更熟悉而已，现在我们团队140+设计师，分布在国内7个城市，海外还有旧金山、新加坡。

设计、产品、研发比例，肯定是根据项目、产品的阶段动态配比和平衡的，还和人的综合能力、时间紧急程度有关，不能一概而论。

×书团队招聘交互设计师在能力方面有什么要求

想问一下×书团队招聘交互设计师在能力方面有什么要求，对年龄性别会有要求吗?

目前我们团队没有专职的交互设计岗，都是交互和视觉一起做，完成整体输出的，但是我们确实也会考察设计师的交互设计能力。通常会包括几个核心能力。

（1）思维方面：基本的互联网产品术语常识，基础产品数据的理解和分析，能分得清用户和场景的关系，知道怎么和产品一起拆解需求，同理心较强。

（2）技能方面：专业的竞品分析能力，熟悉各个系统级的交互框架和逻辑（Windows、Mac、Android、iOS等），快速的产品交互模式提炼和归纳，原型图绘制，高保真原型制作，交互规范撰写和文案能力。

（3）软技能方面：沟通能力、抗压能力与产品和研发正向解决问题的经验、人机交互设计论文查阅与翻译等。

专业招聘对年龄和性别不会有什么要求，这些要求体现在管理上。

有管理专业研究证明，男女比例平衡的团队会比不够平衡的团队，在协作性和产出效率上高出27%，姑且信之吧。

年纪过大或者过小，不符合团队整体年龄正态分布区间的，有可能在某些沟通和团队活动上表现出不具备集体归属感的概率会增加。

当然，其实这些限制从本质来看，都是专业综合能力不够突出的情况下的参考变量，并不是一个先决条件。一家公司在挑选人才的时候，当然会选那种各方面都更有优势的人。

×书招聘的流程

又到招聘季了，招聘时如何识人，如何练就一双火眼金睛，找到匹配需求的人呢？还有对于贵司设计师的招聘流程可以分享一些吗?

只靠面试是很难找到足够匹配需求的人的，因为业务的发展很快，市场的变化很快，当下静态地认为某个候选人很匹配，结果进来3～6个月后又发现人不够好的情况比比皆是。针对很多踩过的坑，我更愿意用动态的视角来选择人，在这个视角下，我面试中通常非常关注的几点是。

（1）自己动手设计的能力，以及能不能清晰地表达自己的设计过程。

无论任何事实，设计师都不能丢掉自己动手的能力，在动手的过程中一定要对设计的思考细节足够清晰，然后让不了解这过程的人听得懂。这是判断设计师进入一个新环境后多久可以产出有效价值的基本条件。

（2）有完备的设计逻辑，并且也会理论照应实际。

基本的设计理论和方法论必须知道，而且在工作中已经建立了Mindset，实际会去熟练应用，不只停留在书本上。你使用你的方法，我使用我的方法，只要讲得清逻辑，那么我们都可以很好地合作，这只是习惯和思考视角不同。但是我使用专业的方法，你看不上并且不理解这个方法，还会评价“那些方法都是装逼，老夫做设计，打开Sketch就是干”，这是价值观不同，这种人绝对不要。

在使用方法的过程中，能照顾到实际产品现状、用户需求、场景等问题做灵活调整，就是真正有实战经验的。

（3）有很好的自律能力和自驱能力，持续学习。

这个从他自己如何提升、看什么书、做什么练习、发起过什么设计驱动的项目、如何做自己的作品集都能看出来。一个有不错的自律能力和自驱能力的设计师，即使起步晚一点，公司小一点，做过的产品都不太成功，也终究是一个合格的设计师，他需要的只是机会和锻炼。但是一个缺乏自律、耍小聪明、计较为团队付出、没有自学习惯的人，别说做设计了，做保洁也不一定能干得出色。

现在市场的发展速度太快，尤其是消费者电子和互联网领域，我们团队和公司甚至都不知道未来会改变什么业务方向，调整什么样的作战模式。为了能保持人的灵活性，只有选择那些有综合视野的、能持续学习的、自律自驱的人，因为我们认为所有事情的失败都是源于“封闭”和“懒惰”。

我们的招聘流程是保密的，但是和其他互联网公司的整体流程差异化也不大，总的来说还是看专业能力、人岗匹配度、人的综合素质和视野，一般是业务团队主导，HR配合。

×书团队招聘交互设计师要求视觉能力

我是一名交互设计师，现在面临职场选择的困扰。前几天您在问题里说，你们团队只招交互+视觉都会的设计师，让我很有危机感，觉得以后只做交互路会越来越窄，但是纠结于是往产品+交互上走，还是往交互+视觉上走，还是三个方向要都会，会要会到什么程度。×书团队招交互需要视觉能力是基于什么考虑，能分享一下吗？

UX这个行业在国内发展说短不短，说长不长，也快20年了，之所以说一个行业在发展，就是因为行业的整体从业人数，业务协作方式与支持范围，人员的经验和综合能力要求，都在不断提升进化，否则不就是原地踏步吗？

我们团队招交互需要视觉能力主要是几个观察和考虑。

（1）一个项目中人员越多越细分，有时候不是带来效率的提升，而是降低，因为信息在每次传递对齐的过程中都会有一定程度的衰减和变形。效率最高的方式就是有效减少信息传递节点，通过综合能力更强的人紧密沟通和协作，达到最终项目落地进度变快。

（2）我实际见过和合作过不少视觉+交互能力都不错的设计师，这不是什么稀有动物，甚至有些设计师还能产出前端可用的代码，招人的标准足够高，做的事情要求是100分，即使打折到80分，也是短期能接受的（而且会很快迭代优化），但是标准如果只有60分，往往做的事情结果只会有40分，甚至更低。

（3）我个人一直认为视觉设计和交互设计本身在设计思考与设计逻辑层面就是不能完全分开的，这是基于个人对专业的理解判断，所以这么要求并没什么问题，当然招人实际难度会高一点，我会灵活把握这两个部分的比例。比如：有些同学视觉能力很强，和交互合作经验也够，那么可以培养；有些同学交互能力很强，以前也做过视觉，并不排斥视觉交付工作，那也可以锻炼。我不希望的是那种预设"因为现在行业就是区分视觉设计师、交互设计师，所以我做纯交互设计师没有问题，且我拒绝做视觉相关工作"，这种思维的设计师不选择我们团队就好了。

（4）设计师本质上属于技术类工作（解决问题就是一种技术），这类工作的要求变化完全依赖于市场环境和人才供应密度，是一个经济学问题，人员稀缺的时候，可以不讲究专业化，只要能做事，哪怕知识密度低一点也可以接受；但是现在至少互联网和消费电子领域的UX成熟度已经上来了，人才供应问题也基本解决了（高端人才的数量仍然是个难题），现在要求设计师的综合能力强一点，没有什么好惊讶的。

（5）"以终为始"地思考问题，为了把一个产品设计完善地交付，这里面涉及的设计过程、思维、方法、工具，都是你要去掌握的，这不就是专业深度的体现吗？为什么别人叫你视觉设计师，你就只做视觉范畴的事情呢？你的能力面越广，能解决的问题越复杂，不是可以更快地升职加薪吗？如果你做得足够多，足够好，但是公司和团队看不到，不理解你的价值，你完全可以跳槽，市场经济总是相对公平的。

资深设计师简历作品集是什么样的

请问资深设计师简历作品集是什么样的？

作品集有个人隐私问题，不方便发出，我大概总结一下我看到的“资深设计师”的作品集的结构和内容吧。

首先，我这两年因为组建新团队和负责全球招聘，大概看了7000份简历+作品集，从数量上来看，达到资深这个级别的设计师简历其实不超过200份，整体比例还是蛮小的。

其次，资深这个事情是个动态概念，有时候只是一个比较级，比如一些较小团队，业务偏传统的公司，挂的资深设计师，甚至设计总监，可能到一个正规大厂的大团队中担任一个普通设计师都有点够呛，这确实是事实。

然后从几个要点大概介绍一下，我觉得“资深”级别要避免的坑：

（1）不管你是网站（个人建的，或者挂在站酷、Behance等平台），还是PDF文档，还是百度云盘丢个链接过来，一定要保持用户视角。

也就是要考虑到我会怎么看，资深设计师一定是重视细节的，有些网站根本就打不开，或者手机上打开根本没做响应式适配；有些PDF文档文件名没有自己的名字不说，还有乱码和各种符号；百度云盘有链接，没验证码，打开一堆文件看不清哪个才是项目，这都是常有的事。这种对待自己作品的态度，不关注面试官查看体验，其实都是同理心弱的表现。

（2）讲清楚1~2个重点的、高产出价值的项目全过程，优于50张没有上下文的图。

我们是在筛选合适团队的设计师，不是在看画廊欣赏作品，我甚至收到过500张图片打包的Zip，我都怀疑那些图是不是网上下的。做得好，比做得多要重要，所以符合设计逻辑，有设计思考的全案Case Study，才能让我知道你的设计过程，遇到了什么问题，怎么解决的，解决方式是不是Solid。

（3）不要套网上的方法论，还包装成自己的。

大家都是上网的，而我掌握的信息量和单个候选人根本不对等，你怎么能猜测你知道的那些Framework、Process我不知道呢？如果套框架，就把自己的思考和与项目有关的内容对应好，另外学来的就不要说是自己原创的，国内设计圈没多少原创的设计方法，大家都心知肚明。

（4）要有细节和深度，开放心态，保持反思。

一个项目的参与深度与贡献度，一般追问2～3 个细节大概也就清楚了，就算不是你做的，你至少应该了解这个过程。既然面试就做好充分准备，问到用研的过程，有时候连问了什么问题都想不起来，这叫我怎么给你台阶？会分析数据就讲清楚实验过程、指标关系。如果是PM给你的输入，就别说是自己驱动去下钻的，作品集里面的统计系统截图都截错了，英文还是要检查一下。

（5）合理化设计价值，讲清楚对公司和团队的贡献。

经常看一些设计师的效果验证，上来就是帮助产品留存提升60%，转化提升75%，一问细节到处都是漏洞，你一个设计就能帮产品数据提升这么夸张，你们公司的产品经理和运营应该切腹啊，你为啥还没升到设计VP呢？这逻辑对不上。清晰自己的价值，理解过程中的困难，给到了自己的方法，有自己的驱动，这就很好了。

还有一些作品集通篇都在证明自己很牛×，一问到具体核心贡献就说不清楚，也搞不懂是他太好，还是团队太强，这个是难以证明独当一面的。

to B的作品集和to C的有哪些差异

to B的作品集和to C的有哪些差异，面试官在挑选的时候会有哪些差异化的挑选点？我能想到的：to C是从用户、场景、需求、产品框架、流程、交互这几点展现；

to B方面就有点蒙，如果讲业务逻辑和场景，就会比较复杂，如果设计师做了整个平台交互规范制定，会是个亮点，但规范的内容又非常多，能在作品集中展示的会非常少，根据可用性测试和客户访谈的优化点应用到产品上又非常散。这一块有什么建议吗？

第一，我们团队没有纯粹的交互设计师，都是定位体验设计师，交互和视觉一起做；

第二，大多数的纯粹to B的交互设计都挺一般的，这主要受几个因素影响：传统to B业务受客户个性化需求牵制很大，客户说了算；垂直领域有不可解（至少暂时）的业务纵深逻辑，改和不改之间难以判断ROI，索性先不改；很多to B业务的设计团队本身不够专业，把需求对付过去，客户买单就行，并不是从个体的用户体验出发。

所以，我没见过特别优秀的to B交互作品集（我这一年大概看过2500多份设计师简历，面试过600+设计师），也可能优秀的人没投我团队，真实数据有偏差。

目前进入我团队的同学的作品集（至少应该是平均水平以上的），或者我觉得一份“优秀”的作品集应该包括以下内容。

（1）业务逻辑根本就不复杂，无非是解决需求的过程，大部分设计师说不清楚这个过程主要是基础知识和训练不够，比如没有用UML拆解过逻辑，没有完整画过一个业务模块的Task Flow，因为难所以不做，在这个行业里面太普遍了。所以，能站在产品角度说清楚、说简单的，加分。

（2）做过的规范可以说，但是要解释清楚规范的价值，如何应用，以及过程中如何迭代的，比如客户的需求如果与你的规范产生了冲突，你怎么解决？我看过的绝大多数的所谓设计规范（可能还套了一个Design System的名字）根本就不是规范，只是一个控件的Style Guide库而已，要理解规范应该如何写，需要详细地去分析一下iOS HIG与Material Design的架构。

（3）在中国互联网产品界，to C产品的整体体验（或者说符合人性程度）比to B产品更加优秀是不争的事实，我不理解to B领域有什么不好意思承认的，互相学习积极提升就好了。我也不觉得to C领域的设计师转到to B领域有什么迈不过去的坎，这又不是开发原子弹。能有优秀的to C领域的产品设计过程思考和展示，加分。

（4）不要在作品集前面套一大堆方法论，然后实际方案上就是一个很小的需求迭代，实事求是。这不是10年前的互联网生态了，大多数的做法和逻辑，其实我们都心知肚明。把自己做的事情按真实情况说出来，讲实际数据和反馈，能理解自己的不足，体现出自驱的改进动力和学习案例，你的面试官会理解的（除非他自己能力也不怎么样）。

面试车联网相关岗位需要如何准备作品集

我目前主要做的是移动互联网交互工作，最近看到家乡的车企有车联网的体验设计岗位，看JD也只说了需要体验设计经验，没有明确车联网相关，因此不知道应该做什么准备，以及作品集是否需要调整（基本上都是APP或者PC内容）。

（1）首先分析一下车企本身对这事的投入度与团队情况，是自己直接成立团队做，还是收购一家科技公司，或者是和别人一起合作的外部团队，不同的团队投入决定了是否真的以产品来驱动，而不是玩一票。

（2）把目前的体验设计项目做一个整理，如果有软硬件结合的项目（比如手机、智能硬件等）肯定是加分的，如果没有也可以增加自己对于硬件部分的理解和分析，因为车不管怎么智能，还是要通过硬件与用户互动，了解硬件的基本常识能够更好地设计软件。

（3）把目前几个比较火热的车联网产品做一点简单的竞品分析，特斯拉、蔚来这种就不用说了（不会分析，网上有文章可以看，他们也有4S店，可以去观察访谈），有一些互联网企业自己也在做车联网的产品，BAT都有，了解一些他们的合作、渠道、产品基础情况，对面试会很有帮助。

（4）一个完整的解决方案的解说，包含服务设计的部分最好，车是一个长链条服务类产品，不是把产品卖出去就结束了，所以服务环节的思考要在前期也准备好，这可以有效降低客诉和降低售后成本。另外，你自己开不开车，对车这个产品有没有热情，也很关键。

如何做出一份比较好的作品集

我是一个工作一年多的交互设计师，想问问在仅主要负责一个App产品的情况下，怎样做出比较好的作品集呢？大大有没有见过一些比较好的公开交互作品集可以发出来链接参考的呢？

能主要负责一个App产品的设计，已经可以支撑完成非常完整的作品集了，有很多设计师直到离职都只是负责了一个产品的其中一些模块而已。

首先，纵向来说，一个App产品的不同版本、不同时期的产品需求，用户价值和解决的问题都是不同的，这些逐步迭代优化的过程能反映你持续的产出是否稳定有效。

其次，横向来说，不同发展周期中的其他内部产品的合作，外部竞品的分析，行业上下游之间的协同关系，可以让你完整地阐述对于行业、资源、团队和竞对关系的理解。

最后，交互设计师解决的是完整产品体系下的场景、用户自身、App、用户关系各个层面的问题，整体来看可以展示App的大改版的思路，挑战、解决方案的迭代过程，细节上也可以展开某个关键需求的过程，做好交互设计的同时，达到了用户目标与商业目标的平衡。

别人的作品集属于别人的资产，不能分享，你可以搜索UX Portfolio case study，看看优秀的设计师是怎么组织作品集框架，以及展现解决问题的过程的。

交互设计师作品集应该包含哪些必要内容

交互设计师作品集应该包含哪些必要内容？加分项的内容又应该有哪些呢？

这里只说“作品集”的部分，简历的问题网上有很多文章可以参考。

（1）作品集包含的最重要的部分肯定是作品，放4～5个比较完整的（当然也要看你是不是经历过这么多），能体现你整体能力的作品。我说的“完整”，不一定是那种整体大产品的完整改版，也可以是那种非常具体的模块或功能需求，完整的意思是设计思考—流程—方法—执行—验证闭环都完整出自你手的。可以体现你对待设计的态度，无论大改版还是小需求，必要的过程和思考都要做到位，这才是职业设计师。

记得把最重要的作品放在第一个，比如：用户量较大，公司内部获得过奖励，市场上比较知名，甚至是面试公司的竞品。

（2）不要只放线框图，不要只放线框图，不要只放线框图。你的单个作品至少应该包含：需求分析文档（不是产品给你的，是你自己做的），信息架构图，任务流程图，具体的页面交互稿。这里面需要在每个文档上体现你的设计思考，你当时怎么考虑这个问题的，设计过程中是不是有反复思考过，如果有怀疑怎么去验证的，设计稿上是否清晰，符合逻辑的表现完整的交互流程，极限场景、边缘场景有没有考虑到。

（3）自己怎么想的就怎么写，不要照抄或篡改设计方法论。我看过很多交互设计师的作品描述，前面先在书上抄一个设计框架，然后就把自己的设计输出往里面套，这样的作品集5分钟就问出毛病来了。你有没有深入理解用户、看过产品数据、发现过用户痛点，任务流程中的缺陷抓得准不准，你自己心里肯定有数，编是编不出来的。面试官也会用各种问题探寻你的真实情况，究竟是独立负责，还是团队内协作，或者只是打杂而已。

（4）交互设计师也要有视觉能力。这里不是要求你把作品集设计得多么美观，但是不要有错别字，分得清信息逻辑关系，图片清晰，字体字号有自己的一套Style Guide，元素能对齐，不要在黄色的背景上放一个绿色的字，少用或者不用惊叹号，这总能做到吧？别的面试官啥情况我不太清楚，我看交互设计师的作品集，如果作品集中超过3个明显的错别字（特别像标题这样的地方），我后面的就不看了。

（5）加分内容，是你的横向能力。比如对产品需求真的有自己的独到见解，发现用户的痛点时有很好的洞察，交互设计稿的细节考虑非常周全，有对技术开发难度的预估和把握，甚至有商业层面转化的思考。交互设计不是单独存在的，它是一个遵循逻辑、符合结果导向的综合设计过程，你越像一个产品的整体负责人，你的交互设计就越成熟。

两年交互经验如何准备作品集

作为一个从业两年的交互设计师，如果目标是腾讯的话，准备作品集或者面试，应该着重突出哪方面的能力呢？

（1）先回顾整理一下你这两年工作内的亮点，包括但不限于：发现并解决了产品或服务上的哪些关键用户体验问题，这些问题解决的过程是怎么样的——如果很顺利，是因为你的洞察靠谱，还是因为产品的思路清楚；如果不顺利，你遇到了什么障碍和质疑，自己找了什么办法去回答这些质疑。解决完的问题，在用户反馈和产品数据的表现上是怎么样的，有没有达到商业价值的汇报，用户价值的落地。

（2）腾讯是一家成熟的互联网公司，首先当然希望候选人有对互联网的行业基础认知，基本沟通的理念准备。会上网，并不等于理解互联网，做过几个互联网的应用或者移动端App，也不证明能理解互联网产品的玩法。交互设计师的设计逻辑出发点，主要是业务本身，还有对用户行为、心理、设计范式、场景的理解，把这些内容放入你的作品集，会有很大帮助。

（3）在参与面试前，至少了解一下你去面试的是哪个BG，他们的主营业务是什么，面试的那个部门负责什么产品，自己把这些产品都深入用过一遍，带着问题和发现的惊喜过去。腾讯的很多信息和产品都是公开的，自己用心搜索、整理、试用一下，不会在现场显得尴尬。

（4）作品集中的交互设计稿要清楚地指向解决的问题，带有对用户需求和产品业务的理解，不要只放一个线框图；另外，设计方案的线框图等输出件，不要只放一个版本，一个方案，多方案的思考和对比，可以说明你是一个思考缜密，善于从多个角度分析本质问题的设计师，这是腾讯比较看重的。

交互设计有没有抽象的方法论

交互设计有没有简单的抽象的方法论，类似UI中的形色字构质，用以剖析方案的设计思路，但又不仅仅是从一致性、易用性等方面加以评价的，目的是阐述自己的交互方案的想法？目前做法是精简竞品的好的设计，能剖析出原理的，按原理重构，不能的又觉得好的，只是照搬。

“UI中的形色字构质”，这个属于视觉元素的范畴，从元素层分解来探讨排列组合问题，不完全是方法论的范畴，属于一种抽象的方式；如果从交互元素的范畴看，那么可以分成交互原则、平台、交互方式、频次与时长、功能与数据元素、功能组等，交互的过程中的核心是场景、状态、反馈、层级、任务流，评估的标准一般是可用性，但是像尼尔森十原则等只适用于评估可用性交互设计过程，之所以复杂是因为设计的变量比较多，且很难标准化，比如你说交互应该尊重不同用户的习惯，那么什么属性的用户就很重要，这其中还涉及不同文化背景、消费习惯、IT应用水平等。具体到方法层面，有很多不同的方法：角色建模、场景分类、体验地图、卡片分类、原型设计等，这些方法怎么用，没有规定的最优解，因为问题的复杂度不同，如果只是最基本的看交付的交互设计有没有错误，可以用检查清单来看：https://ixdchecklist.com/，而这个清单本身也不是唯一的，所以交互设计过程不是一个按照方法论套用的设计过程，要讲清楚自己的方案至少要做到：深入理解用户，从一批用户的行为抽象出一类用户的痛点和价值点；深入理解场景，要清楚同样的用户在不同的场景中，行为特征和价值判断可能完全不同；熟练理解各个交互组件和范式的构成，在任务流中的提效途径，和单一页面中的信息价值；了解竞品的设计细节，以及这些细节是否构成目标用户的共识；不断地测试和分析追求最优解，利用社会学、心理学、行为学、技术能力作为交互的支撑；追求直觉是交互的重要设计目标，能通过强大的同理心把握细节的直觉和反直觉的状态。

一年工作经验应如何参加面试

关于交互设计的经验只有一年，现在想跳槽试一试（因薪资实在是低，而且几乎没有涨薪的希望）。目前是独立完成本项目组的交互工作，偶尔参与其他项目组的讨论。所以想咨询下，面试时候重点说些什么？面试时候能否聊一些公司的各产品情况、特色，以及我参与的项目内容？说公司的这些和项目组的内容是不是涉及泄露商业机密？因为这是第一次有工作经验情况下面试，所以把握不好这些。

薪资低不是跳槽的第一考虑要素，要看现有公司和产品还有没有潜力挖，跟着团队老大还有没有东西可以学。另外，自己是否清楚一年后再回顾这个公司，现有产品，会不会发展更好，你能帮助它做些什么。

现在UX行业内的岗位需求更倾向于招综合能力强的，设计过成功产品的，以及手活非常熟练的上升期的设计师，目前一年的经验稍微有点尴尬。

面试可以重点讲：当前项目的具体设计问题，产品发展中你看到的用户痛点和场景，你设计了哪些模块的内容帮助解决了这个问题。你现在工作经验比较少，谈宏观和战略会站不住立场，更有意义的是描述清楚项目内的一个具体问题，你输出的一个具体稿件，体现在专业上的专注和投入即可。

说公司的公开信息，新闻发布过的，市场上公布过的，不算泄露商业机密，不要谈论具体的核心数据即可。

面试的经验和流程

请问面试交互设计的时候，是不是做了自我介绍以后，就介绍自己的项目呢？如果按照项目流程介绍一遍，感觉平淡无奇，面试官对项目也不了解。怎样让面试官眼前一亮，耳目一新呢？

面试时是要随机应变，根据Ontext进行沟通的调整的，这本身就是在考察设计师的沟通能力。一般来说，有经验的面试官，不会一开始就让你自我介绍，因为你的基本信息在简历里面已经有了，他会直接选自己最感兴趣的部分发问，面试官通常会感兴趣的部分如下。

（1）你的职业经历里面刚好有这个岗位目前急需的能力和经验，他想了解你的设计过程。

（2）如果你的经历是成功的，他会想了解成功的原因，以及你在这个过程中做出的努力，依赖于什么方法你成功了。如果你的经历是失败的，他会想知道你是否反省了教训，以及现在来看会怎么去改善。

（3）你的作品集和简历中，展现了别人没有的背景或能力，特别是不同领域的项目经验，也就是我们说的差异化。一个成熟的设计团队，会希望吸引更多有差异化思考的人。

（4）你在一个完整项目中，遇到的最大困难是什么，你是怎么寻找资源，积极沟通和推动，最终解决这个困难的。重要的是展示你思考和执行的过程，而不是单纯展示执行的结果——设计稿。

（5）你是否知道自己真的想做什么，为了追求这个目标，你愿意付出哪些努力，或者抛弃什么。

（6）你是否能用三句话讲清楚面试官根本不理解的你过去的项目，就像你和用户、和你的父母解释你的工作一样，这也是很重要的Storytelling的能力。

（7）你在工作中最擅长和最不擅长的部分是什么，如何扬长避短与团队进行协作。

能够简单、高效地回答上面的问题，一般的面试应该没有什么问题。

交互设计的能力模型

交互设计师一般是放在产品部门还是放在用户体验部门？交互设计师是否有偏产品和偏用户体验的类型区分？因为现在我们的产品基本功能已经跑流畅了，我想推动体验优化部分，产品也会输出部分交互稿和线框图，但都非常低保真，而且会缺失较多的细节。如果我们体验部门要招交互设计师，他应该具备哪些能力模型会对我们进行体验优化类的工作更有帮助？

放在产品部门和放在体验部门的都有，甚至有些公司根本就没有产品经理或交互设计的岗位。交互设计师是对整体人机交互关系、过程、结果负责的岗位，所以没有偏的说法，必须是对全过程体验负责。现在对交互设计师的要求，不仅仅是输出功能层面的交互搞了，产品策略、内容品质、交互关系、产品运营过程中的服务设计等，都是需要提高的方面。不过从客观条件看，找一个同时具备视觉和交互能力的设计师恐怕比较能快速解决体验优化的问题。

熟悉或者做过你们相关品类的产品（to B、to C、PC端or移动端），对相关的系统比较了解（iOS还是Android），做过完整的产品而不只是一个模块的设计，有和产品经理深入合作沟通的经验，有给老板汇报的经验……这些都算是实用能力的基本要求。

总监级别的简历应如何写

我在一家上市公司做设计总监，从设计师开始到现在职位已经有10年。在这家公司已经到了天花板，只有走出去才能有新的可能性，因为有很久没有写过简历，想请教总监职的简历应该怎样写。

这个问题问得我有点诧异，从一线做到总监，太多东西可以写了，你几乎是见证了这家公司的产品设计的成长啊，0—1阶段，1—10阶段，10—100阶段应该有很多印象深刻的问题、案例和经验总结啊。

设计总监的简历一般只看3个事，当然，很多企业本身也不懂怎么看，就只能看个视觉效果了，我只说说我个人的看法：

基础标配（没有这些的，下面就不用看了）：排版清晰、整体设计达标、文案逻辑简单准确，项目过程完整，有自己的个人贡献和价值，有商业、产品、运营、技术等跨领域视角。没有错别字，有团队价值，有更高纬度的洞察和总结，有自己的方法论。

1. 如何帮助公司建立设计竞争力

一个公司为什么要有一个设计总监岗位（当然，现在行业中Title比较乱，总监不一定意味着是第一负责人，我假设你是），以及设计团队为什么要汇报给设计总监？总监的工作是帮助公司建立设计竞争力的，这些竞争力的落地载体可能是品牌，可能是运营，可能是产品，也可能是内部流程与工具，至少你要清晰地描述这个过程，以及竞争力带来的业务帮助。

在我看过的“高级别”管理岗的简历中，只谈自己作品的，只谈设计理论的，只谈自己组建团队搞分享的，而没有帮助业务成功的过程细节，有一个算一个，都是水货。

2. 如何赋能设计团队，提升专业水平

一个项目启动时，你的参与度多少，贡献了什么？

你怎么做设计评审的，怎么在评审中提升效率和控制品质？

设计师团队能力有缺失，你如何帮助大家快速解决问题？

这三个问题基本能还原一个总监日常对团队在专业上的要求高度，提升和促进的手段，以及是否有合适的赋能技巧。

设计管理的核心就是通过把自己的经验、能力、视野泛化为团队的能力，同时保持团队的健康发展，以及团队的多样性和包容性，不以专业为追求的设计总监，团队也不会以专业为追求，最终导致设计品质迟迟不能改善，影响产品综合竞争力。

3. 如何获得外部协作领导，团队的信任，日常是如何运营团队的

说出来你可能不信，很多设计团队的日常运营是靠设计师自己的，所谓的自生长更开放，总监只管要结果。

我以前说过，在一个公司里面，只有CEO可以说：“别的我不管，我只要结果。”其他人都是为结果负责的生产者、推进者和问题解决者，如果设计总监不能为设计结果负责，那么你的工作就不称职，自然也就得不到外部的信任，因为你不能解决问题，那么你就是问题本身。设计团队的运营，有一个概念叫DesignOPS，可以搜索一下看看相关文章和框架，涉及团队的人、事、流程、方法与思维，这里就不展开了。

如何跟面试公司谈薪酬

两年半教育产品，地标杭州，拿到比较看好一个C轮在深证公司的Offer，但给我薪资比我拿到其他教育产品的Offer（有D轮和上市公司）薪资整体少了三分之一，想找她们总监谈谈落差点和预期点是在哪里。至少能通过这次谈话我能更好地反观到自己应该往哪个方向强化，哪些方向规避或者补足。想听听看看您的意见，此外还需要注意点什么呢？

（1）谈薪是候选人和公司之间微妙的博弈，你比较看好的公司可能行业中也比较看好，自然是成长性更好的，他们自己也知道，所以知道自己有议价权和吸引力，在薪资的控制上自然可以更严格一点。

（2）给到的薪酬范围通常和公司内相应岗位的定级、人才需求紧急度相关，你的定级很可能在他们公司的薪酬范围内是不匹配的，但是综合面试下来又不能给到更高的薪资，所以被范围卡住了。

（3）一般公司发展过程中，人力资本每年上涨的幅度是有财务计划的，挖一个人，解雇一个人，培养一个人，成本都会计算得清清楚楚，所以你当前的薪酬和福利是一个很硬的参考标准，也是很多公司为什么要提供职业证明与流水的原因，一般跳槽上涨20%~30%是合理的，超过50%就要问一下为什么。

（4）直接和HR沟通你的疑虑，也提供相应竞争Offer的情况（口头说明就好，你不要直接把其他公司的Offer发过去），另外了解一下这个公司对员工的考核和后期发展的计划，如果内部发展通道顺畅，公司上升势头快，就不要在乎半年到1年的短暂差距，毕竟能力强的人搭载一个好平台，后期的加速度也会更快。

运营视觉岗位简历的阐述重点在哪些方面

最近在做作品集，我是偏运营视觉岗的管理职位，下面有20个人，这个岗位的简历应该往哪些方面阐述呢？重点需要集中在哪块体现？

1. 讲清楚运营设计的主要负责部分和关键产出

运营设计不是做得多，而是要做得精，产生影响力和实际的运营效果，从目标受众分析，传播渠道与路径的规划，创意载体、主题选择、视觉风格与执行，运营期间的效果测试，后期数据复盘，整个链路要效果清晰可见。

2. 如何提升运营设计效率和规范化

运营设计有很强的品牌建设目标，脱离品牌框架的运营设计会很难形成市场认知，这个需要前期规划和分析，把这个规划过程详细讲清楚，以及在这个规划下，你们怎么分步骤执行的，执行中如何控制一致性，运营物料的规范化。

3. 和其他竞品的运营差异化优势

什么运营的创意点和方案是你们原创的，主推的，实际落地过程中遇到过什么困难，细节越丰富越好，做套路化运营很简单，形成自己的特色，有差异化的原创能力就不是大家都可以做到的了，这个部分能突出你和团队的专业实力。

4. 团队管理的具体细节

20个人已经不小了，外部很多运营设计的公司也不过就20个人，计算对比一下你们团队比外面的设计公司强在哪里，是如何达到这个专业度的，20个人的角色，专业特长怎么融合到一起，形成互补，共同完成一个大型项目的配合，你在这个过程中又是如何进行人、事、物管理。

面试的时候如何讲故事

应届生找工作，面试陈述作品集的时候，需要强调哪些部分？面试官想要听到的是什么？如果把调研的结果、走过的弯路都说出来的话，会不会显得太啰嗦，像是流水账？

其实自己也知道Story Telling很重要，但是不知道一个好的Story Telling是什么样的。希望解惑，谢谢。

应届生找工作最重要的强调实习经验和实习期间的关键产出，只有真实工作场合发生过的事情才能作为有工作能力的依据，关键产出必须是落地的，能看得到摸得着的，如果结果本身还有用户反馈和数据的验证就更好，你自己还能反思方案本身，主动去修正优化，那就更有竞争力了。

不要关心面试官想听什么，要关心企业想要什么，每个企业招聘员工都只看重这个人进入企业后能实际帮助团队解决什么问题，解决问题的能力如何，解决问题的方式是否符合企业要求，如果在沟通、协作、气场上更符合企业的现阶段要求，那就更好了，至于潜力这种东西，每个面试官都号称自己很重视，但实际上大多数人都没有识别的能力。

讲失败不可怕，可怕的是只列举失败，不列举自己从中学到了什么。如果再给你一次这样的机会，你会不会用自己的思考来避免失败，如果你有可以，那就说，证明自己的独立思考能力，如果没有，你最好只讲获得的成绩。

Story Telling来源于阅历，应届生大多数没有太多职场阅历（我不知道你的实际情况），不要硬编，就按照真实的项目经历、思考的过程，有理有据地说清楚自己的工作能力、自身价值就好，在沟通过程中，谈吐不错，能直面挑战性的问题，有自驱自学的实际案例，大多数团队还是会认可的。

公司选择：华为交互VS美团交互

应届生Offer求比较：

（1）华为交互设计（消费者BG，手机系统方向）base北京

（2）美团交互设计（快驴to B to C业务）base北京

待遇相差不大，华为稍高。个人发展规划是想通过交互做切入，逐渐走设计负责人方向。从未来发展整体状况来看，选择哪个会好一些呢？求建议。

我们团队现在已经不区分交互和视觉岗位了，我觉着国内行业中很快会向这个方向过渡，所以如果你的目标是设计负责人的话，最好尽快同时参与用研、交互、视觉、前端的学习和项目积累。

你的Offer我没有（也不建议发我，这是公司和你的保密协议），比较不了细节，美团我没待过，只待过华为，如果一定需要在这两个当中选的话，我可能只能建议你去华为，毕竟就雇主品牌形象的话，华为还是高很多的。

你如果特别希望在前面3年扎根交互设计的话，你应该在面试的时候问一下两个企业的设计团队负责人，他们会在这个方面怎么提升产品品质，给予团队什么资源，遇到困难的时候通常会怎么推进。

E轮公司如何谈Offer

请问向一家E轮公司，谈Offer阶段要期权，怎样能拿，并是合理的数量，有哪些可以学习的方法或获取信息的渠道？

先了解清楚这家公司的资方，投资近况和估值，然后折算一下每股预期股价多少（未

上市，上市的话直接查就行了），折合到你的年薪增值部分，然后除以3，或者4。因为一般公司授予的期权或者RSU都是折合3～4年归属完毕的。

美股的税比较坑，高达45%，还有一个汇率和每年个人美金额度的问题，所以美国上市的中概股公司，条件允许的情况下尽量多要一点。

能不能拿一般和你谈的级别有关系，很多人事管理制度中，低于某个级别就是没有任何股票的，宁愿多一点现金承诺，所以级别非常关键。

合理的数量就不好讲了，要和HR谈，HR一般是按照薪酬部门给的参考值谈，所以如何证明自己的稀缺性和对公司的潜在价值，从第一次接触开始就记录到你的面试履历里面了，谈得好自然有溢价空间，可以多拿，沟通得不好，就拿不到合理的。什么才是合理的，这是个玄学，没有参考指标。我见过两个同样评级的候选人，最后分股票的时候差了一倍还多，真的没法给建议。

如何丰富自己的工作经历

工作中仅接触到常规迭代的小需求，以及边缘产品，求职时这些项目经历无法打动面试官，也体现不出设计水平。想问下如何“丰富”这些项目经历？或应从哪些角度介绍交互作品来体现设计水平？

产品没有是否边缘，只有做得好与不好。所以即使是很小的产品，也有创新和做深的可能，区别在于设计思考深度。一个弹出框、一个动效都有很多研究空间。负责的事情很少时，集中展示自己的深度，通过深度的积累举一反三扩展到整个模块。

设计水平不是单纯靠项目经历说明的，微信这样的产品中，也不是所有人都负责很重量级的事情。面试时，合格的面试官都会关注你具体负责的事情，以及你是怎么发现问题、怎么提供解决方案的。

交互设计作品的展示重点在于完整的思考和解决问题的过程，不是只展示Wireframe，简单的用户研究报告。

“丰富”当然也有项目量和重点项目的积累，很多设计师跳槽也是在寻找这样的机会，如果个人发展速度已经超过公司和产品的发展速度，那么就可以跳槽了。

设计总监应具备的基本素质有哪些

最近要去应聘10人左右设计总监岗（用户量千万级别）。有几个问题想请教。（1）设计总监该具备的基本素质有哪些？（2）面试官主要从哪几个维度考察？（3）面对非设计师职能面试，管产品与设计的老大，主要跟他聊哪方面，如何应对？（4）作品集目前只有做交互经理4年职能线的，品牌和UI的作品都参与过但没有作品集，关于品牌和UI我该怎么跟面试官谈？（原来做过3年UI，觉得作品拿不出手。）

（1）设计总监倒不是看具体管多少人的（当然人也不能太少），而是看控制多大范围的事，向什么样的产品设计指标负责，向哪个级别汇报。

基本素质就是有过硬的专业能力，对设计项目管理、流程优化、人员培养和设计方法论非常熟悉，能够知道在合理的资源下驱动团队寻找设计方案的最优解。专业层面理解并知道用户研究的方法，参与用户访谈，熟悉信息设计、交互设计、视觉设计的基本逻辑，并且自己能做，懂得如何验证设计效果，寻找设计机会。

（2）对于总监这个级别我一般看三个东西：

- 一个设计项目的ROI他怎么衡量（是否理解用户需求，是否具有风险意识、成本意识）；
- 从产品的战略到具体设计方案的执行细节，他是否讲得清楚（他能不能完整地驱动和带领一个项目，对项目的细节和业务是否都很关注）；
- 他最高接触到什么层级的老板，如何汇报设计成果（这里是说沟通能力、同理心、用户视角以及对组织内利益平衡的技巧）。

（3）通常会更关注他处理突发情况的能力，管理团队的能力，对人才的培养，专业的视角等，这个每个公司都不同，如果是互联网企业，起码你的沟通方式、用语、思维应该是“互联网”标签化很明显的，比如用户为中心、迭代、流量、数据驱动等。

（4）没有作品很难谈，不过设计总监也不意味着一定要非常全面，能够解决目标公司的问题即可，大多数公司希望一个更全面的候选人，潜在意图无非是：反正都给这么多钱了，当然找一个活儿全的。另外公司可能在不同阶段有不同的设计产出诉求，你了解得越多，专业技能树发育越健壮，很多事情你就能控制品质，而不会出现不确定性。一个高阶管理者最大的价值就是：降低失败概率，降低不确定性。

如果对这个岗位很憧憬，你应该做充足的准备，哪怕马上做一个概念设计，也比什么都没有强。

如何快速了解一个UI设计师的水平

面试UI设计师的时候大家一般提什么问题？如何快速了解一个UI设计师的水平如何？

面试设计的问题可以看我之前发过的设计面试分类问题集，当然每个公司的团队性质不同，关心的设计师能力项也会不一样，要学会对问题举一反三地看。

一般在面试之前，设计主管或专业面试负责人，都会对候选人的简历整体情况、作品集做一个评估，能进入到面试环节，通常说明这两个内容没有大的问题。简历方面一般都会关注人事方面的基本信息，如性别、年龄、工作、年限、专业情况等，作品集会比较关注项目的重量级，以及从中体现出来的思考能力，设计过程中解决问题的细致程度，还有创新性。

在面试过程中，针对作品集的讲解，围绕作品集的沟通都是例常做法，我个人会比较关心的几个问题是：

（1）放在前面重点介绍的作品，究竟当时候选人发现了什么问题，怎么确定应该解决这个问题，逐步地分解过程。这能看出设计师的思考能力，还有洞察力的水平。

（2）设计方案是否遵循了合理的设计流程、设计规范。好的过程通常带来好的结果，基于逻辑的设计流程不但体现候选人的设计方法合理性，也体现出在团队中的协作性。而是否遵循设计规范，是否有制定设计规范的能力则从一定程度上体现候选人的自我管理、项目管理、团队管理等潜力。

（3）针对设计方案某个细节的深入说明，看看在设计过程中候选人是否想得深入，有没有反思和不断优化的意识。很多设计师都是做完某个项目，这个项目就和他完全无关了。对于细节的优化、用户反馈的收集、数据的跟踪和解读，在一定程度上可以看出设计师还有多少的提升空间，是否能够更全面地理解自己的产出。

UX设计师面试问题集1

UX设计师面试问题集——人力招聘部分。

又是一年春来到，跳槽要趁现在跳。目前各大公司、猎头集团、内推部门已经为UX设计师的新一轮招聘忙碌起来，作为设计师在面试时肯定经历过各种问题的考验，这个系列文章里我收集了一些设计师面试过程中遇到的问题，有很多也是我自己问过（或被问过）的问题。

问题提出的目的和场景各不相同，所以这里不会给出所谓的“标准答案”，有些问题甚至提问者自己都没有标准答案。不过我会尝试分析提问的动机和面试官期望考察的方向，帮助面试经验不够或口才不好的同学积累一些题库。

这个系列分作人力招聘、行为考察、技能考查、设计思考、曲线球问题，共5个部分。先说一下几个分类的基本属性。

- 人力招聘：就是作为职业人招聘入职通常都会问到的问题，不仅限于设计岗位；
- 行为考察：通常聚焦在考察协作和流程化方面的能力；
- 技能考查：UX设计具体能力，比如研究、UX设计流程、交互、视觉、可用性测试、角色建模、场景分析、设计提案等，一专多能通常是评估标尺；
- 设计思考：针对设计管理岗位或者有潜在管理职责的候选人的考察，问题一般偏泛型，会综合考察产品、商业、管理方面的能力；
- 曲线球：通常意义上的“奇葩”问题，主要考察创造力、想象力、抗压能力等，有些问题看上去无意义，但能从回答过程中反映一个人的思维模式。

“请介绍一下你自己。”

面试开场大杀器，如果这个问题作为第一个问题，那么说明你还不是一个知名设计师。不过不要紧，很多偷懒的面试官也会这么问的。这个问题目的只是希望你简洁地陈述一下自己的工作经历，为什么对这个领域和工作机会感兴趣。可以适当描述一些你的爱好，做过一些什么有趣的事情。一个好的自我介绍能反映出自己的性格，工作态度和气场，毕竟设计团队通常想找的是有个性的人，而不是一个能工作的机器人。

“你为什么想离开现在的岗位？”

这和你女朋友问为什么和前任分手一样，人之本性，小心回答。在这里人际关系的处理、工作态度的问题是绝对的红线，避免评价旧同事的人品以及抱怨之前的公司。通常安全的回答是谈论自己个人成长的需要，认为面试的公司可能对你的成长帮助更大。

“你为什么会对用户体验设计感兴趣？”

通常校招的时候问这题的比较多，主要是想了解你是否对这个行业有热情。事实证明对设计没有热情的从业者是很难在专业发展上快速进步的（也许对任何行业都一样），你自己的职业可以慢慢来，但是公司一般等不起，所以确保工作热情是很重要的一环。这里分享一些自己如何进入这个行业或专业的故事，会比较有说服力，而不是简单地“我看大家都在谈论UX，说明这个行业挺有前途的”。

“你对我们公司最感兴趣的是什么？”

来面试之前有没有对目标公司做过研究？是否用过它的产品？是否了解过社会上是怎

么评价它的？这对设计师来说很重要，对任何未知的事情抱有好奇心，并做主动的研究应该是设计师的习惯。如果你不初步了解一家公司，你怎么知道这家公司会适合你呢？起码HR们都是这么想的。

“你是怎么成为一名UX设计师的？”

主要是想了解你的专业背景，你和其他候选人相比是否有独特的优势，有什么劣势，以及工作的履历情况，名校名企经历会有加分，但是得意扬扬于此会有减分作用。这里除了说明一些你的工作经历，如何学以致用的，也不妨说说你在UX行业里面的关系网，认识哪些人在一定程度上也说明了你的专业对话能力。

“给我介绍一个你引以为傲的设计项目。”

这个问题的重点不是让你罗列奖项，而是想重点了解你的完整设计过程。可以尝试用漏斗模型回答这类问题：一开始项目面临的是广泛的、不确定的问题，你如何做了研究分析，如何确定了关键问题，通过什么方法解决，最后的结果如何，相关的经验有什么总结和沉淀，如果现在来看还有什么可以提升优化的地方。

“有没有面对过超越你能力范围的工作任务？给我举个例子吧。”

设计师几乎每天都能遇到这种事情，选择一个有说服力的例子。这里考察的不仅仅是挑战自我、克服困难的技巧以及抗压能力，还有你Story Telling的能力。你要知道，也许一个你看上去天大的困难，在面试官看来就是你本来应该做到的，只是你专业思考缺失而已。

另外需要注意的是，“超越你能力范围”指的是内因，“有说服力的例子”是内因驱动外因一起解决困难的。比如：开发看完你的静态原型演示无法理解最终效果，你快速学习了动态原型的设计，并输出了足够细节的演示，同时还在Github上找到了类似的效果代码，和开发最终完成了设计方案的落地。

UX设计师面试问题集2

UX设计师面试问题集——行为考查部分。

“可以给我说一个你的设计作品不被认可的例子吗？”

这个问题本质上不是考察你的Presentation的能力，面试官其实更关注你是如何处理负面反馈，以及如何快速调整心态进行协作的。大部分经验不足的设计师都会在这个情况下出问题，能够良好处理负面反馈的设计师往往是更成熟的。

“如果你的客户看了你的原型后说：我们要的是X，但是你做的是Y。一开始你会怎么办？”

这个问题与上面那个有类似之处，但是更加细节，把场景呈现出来了。遇到这样的问题首先需要思考“设计的工作内容范围是否在目标约定的框架中”，一般在项目计划或者设计合同中会约定设计的目标与范围，设计师应该预料甚至防止客户的改需求行为。如果有设计合同做约束，可以和客户一起讨论是否需要修改合同内容，并做商务合作上的调整；如果是项目组内，可以叫上项目经理一起来处理。

“你是如何与产品团队一起工作的？”

考察候选人是否有产品设计团队合作的一般常识。面试官通过这个问题是想知道你是否有能力与别人一起讨论、碰撞后发现潜在的问题。

“你怎么选择一个产品中应该包括或者排除哪些功能？”

这个看上去是问产品经理的，但其实对于UX设计师来说同样重要，目前行业中的UX设计师都在往更广泛的产品设计层面发展，而且从用户角度出发思考产品的功能问题，本来就应该是设计师的基本能力。由于这个问题比较宽泛，所以建议的答案可能有：①做一些用户研究（比如观察或访谈）来验证功能的价值；②更深入地理解业务的目标和目的；③通过用户价值、开发成本、项目时间来综合计算功能的优先级排序。另外网上也有一个叫“功能价值矩阵”的工具来帮助设计师和产品经理梳理功能优先级，但使用这个工具仍然需要以业务具体目的为主。

“你有反对过什么产品需求吗？另外，如果产品经理只是告诉你要做什么，但不告诉你目的和预算，你会怎么解决这个问题？”

回答这个问题不要泛泛而谈，什么互相理解之类的空话。合适的回答可能是：①给一个明确的、特定的例子（比如：在某个App的屏幕上，我们考虑要放一个“继续”或者“确定”的按钮，我们不确定放哪个更好）②具体地描述你们的讨论过程，面试官希望听你如何引导出需求的本质；③展示最后的结果——最后问题是否处理了，结果是否妥当。

“如果面对一个完全陌生的领域或项目，你在设计时会如何进行沟通？是否会使用一些不同以往的设计沟通方式？”

用实际的设计输出物进行沟通往往是能够跨领域沟通的，除了口头交谈、项目会议外，设计师经常能够使用的沟通手段还有可点击的原型、带有注释的线框图、PPT或Keynote演示、原型视频（展示完整的任务流使用过程）、故事板、情绪板、漫画、草图。

“你更喜欢瀑布流还是敏捷开发过程？为什么？”

我不建议大家简单地回答“瀑布流”或者是“敏捷方式”，虽然瀑布流方式听上去已经有点过时。任何产品开发流程都有其自身的场景和时间约束，所以建议可以回答：“这要看产品的实际情况，取决于产品需求、上下文，以及项目的限制条件。”

“举一个例子，你要给某人描述一个复杂的设计过程或功能，你会写一个什么样的文档？”

写作文档本身也是设计的一部分，这个问题是面试官希望了解你如何处理组织复杂性的，包括在大团队和复杂流程中理清工作思路。你可以列出你编写文档的思考过程，以及你是如何给团队成员阐述文档的。（比如：你在团队中向大家演示你制作的带注释的线框图。）

“描述一次你不得不需要别人帮助，处理超出你专业深度问题时的情况。”

这个问题表面上是了解团队协作的，实际上面试官更想看到你是如何组织讨论的，在提问和寻求帮助前自己究竟有没有尽力研究，以及如果下一次还遇到类似的情况时，你会有什么改变。

“有哪些设计工作是你之前没做过的？如果有这样的机会，你会愿意尝试吗？”

一个缺乏创新意识的设计师往往只愿意做自己了解并熟练的事情，这是一个普遍现象，面试官可以通过这个问题在早期把有潜力的候选人识别出来。另外，尝试意味着自己愿意投入比别人更多的时间、精力去做到合格的水平，这个过程中自己在能力和心态上的准备也是很有考察意义的。

“如果在项目的最后一刻，需求还是变更了，你会有什么反应？”

“那就只能改了”——这是最差的答案。应该思考更深一层的问题——这次是不是有什么沟通的问题？怎样才能避免下一次再发生类似的事？客户和领导总是会不断变更他们的想法，因为行业发展，竞争对手的进度是不确定的，为了赢得竞争总是有许多超出预料的事情。但作为设计师，你完全可以提出一个有弹性的设计计划，并要求对应的时间和预算。虽然有时候你也不得不忍耐一些额外的紧急工作，但是和你一起合作的产品经理、开发工程师不也是一样吗？

“分享一个你失败的项目，你从中学到了什么？”

成功的经验都是类似的，失败的经验却各有不同，真正有含金量的内容恰恰在这里。面对失败或挫折，大部分人会选择逃避甚至放弃，学会反思并快速改正的品质是稀缺资源。任何面试官都会珍惜那种能从失败中找到原因并总结经验，坚持帮助产品成功的人。

UX设计师面试问题集3

UX设计师面试问题集——技能考查部分。

“你有做过角色建模（Persona）吗？”

测试你的用户研究的基础知识，无论你面试的设计岗位是什么，基本的用户研究知识是必需的。但也要注意产品的场景，通常在面向海量用户的产品中，Persona的作用并不显而易见（比如Facebook）。

“系统介绍一下你在工作中的设计流程。”

考查你设计提案和设计沟通的能力。设计流程对你来个人说通常是指你如何传达你的设计意图，以及如何获得支持的，而不是简单介绍一下团队的工作流程，这是逻辑上的区别。比如：你是否为自己的设计提案设置了内容的优先级与秩序？是否为参与提案的目标对象设置了他感兴趣的内容？当你在更大范围进行提案之前，是否有邀请团队伙伴帮助你检查提案内容？

“你都做过什么类型的用户测试？”

考查你是否了解不同类型的用户测试，什么时候应该做定性测试，什么时候应该做定量测试，以及两者如何结合；是否知道如何权衡使用小样本量的游击测试与大样本量的远程测试。

“你如何确定你的设计已经‘搞定’了？”

这个问题比较开放，可以谈一下你如何理解“设计的限制”（项目计划表、预算、利益相关人）、用户体验全流程的不同元素（用户研究、用户测试）以帮助你确定是否设计在接近“搞定”。

“在你完成线框图后，你怎么和开发人员讨论（开发人员可能没有设计基础）？”

这个问题的关键在于，项目由始至终你都应该和开发人员一起讨论交流（当然也包括其他相关角色），而不是在某个阶段把工作内容传递后就不再过问。

“哪个网站或App让你觉得做到了好的体验？哪些又是坏的体验呢？为什么？”

这个问题是希望你展示你对用户体验的理解，面试官会特别在意你在设计时是否有一个重要的、自己坚持的设计观点。举例时避免给一些特别常见的例子，比如微信或苹果，这会让面试官觉得你在背书。

“你最近在读或者读过哪些设计类书籍、博客，关注过哪些设计资源？”

这是一个我自己做面试官时经常会提的问题。我特别希望候选人给一些我意料之外的答案，但遗憾的是，很多候选人连这个行业最知名的设计师和设计网站都不知道。用户体验领域是一个非常新，发展也很快的行业，面试官期待的候选人永远是那种追求新趋势、理解新技术，并且时刻保持前沿探索热情的人，这样才能保持自己团队的竞争力。

“你在使用什么设计工具和设计方法论？”

这是一个最普通的问题，通常企业需要的工具技能都在他们的职位描述中写了，说出这些工具的名称就好，但建议只挑自己最熟练的讲，因为有些面试官会顺便追问一句技术细节，如果临场答不出来会有点尴尬。设计方法论涵盖了设计思考、设计探索、用户研究、用户测试、验证设计决策等一系列内容，只选你真正在使用过的说，而不是追求名词的花哨。

“你对设计一个全新的产品和成熟的产品，有什么不同的经验可以分享？”

考查你是否理解设计全新产品和成熟产品是需要使用不同的设计方法的。比如：设计全新的产品意味着发现全新的、完整的用户体验的机会（通过设计发现和洞察），设计成熟产品则需要改变方式，让设计过程与产品的成熟度匹配，并时刻关注市场的机会点。

“你有哪些用户研究的经验？你认为在创业环境中，用户研究应该扮演什么样的角色？”

不要泛泛而谈，和面试官一起讨论你做过的用户研究项目，可以分享你在用户研究过程中学到的书本理论以外的东西，加一些自己有趣的见解会更好。创业环境中的用户研究更强调对研究周期、研究颗粒度和预算的敏感，用户研究不代表大量的经费和复杂的统计报告。

“我们准备为X产品设计一个Web表单，你会怎么做？”

交互设计的经典问题，评估你是否清楚Web表单设计的基础原理和可访问性的原则。了解一些表单设计的约定俗成的规则，比如：如果没有特定的设计风格和内容排版的限制，通常顶对齐的标签是最好的排版。

“你是否了解最小可行性产品（MVP）？”

MVP是一个可用的产品，而不是产品的一部分，它包含足够的核心功能，可用于验证产品的可用性和有效性。MVP是为了节省时间和金钱开发出来的产品的过渡形态。MVP是精益UX方法论中有效的工具，但不能作为产品的发布形态。

“你有哪些不认同的用户体验设计趋势？为什么？”

这个问题可以了解你是否跟得上UX设计的趋势，关注UX界正在发生什么，能够说明你学习的激情和欲望，同时也能说明你对设计有自己的看法，会独立思考，通过客观的分析有能力保护自己的设计。

“你怎么测试你的想法是不是靠谱？”

关于你能不能用常见的方法测试自己的Idea的基础问题。同时提到一种特定类型的用户测试（比如现场测试）和分析手段（比如Google Analytics）是比较全面的回答。

“你的设计原则是什么？”

这个问题是在测试候选人的专业深度。你不只是一个人肉绘图工具，你有没有从哲学的层面思考过设计？设计是怎么对人的生活产生影响的？你在设计过程中在坚持什么（比如简单性、一致性等）？

“什么情况下，你会使用可用性测试？”

了解候选人对可用性测试的理解。可以举一个工作中和数据相关的实例，很多数据波动并不能直接反映用户的态度和使用场景，可用性测试正是帮助你理解为什么用户认为某处的设计是难以理解的、不易使用的，甚至有时候是情感上难以接受的。

“你一般在哪里寻找灵感？”

这是一个非常有陷阱的问题，通常候选人都会把他们读的书、看的网站列一下。但假如大家都在读一样的书、看一样的网站，为什么大多数人还是没有灵感？或者，大家做出来的都是雷同的东西？灵感这件事是靠不住的（靠天赋吃老本吃不了几年，设计师一定需要大量的优质输入），优秀的设计师靠的是积累和洞察，把你接收信息并从中洞察亮点的过程展示出来是一个更好的回答方式。

“你的设计受过哪些风格的影响？”

一般校招问这类问题会比较多，考查一下对于现代设计发展历程的知识，候选人可以根据自己的学习历程随意发挥，但注意不要胡说。曾经有候选人大谈现代字体的设计起源于Helvetica，这就是典型的书看得太少又不思考的结果。

“可用性和可访问性之间的差异是什么？”

查阅UX设计相关的经典定义很容易分清楚这个概念。可用性对所有使用产品的人都有益，而可访问性却要根据不同的文化背景、产品场景、渠道、用户群现状来区别对待。国内知名的hao123，就是一个非常有意思的例子。而大多数的中国网站其实都没有对色盲、聋哑人或阅读障碍人士做过优化，可以举一些自己思考的例子。

“你的老板给你说想重新改版首页（或App）并让你给一个设计稿，你会马上问他哪几个问题？”

如果在设计行业工作超过三年了，那怎么和老板对话，采取哪些策略，快速了解老板的决策依据和习惯是非常必要的。这个问题没有正确答案，完全取决于不同的公司形态和产品需求，但不管动态的变量有多么复杂，有几个问题肯定是老板特别关心的：商业价值、市场接受度、成本和风险、是否符合公司战略、是否符合企业价值观、用户满意度与口碑。

“解释一下信息设计、交互设计、界面设计之间的不同，以及他们如何相互作用？”

这是一个相当基础的问题，网上的答案太多，就不长篇大论了。按照目前的行业发展来看，信息架构、交互设计、视觉设计三个不可分割的设计模块渐渐开始融合，UX设计师或产品设计师将是统一细分岗位的下一阶段。有些对自己要求很高的设计师，已经开始追求“全栈设计师”的状态了，祝大家好运。

“你有做过或者维护过样式指南（Style Guides）吗？”

无论是交互设计还是视觉设计，这个工作经验都是必需的，通常展示一套自己做过的内容就OK了，要特别注意对于细节的讲解，比如按钮样式的规范如何定义的，字体字号的颗粒度如何确定的。样式指南可以规范团队工作不犯错，但并不能直接推进创新，所以维护和升级，以及如何确保一致性是这个部分的重点。

“你有没有制定或者参与制定过设计语言？”

这个问题通常是问高级设计师的，面试官不但需要知道你真的透彻了解iOS Design和Matieral Design等语言，也期望你能洞察这些设计语言背后的逻辑。如果你有做过一些OS、App的系统的设计语言的话，把这个过程（特别是前期的分析和提炼过程）描述出来会是不错的回答。另外，不要盲目评价一个设计语言的优劣，任何设计语言都有其自身的限制，以及发展过程中的不稳定性，吸取优秀的部分才是关键。

UX设计师面试问题集4

UX设计师面试问题集——设计思考部分。

“你如何衡量一个网站或App的用户体验是否好？”

这是一个著名的坑爹开放性问题，因为问题太大可以聊很久。除了可以说说（最好画得出来）Peter Morville的那张用户体验蜂窝图以外，针对不同的产品和服务，体验的衡量维度和手段都是有差异的。衡量任何一个“体验是否好”都是很主观的，但思考维度离不开用户、内容、上下文的基础信息构成，也要兼顾时间、场景、情感认可度的客观影响。在对这个问题简单的回答中有几个点需要特别关注：

（1）设计是否清晰，简单地传达了产品的意图，让用户易于理解和使用；

（2）设计在审美上是否符合美的基本原则，并追求正面、积极的方向；

（3）设计在操作层面是否避免了可用性与可及性问题；

（4）流行的不一定是最正确的，设计有没有考虑到极端或边界条件，在特殊场景为用户提供的体验是否依然流畅；

（5）有没有为了商业目的或KPI，刻意使用一些设计的暗模式（Dark Pattern）；

（6）设计是随时间发展和变化的，今时今日的体验是否能延续到未来尽可能长的时间；

（7）还有更多，结合自己的工作实例做讲述，考验的是Story Telling的技巧。

“除了可用性测试和视觉设计，用户体验设计还能为公司带来什么显而易见的工作价值？”

测试你是否了解体验对于商业的影响。你可以大概讲一些用户体验设计工作在项目的各阶段如何帮助公司节省成本、提高效率的案例，基于测试目的快速开发的MVP或者用户研究的阶段性工作都可以。但如果不以公司的运作机制为前提，这样的员工确实很难给公司带来竞争力。

“产品项目即将发布了，这个时候你发现了一些可用性的问题，如果这个时候去解决这些问题，有可能会推迟发布时间，你会怎么做？”

这个问题，怎么说呢，不管你怎么回答都是五五开。这个问题考察的是你对于权衡利弊、设计优先级设置，以及和团队沟通的能力。不妨这个时候与面试官假设，这样的场景就发生在面试的公司，一起做一个探讨，预期会聊很久，但顺便也会了解公司的管理风格和老板对于体验设计的态度。

“你能描述一个你遇到的最困难的项目，或者你必须说服你的同事更换设计方向的案例吗？”

可以描述一个专业上有挑战的项目，不要说任何因为公司环境、团队配合等引起的所谓的“困难”。你负责的项目有一个技术上的挑战，你不具备这个技术，所以要去快速学习并应用，这是困难；你负责的项目有一个技术上的挑战，你不具备这个技术，所以希望你的同事帮你完成，但你的同事没有时间，这不是困难，这是缺乏职业性。专业上的说服不是对和错的问题，而是在“还不错”中寻找到“最佳”的问题。作为用户体验设计师，你应该有能力判断同事的沟通习惯、能力不足的部分、期望达成的目标，综合考虑后给出选择方案，并以良好的互动推进设计方向进入正确的逻辑中。这个能力一旦锻炼成熟，也就是设计管理者和设计师的区别。

“你如何衡量用户体验的ROI（投资回报率）？”

好的产品体验设计至少能够帮助公司降低长期成本（包括维修、客服等）、增加销售额、提升服务效率、提高长期的用户忠诚度。就互联网产品来说，还可以提升转化率、降低技术支持的成本、降低学习曲线（软件）、降低跳出率等。从整体上提高用户的满意度，从品牌来说，还能提升净推荐值。如果你需要一个高大上的计算工具，那么这里有一个：http://www. humanfactors.com/coolstuff/ROI.asp；加送一个信息图：

https://www.experiencedynamics. com/blog/2014/07/making-strong-business-case-ROI-ux-infographic。

“你是如何影响你的老板的？你通常怎么做快速决策？”

老板不可影响，老板不可影响，老板不可影响，重要的事情说三遍。但是老板肯定分得清对错（如果分不清的，你赶紧跳槽啊，下面有跳槽说明啊），知道价值的取舍。想争取老板的资源和支持，就要做出他认为有价值，对他有帮助的事情。这些事情可以在项目中推进，可以在会议中表达，甚至可以通过竞争对手的表现告诉他。设计管理者可以快速决策，秘诀在于理解当前对公司和团队来说最重要的价值点在哪，做价值的选择而不是做情绪的选择。体验设计的很多事情不是今天不做明天就不行了，但是公司运营的很多事情确实就是这么棘手，学会跳出自己的专业范围看问题。

“如果你有太多的事情要做，你是怎么评估任务之间的优先级的？”

做事有逻辑对设计师是很重要的。回答的重点可以围绕：不要为事情本身排优先级，而应该为事情的目标排优先级。排序除了“重要”和“紧急”两个维度外，影响事情进程的变量还包括难易程度、投入资源等，所以每个排序都必须要包括它们。如果事情特别清晰的话，也可以先算一下潜在收益，毕竟有收益的事情做的动力会大一些，效率也会高不少。最后，一定要为每一件事设定Deadline，没有Deadline的事情不需要排优先级。

“你如何平衡用户目标和商业目标？”

无论什么时候，商业目标的达成一定是以用户目标的达成为前提的，除非你是相对垄断行业中的垄断龙头，在某一时期可以适当放弃一些用户目标，只要你愿意为这件事买单就行。从产品设计的角度来看，用户目标与商业目标大部分情况下都不是矛盾的，如果你设计的一个特性完全没有得到用户的认可，只能证明你的用户群定位出了问题。比如：QQ音乐的数字专辑、微信的红包照片功能等，都是指向性很明确的设计。商业目标和用户目标的统一，除了产品要坚持良好的品位和吃相保持美观以外，还有一些技巧可以使用：

（1）让转化的结果可以预期，让无聊的营销变得有趣。

（2）用户不需要功能，但用户需要内容和谈资，功能是获得它们的手段。

（3）用户不傻，但用户很忙，花点钱节约时间，提前享受，人之常情。

（4）用户的口碑是稀缺的，如果用户能帮助你传播，那么提供一些免费的实惠可以接受。

（5）不必时时刻刻只做一个商人，可以学着做一个企业家。

（6）如果你只想赚快钱，那么我说的都是错的。

“你和你的老板沟通设计文档时遇到过什么问题？你是怎么解决的？”

举一个实在的例子，是否真的成功解决不是问题的核心，遇到不可预期的难题，思考和推进的过程才是能力。我在腾讯工作的经历中，我经常举那个被Tony挑战的项目例子，虽然看上去这个例子有点丢脸，但却是很好的案例：

（1）被足够高度的老板挑战是一个非常难得的学习过程，真的可以发现自己看不到的问题；

（2）解决的过程需要倾尽全力，而且就在现场临时反应，这代表个人真正的水平；

（3）老板说的也不一定全对，某些细节他不了解，你能快速、有条理、不惧怕地讲清楚，这对沟通能力挑战很大；

（4）为了下一次不被挑战，这种典型案例通常会被运用到项目团队中共同学习，有利于团队协作和共同提高。

所以这个问题的本质不是“你赢了老板一次”，而是“改变了之前的自己，赢了自己”。

UX设计师面试问题集5

UX设计师面试问题集——曲线球部分。

“你怎么给一个10岁的小朋友解释什么是用户体验？”

这个问题也是考察提案和沟通技巧的，和“你如何给你的父母解释你的工作”是类似问题。用户体验毕竟是一个新兴的行业，在未来有很多的工作职能仍然需要去“销售”这个概念。那么如何足够简单地说清楚它是什么呢？利用同理心，站在受众能理解的层面利用类比是比较好的方式。比如给你的父母解释，你可以说用户体验设计对于产品和服务来说，就像建筑师对于建筑工程管理的意义一样；而面对一个10岁的小朋友，你要切换一下视角，可以说类似一个说故事的人对于动画片的意义一样。这虽然不是100%正确，但至少能让人理解它的大概意思。用户体验设计本质上就是一个跨学科、混合各种策略（商业、技术、美学）、构建正确的设计蓝图，并通过设计方法创造理想体验的过程。

“如果你可以组建一个完美的UX设计团队，你会在团队中放入哪些角色？他们需要有什么样的技能？”

这个问题一般是留给比较资深的设计师的，用来考察候选人是否知道用户体验的跨学科外沿领域，虽然这个世界上没有完美的团队，但是候选人心中理想的团队构成状态仍然可以反映他自己是否具备多学科理解与开放的心态。如果他为了这个目标孜孜不倦，那不正是我们需要的人才吗？一个理想的设计团队的构成，不但要拥有多学科、综合技能的人才搭配，每个团队成员自身也应该都是多面手，优秀的人才之间可以做到共同进步，而不是简单的相互评审。

“在创业公司和成熟品牌中设计用户体验，你有什么不同的看法？”

主要是看看你能不能适应不同的工作环境和语境。如果是一位经验丰富的设计师，很可能在大型的成熟品牌企业和小的创业公司都待过，能够很快说出两者之间的不同。如果没有类似的经验，也可以表达出非常积极的尝试愿望，因为实际上没有什么工作岗位是一成不变的，即使在大企业中也在强调精益和创业精神，小创业公司也会追求战略格局和规范流程，两者并不矛盾。

“你觉得怎么才能成为一名伟大的UX设计师？”

这个问题是希望你展示自己的用户体验全方位的知识，以及你个人的职业发展目标。通常一些比较吸引人的案例是关于转变的，比如你并没有UX设计专业教育的背景，但因为追求美、喜欢创造性地解决问题，能够发现身边不合理的事物，洞察用户的痛点等，决定从事用户体验设计工作，并坚持作为自己事业的目标。这个问题也可以放大到一切创造性的技术类工作，包括编曲、编程、手工艺等，达到一个领域优秀的水平最重要的是：持续的热情、日益精进的训练、合适的平台。

“如果今天让你做一个我们公司产品的改进，你会做哪个？”

看看候选人有没有研究或试用过公司的产品/网站/App，作为一个UX设计师在使用过程中对错误或问题应该是很敏感的。面试官不会期望你现场给出方案，但他会从回答中了解到你是怎么发现问题的，判断你的洞察力和产品思考逻辑。

“一个砖头如果有25种用法，会是哪些？”

这个题目用来判断候选人是否可以摆脱常规逻辑、惯性思维来解决问题，是否会想到一些新颖的使用方式。如果候选人不是很认真地回答这个问题，那面试官也知道他是如何对待他不想做的事情的。如果最后候选人写不满25项也没关系，面试官可以接着测试一下候选人的毅力和耐心，侧面反映候选人是否能坚持自己的想法，而不受公司内“河马人”的意见影响。“河马人”是Highest-Paid Person’s Opinion（HIPPO）的中文名，泛指公司中的那些“老员工”和“领导”，一般指按照经验做决策的人。

“你很幸运地发现了一包钻石，没有人说是自己丢的，钻石归你了。接下来你会怎么做？”

如果你看过《老无所依》这部电影的话，你应该知道第一件事就是：检查整个包以及你自己的那些钻石。然后验证钻石确实是真的。采取挑选随机样本的方式，比如说10%的钻石，评估他们的价值。接着再描述你把这些钻石换成钱以后会怎么用。这个问题的技巧不是你得到了钻石，而是你怎么看待这个过程，对这个事情理性、客观做分析的。“不管是不是我的，飞来横财是麻烦，应该交给警察”——这不是成年人的思考方式，也违背了问题的发问逻辑。

“我们在一个房间里面抛硬币赌钱，已经抛出49次正面了，下一把你会赌正面还是反面？”

从数理逻辑上说，这是很简单的概率问题，每一次抛硬币都是一次新的开始，所以正反面的概率都是50%，你赌哪一面都是一样的。但是请注意相关的限制条件：房间、硬币、49次、下一把。这里其实还是在考察UX设计中的边界条件和极端上下文情况，房间是不是有问题？下一把换个房间怎么样？硬币是不是有问题？我也带了硬币，用我的看看？49次是连续49次，还是在300次中的49次？下一把我赌正面算输，还是算赢？所以你看，抛开既定条件，重新设置条件，很多变量都变得更有利于解释不合理的现象。预设固定条件，锚定自己的判断，是在做设计的过程中需要尽量避免的。

iOS与Android设计特性的区别

关于iOS与Android设计特性的区别问题，从入行时面试被问到，到现在偶尔作为面试题去问别人，我自身一直不是特别理解这个问题。在我看来iOS和Android提供的设计规范只是系统自带的特定控件类型和样式而已，而在实际移动产品设计时iOS与Android基本只做一套设计，开发可能在个别控件上会为了同样效果去做一定的制作，但是总体来说差别并不大。那么在这种情况下该如何看待这个问题呢？问这个问题的意义是什么？理解这个特性的实际应用意义又是什么呢？

iOS与Android的差别，这个问题实在太大了，包含硬件平台、软件系统设计策略、系统设计演变、设计语言和平台规范、第三方生态与规则、系统平台开发逻辑等，如果直接甩这么大一个问题，被面试者根本不知道从何答起，恐怕问的人自己心里都不知道参考答案是什么。

根据招聘的目标岗位的要求，应该将这个问题拆解成具体可回答，并且能识别出被面试者综合能力的小问题才行。

（1）负责一线产出的交互和视觉设计师：通常可以理解到系统设计规范的层面，就是你说的控件类型、设计范式、样式规范等，做过两个平台的设计和输出的，肯定知道两者的输出差异（比如iOS的切图导出兼容三个尺寸就够，Android至少要5个尺寸）、设计细节的差别，比如全局导航的逻辑（特别是返回桌面和App内返回）、控件差异（比如iOS全局没有Toast这个概念）、色彩规范和系统字体差异等，能够熟练讲出这些内容证明肯定是做过相关工作的，属于工作经验和能力的口头验证，一般设计师要求到这里就可以了。

（2）负责模块独立设计的高级设计师：在熟悉第一条的内容之上，还能掌握更多平台设计的丰富细节，比如某个ROM系统App的设计选择某个范式，不是因为考虑不到更好的方案，而是Google CTS的要求（全球出货的厂商必须遵守，中国国内自己玩，Google管不到）；在涉及具体的通知栏下滑的设计时，知道Google原生Android系统的默认滑动响应时长是150ms，根据App的具体产品诉求，保持还是更改这个响应时长；在涉及系统通知铃声的时候，知道Google和iOS的系统铃声、媒体铃声、闹钟铃声的默认差异化，是保持和系统一致，还是根据产品场景修改为更符合上下文的独立音量。能够讲出这些，说明之前的工作思考是非常细致的，也碰到过棘手的问题，在细节打磨上有经验和耐心，有能力独当一面的处理设计需求。

（3）负责系统级设计的设计负责人或设计经理：这样的人至少是完整跟过一个成熟产品（可能是某个手机系统，也可能是大型互联网App产品）2年以上的人，他对细节肯定很熟悉，而且对未知的细节问题也知道如何最快地拿到准确信息，有和产品策划、产品运营、技术开发、战略、市场方面熟练合作的经验，当他去看一个App时，脑子里想的是：这个产品如何达成产品目标的，用户价值怎么体现，面对iOS和Android的双机用户如何适配他们的习惯？产品运营过程中，Hybrid的架构上哪些可以动，哪些不能动，每次打热补丁对UX有什么诉求？灰度测量和数据洞察应该怎么和版本设计的节奏挂钩？界面哪些地方要有A/B Testing 的预留位置？两个平台的应用市场上架规则，审核逻辑是什么，要避免踩哪些坑？Android平台在全球化、无障碍上天生做得比iOS要差，我们的App出海以后怎么解决这个问题？iOS平台的差分隐私技术接口，对我们在用户数据获取和分析方面有什么帮助？

能回答这些问题的，坦白地讲，当前国内的UX行业里面并不多，甚至很多产品团队自身都从来没有考虑过这些问题。这就不具备普遍性了，只是说在平台差异化这个问题上，如果你想挖得够深，空间是无限的。

每个不同的设计师是具体的个人，有不同的经验、背景、长处和短处，所以根据不同的岗位需求、设计师的具体情况去提问才能找到适合你团队的人；问这个问题的意义随着提问的人的经验上下波动，有时候能达到专业能力的准确测量，有时候是随口一问验证一下工作经验，有时候只是没什么好问的了；理解这个部分的差异是目前App类产品设计师的必修课，即使不是为了面试，在工作中也应该非常熟悉这个方面的内容，这是专业的基本要求。

一年交互经验如何准备简历

请问具备一年交互管理经验的人，在简历中需要通过什么内容或形式来展现自己的管理经验或能力呢？简历中是否需要展示这块内容呢？

如果只有一年交互设计管理经验的人，在我看来是略等于没有的，因为通常刚开始走上设计管理岗位的同学，第一年基本都是在尝试、犯错、踩坑和适应。

如果你需要在简历中展示这块内容，要先搞清楚目的和针对性，简历中一年的管理经验充其量可以让你平移到类似的岗位上，不太可能跃升到总监级。描述管理工作要写清楚以下几个部分。

（1）什么规模的企业，什么性质的设计团队中担任管理岗位。在腾讯、阿里这样的企业担任设计总监，和在刚组建的20人的创业公司中担任设计总监，是完全没有可比性的两个概念，至少从人力资源和猎头的角度来看是这样。当然不是说大企业内的设计管理者就一定非常厉害，也不是说创业公司的设计管理者水平和经验就一定弱，但是从概率上、企业含金量上看，规模大小在一定程度上可以为你的职业价值背书。

（2）你是怎么获得这个岗位的。中国的很多企业中，所谓的管理岗位任命很大程度上不是竞争任命的结果，而是历史发展的顺水推舟、忠诚度奖励、业绩肯定的回馈等综合结果，这里还不谈那些因为架构调整自然任命的“局内人”情况。所以把你怎么获得岗位的背景说一下，有助于识别出你的职业路径、经验和真实的工作成绩。

（3）一年的设计管理工作中，你遇到过的棘手问题是什么，怎么解决的。做设计管理，有时候和做设计项目是很类似的，管理的过程也是产品设计的过程。设计管理工作初始化时，你发现了团队中流程、人才结构、汇报关系、氛围、专业发展等哪方面的问题，怎么给这些问题排序的，具体怎么着手解决的？管理不是发号施令，是协调资源，平衡关系，提升团队绩效，这和设计师的个人视角很不同。从“我做得好就行”到“帮助大家都做得好”，从“这事就靠我，是我的成绩”到“这事靠大家，是大家共同的努力”。

（4）回头看这一年的管理工作，你觉得第二年还想如何继续提升。设计管理最大的坑就是，老问题没解决，新问题冒出来。所以对自己的工作进行复盘思考，看看哪些问题在稳步解决，哪些问题需要风险识别，提前考虑，就是一个管理者的大局观。包括但不限于公司战略的理解、产品创新的支持、用户的理解与洞察、市场和品牌的运营、技术团队的配合、设计团队内部的横向能力建设等。

写到简历中的都可以提前准备，很多答案也可以结构化、流程化，但是从我个人经验来看，是不是一个靠谱的设计管理者，聊个5分钟什么都知道了。形成设计管理思维，内化到你的思考和沟通中，并且摆出你管理的成果，比什么都重要，加油。

腾讯笔试考查的方面

腾讯笔试面试比较考察应聘者哪些方面？

腾讯每个设计团队的发展成熟度是不同的，服务的产品成熟度也不太一样，所以对设计师招聘的要求有很大区别。我只说说过去我面试团队成员时候比较关注的内容，不代表你即将面试的设计团队管理者也会有类似看法。

1. 笔试是一定要做的（反感笔试的一律不通过）

我不知道所谓的“如果需要我笔试，就是不尊重我”这种可笑的想法是哪里来的，也许是因为太像考试了吧？大家都是很反感考试的。也可能是有些公司太Low了，利用笔试来骗设计稿？这种公司希望大家挂出来谴责。

我会用的笔试的形式可能有：给你一个开放题，自己回去做几天后交份Keynote过来；选一个你作品集里面的作品，让你回去Redesign一个概念稿交过来；现场看到某些问题，让你在白板上简单画一画原型。

笔试的作用主要是看看一个设计师在短时间内接到一个新的命题，思考和动手的细致程度怎么样。

2. 面试主要看几个内容

过去的工作经历中关键绩效事件，讲不讲得清楚，你的参与度有多深，有很多细节如果自己没有参与很深，一般是回答不出来的。

对设计的热情还有好学程度，你工作之外的时间还能花在设计上是多少，你对设计不厌其烦到何种程度。一个不能自我学习的设计师，成长速度肯定是很慢的，如果个人成长速度跟不上公司发展速度，即使加入团队也会很快被落下。

设计的逻辑——你如何理解用户、看待需求、自我分解需求，如何洞察问题，从哪里开始着手设计，怎么管理设计稿，如何阐述设计想法，提案的能力等，具备良好设计逻辑的设计师更有机会处理复杂问题，成为团队的中坚力量。

沟通能力——能把设计的需求讲清楚，除了日常的沟通外，是否还能在遇到一定挑战，质疑时候保持自己的坚持，愿意逐步推进一件事直到落地。

开放心态——能不能接受不同意见，甚至反对的声音，从不同的视角客观讨论一个小问题，这几乎决定了设计师是否真的可以保持用户视角，拥有同理心，缺乏同理心的设计师最后可能能做个匠人（实现和执行的能力很强），但绝对无法帮助企业或产品构建设计竞争力。

应该和猎头保持一种什么关系

请问我们应该和猎头保持一种什么样的关系？有职位推过来我们是否应该去试试？

猎头是一个行业中人才的重要催化剂，建议设计师与几个猎头保持长期合作的关系，因为在互联网或科技行业中的人才流动率是惊人的，当你主动想换地方（可能是待遇，可能是天花板，可能是家庭原因）或者被动换地方（团队解散、业务受挫、公司倒闭等）的时候，靠谱的猎头都是很好的合作伙伴。

当然，因为职场有很多潜规则与大坑，所以不是所有的猎头和我们联系时，我们都需要沟通出宾至如归的感觉，我从个人经历说几点建议。

（1）任何行业都是越头部的企业越成熟，职业性越强，更能解决问题，猎头行业也没区别。全球化运作的顶级猎头公司有光辉国际、海德思哲、史宾沙、亿康先达、罗兰贝格等，猎头公司内部一般是按行业均价、人才等级、热门领域几个维度来划分的，比如：能源行业的总监级以上，年薪不低于200万的岗位猎头，和面向二线城市制造类企业的部门经理，年薪不超过30万的岗位猎头，这两者是没有交集的。所以，第一次和猎头沟通，先要确认对方的公司，以及面向领域与操作岗位的类型。

（2）互联网与消费电子类科技行业因为平均薪水高，人才年轻，聚集在北上广深等城市，所以这几年也成为各大猎头公司的香饽饽，但是因为这个行业薪水随着职级与管理岗位的不同差别实在太大，一般操作都分别由不同的公司的针对性猎头沟通了，比如：互联网、手机类企业面向总监类的岗位，通常会接到万宝盛华、任仕达、瀚纳仕等公司的电话。和这些猎头沟通时，通常对方也知道你不会随便动，所以即使自己不打算换工作，也可以让他们帮助介绍你想招聘的人。

（3）职位信息初步沟通一般可以考虑地域、工作范围和目标、企业投入度、薪水包构成、团队现状等。大致了解一下目的企业的情况，遇到的问题，汇报的对象，都对后期沟通有很大帮助，如果匹配程度很低，礼貌地拒绝，随后加个微信即可。

（4）有职位的情况，如果是新领域、新行业的岗位，可以先初步接触一下，因为这是一个很好的学习机会，在面试的时候，双方的交流通常都是比较积极和正面的。沟通到中期如果你觉得不合适，明确告知对方即可，也不要浪费双方的时间。

（5）在整个过程中，猎头是以你的年薪的百分比抽成作为回报的，所以请放心，猎头会给你争取到最大上限的薪酬回报。由于我国各类企业HR的成熟度普遍较低，管理模式落后，所以通过跳槽获得待遇跳变几乎是唯一的可能性，那么你不用不好意思与猎头保持联系和沟通，你与企业是雇佣关系，在尽职地完成工作的同时，你也有自己的选择权。

如何转行到互联网行业1

我是电力行业的销售，毕业于电力行业全国最好的学校，从事电力销售四年多，但做了四年的销售，我发现我所处的传统行业太闭塞，受不了传统行业的沉闷，很想转行到一个更有活力的行业，我对互联网产品、新的趋势兴趣度很高，我有很强的逻辑能力，反应能力也非常迅速，做了四年销售，我有很强的项目管理和与人沟通的能力，但是目前没有任何互联网工作背景。我该如何跨出我转行的第一步，有没有一种方法能够让我进入这个行业？

（1）电力虽然是传统行业，但也是最基础的行业，有很大的价值，传统行业的沉闷和互联网的沉闷只是沉闷的形式不同而已。所以你跳槽或转行的动力，不能以沉闷作为动机，否则HR也会质疑你的动机。

（2）对互联网的产品和新的趋势有兴趣不足以支持你的转行，需要的是你的狂热，以及证明你足够狂热的事例举证。你怎么证明你对互联网产品非常感兴趣？如何让面试官相信你有基础能力和足够的耐心从事互联网产品工作？在四年的电力行业的工作中，是否有积累和总结一些对于做产品也有启发的思维？跨界思维、不设限的视角是互联网行业最需要的。说不定你对电力行业的思考，就是互联网切入进去的机会，但只是想转行，可能有10000人在你前面排队。

（3）如何证明你的逻辑能力和反应能力？你要积累一些案例来说，至少是以用户视角和产品思维把这些故事讲出来。

（4）互联网是去中心化，只讲能力不讲背景的比武场，不过要想进入还是需要一些入门的门槛。准备一份有说服力的作品集，如果是面试产品岗位：你对目前一些产品的分析和理解，对行业趋势的分析，对用户的洞察和理解，都是作品集的组成部分。互联网相信实干，不相信兴趣。

如何转行到互联网行业2

两段工作经历，一个UI，一个UE。第二个工作在设计咨询公司，没有产品经理。自己和客户对接，自己去挖掘需求。现在面试的感觉就是我老是拿产品的一些通过竞品分析，和通过对用户需求的挖掘，提出的创新功能点。在后期交互方案的实施上我却没有什么好说的，当然自己交互的基本功可能也不扎实。但是对产品和用户需求的挖掘难道不算是交互上的优势吗？交互不应该也是把用户和商业链接起来吗？或许我是不是应该转行做产品岗？我觉得很迷茫，求解惑。

既然前期的用户研究、数据分析、竞品调研都做了，也能洞察出用户需求、用户价值，那么根据这些洞察做出功能有什么难度呢？补几个交互稿不就行了吗？这还是面试作品集准备是否充分的问题。

设计师思考问题一定是端到端的，从问题发现到落地解决，完成这一个完整过程才能称为设计师。只会拍脑袋想点子，只会按需求画稿子，都不能算职业设计师。

也许你面试的团队已经有负责思考和洞察的人了，只需要招聘在交互专业上比较专精的岗位人才，那么和你就不是太匹配，要再看看其他岗位。公司一般都是按岗位需求招人，除非你是行业大牛，才有可能因人设岗。

两次面试算不上什么，不用怀疑自己的定位和发展目标，也许你现在根本就没有什么定位。你需要的是不断提高自身专业技能和全面的视角，第一步你已经做得不错了，在落地上加强呗。

在团队中的表现是否应该跟大家保持一致

在一个团队里是不是不应该表现得太突出，算上实习，我工作有3年多了。以前在小公司什么都做，交互、视觉、规范、数据，也算是很全了。现在的团队大家更倾向于合作，一个我看着很小的项目四五个人参与，我自己一个人倒是跟一个项目，总觉得自己是个异类。我是不是应该和大家保持一致？

如果你的综合能力就是比团队中的大多数人强，也没什么不好意思的，这种情况在哪个团队都有，清楚知道自己的优势就好。我们经常会说一个人跟不上团队的节奏和速度，所以被淘汰，但还有一种情况就是一个人的节奏和速度超出了团队的平均值，这样也会离开去寻找更好的团队。

如果不是上面这么明确的情况，那么就先问是不是，再问为什么。

（1）“你看着很小”，可能不意味着这个项目真的很小，有些背景信息也许你不知道，最好的方法就是申请也加入这个项目了解真实情况。

（2）你跟的项目是不是过于简单了，导致也不需要更多的人配合？

（3）大家更倾向于合作的氛围下，为什么单单你在独立完成项目呢？这会给你带来不安全感吗？为什么Leader要这样配置？背后可能不单纯是专业能力和项目的原因，和Leader沟通几次，确定一下是不是需要解决的问题。

（4）不用和大家保持一致，好的团队就应该是包容多样性的，只要你的付出和回报对等，你的项目有实际价值，也能帮助自己提升和进步，那么其他问题都不是核心障碍。

跨部门分享应从哪些方面入手

我是UI设计偏管理的岗位，由于疫情对在线教育的影响，团队扩张至20人，最近在准备跨部门分享和展示团队实力，时长30分钟。请问我应该从哪些方面重点阐述呢？

设计团队对外和对内的PR方式是不一样的，对内最好以展示成绩、提升协作价值为主，少秀肌肉，秀完肌肉结果又做不到更高的要求，容易被打脸，实在一点；对外秀肌肉主要以展示团队专业能力、文化、工作满意度为主，涉及项目核心内容和数据的部分谨慎处理，否则容易引起版权、法务等风险。

在以上原则的基础上，30分钟的分享有几个方面的内容可以说。

1. 详细介绍你自己和你的团队发展计划

作为团队Leader，你的背景，做事方式，经验和沟通水平，直接决定了外部视角怎么看你们团队，所以你是团队的代言人，让别人更好地了解你，有助于外部协作的顺畅度；团队发展计划是否和公司，和产品的发展计划匹配，节奏和步调一致，更实用主义地处理团队人和项目的关系，会更容易得到信任，并建立务实、接地气的印象。

2. 团队的专业构成和设计流程

展示一下团队专业能力的构成，讲清楚长处和不足、管理合作团队和老板的预期，做现阶段可以做的事，并利用一个Quick Win的项目阶段性成果帮助大家理解设计团队是怎么做事的，然后给出你们的设计流程，让大家充分理解，为什么设计不只是画图。

3. 从在线教育的视角梳理一下行业竞品的设计现状

带给跨部门团队你们的业务视角，具体地分析产出，会帮助启发他们，设计站在用户视角思考问题，只要产品和研发团队是以用户体验为中心的，一定会非常感兴趣这个部分的输入，也会让他们相信设计团队始终是以业务成功为核心，大家一条船上的。

如何提升团队的人效，如何证明自己能负责用户全生命周期设计，如何证明自己能带领团队向周边团队赋能

如何提升团队的人效，如何证明自己能负责用户全生命周期设计，如何证明自己能带领团队向周边团队赋能？对于这种又大又宽泛的问题是不是举例说明比较好，当时被问蒙了。

这几个问题不是靠说出来的，是要做出来证明的。

1. “负责用户全生命周期设计”

其实应该结合产品阶段来看，用户的LTV你控制不了。在设计过程中参与了多少次用研，主动对齐和推动了多少设计需求，和产品在沟通时发现了多少潜在的UX风险，从交互到视觉的具体输出是什么，有没有做高保真原型测试和设计复盘，后期的产品上线后有没有关注UX相关的指标来迭代方案，是否关系用户的反馈和评价，这整个流程都做了，你可以说在全流程地关注UX品质与产出价值。

2. “提升团队的人效”

主要是项目管理和时间管理的问题，是专业领导力层面的思考，其实不是只有团队的Leader才会去想人效。如果你是一个人做事，你也可以总结个人提升效率的方法和经验，分享给团队，这样大家都学习到了这个经验；如果你带过实习生或者校招生，也可以帮助带的设计师提高效率，对齐工作流程与方法，这是对他人的提高；如果你发现了团队中明显的，但是大家又不够重视的流程问题、方法问题，主动提出一个解决方案，甚至发起一个专项来解决，这就更好了。

3. “自己能带领团队向周边团队赋能”

这个问题其实比较关注业务导向、专业影响力，也包含沟通和推进的能力。设计团队周边合作最紧密的就是产品团队和研发团队，上游关注行业趋势。竞品分析以及产品数据，从UX的视角解读和建议改进措施，下游关注迭代周期、研发成本和稳定、安全性等基础体验问题，提出UX相关的测试案例，更好地走查和还原，让设计问题在灰度期间就关闭，是往下渗透。

把自己的思考和工作透明化，同时以终为始地关注上下游中自己还有哪些贡献，这就是赋能。

体验专家和管理方向应该如何选择

我司是A企的车联网公司，现在是UI/UX，因为公司组织架构调整，现在有两个方向的岗位可以选择：一个是系统组，工作内容是中台方向整理公控和行业方法论等；另外一个是用户服务闭环和在线升级业务组，就是在各个阶段做用户舆情的搜集，然后对每一版的升级做用户心智的分析。

自己的下一步目标是在车联网领域往体验专家、体验管理去发展，请问应该选择哪个方向的工作更有利于专业的打磨？

做公共控件的团队一般都是在各业务组找业务模块的设计专家支持的，服务于业务场景的控件库才有落地和谈一致性的可能，所以根本不需要专人去盯着做，除非你们是Material Design这种平台型产品的规范团队。

做某个领域的深入的设计专家，肯定是对用户、场景、产品价值理解最深的设计师，这个最好尽快开始积累实战经验，积累的经验多了，踩的坑多了，才有实干精神和真正的教训。所以不要被中台的权威性迷惑，多掌握一线的用户声音和设计案例，有益无害。

做完舆情分析和收集、心智模式的理解，要具体以同理心输出设计建议，能直接提供优秀的设计方案更好，带有这个能力的设计师后期的发展和转型都很快。

行业方法论为什么要自己积累和沉淀？找一个UX设计咨询公司，签一个设计院校的专业实验室合作，分分钟就梳理完了，公司要的是ROI，哪种方式成效最快，就用哪种方式，多善用外脑。

体验管理和你讲的这两类事情都有关，但是核心不是这两类事情，没有可比性，如果要往管理转，学会面试和带好实习生是第一步。

部门业务不好，内部活水还是跳槽

我在深圳最好的互联网公司之一，但部门业务不是很好，主要是支撑内部的，做的事情很杂，成长比较慢，并且部门不允许公司内部活水。我想趁着还能奋斗的年龄去好的设计团队，但在外面找了两周，结果不是很好，我的年龄又很尴尬，不知道现在提离职是不是好的决定，想听一下周大的建议。

今年开始外部环境会进一步恶化，所以选择的话还是需要更谨慎一点，不过好消息是深圳成为社会主义先行示范区这个事情，带来了很多潜在的利好与机会，长期看还是很正向的。

公司既然内部有活水计划，为什么你们部门不支持呢？去找HRBP问一下，业务不好，长期没改善的话，其实对设计师的发展也挺消耗的。

如果你近期看不到更好的机会，可以扩大范围再多看一些公司，多接触一些猎头，机会也是在寻找的过程中慢慢浮现的。

但是不管外部环境如何，自己的成长和积累是自己的第一要务，把自己手上的工作做得更全面更扎实，积累好各种数据、用户反馈与作品集的内容，准备好迎接新机会的心态。

THINKING IN DESIGN

“提出好的问题是思考的源动力”